“十三五”江苏省高等学校重点教材

（编号：2019-1-067）

Industrial analysis

工业分析

李广超　王香善　田久英　主编

第三版

化学工业出版社

·北京·

内容简介

本书集理论与实践为一体，在考虑知识系统性的同时，注重实用性，体现新标准、新方法、新仪器。

全书共十一章，比较详细地介绍了以下内容：样品的采集、制备与分解，煤质分析，硅酸盐分析，冶金工业分析，石油及石油产品分析，化工生产分析，化学肥料分析，气体分析，工业用水和工业废水分析，农药分析等。简单介绍了制浆造纸分析、塑料和合成橡胶分析以及日用化学品分析等内容。

本书为高等院校工业分析专业或应用化学专业工业分析方向的教材，也可作为职业教育相关专业以及从事分析工作人员的参考书。

图书在版编目（CIP）数据

工业分析/李广超，王香善，田久英主编．—3版．—北京：化学工业出版社，2021.3（2024.6重印）

“十三五”江苏省高等学校重点教材

ISBN 978-7-122-38287-0

Ⅰ.①工… Ⅱ.①李…②王…③田… Ⅲ.①工业分析-高等学校-教材 Ⅳ.①TB4

中国版本图书馆CIP数据核字（2020）第265171号

责任编辑：王文峡　　装帧设计：韩　飞

责任校对：李　爽

出版发行：化学工业出版社（北京市东城区青年湖南街13号　邮政编码100011）

印　　刷：北京云浩印刷有限责任公司

装　　订：三河市振勇印装有限公司

787mm×1092mm　1/16　印张19　字数478千字　2024年6月北京第3版第4次印刷

购书咨询：010-64518888　　售后服务：010-64518899

网　　址：http://www.cip.com.cn

凡购买本书，如有缺损质量问题，本社销售中心负责调换。

定　　价：49.00元

前　言

工业分析是分析化学在工业生产中的应用，其内容十分广泛，涉及制造业分类中的30个小类。本教材比较详细地介绍了：样品的采集、制备与分解，煤质分析，硅酸盐分析，冶金工业分析，石油及石油产品分析，化工生产分析，化学肥料分析，气体分析，工业用水和工业废水分析，农药分析等内容。简单介绍了制浆造纸分析、塑料和合成橡胶分析及日用化学品分析等内容。既体现了内容和知识的系统性，又与同类教材的体系安排相对一致，使读者容易接受，力求做到既有较广泛的适用性，又注重实用性。

本教材所介绍的分析方法以国家标准方法为主要依据，同时也注重介绍有关项目分析的新方法和新仪器。这不仅可以拓宽读者的知识视野，而且能够加强其理论联系实际的能力，让学生在走上工作岗位前就能了解到工业分析检验岗位所使用的主要仪器设备，对学生综合素质的提高和快速适应工作岗位有一定的帮助。

随着国家标准的更新、新标准的发布和新技术的不断涌现，原教材中的部分内容已显得陈旧或不适宜。为了使教材内容能充分体现工业分析的新方法、新技术、新仪器，同时使该书更具条理性、实用性和系统性，我们对教材的如下几个方面进行了修订。

一是根据国家标准的更新，对部分相关内容进行修订。

第一章，增加了几种固体、液体和气体采样工具及采样方法介绍。

第三章，修改了吸附水量和化合水量的测定，增加了邻菲啰啉分光光度法测定三氧化二铁、EDTA滴定铁铝差减法测定三氧化二铝、乙二醇萃取-EDTA滴定法测定硅酸盐水泥中游离氧化钙以及硅酸盐岩石中氧化钙含量测定等内容。

第四章，金属矿石分析中修改了铁矿石中全铁、铜矿石中铜和锰矿石中锰的测定，删除铅矿石中铅的测定，增加了金矿石中金和稀土矿石中稀土分量的测定等内容；钢铁分析中，更换了钢铁中硫测定的装置图，修改了钢铁中的磷、硅的测定方法，删除了火焰原子吸收光谱法测定钢铁中的锰，增加了硝酸铵氧化硫酸亚铁铵滴定法测定钢铁中的锰等内容；有色金属及合金分析中，增加了铜及铜合金中多元素同时测定（电感耦合等离子体原子发射光谱法）等内容。

第五章，增加了电子密度天平和数字密度计法测定石油产品的密度，以及荧光指示剂吸附法测定液体石油产品烃类。

第六章，按新标准修改了工业硫酸的质量标准，工业硫酸分析中将砷含量的测定方法更改为原子荧光光度法和砷斑法，删除了氯含量的测定方法，增添了铅含量、汞含量及色度的测定方法；工业乙醇分析中，将杂醇油更改为高级醇，增添了酸含量的测定。

第七章，氮肥分析中修改了氮含量的测定方法、尿素的质量要求，增加了尿素中铁、碱度、硫酸盐、水不溶物以及亚甲基二脲的测定；磷肥分析中，将有效磷的测定更改为过磷酸钙质量分析、钙镁磷肥质量分析；复混肥料分析中，增加了有效磷和缩二脲的测定方法。

第八章，修改了仪器分析法简介的部分内容，将第三节气体分析应用实例中的天然气主成分分析更改为天然气分析，并增加了一些项目分析方法；将半水煤气分析更改为第四节人工煤气组分的化学分析；还增添了第五节几种常见工业气体分析的内容。

二是根据删减和增补的内容，对每章后的习题进行修改。并在第一章至第八章习题后面编写了实验探究，以拓展知识面，锻炼学生的实验方案设计能力和动手能力。

本书由李广超、王香善和田久英主编，屠树江、韩锡光、孟庆华、卢菊生等参与了修订。化学工业出版社在本书的编写和出版方面给予了大力支持，在此一并表示感谢。

由于编者水平有限，再加上时间仓促，不妥之处在所难免，诚望广大读者批评指正。

编者

2020 年 9 月

第一版前言

工业分析是分析化学在工业生产中的应用，其内容十分广泛，涉及制造业中的 30 个小类。

本教材的章节是按照人们习惯的工业分类安排的，比较详细地介绍了试样的采集和制备、煤质分析、硅酸盐分析、冶金工业分析、石油产品分析、化工生产分析、肥料分析、气体分析、工业用水和工业污水分析、农药分析等内容，简单介绍了制浆造纸、塑料和合成橡胶及日用化学品分析等内容。既体现了内容和知识的系统性，又与同类教材的体系安排相对一致，使读者容易接受，力求做到既有较广泛的适用性，又注重实用性。如将以往相关教材中的“水质分析”一章改为“工业用水和工业污水分析”，所讲述的内容也是以工业锅炉用水和循环冷却水等有关分析项目和国家标准方法为基础编写的，以区别环境监测中有关的水分析项目和方法，更符合工业分析所应该讲述的内容。近年来，我国矿石等原材料进口量逐年增加，成为金属矿石进口大国，全国各地的出入境检验检疫局及相关单位对从事金属矿石检验工作的人员要求不断增加。为此将金属矿石分析增加到钢铁分析和有色金属分析的内容中，并合并为“冶金工业分析”一章，既充实了冶金工业分析的内容，又加强了教材的适用性。

本教材以介绍国家标准方法为主要内容，并采用小字简单介绍了有关项目分析的新方法和新仪器，不但可以拓宽读者的视野，而且可以加强理论和实际的紧密联系，使学生在走上工作岗位前就能了解这些仪器，这对学生综合素质的提高和快速适应工作岗位的要求会有一定的帮助。

在编写上尽量避免相似内容的重复，力求做到语言简练，以减少篇幅。另外，在第一章至第九章后安排了填空题、选择题和计算题等不同类型的练习题，便于学生对所学知识的巩固和能力的提高。

本书由李广超编写，在编写过程中得到了卢菊生等同行的帮助，顾明华、黄一石、袁红兰、丁敬敏、凌昌都、张小康、穆华荣、杨永杰、王炳强、王凯、吉分平、李志富、盛晓东、丁邦东、张红、王利人等提出了宝贵建议。化学工业出版社在本书的编写和出版方面给予了大力支持，在此一并表示感谢。

由于编者水平有限，难免有疏漏和欠妥之处，诚望广大读者批评指正。

编者

2007 年 5 月

第二版前言

本教材第一版自2007年出版以来，深受广大读者的欢迎。近年来，随着国家标准的更新和新标准的发布以及新技术的不断涌现，原教材中的部分内容已显得陈旧或不适宜，需对教材进行修订，以适用于教学改革的要求，满足广大读者的需要。

本次修订在保持第一版特点的基础上，对部分内容进行适当补充和调整，从而使该书更具条理性、实用性和系统性。修订的具体内容体现在四个方面：

一是根据国家标准的更新，对煤质分析、硅酸盐分析、钢铁分析、石油产品分析中有关概念、分析项目、产品的技术规格、项目的分析方法、分析步骤、分析过程中的某些条件等相关内容应进行修改。

二是增加了多个分析项目。如煤中碳、氢和氮的测定，硅酸盐水泥中三氧化硫、氯离子、一氧化锰、硫化物及游离氧化钙等项目的分析，石油及石油产品分析中硫、有机氯及原油中硫化氢、甲基硫醇和乙基硫醇的测定，工业废水分析中钼酸盐的分析等。

三是充实近年来实践中采用的新方法、新技术和新仪器。如煤中全硫的红外光谱分析法、用X射线荧光光谱分析测定锰矿石中多种元素、波长色散X射线荧光（WD-XRF）光谱法测定石油产品中的硫等。

四是增加部分练习题。在原来练习题的基础上增加部分选择题、填空题和计算题。

本书由李广超任主编，田久英任副主编，王兴汉、屠树江、王香善、孟庆华、卢菊生等参与了修订。顾明华、黄一石、袁红兰、丁敬敏、凌昌都、张小康、穆华荣、杨永杰、王炳强、王凯、吉分平、李志富、盛晓东、丁邦东、张红、王利人等提出了宝贵建议，化学工业出版社在本书的编写和出版方面给予了大力支持，在此一并表示感谢。

由于编者水平有限，再加上时间仓促，不妥之处在所难免，诚望广大读者批评指正。

编者

2014年4月

目　录

绪　论 1

一、工业分析的任务和作用 1
二、工业分析的对象和特点 1
三、工业分析项目 2
四、工业分析方法 3
五、质量检验的方式和步骤 4
习题 4

第一章　样品的采集、制备与分解 5

第一节　样品的采集 5
一、采样的基本术语、采样原则和基本要求 5
二、固体样品的采集 7
三、液体样品的采集 14
四、气体样品的采集 19
第二节　试样的制备 25
一、制样的基本程序 25
二、样品的保存 26
第三节　试样的分解 26
一、湿法分解法 27
二、干法分解法 27
三、其他分解法 28
习题 29

第二章　煤质分析 32

第一节　概述 32
一、煤的组成和分类 32
二、煤的分析项目 32
第二节　煤的工业分析 34
一、水分的测定 34
二、灰分的测定 38
三、挥发分的测定 40
四、煤中固定碳含量的计算及不同基的换算 41
第三节　煤中全硫的测定 44
一、艾氏卡法 44
二、高温燃烧-酸碱滴定法 45
三、库仑滴定法 47
四、高温燃烧-红外光谱法 49
第四节　煤中碳和氢的测定 49
一、元素炉法 49
二、电量-重量法 52
第五节　煤中氮的测定 53
一、半微量凯氏法 54
二、半微量蒸汽法 55
第六节　煤发热量的测定 56
一、发热量的表示方法 56
二、发热量的测定方法（氧弹式量热计法） 56
习题 61

第三章　硅酸盐分析 63

第一节　概述 63
一、天然硅酸盐 63
二、人造硅酸盐 63
三、硅酸盐常见项目的分析方法 65
第二节　硅酸盐系统分析 67
一、经典分析系统 67
二、快速分析系统 68
第三节　水分和烧失量的测定 70
一、水分的测定 70
二、烧失量的测定 71
第四节　二氧化硅的测定 72
一、氯化铵重量法 72
二、氟硅酸钾容量法 75
第五节　三氧化二铁的测定 77
一、邻菲啰啉分光光度法 77
二、EDTA 直接滴定法 77
三、原子吸收分光光度法 79
第六节　三氧化二铝的测定 79
一、EDTA 直接滴定法 80
二、铜盐返滴定法 80
三、EDTA 滴定铁铝差减法 82
四、铬天青 S 分光光度法 82
第七节　二氧化钛的测定 83
一、苦杏仁酸置换-铜盐溶液返滴定法 83
二、二安替比林甲烷分光光度法 83
第八节　氧化钙的测定 84
一、水泥中总氧化钙的测定 84
二、硅酸盐水泥中游离氧化钙的测定 86
三、硅酸盐岩石中氧化钙含量的测定 88
第九节　氧化镁的测定 90
一、原子吸收分光光度法 90
二、EDTA 滴定差减法 91
第十节　其他项目的测定 92
一、一氧化锰的测定（高碘酸钾氧化分光光度法） 92
二、氧化钾和氧化钠的测定（火焰光度法） 93
三、硫酸盐三氧化硫的测定（硫酸钡重量法） 93
四、硫化物的测定（碘量法） 93
五、氯离子的测定（硫氰酸铵容量法） 94
习题 96

第四章　冶金工业分析 99

第一节　金属矿石分析 99
一、铁矿石中全铁的测定 99
二、铜矿石中铜的测定 101
三、锰矿石中锰的测定 102
四、锌矿石中锌的测定 103
五、金矿石中金的测定 104
六、铀矿石中铀的测定 106
七、稀土矿石中稀土分量的测定 107
第二节　钢铁分析 107
一、钢铁中碳的测定 108
二、钢铁中硫的测定 113
三、钢铁中磷的测定 116
四、钢铁中锰的测定 117
五、钢铁中硅的测定 121
六、钢铁中合金元素的测定 122
第三节　有色金属及合金分析 123
一、铜及铜合金分析 124
二、铝及铝合金分析 125
三、锌及锌合金分析 128
四、钛及钛合金分析 129
五、其他有色金属及合金分析 130
习题 131

第五章　石油及石油产品分析　133

第一节　密度的测定 133

一、密度瓶与密度计法 133

二、韦氏天平法 135

三、电子密度天平法 136

四、数字密度计法 137

第二节　馏程的测定 139

第三节　黏度的测定 141

一、动力黏度的测定 141

二、运动黏度的测定 143

三、条件黏度的测定 144

第四节　闪点和燃点的测定 146

一、克利夫兰（Cleveland）开口杯法 146

二、宾斯基-马丁（Pensky-Martens）闭口杯法 148

第五节　元素和化合物的测定 150

一、硫的测定 150

二、原油中有机氯的测定 152

三、原油中硫化氢、甲基硫醇和乙基硫醇的测定 153

四、液体石油产品烃类的测定（荧光指示剂吸附法） 153

第六节　其他项目的测定 154

一、苯胺点的测定 154

二、水分的测定 154

三、碘值的测定 155

四、车用汽油辛烷值的测定 156

习题 157

第六章　化工生产分析　159

第一节　概述 159

一、基础化学原料 159

二、化学原料生产分析 159

第二节　硫酸生产分析 160

一、矿石中硫的测定 160

二、净化气和转化气分析 162

三、工业硫酸分析 165

第三节　碳酸钠生产分析 170

一、母液分析 171

二、工业碳酸钠分析 172

第四节　工业乙醇分析 177

一、乙醇含量的测定 177

二、硫酸试验色度 178

三、氧化时间 179

四、醛的测定 179

五、高级醇的测定 181

六、甲醇的测定 183

七、酯的测定 184

八、酸含量的测定 185

习题 185

第七章　化学肥料分析　188

第一节　氮肥分析 188

一、氮含量的测定 188

二、尿素的质量分析 191

第二节　磷肥分析 197

一、过磷酸钙质量分析 197

二、钙镁磷肥质量分析 200

第三节　复混肥料分析 202

一、有效磷含量的测定（流动分析仪法） 202

二、钾含量的测定（四苯硼酸钠重量法） 203

三、游离水分的测定（真空烘箱法） 203

四、缩二脲的测定（高效液相色谱法） 204

习题 205

第八章　气体分析

第八章　气体分析 207

第一节　化学分析法 207

一、吸收法 207

二、燃烧法 213

第二节　仪器分析法简介 217

一、气相色谱法 217

二、电化学分析法 217

三、光谱分析法 218

第三节　天然气分析 218

一、组成分析（气相色谱法） 219

二、硫化氢的测定 222

三、总硫的测定 225

第四节 人工煤气组分的化学分析 226

第五节　几种常见工业气体分析 228

一、工业氮气与电子工业用氮气纯度分析 228

二、工业氧气与电子工业用氧气纯度分析 229

三、工业氢气与电子工业用氢气纯度分析 230

四、工业氦气纯度分析 231

五、电子工业用四氯化硅分析 231

习题 231

第九章　工业用水和工业废水分析

第九章　工业用水和工业废水分析 234

第一节　工业用水分析 234

一、pH 值的测定 235

二、电导率的测定 237

三、浊度的测定 (福马肼浊度) 238

四、悬浮固形物和溶解固形物的测定 240

五、碱度的测定 241

六、硬度的测定 242

七、氯化物的测定 244

八、硫酸盐的测定 245

九、磷酸盐的测定 245

十、钼酸盐的测定 247

十一、溶解氧的测定 247

十二、铜的测定 250

第二节　工业废水分析 251

一、高氯废水中化学需氧量(COD)的测定 251

二、挥发酚的测定 254

三、铬的测定 255

四、铅的测定 257

五、镉的测定 258

六、汞的测定 259

七、氰化物含量的测定 260

习题 263

第十章　农药分析

第十章　农药分析 264

第一节　概述 264

一、农药分类 264

二、商品农药采样方法 265

第二节　农药理化性能测试 266

一、水分的测定 266

二、乳液稳定性的测定 267

三、热贮稳定性的测定 267

四、低温稳定性的测定 268

五、丙酮不溶物的测定 268

六、乳化剂苯不溶物的测定 269

第三节　农药分析实例 269

一、氧乐果分析 269

二、多菌灵原药分析 271

三、氰戊菊酯原药分析 274

第十一章　其他工业生产分析简介 276

第一节　制浆造纸分析 276
一、概述 276
二、造纸植物纤维原料的化学成分分析 277
三、纸浆化学成分分析 278
四、化学助剂分析 279
第二节　塑料和合成橡胶分析 281
一、概述 281
二、增塑剂主要性能指标分析 281
三、防老剂、硫化促进剂分析 282
四、丁苯橡胶生产分析 285
第三节　日用化学品分析 287
一、洗涤用品分析 287
二、化妆品分析 287
三、香料分析 288

附　录 289

附录一　实验室常用酸碱的密度、质量分数和物质的量浓度 289
附录二　实验室常用基准物质的干燥方法（干燥温度和干燥时间） 289
附录三　常用化合物的分子量 M_r 289

参考文献 292

二维码一览表

序号	二维码名称	放置页码
1	1-1-1　采样勺和采样铲	7
2	1-1-2　采样探子	7
3	1-1-3　分层采样探子	8
4	1-1-4　三样本采样探子	8
5	1-2-1　长杆侧挂采样杯(一)	15
6	1-2-2　长杆侧挂采样杯(二)	15
7	1-2-3　液体分层取样杯	15
8	1-2-4　液体取样管	15
9	1-2-5　黏稠液体取样管	15
10	1-2-6　浮球自密封采样器	16
11	1-2-7　底阀自封闭式采样器	16
12	1-3-1　液化石油气采样钢瓶	23
13	1-3-2　液氨钢瓶	24
14	4-1-1　火试金重量法测定金设备工具	104
15	5-1-1　石油密度计	135
16	5-1-2　电子密度天平	137
17	5-1-3　U形管振荡数字式密度计	137

绪　论

一、工业分析的任务和作用

工业分析（industrial analysis）的任务是研究工业生产的原料、辅助材料、中间产品、最终成品、副产品及各种废物组成的分析检验方法，它不仅是分析化学在工业生产中的具体应用，而且是一门融化学、物理、物理化学及数理统计等知识为一体的综合性应用学科。

工业分析的作用是客观、准确地评定原料和产品的质量，检查工艺流程是否正常，从而能够及时正确地组织生产，经济合理地使用原料、燃料，及时发现问题，减少废品，提高产品质量，提高企业的经济效益等。因此，工业分析有指导和促进生产的作用，是国民经济行业制造业中不可缺少的一种专门技术，被誉为工业生产的“眼睛”，在工业生产中起着“把关”的作用。

二、工业分析的对象和特点

《国民经济行业分类》(GB/T 4754) 将行业分为 20 个门类、97 个大类、473 个中类、1380 个小类。在 20 个行业门类中，与工业分析内容有关的主要归属于制造业，另外还包括电力、热力、燃气及水生产和供应业的部分相关内容。在制造业中，有 31 个大类（见表 1)、175 个中类和 542 个小类。从大的范围来说，这 31 个制造业大类都属于工业分析的研究对象，可见工业分析的研究对象多，范围广。但考虑到教材篇幅的限制，本教材主要介绍化学原料、化学制品、非金属矿物制品、黑色金属冶炼、有色金属冶炼、石油加工、橡胶和塑料制品等制造业以及与煤质等相关项目的分析。

表 1　我国制造业分类表

大类	类别名称	大类	类别名称
13	农副食品加工业	29	橡胶和塑料制品业
14	食品制造业	30	非金属矿物制品业
15	酒、饮料和精制茶制造业	31	黑色金属冶炼和压延加工业
16	烟草制品业	32	有色金属冶炼和压延加工业
17	纺织业	33	金属制品业
18	纺织服装、服饰业	34	通用设备制造业
19	皮革、毛皮、羽毛及其制品和制鞋业	35	专用设备制造业
20	木材加工和木、竹、藤、棕、草制品业	36	汽车制造业
21	家具制造业	37	铁路、船舶、航空航天和其他运输设备制造业
22	造纸和纸制品业	38	电气机械和器材制造业
23	印刷和记录媒介复制业	39	计算机、通信和其他电子设备制造业
24	文教、工美、体育和娱乐用品制造业	40	仪器仪表制造业
25	石油加工、炼焦和核燃料加工业	41	其他制造业
26	化学原料和化学制品制造业	42	废弃资源综合利用业
27	医药制造业	43	金属制品、机械和设备修理业
28	化学纤维制造业		

工业生产和工业产品的性质决定了工业分析具有如下特点。

1. 分析对象的物料量大

工业分析所涉及的物料量非常大，往往以数千吨、万吨计，但进行分析时只能测定其中很少的一部分。因此，科学合理地采取具有代表性的分析试样是工业分析的重要环节，是获得准确可靠的分析结果的先决条件。

2. 分析对象的组成复杂

工业物料的组成比较复杂，在分析测定某组分时，常常受到共存组分的干扰，因此，在选择分析方法时，必须考虑到共存组分的影响。另外，测定同一种组分，可选择的分析方法也有多种，因此选择一种能满足准确度要求的分析方法是分析工作者需要认真考虑的问题。

3. 分析试样的处理复杂

分析中的反应一般在溶液中进行，但有些物料却不易溶解，需要采用熔融或烧结的方法来制备分析溶液。由于对试样处理的成功与否将直接影响分析结果，因此，试样处理也是工业分析的重要环节。要求分析工作者必须选择适当的试样分解方法，以利于分析测定。

4. 分析的任务广

工业分析的研究对象十分广泛，不同的工业产品具有不同的分析项目和分析方法，即便是同一产品也有多个分析项目，因此分析任务十分广泛。分析时要求在保证一定准确度的前提下，尽可能地快速化。

三、工业分析项目

工业分析项目是由工业产品质量特性所决定的。各种工业产品的质量特性可以概括为适用性、可靠性、安全性、寿命和经济性等。其中，工业产品的适用性是指产品适合一定的用途，满足人们需要所具备的特性。它包括产品的内在特性，如产品的结构、物理性能、化学成分、可靠性、精度、纯度等；也包括产品的外在特性，如形状、外观、色泽、气味、包装等；还有经济特性如成本、价格、使用维修费等，以及其他方面的特性如污染公害等。工业产品的不同特性，区别了各种产品的不同用途，同时也决定了具有不同的工业分析项目。

工业分析主要注重于化学成分和部分物理性能的测试，概括起来可以分为以下几个方面。

1. 物理性能测试

工业产品的物理性能与物质的本质、结构和纯度等有着密切关系，是检验产品质量的重要参数。常见的物理性能主要包括密度、粒径、黏度、光泽度、白度、硬度、比旋光度、折射率、沸点和沸程、熔点、结晶点、闪点和燃点等。

2. 水分的测定

产品质量标准对许多工业产品中水分的含量有明确要求，因此，水分的测定是工业分析一项重要的分析项目。常见的测定方法有重量法、蒸馏法、卡尔·费休法、红外分光光度法、气相色谱法等。

3. 灰分和烧失量的测定

物质经过高温灼烧后的残留物称为灰分，表示被测定物质中无机物成分的大致含量。在灼烧过程中失去的质量称为烧失量，表示被测定物质中有机物的大致含量。这些指标可以作为某些工业产品质量控制的重要指标。

4. pH 值和酸碱度的测定

酸度是指能与强碱作用的物质的量，碱度是指能与强酸作用的物质的量。在工业分析中，工业用水、工业废水、工业废弃物及某些工业产品需要测定 pH 值和酸碱度。常用电位法测定 pH 值，用酸碱滴定法测定酸碱度。

5. 元素和化合物的测定

元素和化合物的测定是工业分析中最多见的和最重要的分析项目。从元素来说有金属元素和非金属元素；从化合物来说有金属化合物和非金属化合物、有无机物和有机物。

四、工业分析方法

由于工业分析对象广泛，分析项目和测定要求多种多样，因此分析方法也多种多样。按照方法原理，可分为化学分析法、物理分析法和物理化学分析法；按照分析任务，可分为定性分析、定量分析和结构分析、表面分析、形态分析等；按照分析对象，可分为无机物分析和有机物分析；按照试剂用量，可分为常量分析、微量分析和痕量分析；按照分析要求，可分为例行分析和仲裁分析；按照完成分析的时间和所起的作用不同，可分为快速分析和标准分析；按照分析测试程序的不同，可分为离线分析和在线分析。

1. 快速分析法和标准分析法

快速分析法的特点是分析速度快，但分析误差往往比较大。常用于车间控制分析（俗称中控分析），主要是控制生产工艺过程中的关键部位。

标准分析法的特点是准确，是进行工艺计算、财务核算和评定产品质量的依据。常用来测定原料、半成品和成品的化学组成，也用于校核和仲裁分析。

标准方法中又分为国际标准、国家标准、行业标准、地方标准和企业标准。

国际标准是指由国际性组织所制定的各种标准，其中最著名的是由国际标准化组织制定的 ISO 标准和由国际电工委员会制定的 IEC 标准。

中国的国家标准是由国务院标准化行政主管部门发布，其代号“GB”表示强制性国家标准，代号“GB/T”表示推荐性国家标准。

2. 离线分析和在线分析

通过现场采样，把样品带回实验室处理后进行测定的方法称为离线分析（off-line analysis）。采用自动取样系统，将试样自动输入分析仪器中进行分析的方法称为在线分析（on-line analysis）。

离线分析是传统的工业分析方式，得到的分析结果相对滞后于实际生产过程。因此，当出现生产异常情况时不能及时进行调整，有可能会影响生产的正常进行，甚至出现事故。为了及时了解实际生产的真实情况，需要及时得到分析结果，这就需要采用在线分析方式。

在线分析是伴随着生产过程的自动化而出现的，从 20 世纪 30 年代开始把分析仪器直接用于钢铁工业、化学工业和火力发电等工业生产流程上。20 世纪 60 年代以后，在线分析的研究和应用更加普遍，特别是随着电子技术的发展和计算机的广泛应用，使在线分析技术有了很大的发展。由于在线分析具有分析速度快、自动化程度高、结果准确、操作简单、可实现连续监测等优点，目前已在冶金工业、石化工业、煤炭工业、化肥工业、水泥工业、食品工业、原子能工业及环境保护方面得到了广泛应用。

3. 工业分析方法的选择

工业分析方法很多，选择合适的分析方法是非常重要的。通常，选择分析方法要考虑如下几个因素。

（1）有国家标准方法的必须选择国家标准方法，没有国家标准方法的可以选择行业标准、地方标准或企业标准。

（2）从分析方法的准确度和灵敏度方面考虑，应首先选择能满足分析目的要求的方法。

（3）从分析速度方面考虑，在能满足分析结果准确度要求的基础上，优先选择分析速度比较快的方法。因为分析工作进行的速度有时也能影响工业生产的完成时间，影响效益。

（4）从分析成本方面考虑，在能满足分析结果要求的基础上，尽量选择分析成本较低的方法。因为分析成本的降低也有助于企业提高效益。

（5）从环境保护方法考虑，应尽量选择不使用或少使用有毒有害的试剂、不产生或少产生有毒有害物质，符合环保要求的方法。

在选择分析方法时，还应考虑分析样品的性质、共存物质的情况、实验室的实际条件等多方面的因素，权衡利弊，科学合理地进行选择。

五、质量检验的方式和步骤

质量检验是对产品的一项或多项质量特性进行观察、测量、试验，并将结果与规定的质量要求进行比较，以判断每项质量特性合格与否的一种活动。

（1）质量检验的方式　按检验的数量可分为全数检验和抽样检验；按质量特性值可分为计数检验和计量检验；按检验方法可分为理化检验、感官检验和生物检验；按检验后检验对象的完整性可分为破坏性检验和非破坏性检验；按检验的地点可分为固定检验和流动检验；按检验目的可分为生产检验、验收检验、监督检验、验证检验和仲裁检验；按供需关系可分为第一方检验、第二方检验和第三方检验。

（2）质量检验的步骤　根据产品标准明确检验项目和各个项目质量要求；规定适当的方法和手段，借助检验仪器设备等测定产品的技术指标；把测试得到的数据同标准和规定的质量要求相比较；根据比较的结果，判断单个产品或批量产品是否合格；记录所得到的数据，并把判断结果反馈给有关部门，以便促使其改进质量。

习题

1. 从互联网查找《国民经济行业分类》（GB/T 4754），了解国民经济行业分类中的大类、中类和小类。
2. 通过互联网分别查找5个有关工业产品的强制性国家标准和推荐性国家标准分析方法。

第一章　样品的采集、制备与分解

第一节　样品的采集

从被检的总体物料中取得有代表性的样品的过程叫采样。采样的目的是采取具有代表性的分析试样。若分析试样不能代表原始物料的平均组成，即使后面的分析操作很准确，也是徒劳的，其分析结果也是不可靠的。因此，用科学的方法采取供分析测试的分析试样是分析工作者的一项十分重要的工作。

一、采样的基本术语、采样原则和基本要求

1. 采样的基本术语

(1) 采样单元 (sampling unit)　具有界限的一定数量物料。这里的界限可能是有形的，如一个容器；也可能是无形的，如物料流的某一时间或时间间隔。

(2) 份样 (increment)　用采样器从一个采样单元中一次取得的一定量的物料。

(3) 样品 (sample)　从一个采样单元中取得的一个或几个份样。

(4) 原始样品 (primary sample)　合并采取的所有份样得到的保持其个体性质的一组样品。

(5) 部位样品 (spot sample)　从物料的特定部位或在物料流的特定部位和时间取得的样品。

(6) 表面样品 (surface sample)　从物料的表面取得的样品。

(7) 底部样品 (bottom sample)　在物料的底部取得的样品。

(8) 上部样品 (upper sample)　液面下相对应于总体积 1/6 的深处取得的部位样品。

(9) 中部样品 (middle sample)　液面下相对应于总体积 1/2 的深处取得的部位样品。

(10) 下部样品 (lower sample)　液面下相对应于总体积 5/6 的深处取得的部位样品。

(11) 定向样品 (directional sample)　一种只有一维是重要的几何样品，此维与采样单元中物料的唯一主轴的变异性相关。

(12) 截面样品 (cross-sectional sample)　一种只是两维重要的几何样品，其中每一维都与采样单元中物料在两主轴之一的变异性相关。

(13) 几何样品 (geometric sample)　一种特定形状的样品，其三维尺寸与采样单元中物料在各个轴的变异性相关。

(14) 实验室样品 (laboratory sample)　为送往实验室供分析检验而制备的样品。

(15) 参考样品 (reference sample)　与实验室样品同时同样制备的样品，在有争议时，它可为有关方面接受用作实验室样品。

(16) 保存样品 (storage sample)　与实验室样品同时同样制备的备查样品，日后有可能用作实验室样品。

(17) 试样 (test sample)　由实验室样品制备的，用来进行检验的一定量的物料。

2. 采样的原则

采样的基本原则就是使采得的样品具有充分的代表性。

对于均匀物料的采样，原则上可以在物料的任意部位进行，要求在采样过程中不应带进

任何杂质，且尽量避免引起物料的变化（如吸收水分、氧化等）。

对于非均匀物料，应随机采样。对所得样品分别进行测定，汇总所有样品的检测结果，可以得到总体物料的特性平均值和变异性的估计量。

3. 采样的基本要求

采样时首先要设计采样方案。采样方案的基本内容包括：确定总体物料的范围、采样单元和二次采样单元；确定样品数、样品量和采样部位；规定采样操作方法和采样工具、样品的加工方法以及采样安全措施。

（1）样品数和样品量　为使所采的样品具有代表性，所采取的样品数应足够多。采取的样品量必须满足制样处理、测定、留存备查样品等方面的需要。在满足需要的前提下，能给出所需信息的最少样品数和最少样品量为最佳样品数和最佳样品量。

对于一般的化工产品，可用多单元物料来处理。采样操作分两步，即先选取一定数量的采样单元，然后对每个单元按物料特性值的变异性类型分别进行采样。

若总体物料的单元数小于500，采样单元的选取数可按表1-1的规定确定；若总体物料的单元数大于500，采样单元数可按总体单元数立方根的三倍数，即 $n=3\times\sqrt[3]{N}$（N 为总体的单元数）来确定。

表1-1　选取采样单元数的规定

总体物料的单元数	选取的最少单元数	总体物料的单元数	选取的最少单元数
1～10	全部单元	182～216	18
11～49	11	217～254	19
50～64	12	255～296	20
65～81	13	297～343	21
82～101	14	344～394	22
102～125	15	395～450	23
126～151	16	461～500	24
152～181	17		

【注意】　如有小数时，则进为整数。如单元数为538，则 $n=3\times\sqrt[3]{538}\approx24.4$，将24.4进为25，即选用25个单元。

在单元数满足需要的前提下，样品量至少应满足以下要求：至少满足三次重复检测的需求；当需要留存备查样品时，应满足备考样品的需求；对采得的样品物料如需进行制样处理时，还应满足加工处理的需要。

（2）采样方法和采样器　依据被采物料的形态、粒径、数量、物料特性值的差异性以及样品类型，选择合适的采样方法。所选择的采样方法应能保证在允许的采样误差范围内获得总体物料的有代表性的样品。

所使用的采样器不能造成待采样物料的污染，采样器的材质更不能与待采样物料发生任何反应。

（3）采样记录和采样报告　采样时应记录被采物料的状况和采样操作，如物料的名称、来源、编号、数量、包装情况、存放环境、采样部位、所采样品数和样品量、采样日期、采样者等。必要时可填写详细的采样报告。

（4）采样安全　为确保采样操作的安全进行，采样时应注意以下几个方面：采样地点要有出入安全的通道、照明和通风条件；在贮罐或槽车顶部采样时要防止摔下；采样前必须了解各种危险物质的基本规定和处理办法，采样时须有防止阀门失灵、物料溢出的应急措施；采样时不能单个人进行，要求必须有陪伴者。

二、固体样品的采集

（一）采样工具

常见的固体样品采样工具有采样探子、采样钻及在线采样器。另外还有采样勺、采样铲等。

1-1-1　采样勺和采样铲

1. 采样探子

采样探子适用于粒径较小的固体化工产品采样，可分为末端开口式采样探子、可封闭采样探子、关闭式分层采样探子、气动采样探子和真空采样探子。

（1）末端开口式采样探子　末端开口的采样探子是由一根不锈钢金属管加工而成，管子的一侧切掉，使金属管呈 U 形，管子的一端有一个 T 形手柄（也可以不加），另一端有一个锥形钝点，探子长约 750mm、外径 18mm、槽口宽 12mm，如图 1-1 所示。

1-1-2　采样探子

采样时，将采样探子槽口向下按一定角度插入物料，转动探子 2～3 周，保持槽口向上，水平抽回探子，再将探子内的物料从前端倒入样品容器内。

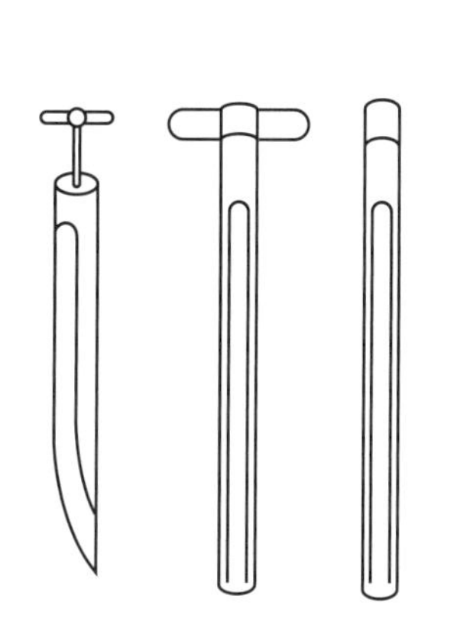

图 1-1　末端开口式采样探子

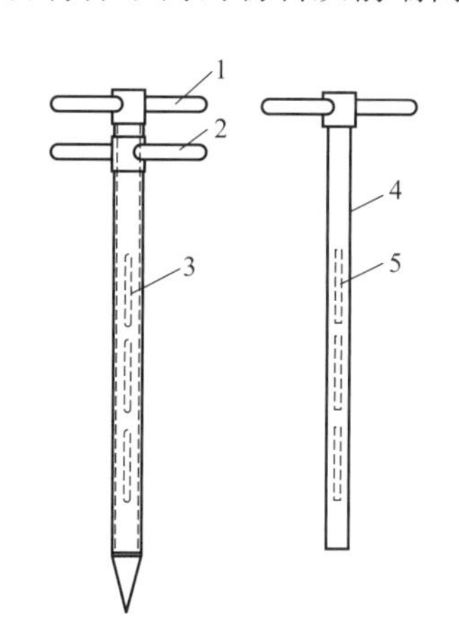

图 1-2　槽窗封闭采样探子

1—内管柄；2—外管柄；3—槽窗；4—内管；5—内管槽窗

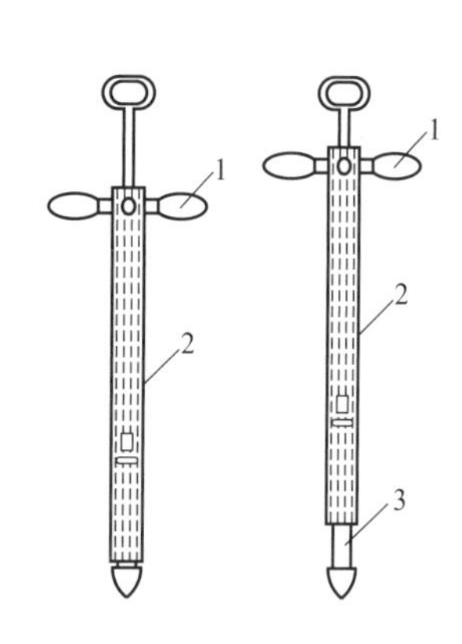

图 1-3　套管封闭采样探子

1—柄；2—套管；3—内管料仓

（2）可封闭采样探子　依据采样操作原理的不同将可封闭采样探子分为槽窗封闭采样探子和套管封闭采样探子。

槽窗封闭采样探子由金属外管和紧密配合的内管构成（如图 1-2 所示）。外管的一侧切开一组槽窗，槽窗个数通常为 2～3 个，槽宽至少为所采物料最大粒径的三倍，封闭的尖端外管便于插入物料中。内管一侧的对应位置也切开一组槽窗（个数和宽度与外管相同）。转动内管手柄使内管槽窗与外管槽窗方向一致时，内外管槽窗重合，槽窗处于开启状态（通常设计为内、外管 T 形手柄处于相互平行的位置）；转动内管手柄使其与外管手柄呈一定的夹角，槽窗处于封闭状态（通常设计为内、外管 T 形手柄处于相互垂直的位置）。采样时，转动内管手柄使槽窗处于封闭状态，持外管手柄将采样器插入物料中，在达到所需深度时转动内管手柄，使槽窗处于开启状态，使物料通过槽窗进入内管（必要时在保持槽窗开启状态下转动探子 2～3 周，以确保有足够量物料进入内管），再转动内管手柄使槽窗关闭，从物料中提出采样探子，并将其颠倒过来，将物料从采样探子手柄端倒入样品容器内。

套管封闭采样探子由金属外管（套管）和内管构成（如图 1-3 所示）。封闭的尖端内管便于插入物料中，尖端的上部为内管料仓。外管（套管）可在内管外上下移动，向上移动时可使内管料仓露出，当套管向下移动至最底端时，正好与内管下端密实。采样时，使外管（套管）移动至最下端，将采样器插入物料中，在达到所需深度时向上提拉外管使内管料仓露出，待物料进入内管料仓后，向下推动外管使其与内管料仓密实。取出采样器，向上提拉外管使采样内管料仓露出，将物料从内管料仓中倒入样品容器内。

（3）关闭式分层采样探子　关闭式分层采样探子由内管和外管组成，外管的底端封闭，在与内管料仓对应位置开槽窗，内管料仓可放置样品舟，也可以不放。该类采样探子与槽窗封闭采样探子的主要区别是每个槽窗的长度较小，而相邻两槽窗之间的距离较大，且槽窗与槽窗之间互不相通，每个料仓的样品可以独立分开，用来采取部位样品。根据一次在同一层能采取的样本数不同，分为分层单样本、分层两样本和分层三样本采样探子。

常见的分层单样本采样探子有单层单样本和分层单样本采样探子（如图 1-4 所示）。采样时，转动内管手柄使内管料仓关闭，将采样探子插入物料至所需深度，转动内管使料仓开启，转动探子 2～3 周，待物料进入料仓后再转动内管使料仓关闭。取出采样探子，开启料仓，将物料从内管各个料仓中分别倒入不同的样品容器内，每个料仓所取样品即为不同部位的单个样本。

分层多样本采样探子由外管、内管料仓和样品舟组成，常见的有三层两样本和三层三样本采样探子。图 1-5 所示的为分层三样本采样探子，采样前从每层的外管窗口放入三个样品舟，转动内管使料仓关闭，将采样探子插入物料至所需深度［图 1-5(a)］；转动内管使料仓开启，转动探子 2～3 周，物料进入样品舟，取得第一份样品［图 1-5(b)］；将内管向上提拉一档，第一个样品舟进入外管窗口上部，此时第二个样品舟位于外管开口处，转动探子 2～3 周，使物料进入样品舟，取得第二份样品［图 1-5(c)］；按同样操作，取得第三份样品［图 1-5(d)］；转动内管使料仓关闭，取出采样探子，开启料仓，依次取出第 1 层的 1-3 样品舟、第 2 层的 2-3 样品舟和第 3 层的 3-3 样品舟，将内管向下推动一档，再取出第 1 层的 1-2 样品舟、第 2 层的 2-2 样品舟和第 3 层的 3-2 样品舟，最后取出第 1 层的 1-1 样品舟、第 2 层的 2-1 样品舟和第 3 层的 3-1 样品舟［如图 1-5(e)所示］。

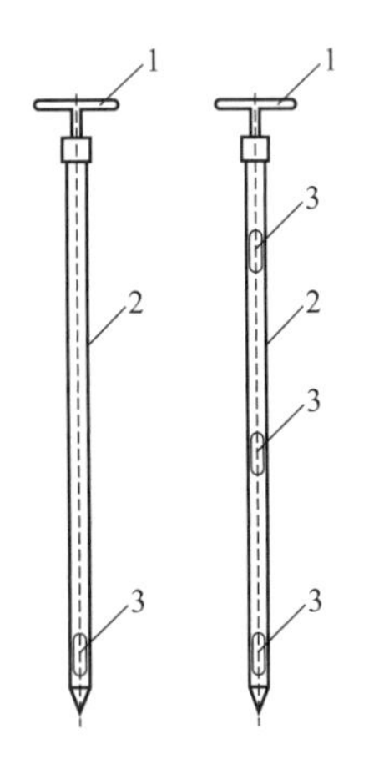

图 1-4　分层单样本采样探子

1—内管手柄；2—外管；3—内管料仓

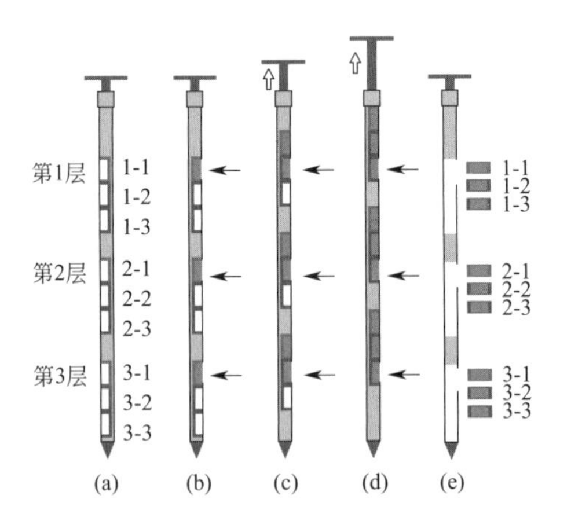

图 1-5　分层三样本采样探子

1-1-3　分层采样探子

1-1-4　三样本采样探子

(4) 气动采样探子 常见的气动采样探子有旋风式气动采样探子和滤袋式气动采样探子，适用于细小颗粒且松散物料样品的采集。

旋风式气动采样探子由主机、软管和探子构成，如图 1-6 所示。主机上部为电动抽气泵，下部为旋风式集样器。采样时，将探子插入物料中，开启电源开关，物料通过探头被吸入旋风式集样器，同时探子不断地插入物料。采样结束后，关闭电源，打开旋风式集样器下端的样品出口，将所取样品加入样品容器内。

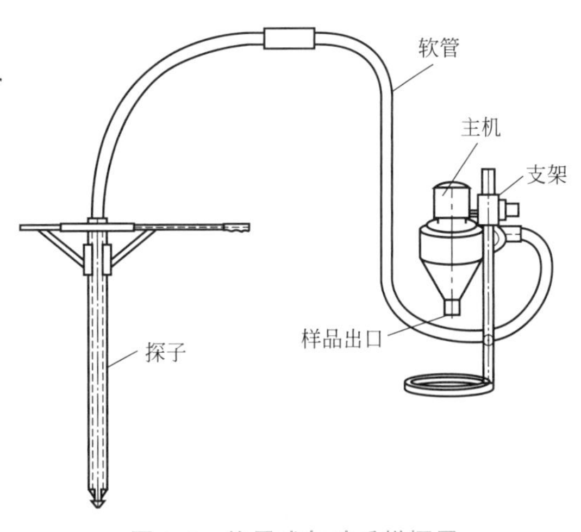

图 1-6 旋风式气动采样探子

滤袋式气动采样探子主要由主机、软管和探子构成，主机上部装有电动抽气泵，下部为装有过滤袋的取样桶（如图 1-7 所示），采样时，将带有吸头的探子通过连接管与软管连接，一手握住采样探子手柄，另一手持探子中部，将探子插入物料中，开启电源开关，调节手柄处的风量调节装置使风量适中，使样品被均匀吸入取样桶中。采样结束后，关闭电源，松开主机侧面的锁紧扣，取下过滤袋，将所取样品倒入样品容器内。

(5) 真空采样探子 真空采样探子由一个真空吸样器、样品容器、采样管和采样探子构成，如图 1-8 所示。真空吸样器通过软管连接样品容器，样品容器通过软管连接采样管，采样管上装有采样探子，将探子插入物料中，通过真空吸样器提供的负压动力，将物料吸入样品容器中。样品容器的出气端口（与真空吸样器连接的端口）上装有一个金属网过滤器，防止空气中的飞尘进入真空吸样器。

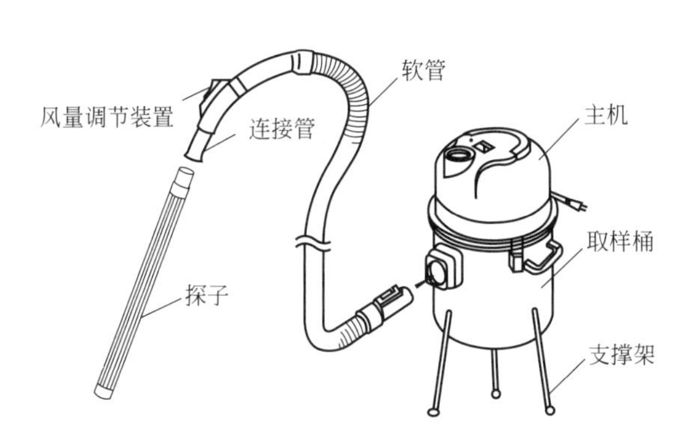

图 1-7 滤袋式气动采样探子

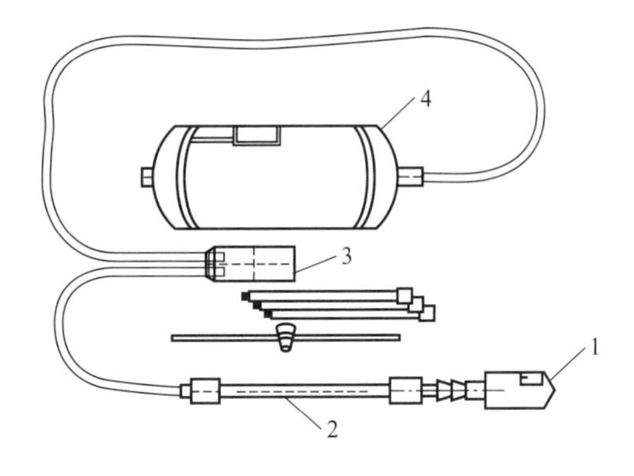

图 1-8 真空采样探子

1—采样探子；2—采样管；3—样品容器；4—真空吸样器

采样探子由内管和一节套筒构成（如图 1-9 所示），一端固定在采样管上，另一端开口。套筒可在内管上自由滑动，但受套筒上伸入内管槽栓的限制，套筒的允许行程恰能使其上的孔眼完全开启和关闭。套筒的上部带一个凸缘，采样时将探子插入物料中，探子处于关闭状态，提升采样管，使内管后滑，由于凸缘在物料中阻碍了套管的移动，套筒不动，使孔眼开启，通过真空吸样器，将样品吸入样品容器中。真空采样探子适用于细小颗粒且松散物料样品的采集。

2. 采样钻

采样钻适用于较坚硬的固体样品的采集。常见的关闭式采样钻，由一个金属外管和一个装在内部的钻头构成，如图 1-10 所示。采样时牢牢地握住外管，转动旋转手柄，使管子稳固地进入物料，必要时可稍加压力，以保持均等的穿透速度。到达指定部位后，停止转动，连同外管和钻头一起提出，反转旋转手柄，将所取样品移进样品容器中。

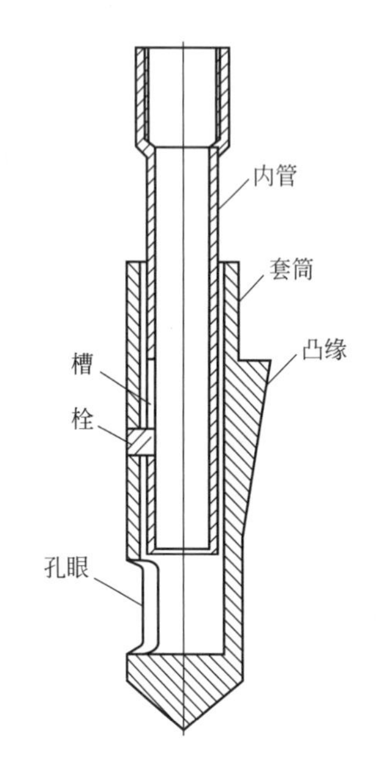

图 1-9 采样探子示意图

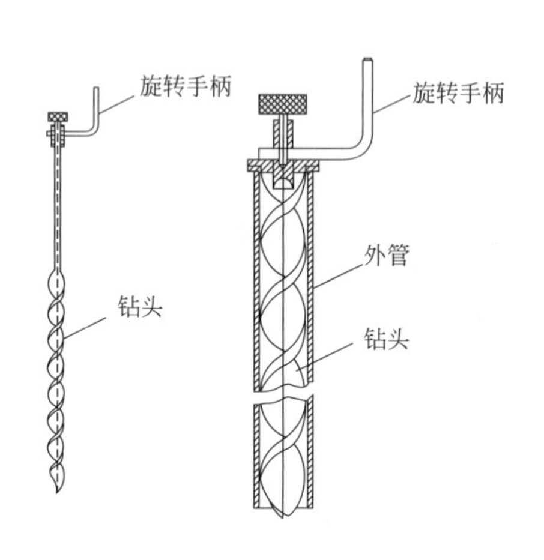

图 1-10 关闭式采样钻

3. 在线采样器

在线采样器适用于储罐（非自流动）和物料输送管道（自流动）粒径较小的颗粒物样品的采集，分为手动和自动在线采样器。

（1）手动在线采样器　手动在线采样器通过法兰连接或焊接在物料管道上。如图 1-11 所示。在不进行采样时，取样杆不伸进物料管道中［见图 1-12(a)］。采样时，将取样杆推进物料管道中，物料进入样品槽中［见图 1-12(b)］。将取样杆拉出物料管道，然后旋转取样杆，使样品进入样品容器中［见图 1-12(c)］。通过手动操作进行定时取样，从而实现在线采样。

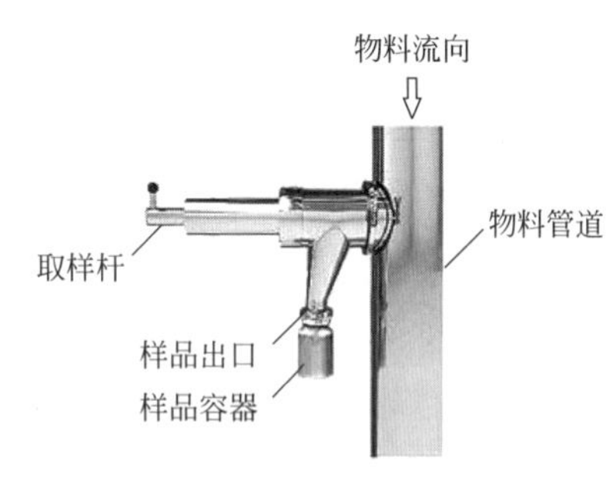

图 1-11 手动在线采样器

（2）自动在线采样器　自动在线采样器由取样器、样品容器、软管和电气控制箱组成，如图 1-13 所示。采样器通过法兰与管道连接，取样管末端通过软管与样品容器连接。在不进行采样时，取样管不进入物料管道内［见图 1-13(a)］。采样时，活塞驱动取样管进入物料管道，样品通过取样管进入样品容器［见图 1-13(b)］。取样程序可以在操作屏面板上设定成自动连续取样或间隔一定时间取样。

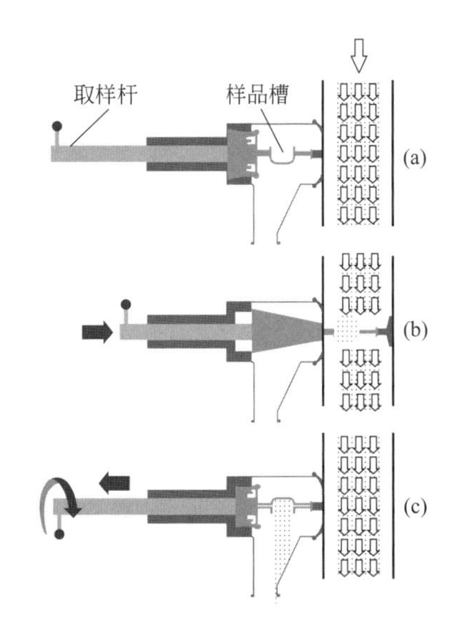

图 1-12　手动在线采样示意图

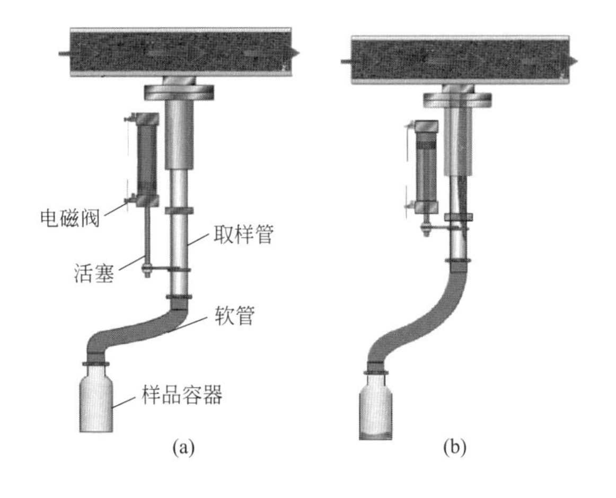

图 1-13　自动在线采样示意图

（二）采样量

一般而言，对于颗粒比较均匀的工业产品，其采样方法比较简单。而对于某些颗粒不均匀的产品，采样量与产品的性质、颗粒大小、均匀程度及被测组分含量的高低等因素有关。对于不均匀的物料，采样量可采用下列经验公式计算：

$$m_Q \geqslant kd^{\alpha} \tag{1-1}$$

式中　m_Q——采取实验室样品的最低可靠质量，kg；

k——经验常数，一般 k 值在 0.02～1 之间，颗粒越不均匀，k 值越大；

d——实验室样品中的最大颗粒直径，mm；

α——经验常数，一般取值在 1.8～2.5 之间。

由式(1-1) 可知，物料的颗粒越大，最低采样量越多；样品越不均匀，最低采样量也越多。

【例】 采集某矿石样品时，若此矿石的最大颗粒直径为 20mm，k 值为 0.06，问应采取实验室样品的最低可靠质量是多少？若将矿石破碎后，其最大颗粒直径为 4mm，则应采取实验室样品的最低可靠质量又是多少？（$\alpha=2$）

解：若矿石的最大颗粒直径为 20mm 时：

$$m_Q \geqslant kd^{\alpha}=0.06\times 20^2=24\ (\mathrm{kg})$$

即应采取实验室样品的最低可靠质量为 24kg。

若矿石的最大颗粒直径为 4mm 时：

$$m_Q \geqslant kd^{\alpha}=0.06\times 4^2=0.96\ (\mathrm{kg})\approx 1\mathrm{kg}$$

即应采取实验室样品的最低可靠质量为 1kg。

（三）采样方法

1. 件装物料采样

件装物料属于单元物料，采样单元数的确定见表 1-1。

用采样探子或其他合适工具，按一定方向插入一定深度，从采样单元中取定向样品。每个采样单元中取得定向样品的方向和数量根据容器中物料的均匀程度确定。

2. 从物料堆中采样

对于散装物料，当批量少于 2.5t 时，一般设 7 个采样单元；当批量为 2.5～80t 时，设置采样单元数按$\sqrt{批量(t)\times 20}$进行计算，结果取整数；当批量大于 80t 时，一般设 40 个单元。在实际工作中，不同的物料要求也不同。

（1）粒径较小的散装物料采样　根据物料量的大小和均匀程度，用勺、铲从物料的一定部位取部位样品，或用采样探子沿一定方向取定向样品。

根据物料堆的形状和份样数目，将份样分布在堆的顶、腰和底部。底部采样时，采样点应距地面 0.5m。顶部采样时，应先除去 0.2m 的表面层后，再沿垂直方向进行采样。

（2）大块散装物料采样

① 部位样品　用合适的工具从所需部位采集一定量的物料。若物料坚硬，可在要求的部位钻取钻屑作为样品，或在要求的部位锯取锯屑作为样品。

② 定向样品　沿要求的方向把大块物料破成两块，切削新暴露的表面，收集所有切屑作为样品。若物料坚硬，可沿要求的方向钻取钻屑作为样品，或沿要求的方向锯取锯屑作为样品。

③ 几何样品　对于单块或连续大块物料，用锤子和凿子或锯子从物料上取下所要求的形状和质量的物料作为样品。

3. 从物料流中采样

用自动采样器、勺子或其他合适的采样工具从输送带物料流中随机或按一定的时间间隔取截面样品。若物料流的流量均匀，可按相同的时间间隔采取，采样的时间间隔 T 可用下式计算：

$$T \leqslant \frac{60Q}{nG} \tag{1-2}$$

式中　T——采样的时间间隔，min；

　　Q——物料批量，t；

　　n——份样数目，个；

　　G——物料的流量，t/h。

4. 从运输工具中采样

从运输工具中采样，应根据运输工具的不同，选择不同的布点方法。常用的布点方法有三点法、四点法和五点法。一般来说，当车皮容量低于 30t 时，采用三点法，如图 1-14(a) 所示；当车皮容量在 30～50t 时，采用四点法，如图 1-14(b) 所示；而当车皮容量超过 50t 时应采用五点法，如图 1-14(c) 所示。布点时应将份样分布在车皮的一条对角线上，首、末采样点至少距车角 1m，其余份样点等距离分布在首、末两份样点之间。

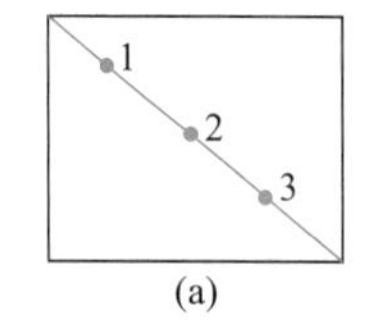

(a)

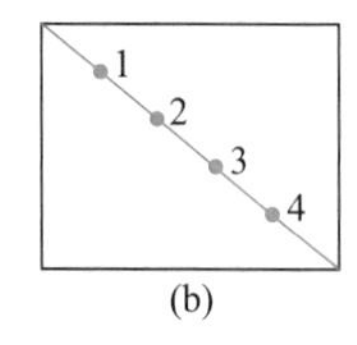

(b)

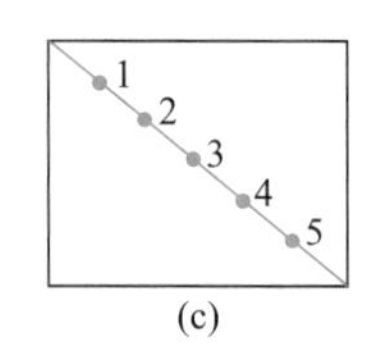

(c)

图 1-14　常用的布点方法示意图

（四）固体物料采样实例——商品煤样的采取方法

1. 份样数和份样质量

若煤量为 1000t 时，份样数目见表 1-2。

表 1-2 煤量为 1000t 时各种取样点的最少份样数目

<table>
<tr><th colspan="2">品 种</th><th>煤流</th><th>火车</th><th>汽车</th><th>船舶</th><th>煤堆</th></tr>
<tr><td rowspan="2">原煤、筛选煤</td><td>干基灰分>20%</td><td>60</td><td>60</td><td>60</td><td>60</td><td>60</td></tr>
<tr><td>干基灰分≤20%</td><td>30</td><td>60</td><td>60</td><td>60</td><td>60</td></tr>
<tr><td colspan="2">精煤</td><td>15</td><td>20</td><td>20</td><td>20</td><td>20</td></tr>
<tr><td colspan="2">其他洗煤(包括中煤)和粒度大于 100mm 的块煤</td><td>20</td><td>20</td><td>20</td><td>20</td><td>20</td></tr>
</table>

若煤量超过 1000t 时，份样数目按下式计算：

$$n_1 = n\sqrt{\frac{m}{1000}} \tag{1-3}$$

式中 n_1——实际应采份样数目，个；

n——表 1-2 中的份样数目，个；

m——煤量，t。

若煤量少于 1000t 时，份样数目可根据表 1-2 中规定数目按比例递减，但最少不能少于表 1-3 中规定的数目。

表 1-3 煤量少于 1000t 时各种取样点的最少份样数目

<table>
<tr><th colspan="2">品 种</th><th>煤流</th><th>火车</th><th>汽车</th><th>船舶</th><th>煤堆</th></tr>
<tr><td rowspan="2">原煤、筛选煤</td><td>干基灰分>20%</td><td rowspan="4">表 1-2 规定数目的 1/3</td><td>18</td><td>18</td><td rowspan="4">表 1-2 规定数目的 1/2</td><td rowspan="4">表 1-2 规定数目的 1/2</td></tr>
<tr><td>干基灰分≤20%</td><td>18</td><td>18</td></tr>
<tr><td colspan="2">精煤</td><td>6</td><td>6</td></tr>
<tr><td colspan="2">其他洗煤(包括中煤)和粒度大于 100mm 的块煤</td><td>6</td><td>6</td></tr>
</table>

每个份样的最小质量，可根据煤的最大粒度进行计算，也可以按照表 1-4 中的规定来确定。

表 1-4 商品煤采样量与粒度关系表

商品煤最大粒度/mm	0～25	25～50	50～100	>100
每个份样最小采样质量/kg	1	2	4	5

2. 采样方法

（1）煤堆采样 根据煤堆的形状和份样数目，将份样按地点分布在煤堆的顶部、腰部、底部（距地面 0.5m），对于不规则形状的煤堆，可按不同区域实际存放量的多少按比例布设采样点。采样时应先除去 0.2m 表层后再挖取。

（2）从煤流中采样 根据式(1-2)计算出采样时间间隔。在煤流下落点，根据煤的流量和传送带宽度，以一次或分多次用接斗横截煤流的全断面采取一个份样。

（3）从运输工具中采样

① 从火车车皮中采样 份样数目和份样质量分别按表 1-2～表 1-4 中规定确定。对于原煤和筛选煤不论车皮容量大小，每车至少采取 3 个份样，按三点法布点；对于精煤、其他洗煤和粒度大于 100mm 的块煤，按五点循环方式，每车至少取 1 个份样。

在矿山采样时，应在装车后立即采取。在采样点位置挖开表面 0.4m 的表层后，采取一定数量的样品，采样前应将滚落在坑底的煤块清除干净。

② 汽车中采样 无论原煤、筛选煤、精煤、其他洗煤或粒度大于 100mm 的煤块，均沿车厢对角线方向，按三点（首尾两点各距车角 0.5m）循环方式采取份样。当 1 辆车上需要采取 1 个以上份样时，与火车顶部的采样方法相同，将份样分布在对角线或整个车厢表面。

③ 船舶采样 直接在船上采样，一般以一舱煤为一个采样单元，也可将一舱煤分成多

个采样单元。将船舱分成2～3层，每3～4m为一层，将份样均匀分布在各层表面上，在装货或卸货时采样。

3. 试样的保存

煤样采取后，应装入密封容器或袋中，立即送至制样室。同时应注明煤样质量、煤种、采样地点和采样时间，还应登记车号和煤的发运数量。

三、液体样品的采集

常见的液态工业产品主要有硫酸、硝酸、盐酸等无机化工原料和化学试剂；醇类、醛类、酮类、醚类等有机化工原料和化学试剂；原油、成品油及石油制品；杀虫剂、除草剂、杀菌剂等农药；涂料、溶剂等建材化学品；香水、洗涤剂、化妆品等日用化学品。其中有些属于易燃液体，有的属于氧化性液体，有的属于腐蚀性液体，有的属于有毒性的液体。

液态样品具有流动性，组成比较均匀，易采得均匀样品。液体产品一般是在容器中贮存和运输的，所以采样前应根据容器情况和物料的种类来选择采样工具和确定采样方法。

（一）采样工具

常见的液体采样工具有采样勺、采样杯、采样管、采样瓶和采样桶。

1. 采样勺和采样杯

采样勺由不与被采取物料发生化学作用的金属或塑料制成，分为表面样品采样勺、混合样品采样勺和采样杯。表面样品采样勺边沿成锯齿形，齿高10mm，齿底角60°，大小视样品量及能否进入容器而定，如图1-15(a) 所示。混合样品采样勺和采样杯用于物料混匀后的随机采样，如图1-15(b) 和图1-15(c) 所示。

图1-16所示的是一种长杆具盖采样杯，可以用于液体深处点样的采集。采样时，将采样杯放入液体中至所需深度［见图1-16(a)］，用手挤压内、外手柄，弹簧被压缩，杯盖被提启［见图1-16(b)］，样品便进入采样杯中。然后松开手柄，杯盖又在弹簧的作用下盖紧采样杯。提出采样杯，用手挤压内、外手柄，将杯中的物料转移至样品容器中。

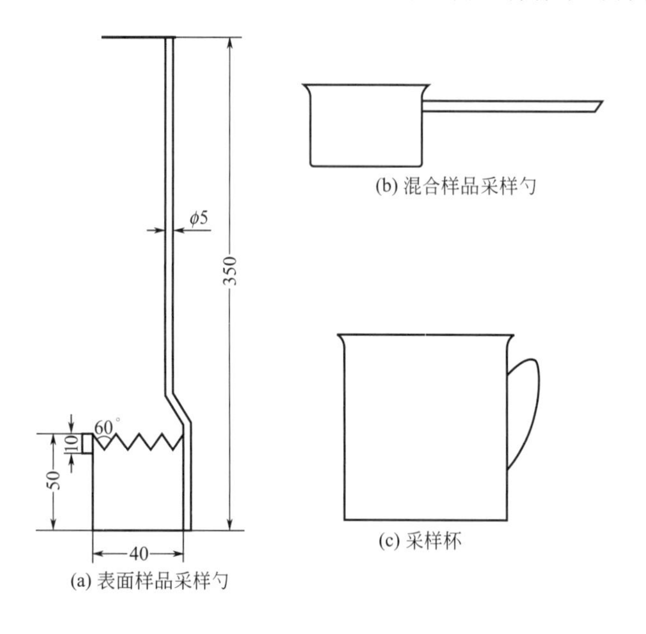

图1-15 采样勺和采样杯（单位：mm）

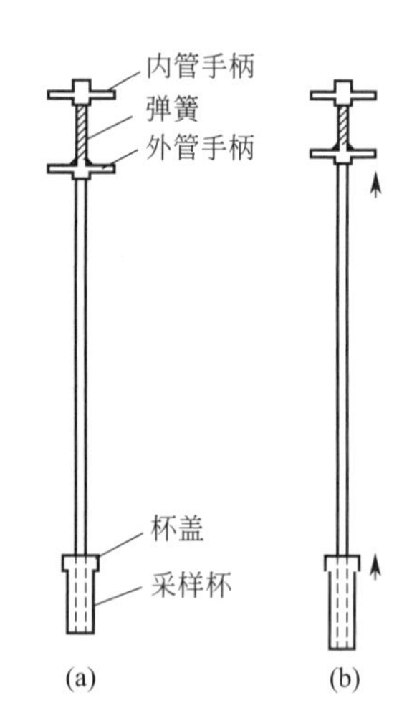

图1-16 长杆具盖采样杯

1-2-1　长杆侧挂采样杯（一）

1-2-2　长杆侧挂采样杯（二）

1-2-3　液体分层取样杯

2. 采样管

常见的一类采样管是一个两端开口的管子（如图 1-17 所示），材质分为玻璃、金属和塑料，适用于采集桶、罐、槽车中某液面的样品，也可以用于从一个选择的液面采取点样或采取底部样。图 1-17(a) 所示的采样管，长度从 500mm 至 1200mm 不等，管上端口径一般为 6mm，下端的口径分为 1.5mm、3.0mm 和 5.0mm，分别用于采集黏度为小、中和较大的物料。采样时，用拇指（或配套塞子）压紧管口上端，将采样管插入液体中至所需深度，松开拇指使液体进入管内，再用拇指压紧采样管上端口，将采样管取出并将样品放入样品容器中。若要采集桶装黏稠液、多相液时，可选用图 1-17(b) 所示的大口径采样管，也可采用图 1-17(c) 所示的不锈钢双套筒采样管。双套筒采样管类似于注射器，采样时将采样管插入液体至所需深度，向上拉动内套筒，液体被吸进采样器中，到达所需取样量后取出采样管，向下推动内筒将样品放入样品容器中。

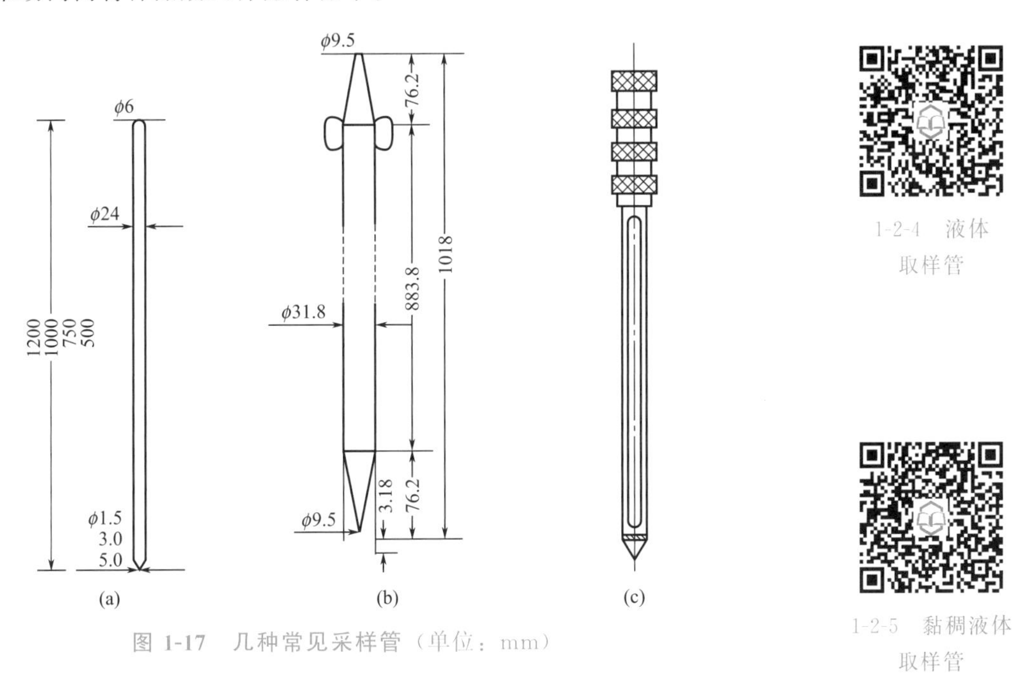

图 1-17　几种常见采样管（单位：mm）

3. 采样瓶与采样桶

采样瓶一般为 500mL 具塞玻璃瓶，套上加重铅锤，如图 1-18(a) 所示。常常把具塞金属瓶或具塞玻璃瓶放入加重金属笼中，便于采样瓶浸入液体中，如图 1-18(b) 所示。

采样桶有金属材质和聚四氟乙烯材质。常见的金属材质（铜或不锈钢）采样桶的桶体、提手、配重体均为金属，为了防止不同材质配重体因接触而导致样品污染，配重采样桶的配重体应采用与桶体相同的材质，如图 1-19 所示。聚四氟乙烯材质采样桶常用于采集硫酸、硝酸和盐酸样品，因此被称为酸采样桶。酸采样桶的桶体、塞子和配重体均为聚四氟乙烯材质，与金属材质配重采样桶的外观类似，主要区别是无手提，而是将耐酸碱的绳子系在桶口下的凹槽处，用于提起采样桶，如图 1-20 所示。

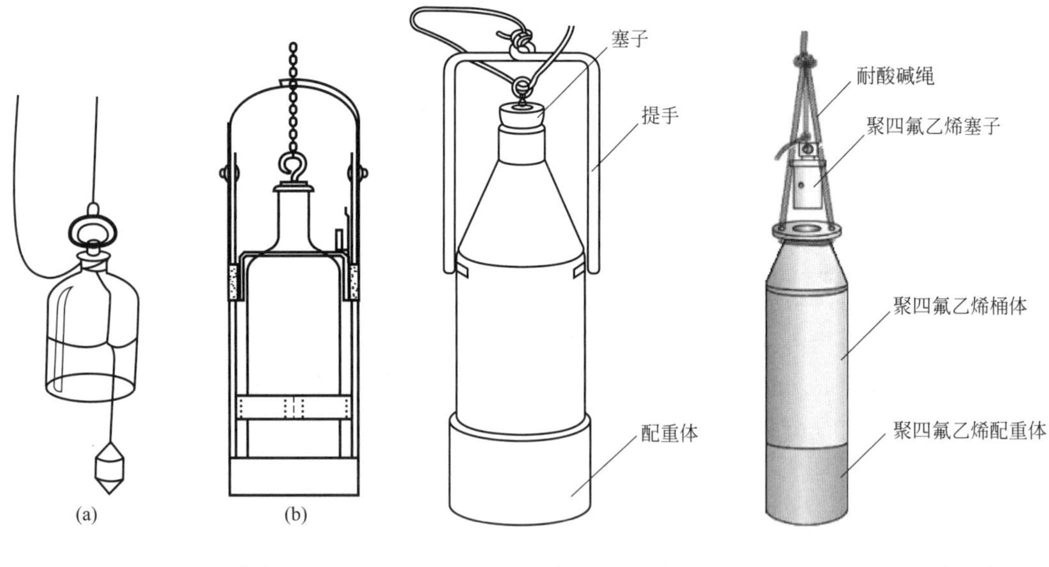

图 1-18 采样瓶　　图 1-19 配重采样桶　　图 1-20 酸采样桶

采样瓶和采样桶的采样操作相同，采样前将塞子塞紧，将采样瓶（桶）放入液体中至所需深度，通过急拉瓶（桶）塞上的绳子打开塞子，使液体进入，采样结束后将采样瓶（桶）提出。

4. 自密封采样器

（1）浮球自密封采样器　浮球自密封采样器是在配重采样桶的上端口处加装一个浮球自密封装置，如图 1-21 所示。浮球自密封装置是通过一个导槽与桶口连接，浮球可以在导槽内上下移动。当液面到达导槽底端时，浮球便随液面上升而上升，当液体充满时浮球正好能将桶口密封。

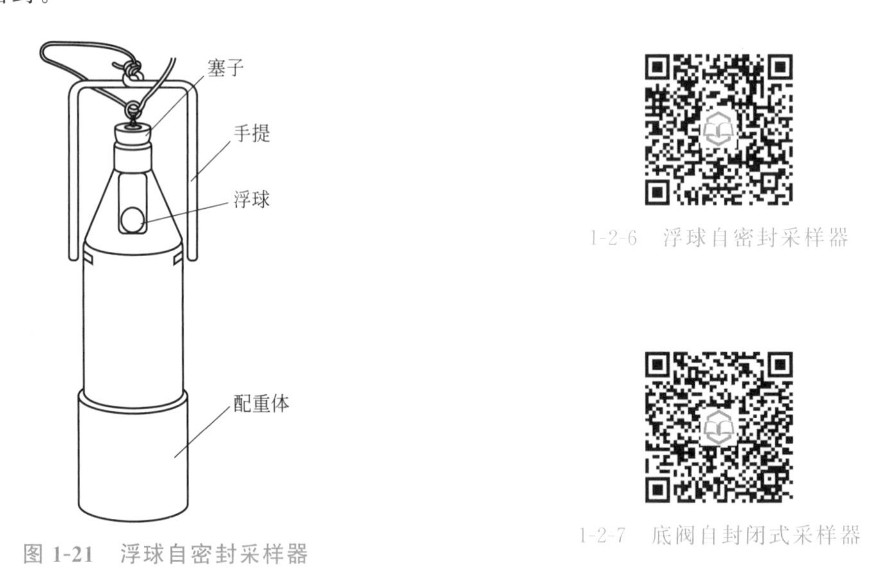

1-2-6 浮球自密封采样器

1-2-7 底阀自封闭式采样器

图 1-21 浮球自密封采样器

（2）底阀自密封采样器　常见的底阀自密封采样器分为阀片式底阀自密封采样器和阀塞式底阀自密封采样器。

阀片式底阀自密封采样器外形是一个圆管，底部有一圆形进液口，进液口处有一能够上下移动的阀片，阀片移动的幅度由三颗导钉限制。圆管的顶部是由铰链连接的顶盖（或折叶），如图 1-22 所示。采样时，将采样器放入液体中，采样器下沉，此时进液口上的阀片处于打开状态，液体进入桶中，当液体充满后便会从顶盖溢出。当到达所需深度后，向上提起采样器时，顶盖与阀片因压力作用均处于关闭状态，采样器中的液体即为所需深度的样品。该采样器适用于贮罐、槽车和船舶中的液体样品的采集。

阀塞式底阀自密封采样器的下端有一进液口，进液口处有一底阀，上端有空气出口，如图 1-23 所示。采样时，将采样器放入液体中并使其沉入容器底部，当底阀阀塞接触容器底部时，靠重力的作用压紧控制底阀阀塞的弹簧，底阀阀塞上移而被打开，液体进入采样器，因此又被称为底部取样器。当空气出口不在有气泡冒出时，表面液体已充满采样器，提起采样器，底阀阀塞因失去外来压力而被弹簧压紧，从而实现自密封。

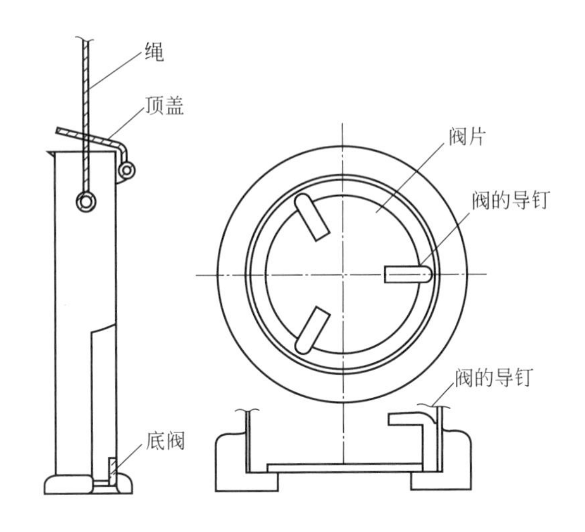

图 1-22 阀片式底阀自密封采样器

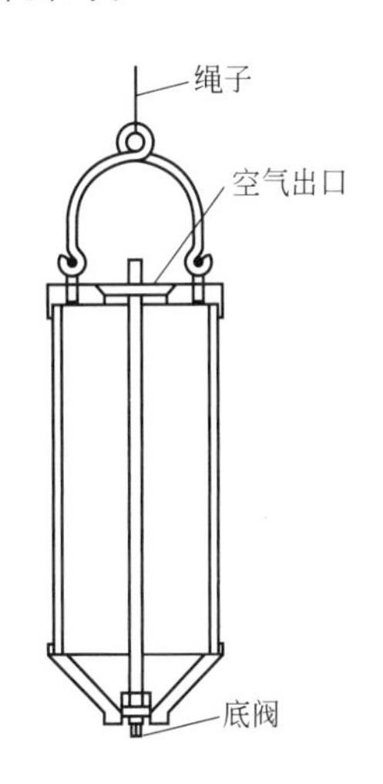

图 1-23 阀塞式底阀自密封采样器

（二）采样方法

1. 从小贮存容器中采样

对于容量小于 25mL 的小瓶装产品，采样时将各瓶摇匀后分别倒出等量液体，混合均匀作为样品。对于小瓶装产品（25～500mL）按采样方案随机采得若干瓶产品，各瓶摇匀后分别倒出等量液体混合均匀作为样品。对于大瓶装产品（1～10L）或小桶装产品（约 20L），采样时经人工搅拌或摇匀后，用适当的采样管采取混合样品。对于大桶装产品（约 200L），可以在静止情况下用开口采样管采全液位样品或采部位样品后混合成混合样品；也可以在滚动或搅拌均匀后，用采样管采得混合样品。

2. 从大贮存容器中采样

（1）立式圆形贮罐采样　立式圆形贮罐主要用于暂时贮存原料、成品等液体物料。采样时可以从固定采样口采样，也可以从顶部进口采样。当贮罐装满物料时，从贮罐侧壁安装的上、中、下采样口阀门分别采得部位样品。由于截面一样，因此按等体积混合三个部位样品成为平均样品。如罐内液面高度达不到上部或中部采样口时，建议按下列方法采得样品。

① 如果上部采样口比中部采样口更接近液面，则从中部采样口采 2/3 样品量，而从下部采样口采 1/3 样品量。

② 如果中部采样口比上部采样口更接近液面，从中部采样口采 1/2 样品量，从下部采

样口采 1/2 样品量。

③ 如果液面低于中部采样口，则从下部采样口采全部样品。

当贮罐没有安装上、中、下采样管时，也可以从顶部进口采样。采样时，把采样瓶从顶部进口放入，降到所需位置，分别采上、中、下部位样品，等体积混合成平均样品。

(2) 卧式圆柱形贮罐采样　在卧式贮罐一端安装上、中、下采样管，外口配阀门。采样管伸进罐内一定深度，管壁上有直径为 2～3mm 的均匀小孔。当贮罐装满物料时，从各采样口采上、中、下部位样品并按一定比例混合成平均样品。若贮罐没有安装上、中、下采样管时，可根据液体深度用采样瓶等从顶部进口放入，按表 1-5 中规定的采样液面位置采取上、中、下部位样品，按表 1-5 所列比例混合成为平均样品。

表 1-5　卧式圆柱形贮罐采样部位和比例　　单位：%

液体深度(直径百分比)	采样液位(离底直径百分比)			混合样品时相应的比例		
	上	中	下	上	中	下
100	80	50	20	3	4	3
90	75	50	20	3	4	3
80	70	50	20	2	5	3
70	—	50	20	—	6	4
60	—	50	20	—	5	5
50	—	40	20	—	4	6
40	—	—	20	—	—	10
30	—	—	15	—	—	10
20	—	—	10	—	—	10
10	—	—	5	—	—	10

(3) 槽车采样　槽车是汽车、火车经常使用的用于进行液体物料运输的容器。采样时，用采样瓶或金属采样管从顶部进口放入槽车内，放到所需位置采上、中、下部位样品，然后按一定比例混合成平均样品。因为槽车罐是卧式圆柱形或椭圆形的，所以采样位置和混合比例可以按表 1-5 进行，也可采全液位样品。若在顶部无法采样，而且物料又较为均匀时，也可在槽车的排料口采样。

(4) 船舱采样　把采样瓶放入船舱内降到所需位置采上、中、下部位样品，以等体积混合成平均样品。对装载相同产品的整船货物采样时，可把每个舱采得的样品混匀成平均样品。当舱内物料比较均匀时，可采一个混合样或全液位样品作为该舱的代表性样品。

3. 从输送管道采样

(1) 从管道出口端取样　对于直径小的管道来说，在管道出口端放置一个样品容器，容器上放只漏斗以防外溢。采样时间间隔和流速成反比，混合体积和流速成正比。

(2) 手动采样探头取样　对于直径较大的管道来说，可在管内装一个合适的采样探头。简单的采样探头是一个合适的带有隔离阀的取样管，探头深入管道内部，样品入口中心点应在不小于管线内径的 1/3 处，探头的入口应面对液体流动的方向，如图 1-24 所示。取样时，用一个出液软管连接到取样管上，另一端插入样品容器中，开启阀门即可将管内液体采集至样品容器中。

图 1-25 所示的是通过法兰连接的手动取样器，采样前将取样器与管线出口通过法兰连接，放置好样品瓶（必要时可用软管连接）。采样时，打开阀门，旋转手柄使传动丝杆后退至出液管有液体流出，采样结束后反方向旋转手柄使传动丝杆进入并封闭管线出口，然后关闭阀门。

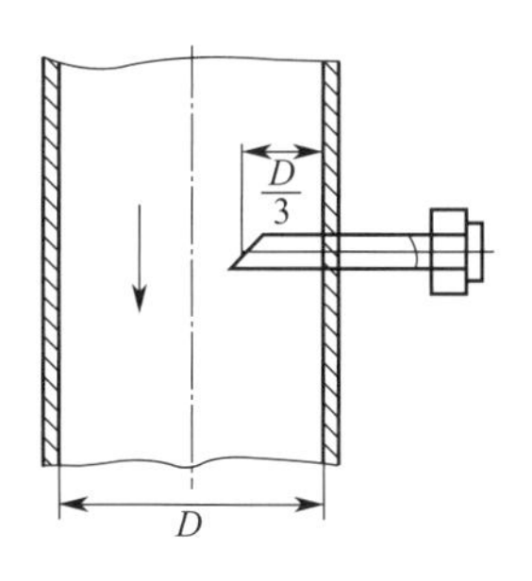

图 1-24　手动采样探头取样

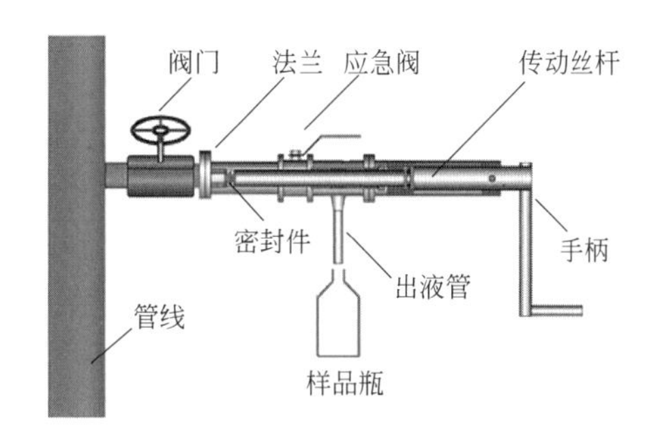

图 1-25　手动取样器取样

(3) 自动管线采样器取样　对于管线内流速变化大，难以用人工调整探头流速接近管内线速度时，可采用自动管线采样器采样。自动管线采样器采样主要由取样探头、泵、分液装置、样品接收器和控制器等部分组成，如图 1-26 所示。管线中的流体通过泵送入分液装置，经过分液后，一部分进入样品接收器，一部分回流至管内。

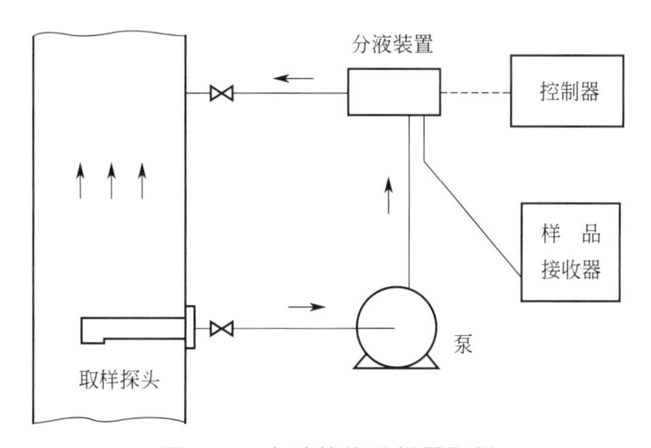

图 1-26　自动管线采样器取样

四、气体样品的采集

在《化学品分类和危险性公示通则》(GB 13690) 中，工业气体通常被划分为第 2 类压缩气体和液化气体。气体（如氧气、氮气、氩气等）经加压或降低温度，可以使气体分子间的距离大大缩小而被压入钢瓶中，这种气体称为压缩气体。对压缩气体加压并适当降温，气体就会变成液体，称为液化气体（如液氯、液氨、液体二氧化碳等）。性质极不稳定的气体，加压后需溶于溶剂中储存于钢瓶内，这种气体称为溶解气体（如溶解乙炔等）。按照化学性质可以将工业气体分为不燃气体（如氮气、二氧化碳、氩气等）、易燃气体（如氢气、乙炔、液化石油气等）和有毒气体（如氯气、氨气等）。

（一）样品容器

1. 球胆和气袋

球胆为橡胶材质，价廉易得，使用方便，在要求不高的情况下使用。由于球胆易吸附烃类等气体，易渗透氢气等小分子气体，放置时间久气体成分会发生变化，因此采样后必须立即对气体进行分析。用球胆采样时必须先用样品气将其吹洗干净（至少吹洗三次以上），同时还应固定球胆专取某种样品，不能交叉使用。

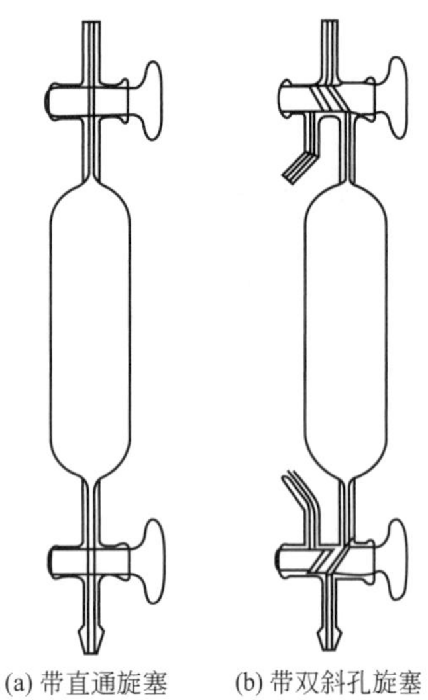

图 1-27 双旋塞采样管

气袋的材质有聚乙烯 、聚丙烯、聚四氟乙烯、复合材料以及铝等。一般来说，复合材料气袋优于塑料袋，适合盛装密度较高的气体，含氟材质的气袋比球胆保存样品时间更长一些。

2. 玻璃采样管

常见的玻璃采样管是带有两个旋塞的采样管，分为带直通旋塞和带双斜孔旋塞，如图 1-27 所示。

3. 吸附剂采样管

常见的吸附剂采样管有活性炭采样管和硅胶采样管。图 1-28 所示的是活性炭采样管，长度为 150mm，外径为 6mm，通常 A、B 段分别装填 100mg、50mg 活性炭，常用来吸收并浓缩有机气体和蒸气。

4. 金属钢瓶

常见的金属钢瓶分为耐高压和中压两类，容积一般为 0.1～5L，材质有不锈钢、碳钢、铜和铝合金等，分为单阀型、双阀型、非预留容积管型和预留容积管型。图 1-29 所示为单阀型钢瓶，图中左侧为非预留容积管型，右侧为预留容积管型。图 1-30 所示为双阀型钢瓶，其中左侧为非预留容积管型，右侧为预留容积管型。双阀型钢瓶的两端带针形阀，比单阀使用更方便。预留容积管的作用是在钢瓶内为液化气因微小温度升高而膨胀提供一定体积的蒸发空间，以保证瓶内压力不会急剧升高。预留容积管长度决定预留容积的大小，管子越长预留容积越大。预留容积管型采样钢瓶通常在连通预留容积管的阀门上有标志。

图 1-28 活性炭采样管

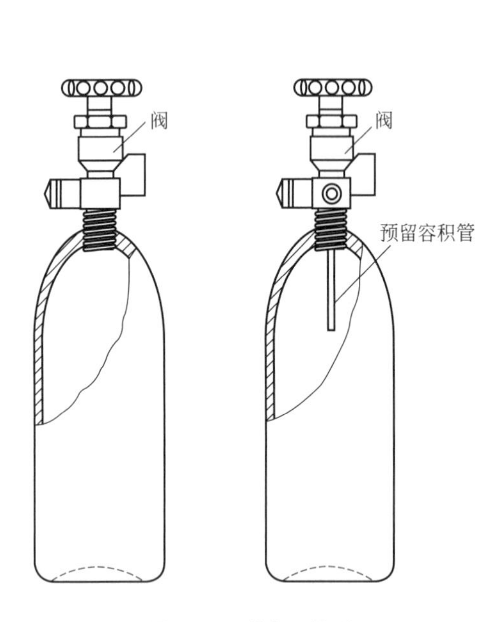

图 1-29 单阀型钢瓶

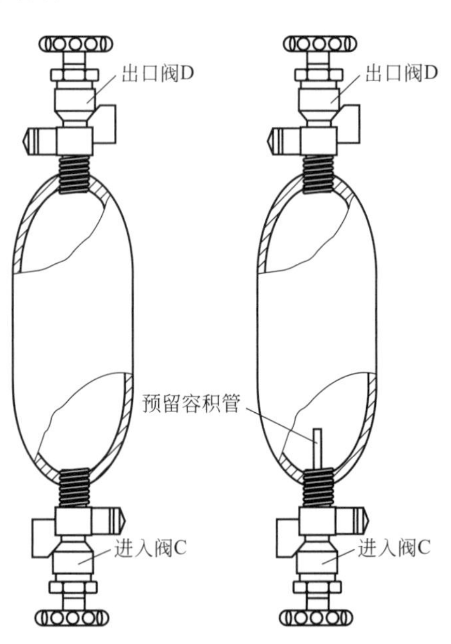

图 1-30 双阀型钢瓶

5. 卡式气罐

卡式气罐如图 1-31 所示，由金属材料制成，瓶口配有气密阀门，容积约为 500mL，与适当的采样导管和接口相连接，可用于高压气体和液化气体的采样和样品贮存。

6. 液氯钢瓶

液氯钢瓶如图 1-32 所示，由适宜的钢材制成，容积为 0.5～10L，带有一长一短双内管连通双阀门的瓶头，在瓶头上对应于长管和短管的各阀门上应做好标志。经检验符合规定压力的水压试验和规定压力的气密性试验后方准使用，可用于有毒液化气体产品（如液氯）的采样。

7. 金属杜瓦瓶

金属杜瓦瓶如图 1-33 所示，由金属材料制成，隔热良好，用于从贮罐中采取低温液化气体（如液氮、液氧和液氨等）样品。

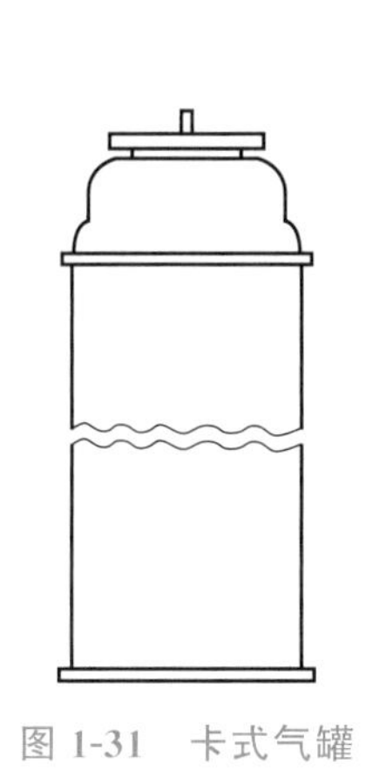

图 1-31　卡式气罐

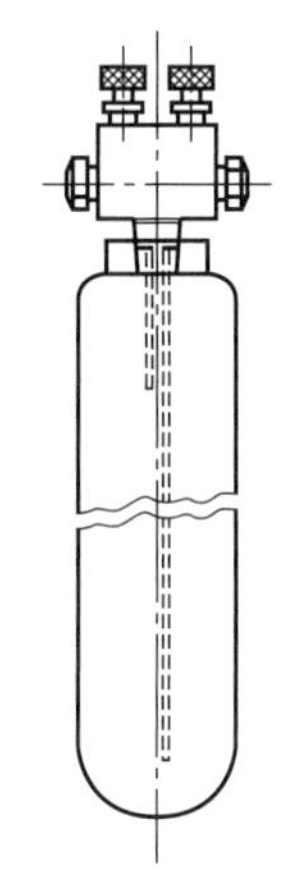

图 1-32　液氯钢瓶

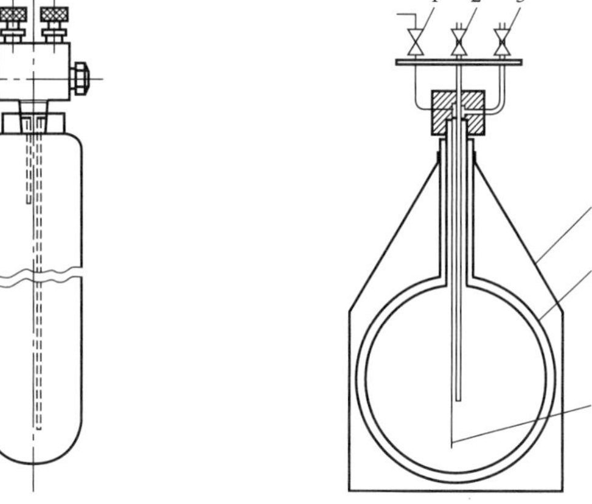

图 1-33　金属杜瓦瓶

1—排出阀；2—注入阀；3—排气阀；4—金属箱；5—杜瓦瓶；6—毛细管

（二）采样方法

1. 常压气体物料的采样

压力与大气压相同或接近的气体都称为常压气体。对于这类气体物料，可用如图 1-34 所示的采样装置进行采样。图中瓶 1 为气样瓶，置于高位，塞上带旋塞的玻璃管用橡胶管与气体物料出口连接。瓶 2 为封闭瓶，置于低位，瓶内装有水、稀酸或盐的水溶液作为封闭液。两瓶用橡胶管连接，中间有一止水夹。采样时先用样品气使封闭液饱和，再将封闭液充满瓶 1，然后用样品气将封闭液置换出去，从而使瓶 1 中充满样品气，完成采样操作。

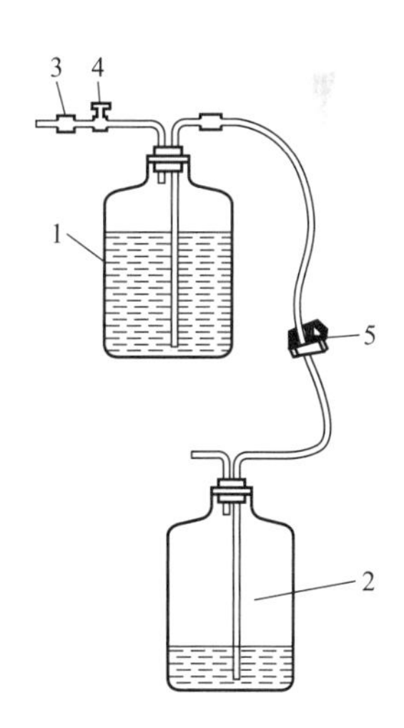

图 1-34　气体采样瓶

1—气样瓶；2—封闭瓶；3—橡胶管；4—旋塞；5—止水夹

由于气体组分改变或温度改变的影响，原来饱和的封闭液可能变为不饱和，就会溶解少量气体或释放一部分气体，从而导致样品气组成的改变。另外，采集的样品气在稀酸或盐水中的溶解度比在水中小，但样品气中的微量杂质会溶于稀酸或盐水中而影响检出，因此该采样方法只适用于常量分析。

2. 正压气体物料的采样

气体压力高于大气压的气体称为正压气体。对于压力略高于大气压的气体，可采用球胆、气袋或采样管进行采样。将清洁、干燥的采样器连到采样管路上，打开采样阀，用相当于采样管路和容器体积至少 10 倍以上的气体清洗，关上出口阀，然后再关上进口阀，完成采样操作。

对于高压气体进行采样，应先减压（装调压器、针阀或节流毛细管等）至略高于大气压，再用上述方法采样。

3. 负压气体物料的采样

气体压力低于大气压的气体称为负压气体，又分为低负压气体和超低负压气体。对于低负压气体物料，可用抽气泵减压法采样。常见的有流水真空泵采样装置（如图 1-35 所示）和机械真空泵采样装置（如图 1-36 所示）。

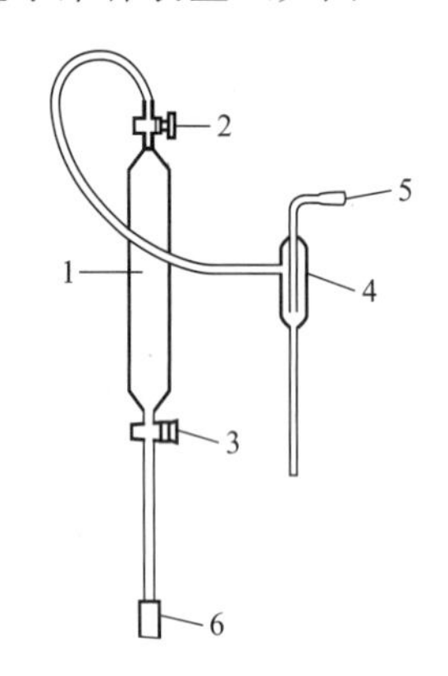

图 1-35 流水真空泵采样装置

1—气样管；2，3—旋塞；4—流水真空泵；5，6—橡胶管

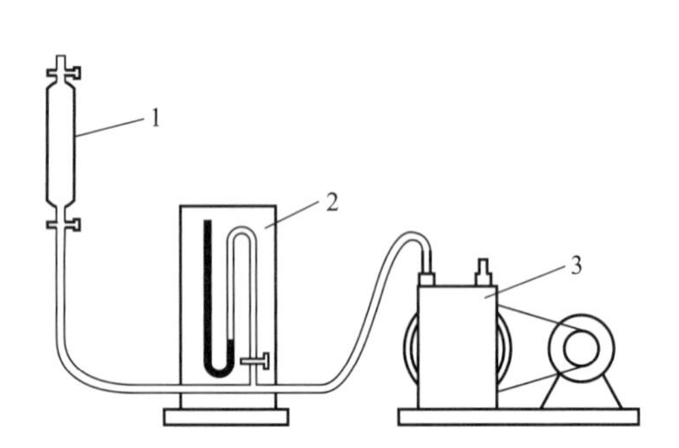

图 1-36 机械真空泵采样装置

1—气样管；2—压力计；3—真空泵

当气体负压过高时，应采用抽真空容器采样，如图 1-37 所示。抽真空容器一般是容积为 0.5～3L 的厚壁优质玻璃瓶或管，瓶（管）上有旋塞。采样前将其抽至内压降至 8～13kPa 以下，关闭瓶（管）上的旋塞，然后称量，用橡胶管将集气瓶与采样装置连接，开启集气瓶上的旋塞，气体物料即进入集气瓶。

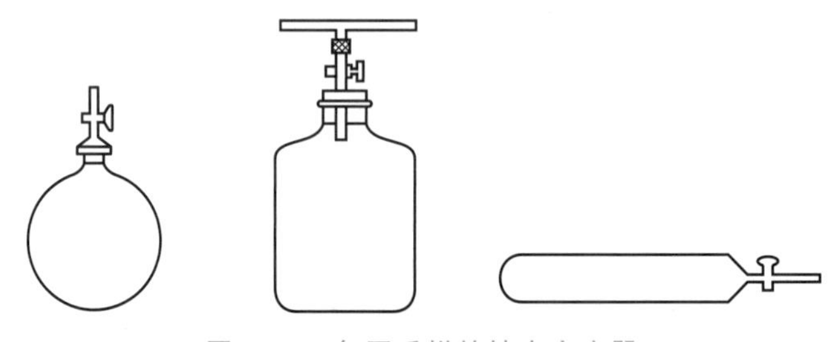

图 1-37 负压采样的抽真空容器

4. 液化气体的采样

（1）低碳烃类液化气体采样　根据检验需要的试样量，选用不同规格型号的采样钢瓶或卡式气罐。将采样钢瓶按如图 1-38 所示连接到采样口的管线上，按照以下步骤进行采样操作。

① 冲洗采样管线　关闭进入阀 C 和出口阀 D，打开排出阀 B 和控制阀 A，用待采物料冲洗导管等采样管线。

② 冲洗采样钢瓶　关闭排出阀 B，打开控制阀 A，然后打开进入阀 C，缓慢打开出口阀

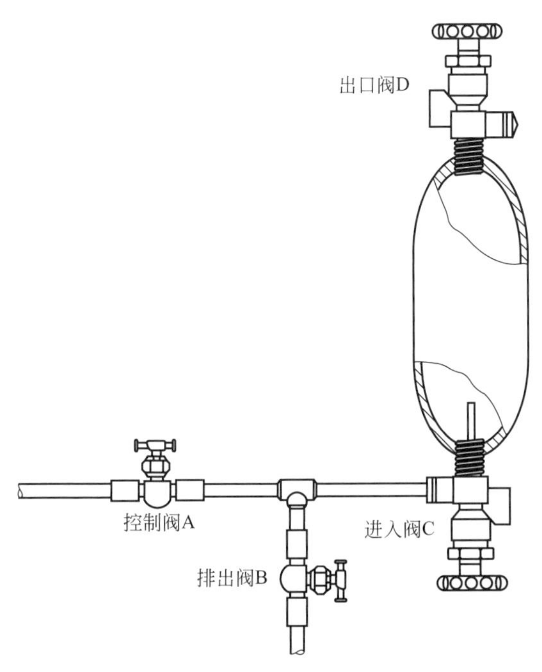

图 1-38　低碳烃类液化气体采样

1-3-1　液化石油气采样钢瓶

D，使液相物料充满钢瓶，关闭控制阀 A，待出口阀 D 排出部分气相样品后，关闭出口阀 D，打开排出阀 B 排出余下液相残余物，重复该冲洗操作三次以上。

③ 采取样品　关闭排出阀 B 和出口阀 D，打开控制阀 A 和进入阀 C，待液相样品充满容器后，关闭进入阀 C 和控制阀 A，打开排出阀 B，待完全卸压后，取下采样钢瓶。

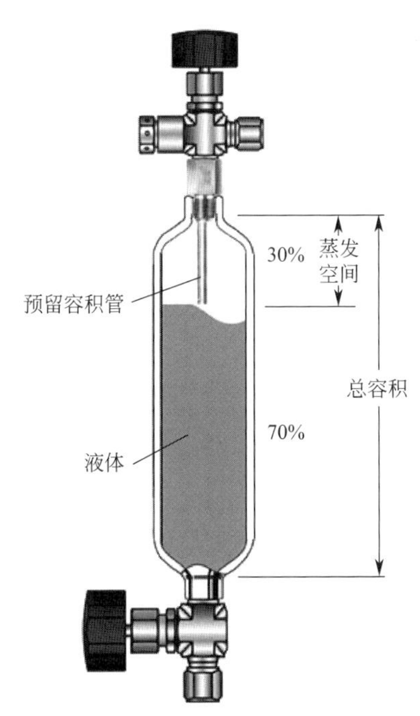

图 1-39　预留容积管型钢瓶采样量调节

④ 调整采样量　对于非预留容积管型采样钢瓶（采样前应称定其皮重），放出过多的液体样品，用称量法调整液体样品约为采样钢瓶容积的 80%。对于预留容积管型采样钢瓶，将钢瓶垂直竖立，使预留容积管在上面（如图 1-39 所示），轻轻地打开连通预留容积管的阀门，排出过多的液体样品，当排出量达到规定的预留容积量时，待观察到排出的液体变成气体时，立即关闭阀门。

（2）低温液化气体采样　使用隔热良好的金属杜瓦瓶通过延伸轴阀门从贮罐中采取低温液化气体（例如液氮、液氧等）样品。金属杜瓦瓶使用前应保持清洁干燥。安装在隔热良好的贮罐上的采样点如图 1-40 所示。在采样管线靠近液体处安装一个鹅颈液封，当阀门关闭后鹅颈液封可防止液体进入阀门。阀门的末端安装一个接头供连接采样器用。

对于允许接触空气的样品，可使用直接注入法进行采样。先旋下金属杜瓦瓶上的盖帽，把连接在采样口上的采样管放入杜瓦瓶中，充分打开延伸轴阀门，当收集到足够的液体样品后，立即关闭延伸轴阀门，取出采样管，把已经打开排气阀的螺旋口盖帽旋紧在金属杜瓦瓶

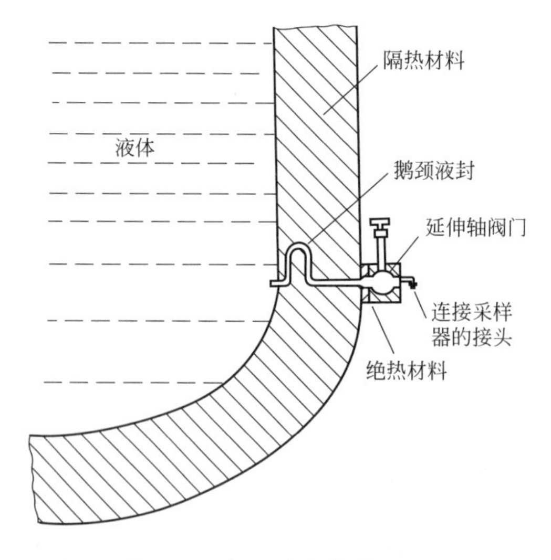

图 1-40 低温液化气体采样

1-3-2 液氨钢瓶

上，立即送去检验。

对于不允许接触空气的样品，可采用盖帽注入法采样。把旋紧在金属杜瓦瓶盖帽上的所有阀门关闭，将注入阀连接在采样口接头上，顺序打开排气阀、注入阀和采样点上的延伸轴阀门。在注入样品过程中要时刻检查排气阀出口是否被凝结物堵塞，以确保排气阀通畅。当液体样品收集至所需体积时，关闭延伸轴阀门和注入阀，取下金属杜瓦瓶，立即送去检验。

(3) 液体无水氨实验室样品采取

① 钢瓶的连接和准备 按如图 1-41 所示连接好取样钢瓶。打开针形阀 A 和 B，将钢瓶与连接管相连，关闭针形阀，在室温下用干燥氮气吹洗净化装好的取样装置。将取样装置移入 105～110℃的恒温干燥箱中，经由与连接管相连和通过恒温干燥箱壁孔的进气管继续用干燥氮气吹洗至少 30min。关闭针形阀 A，拆下钢瓶，连接真空泵于出口针形阀 B 上，抽真空至钢瓶内压力达 100Pa 以下，保持此压力不少于 30min。关闭针形阀 B，冷却钢瓶，并称量空钢瓶。

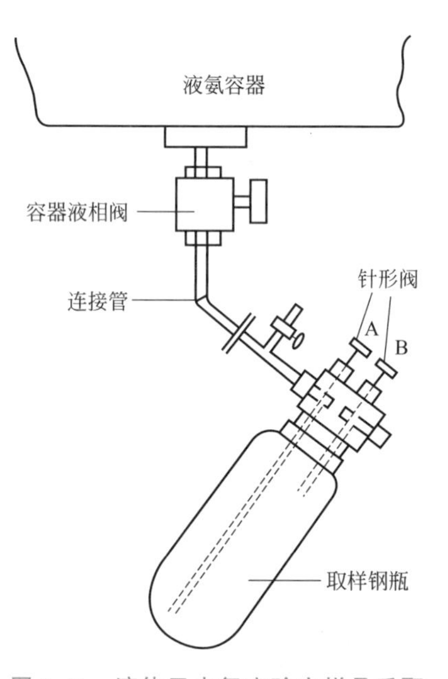

图 1-41 液体无水氨实验室样品采取

② 样品的采取 将钢瓶浸于控温在－35℃的冷冻浴中，冷却 10～15min，防止阀门结霜。将连接管一端紧密连接于液氨容器液相阀上，另一端连接针形阀 A。在开启液氨容器液相阀前，先打开针形阀，使其与大气相通。小心开启液氨容器液相阀，让液氨流出，将存在于连接管中的空气经针形阀排放掉，由液氨的自由流动净化取样管后，关闭针形阀，打开针形阀 A 让液氨流入钢瓶至规定的安全灌装量。关闭针形阀 A 和液氨容器液相阀，打开针形阀，在连接管中的液氨排放后，取下钢瓶。

③ 灌装量检查 在按钢瓶体积和液氨密度（0.68g/mL）计算质量后，称量取样后的钢

瓶质量，由此确定采取的液氨量。如取样量超过规定限额，超过部分通过缓慢打开针形阀 B 让多余的液氨流出，直至出现氨蒸气时再关闭针形阀 B。

第二节　试样的制备

原始平均样品一般不能直接用于分析，必须经过制备处理，才能成为供分析测试用的试样。对于液态和气态物料，由于易于混合均匀，而且采样量较少，经充分混合后，即可取一定的量进行分析测试；对于固体物料的原始平均试样，除粉末状和均匀细颗粒的原料或产品外，往往都是不均匀的，不能直接用于分析测试。一般要经过制备才能成为分析试样。

一、制样的基本程序

试样制备的流程一般经过破碎、过筛、混匀和缩分四个程序。

1. 破碎

通过机械或人工方法将大块的物料分散成一定细度物料的过程称为破碎。常用的破碎工具有锷式破碎机、锥式轧碎机、锤击式粉碎机、圆盘粉碎机、铁碾槽、球磨机等。有的样品不适宜用钢铁材质的粉碎机械破碎，只能由人工用锤子逐级敲碎。

2. 过筛

粉碎后的物料需经过筛分。在筛分之前，要将物料干燥，以免过筛时黏结或将筛孔堵塞。常用的筛子为标准筛，其材质一般为铜网或不锈钢网。筛分有人工操作和机械振动两种方式。

筛的规格通常用“目”表示。筛网的目数是指 25.4mm 长度内的筛孔数目。筛号越大，筛子的孔径就越小，如 100 目筛的孔径为 0.152mm，而 200 目筛的孔径是 0.065mm。

3. 混匀

混匀的方法有人工混匀和机械混匀两种。

人工混匀法是将原始平均试样或经破碎后的物料置于木质或金属材质、混凝土材质的板上，用堆锥法进行混匀。具体的操作方法是：用铁铲将物料堆积成圆锥，然后将已堆好的物料，用铁铲从堆底开始一铲一铲地将物料铲起，在距圆锥一定距离的地方再堆成圆锥，这样反复操作 3 次，即可认为混合均匀。操作时，每一铲的物料必须从锥堆顶自然洒落，以保证其混匀。

机械混匀法是将欲混匀的物料倒入机械混匀（搅拌）器中，启动机器，经一段时间运作，即可将物料混匀。

另外，经缩分、过筛后的小量试样，也可采用一张四方的油光纸或塑料、橡胶布等，反复对角线掀角，使试样翻动数次，将试样混合均匀。

4. 缩分

常用的缩分法有分样器缩分法、四分法和棋盘缩分法。

(1) 分样器缩分法　图 1-42 所示为格槽式分样器。适用于粒径 2.5～5mm 的固体，是一种非机械型分样器。它把物质流分成数个纵向单元，这些单元的物料互相交错，一部分成为样品，一部分被丢弃。分样操作时，用铲子将待缩分的物料缓缓倾入分样器中，进入分样器的物料顺着分样器的两侧流出，被平均分成

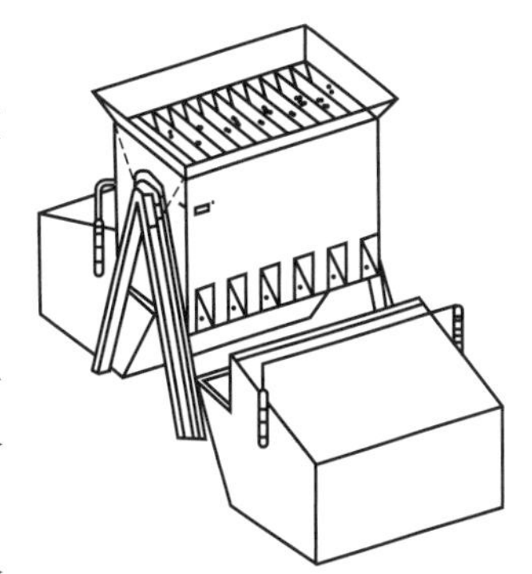

图 1-42　格槽式分样器

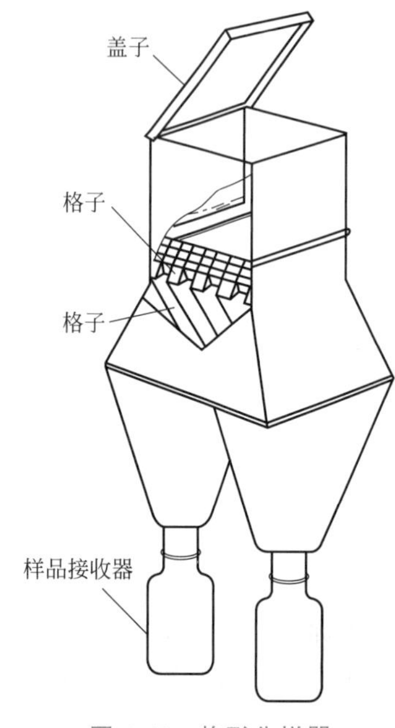

图 1-43 格形分样器

两份。将一份弃去（或保存备查），另一份则继续进行再破碎、混匀、缩分，直至所需的试样量。图 1-43 所示为格形分样器，有 64 个通道的格子，按 8×8 分布，任一行上的格子相间按反方向倾斜，格子下方有一九个格的槽子，有一个可使物料在格子均匀分布的旋转门。使用时将待分样品装入漏斗，盖上盖子，打开旋转门，待全部样品分别进入两个接收器后，取一个接收器中的样品，另一个则舍弃。按同样方法循环操作，直至达到符合要求的量。格形分样器可把 0.5m^3 样品缩减至 0.05m^3。

（2）四分法 将物料堆成圆锥，用平板在圆锥体状物料的顶部垂直下压，使圆锥体成为圆台体。然后将圆台体物料平均分成 4 份，取其中对角线作为一份物料，另一份弃去或保存备查。重复操作，直至取用的物料量符合要求，操作过程如图 1-44 所示。

（3）棋盘缩分法 将混匀的样品铺成正方形的均匀薄层，然后将其划分成若干个小正方形，用小铲子将一定间隔内的小正方形样品全部取出，放在一起混合均匀，如图 1-45 所示。其余部分弃去或保存备查。

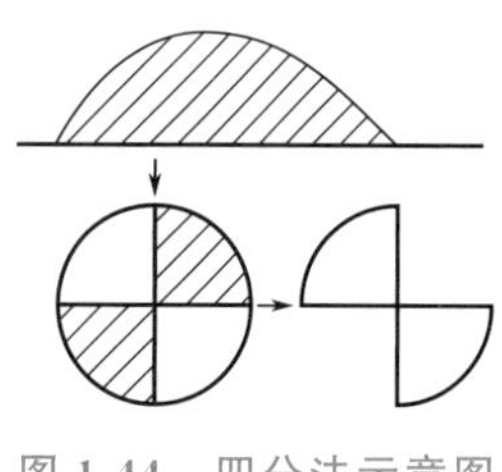
图 1-44 四分法示意图

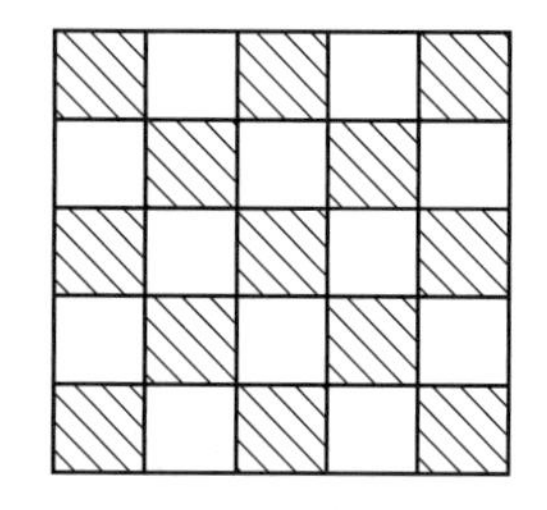
图 1-45 棋盘缩分法示意图

二、样品的保存

应将样品保存在对样品呈惰性的包装材质中（如塑料瓶、玻璃瓶等），贴上标签，写明物料的名称、来源、编号、数量、包装情况、存放环境、采样部位、所采样品数和样品量、采样日期、采样人等，详见表 1-6。

表 1-6 采样记录标签

样品登记号		样品名称	
采样地点		采样数量	
采样时间		采样部位	
采样日期		包装情况	
采样人		接收人	

样品保存时间一般为六个月，根据实际需要和物料的特性，可以适当延长和缩短。

第三节 试样的分解

分解试样的目的是将固体试样处理成溶液，或将组成复杂的试样处理成简单、便于分离和测定的形式。在分解试样的过程中要求试样分解必须完全，防止待测组分损失，不能引入与被测成分相同的物质。另外还要求选择的试样分解方法应与组分的测定方法相适应。

常见的分解方法可分为湿法分解法和干法分解法。

一、湿法分解法

湿法分解法是将试样与溶剂相互作用，使待测组分转变为可供分析测定的离子或分子的溶液。湿法分解所使用的溶剂主要有水、有机溶剂、酸、碱等，其中应用最广泛的是酸。常用的酸有盐酸、硝酸、硫酸、磷酸、氢氟酸、高氯酸等。几种常见的酸可以用来分解的样品见表 1-7。

表 1-7　几种常见酸的适用范围

酸的种类	适　用　范　围
盐酸	(1)铁、铝、镁、锰、锌、锡、钛、铬、稀土等金属及合金 (2)大多数的碳酸盐、氧化物、氢氧化物、磷酸盐、硼酸盐、硫化物等化合物 (3)软锰矿、褐铁矿、硅酸盐矿 (4)水泥
硝酸	(1)铁、铜、镍、钼等金属及合金 (2)碳酸盐、磷酸盐、硫化物、氧化物等化合物
硫酸	(1)稀硫酸不具备氧化性,可以溶解氧化物、氢氧化物、碳酸盐、硫化物及砷化物矿石等 (2)热浓硫酸具有很强的氧化性和脱水性,可以分解锑、氧化砷、锡、铅的合金以及冶金工业的产品 (3)几乎所有的有机物都能被热浓硫酸氧化
磷酸	(1)合金钢 (2)铬矿、氧化铁矿和炉渣等一些难溶矿样
氢氟酸	(1)难分解的硅酸盐 (2)与硝酸、高氯酸、磷酸或硫酸混合使用,可以分解硅酸盐、磷矿石、银矿石、石英、富铝矿石、铌矿石等
高氯酸	(1)硫化物、氟化物、氧化物、碳酸盐等 (2)铀、钍、稀土的磷酸盐等矿物

在实际工作中，常常将两种或两种以上的酸按比例混合使用。表 1-8 列出了混合酸分解试样的示例。

表 1-8　混合酸分解试样示例

样品及质量	混 合 酸 及 比 例
钢,0.5g	2.5mL 浓 HNO_3+5mL 浓 HCl + 3mL H_2O
铜合金,0.25g	2.5mL 浓 HNO_3+ 2.5mL 浓 HCl + 5mL H_2O
黄铁矿,0.5g	10～20mL 混合酸(浓 HNO_3 ∶浓 HCl=3∶1)
钼钢,1g	30mL 王水+ 6mL HF(40%)

二、干法分解法

干法分解法是将不能完全被溶剂所分解的样品与熔剂混匀，在高温下使其转变为易被水或酸溶解的物质。然后用水或酸浸取，使样品中待测组分转变为可供分析测定的离子或分子的溶液。

干法分解法分为熔融和烧结两种。烧结法是指在低于熔点的温度下使试样与固体试剂发生反应，又称半熔法。其分解程度取决于试样的细度和熔剂与试样混匀程度，一般要求有较长的时间和过量的熔剂。此法同时可达到分离目的。

熔融法使用的熔剂按酸碱性可分为酸性熔剂和碱性熔剂。常见的酸性熔剂有氟化氢钾、焦硫酸钾（钠）、硫酸氢钾（钠）、强酸的铵盐等。碱性熔剂主要有碱金属碳酸盐、苛性碱、碱金属过氧化物等。常用熔剂性质、用量及应用见表 1-9。

表 1-9 常用熔剂性质、用量及应用

熔剂	用量	温度/℃	适用坩埚	应用
无水碳酸钠	6～8 倍	950～1000	铂、铁、镍、刚玉	用于分解硅酸盐岩石、不溶性矿渣、黏土、耐火材料、不溶于酸的残渣硫酸盐等
碳酸氢钠	12～14 倍	900～950		
1 份无水碳酸钠＋1 份无水碳酸钾	6～8 倍	900～950		
6 份无水碳酸钠＋0.5 份硝酸钾	8～10 倍	750～800	铂、铁、镍、刚玉	用于测定矿石中的全硫，砷、铬、钒等
3 份无水碳酸钠＋2 份硼酸钠	10～12 倍	500～850	铂、瓷、刚玉、石英	用于分解铬铁矿、钛铁矿
2 份无水碳酸钠＋1 份氧化镁	10～14 倍	750～800	铂、铁、镍、瓷、刚玉、石英	用来分解铁合金、铬铁矿（测定铬、锰）
1 份无水碳酸钠＋2 份氧化镁	4～10 倍	750～850	铂、铁、镍、瓷、刚玉、石英	用来分解铁合金，测定煤中的硫
2 份无水碳酸钠＋1 份氧化锌	8～10 倍	750～800	瓷、刚玉、石英	用来测定矿石中的硫
4 份碳酸钾钠＋1 份酒石酸钾	8～10 倍	850～900	铂、瓷、刚玉	用来分离铬（Cr）与钒（V_2O_5）
过氧化钠	6～8 倍	600～700	铁、镍、刚玉	用于测定矿石和铁合金中的硫、铬、钒、锰、硅、磷、钨、钼、钍、铀、稀土等试样分解
5 份过氧化钠＋1 份无水碳酸钠	6～8 倍	650～700	铁、镍、银、刚玉	
4 份过氧化钠＋2 份无水碳酸钠	6～8 倍	650～700	铁、镍、银、刚玉	
氢氧化钾（钠）	8～10 倍	450～600	铁、镍、银	用来分解硅酸盐等矿物
6 份氢氧化钾（钠）＋0.5 份硝酸钾（钠）	4～6 倍	600～700	铁、镍、银	用来代替过氧化钠
4 份碳酸钠＋3 份硫	8～10 倍	850～900	瓷、刚玉、石英	用来分解有色金属矿石焙烧后的产品
硫酸氢钾	12～14 倍	500～700	铂、瓷、石英	熔融钛、铝、铁、铜的氧化物，分解硅酸盐测定二氧化硅，分解钨矿石分离钨和硅
焦硫酸钾	8～12 倍	500～700	铂、瓷、石英	
1 份氟化氢钾＋1 份焦硫酸钾	8～12 倍	600～800	铂	分解锆矿石
氧化硼	5～8 倍	600～800	铂	分解硅酸盐测定碱金属
硫代硫酸钠	8～10 倍		瓷、刚玉、石英	用来分解有色金属矿石焙烧后的产品
混合铵盐	12～20 倍		瓷、刚玉、石英	用来分解硫化物、硅酸盐、碳酸盐、氧化物、磷酸盐等矿物

三、其他分解法

1. 增压溶解法

对于在常压下难溶的物质，采用密闭容器，用酸或混合酸加热分解试样，由于蒸气压增高，酸的沸点也提高，从而使酸溶解的效率提高。例如用 HF-$HClO_4$ 在加压下可分解刚玉（Al_2O_3）、钛铁矿（$FeTiO_3$）、铬铁矿（$FeCr_2O_4$）、铌钽铁矿［$FeMn(Nb、Ta)_2O_5$］等。

目前普遍采用的加压装置是类似一种微型高压锅的双层罐状容器，内层用铂或聚四氟乙烯制成，外层用不锈钢制成（如图1-46所示）。聚四氟乙烯内衬适用于250℃以内，若更高的温度必须使用铂内衬。

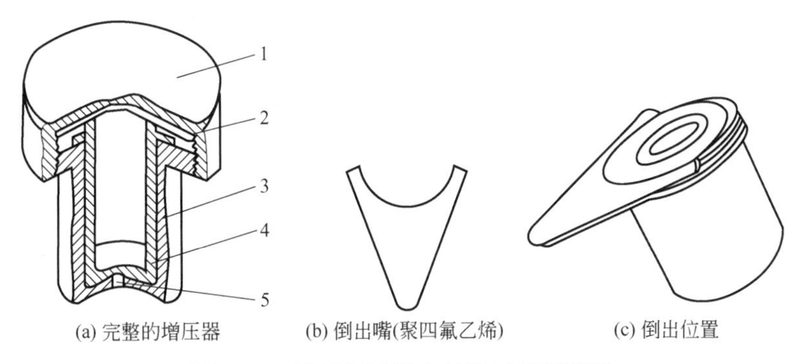

图1-46 聚四氟乙烯内衬增压溶解装置

1—盖子；2—密封垫板；3—钢外壳；4—聚四氟乙烯内衬；5—气孔

2. 电解溶解法

可通过外加电源使阳极氧化的方法溶解金属。把用作电解池阳极的一块金属放在适宜电解液中，通过外加电流可使其溶解。用铂或石墨作阴极，如果电解过程的电流效率为100%，可用库仑法测定金属溶解量。电解溶解法是分离提取和富集某些元素的有效方法。

3. 微波溶解法

利用微波的能量溶解试样是近年来发展起来的新技术，它是将微波快速加热与密封溶样的优点结合起来，与烧杯加热或常规的密封溶样相比，有快速、易控制、洁净、节能和易自动化等优点，已广泛用于地质、冶金、环境、生物以及各种无机和有机工业物料分析。

微波溶样的装置由专用微波炉和密封溶样罐组成。反应罐由聚四氟乙烯、聚碳酸酯等材料制成，它们可透过微波而本身不被加热，能抗化学腐蚀，可承受一定的压力。由于金属对微波反射，溶解时不能使用金属容器。

4. 超声波振荡溶解法

对于难溶盐的熔块进行溶解时，使用超声波振荡可加速试样溶解，一般适宜在室温下溶解样品。溶解样品时，把盛有样品和溶剂的烧杯置于超声换能器内，把超声波变幅杆插入烧杯中，根据需要调节功率、频率，使之产生振荡，在使试样粉碎变小的同时，还可使被溶解的组分离开样品颗粒的表面扩散到溶液中，降低浓度梯度，从而加速试样溶解。

习题

1. 填空题

（1）采样的基本原则是使采得的样品具有________。

（2）从物料堆中对散装物料进行采样时，当批量少于 2.5t 时，一般设________个采样单元；当批量为 20t 时，应设________个采样单元。

（3）对火车运输的一批商品原煤进行采样，若煤样量为 500t，则采集的最少份样数目为________；若煤样量为 1000t，则采集的最少份样数目为________；若煤样量为 4000t，则采集的最少份样数目为________。

（4）气体经加压或降低温度，可以使气体分子间的距离大大缩小而被压入钢瓶中，这种气体称为________。

（5）金属钢瓶预留容积管的作用是____________________。

（6）试样的制备一般需要经过________、________、________和________四个程序。

（7）常见的试样分解方法可分为________和________。干法分解法又分为________和________。

2. 选择题

（1）从一个采样单元中取得的一个或几个份样称为（　　）。

A. 样品　　B. 试样　　C. 实验室样品　　D. 参考样品

（2）不能用于液体深处点样采集的液体采样工具是（　　）。

A. 采样勺和采样杯　　B. 具盖采样杯

C. 普通采样管　　D. 双套筒采样管

（3）可以用来采取固体部位样品的采样探子是（　　）。

A. 末端开口式采样探子　　B. 槽窗封闭采样探子

C. 套管封闭采样探子　　D. 关闭式分层采样探子

（4）可以用来采集浓硫酸的采样器是（　　）。

A. 带有加重铅锤的玻璃瓶　　B. 带有加重金属笼的具塞玻璃瓶

C. 聚四氟乙烯采样桶　　D. 内衬聚四氟乙烯的金属采样桶

（5）对压缩气体加压并适当降温，气体就会变成液体，称为（　　）。

A. 气液混合体　　B. 高压液体　　C. 液化气体　　D. 溶解气体

（6）可用于有毒液化气体产品采样的容器是（　　）。

A. 液氯钢瓶　　B. 单阀型钢瓶　　C. 双阀型钢瓶　　D. 卡式气罐

（7）可用于高压气体和液化气体的采样和样品贮存的容器是（　）。

A. 液氯钢瓶　　B. 双阀型钢瓶　　C. 金属杜瓦瓶　　D. 卡式气罐

（8）以碳酸钠为熔剂，采用熔融法分解硅酸盐岩石试样时，不能采用的坩埚是（　　）。

A. 铂坩埚　　B. 铁坩埚　　C. 镍坩埚　　D. 瓷坩埚

3. 某矿石样品的最大粒径为 20mm，k 值为 0.08，利用理查-切乔特公式计算应采取的最小样品质量。（理查-切乔特公式：$m_Q \geqslant kd^2$）

4. 原始样品质量为 16kg，若该样品的 k 值为 0.5，当破碎至颗粒直径为 4mm 时，最低可靠质量是多少？样品是否可以缩分？若可以缩分，可缩分几次？（$\alpha=2$）

5. 有铀矿石 480kg，破碎至 $d \leqslant 10$mm，混匀。将此样品连续缩分 8 次，得到 8 组质量分别为 240kg、120kg、60kg、30kg、15kg、7.5kg、3.75kg、1.375kg 的样品。然后将每组样品等分成 5～8 份，用相同的分析方法测定每组样品中的铀的含量，并计算出每组分析结果的相对平均偏差。以分析结果的相对平均偏差对缩分量作图，如图所示。试根据理查-切乔特公式确定该铀矿石的特性系数 k 值。

6. 有铀矿石 480kg，破碎至 $d \leqslant 10$mm，混匀。假定 k 值为 1.2、0.6、0.3、0.15、0.075、0.0325、0.0163，将这 7 个 k 值代入理查-切乔特公式，得到 7 组不同质量的试样。然后将每组样品等分成 5～8 份，用相同的分析方法测定每组样品中的铀的含量，并计算出每组分析结果的相对平均偏差。以分析结果的相对平均偏差对预定 k 值作图，如图所示。试确定该铀矿石的特性系数 k 值。

7. 用火车运输的 1000t 灰分大于 20%的原煤，最大粒度为 40mm，试设计合理的采样方案。

8. 有一堆散装物料约 60t，用传送带输送到船上，传送带输送能力 20t/h，则最大采样间隔时间应为多少？

9. 归纳总结常用熔剂的如下内容：（1）熔剂名称；（2）熔剂性质；（3）分解试样时的用量；（4）适用

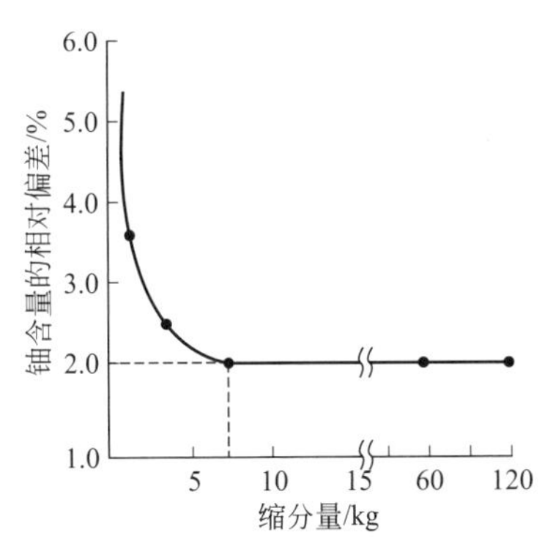

第 5 题图 连续缩分法求 k 值

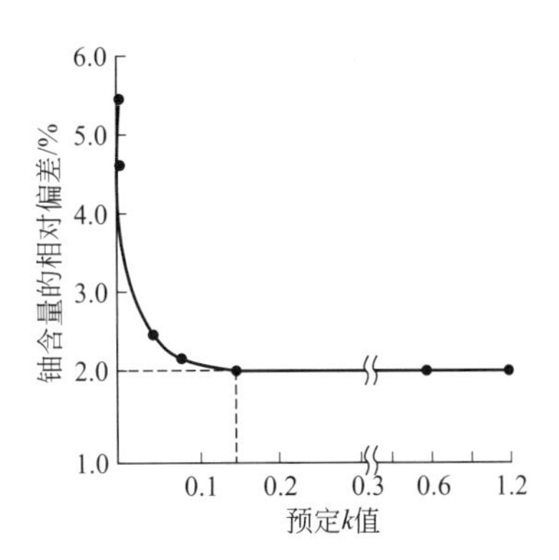

第 6 题图 预定 k 值法确定 k 值

的坩埚；（5）分解试样的温度。

实验探究

如图所示为袋装水泥取样器。

（1）根据外观描述其特点。

（2）说明外观上部气孔的作用。

（3）叙述采样操作过程，从袋中抽出采样器时为什么要用拇指按住气孔？

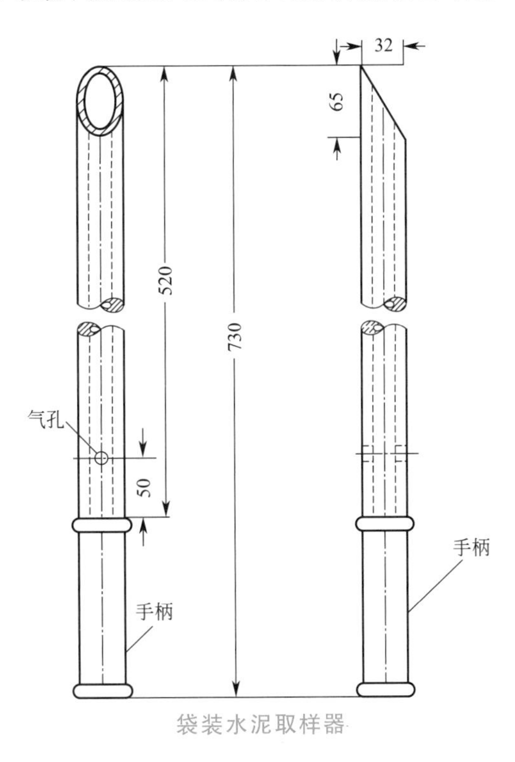

袋装水泥取样器

第二章 煤质分析

第一节 概 述

一、煤的组成和分类

煤是由一定地质年代生长的繁茂植物在适宜的地质环境下，经过漫长岁月的天然煤化作用而形成的生物岩，是一种组成、结构非常复杂而且极不均匀的包括许多有机和无机化合物的混合物。根据成煤植物的不同，可将煤分为两大类，即腐殖煤和腐泥煤。由高等植物形成的煤称为腐殖煤，它又可分为陆殖煤和残殖煤，通常讲的煤就是指腐殖煤中的陆殖煤。陆殖煤分为泥炭、褐煤、烟煤和无烟煤四类。煤炭产品主要有原煤、精煤、商品煤等。它们主要作为固体燃料，也可作为冶金、化学工业的重要原料。

煤由有机质、矿物质和水分组成。有机质和部分矿物质是可燃的，水和大部分矿物质是不可燃的。

煤中的有机质主要由碳、氢、氧、氮、硫等元素组成，其中碳和氢占有机质的95%以上。煤燃烧时，主要是有机质中的碳、氢与氧的化合并放热。硫在燃烧时也放热，但燃烧产生的二氧化硫气体，不但腐蚀设备而且污染环境。

矿物质主要是碱金属、碱土金属、铁、铝等的碳酸盐、硅酸盐、硫酸盐、磷酸盐及硫化物。除硫化物外，矿物质不能燃烧，随着煤的燃烧过程，变为灰分。正是由于矿物质的存在使煤的可燃部分比例相应减少，影响煤的发热量。

煤中的水分主要存在于煤的孔隙结构中。水分会影响燃烧稳定性和热传导，它本身不能燃烧放热，还要吸收热量汽化为水蒸气。

煤在隔绝空气的条件下，加热干馏，水及部分有机物裂解生成的气态产物挥发逸出，不挥发部分即为焦炭。焦炭的组成和煤相似，只是挥发分的含量较低。

二、煤的分析项目

煤的分析项目很多，一般可分为工业分析、元素分析、工艺性质测定、物理性质测定和灰分分析等。工业上最重要和最常见的分析项目是煤的工业分析和元素分析。

1. 工业分析

煤的工业分析又叫煤的技术分析或实用分析。它包括煤的水分（moisture）、灰分(ash)、挥发分（volatile matter）和固定碳（fixed carbon）等指标的测定。煤的水分、灰分、挥发分通常是直接测出的，而固定碳是用差减法计算出来的。有时也将水分、灰分、挥发分和固定碳四个项目的测定称为煤的半工业分析，再加上发热量和全硫的测定称为煤的全工业分析。但现在一般将煤的全硫测定和发热量的测定作为单独的测定项目。

煤的工业分析是了解煤质特性的主要指标，也是评价煤质的基本依据。根据分析结果，可以大致了解煤的经济价值和某些基本性质。根据煤的水分、灰分、挥发分及其焦渣特征等指标，可以比较可靠地算出煤的高位发热量和低位发热量，从而初步判断煤的种类和工业用途；根据工业分析数据还可计算出焦化产品的产率等。因此煤的工业分析是煤的生产或使用部门最常见的分析项目。

2. 元素分析

煤的元素分析通常是指煤中碳、氢、氧、氮、硫等项目的分析。元素分析结果是对煤进行科学分类的主要依据之一，在工业上是作为计算发热量、干馏产物的产率和热量平衡的依据。元素分析结果表明了煤的固有成分，更符合煤的客观实际。

煤中的稀散元素很多，但一般是指有提取价值的锗、镓、铀、钒、钽等元素。当煤中的锗、镓等稀散元素含量超过一定值时即有提取价值。

除硫外，煤中还含有一些有害元素，如磷、氯、砷、氟、硒等非金属元素。另外还会有少量的铬、锰、钴、镍、铜、锌、钼、镉、铅等金属元素。可以根据特殊的需要进行检测。

3. 工艺性质测定

煤的工艺性质包括煤的黏结性和结焦性指数、煤的发热量和燃点、煤的反应性、煤灰熔融性和结渣性等。

（1）煤的黏结性和结焦性指数　煤的黏结性（caking property）是煤粒（d＜0.2mm）在隔绝空气受热后能否黏结其本身或惰性物质（即无黏结力的物质）成焦块的性质。煤的结焦性（coking property）是煤粒隔绝空气受热后能否生成优质焦炭的性质。两者都是炼焦煤的重要特性之一。

（2）煤的发热量和燃点　煤的发热量是指单位质量的煤完全燃烧时所产生的热量，也称为热值，用 Q 表示，单位是 J/g。发热量是供热用煤或焦炭的主要质量指标之一。燃煤或焦炭工艺过程的热平衡、煤或焦炭耗量、热效率等的计算，都以发热量为依据。发热量可以直接测定，也可以由工业分析的结果粗略地估算。现行企业中测定煤的发热量不属于煤常规分析项目。

煤的燃点是将煤加热到开始燃烧时的温度，也称着火点、临界温度或发火温度。测定煤的燃点的方法很多，一般是将氧化剂加入或通入煤中，对煤进行加热，使煤发生爆燃或有明显的升温现象，然后求出煤爆燃或急剧升温的临界温度作为煤的燃点。我国测定燃点时采用亚硝酸钠作氧化剂，在燃点测定仪中进行测定。煤的燃点随煤化度增加而增高，风化煤的燃点明显下降。

（3）煤的反应性　煤的反应性（reactivity of coal）又叫反应活性，是指在一定温度条件下，煤与不同的气体介质（二氧化碳、氧气和水蒸气）相互作用的反应能力，是煤或焦炭在燃烧、气化和冶金中的重要指标。我国测定煤的反应性的方法是测定高温下煤或焦炭还原二氧化碳的性能，以二氧化碳还原率表示。反应性强的煤，在气化燃烧过程中，反应速率快、效率高。

（4）煤灰熔融性和结渣性

① 煤灰熔融性（ash fusibility）　又称灰熔点，是动力和气化用煤的重要指标。煤灰是由各种矿物质组成的混合物，没有固定的熔点，只有一个熔化温度的范围。煤的矿物质成分不同，煤的灰熔点低于任一单个成分的灰熔点。灰熔点的测定方法常用角锥法，将煤灰与糊精混合塑成锥体，放在高温炉中加热，根据灰锥形态变化确定变形温度（deformation temperature，DT）、软化温度（softening temperature，ST）和熔化温度（flow temperature，FT）。一般用 ST 评定煤灰熔融性。

② 煤的结渣性（clinkering property）　是指在规定的鼓风强度下使煤样气化，其灰分因

受反应热的影响熔结成渣的性质，常用大于 6mm 粒度的渣块质量占总灰渣质量的质量分数表示结渣率。

4. 物理性质测定

煤的物理性质是煤的一定化学组成和分子结构的外部表现。它是由成煤的原始物质及其聚积条件、转化过程、煤化程度、风化和氧化程度等因素所决定的，包括颜色、光泽、密度、硬度、脆度、断口及导电性等。其中，除了密度和导电性需要在实验室测定外，其他项目根据肉眼观察就可以确定。煤的物理性质可以作为初步评价煤质的依据。

5. 灰分分析

煤样在规定的条件下完全燃烧后所得到的残留物，称为灰分。灰分是由二氧化硅、三氧化二铝、三氧化二铁、氧化钙、氧化镁、氧化钠、氧化钾、氧化锰、三氧化硫、五氧化二磷等成分组成的。其中主要成分是二氧化硅（约 60%）和三氧化二铝（12%～20%）。在煤的工业分析中，往往只测定灰分的产率，而不测定灰分的成分。

这里主要介绍：煤的工业分析，煤中全硫的测定，煤中碳、氢、氮的测定，煤发热量的测定。

第二节 煤的工业分析

一、水分的测定

煤的水分是煤炭计价中的一个辅助指标。煤的水分直接影响煤的使用、运输和储存。煤的水分增加，煤中有用成分相对减少，且水分在燃烧时变成蒸汽要吸热，因而降低了煤的发热量。煤的水分含量高，增加了无效运输，并给卸车带来困难。特点是冬季寒冷地区，经常发生冻车，影响卸车，影响生产。因此，水分是煤质评价的基本指标，煤中水分的含量越低越好。

（一）煤中水分的存在形态

根据煤中水分的结合状态可分为游离水和化合水两大类。

1. 游离水

以物理吸附或附着方式与煤结合的水分称为游离水分，又分为外在水分和内在水分两种。

外在水分又称自由水分（free moisture）或表面水分（surface moisture）。它是指附着于煤粒表面的水膜和存在于直径大于 10^{-5}cm 的毛细孔中的水分，用符号 M_f 表示。此类水分是在开采、贮存及洗煤时带入的，覆盖在煤粒表面上，其蒸气压与纯水的蒸气压相同，在空气中（一般规定温度为 20℃，相对湿度为 65%）风干 1～2 天后，即蒸发而失去，所以这类水分又称为风干水分，即在一定条件下煤样与周围空气湿度达到平衡时所失去的水分。除去外在水分的煤叫风干煤。

内在水分（inherent moisture）是指吸附或凝聚在煤粒内部直径小于 10^{-5}cm 的毛细孔中的水分，用符号 M_{inh} 表示。由于毛细孔的吸附作用，这部分水分的蒸气压低于纯水的蒸气压，故较难蒸发除去，需要在高于水的正常沸点的温度下才能除尽，这种在一定条件下煤样达到空气干燥状态时所保持的水分被称为空气干燥煤样水分，用符号 M_{ad} 表示。除去内在水分的煤叫干燥煤。

煤样在温度 30℃、相对湿度 96%下达到平衡时测得的内在水分被称为最高内在水分。煤的外在水分和内在水分的总和称为全水分（total moisture），用符号 M_t 表示。

2. 化合水

以化合的方式与煤中的矿物质结合的水，即通常所说的结晶水，如存在于石膏（$CaSO_4 \cdot 2H_2O$）中的水。游离水在105～110℃的温度下经过1～2h即可蒸发掉，而结晶水要在200℃以上才能解析。

在煤的工业分析中常测定原煤样的全水分和空气干燥煤样水分，一般不测定化合水。

（二）煤中全水分的测定

国家标准《煤中全水分的测定方法》(GB/T 211）规定了煤中全水分的三种测定方法，分别为方法A（两步法）、方法B（一步法）和方法C（微波干燥法）。根据干燥的方式又将方法A分为方法A_1（通氮干燥法）和方法A_2（空气干燥法）；将方法B分为方法B_1（通氮干燥法）和方法B_2（空气干燥法）。其中在氮气流中干燥的方式（方法A_1和方法B_1）适用于所有煤种，在空气中干燥的方式（方法A_2和方法B_2）适用于烟煤和无烟煤，微波干燥方式（方法C）适用于烟煤和褐煤。

1. 方法A（两步法）

在预先干燥已称量的浅盘内称量全部粒度小于13mm的全水分煤样（500±10)g（精确至0.1g)，并平摊在浅盘中。在温度不高于40℃的环境中，或温度不高于40℃的空气干燥箱中干燥至质量恒定（连续干燥1h，质量变化不大于1%），称量，按式(2-1）计算煤样的外在水分（M_f）。

将测定过外在水分的煤样立即破碎到粒度小于3mm，在预先干燥已称量的称量瓶（直径70mm，高35～40mm）内迅速称取（10±1)g（精确至0.001g)，平摊在称量瓶中。打开称量瓶盖，放入预先通入干燥氮气并已加热到105～110℃的通氮干燥箱中，烟煤干燥1.5h，褐煤和无烟煤干燥2h后。从干燥箱中取出称量瓶，立即盖上盖。在空气中放置约5min，然后放入干燥器中，冷却至室温，称量。按式(2-2）计算煤样的内在水分（M_{inh})，按式(2-3）计算煤样的全水分（M_t）。

$$M_f = \frac{\Delta m_1}{m_1} \times 100\% \tag{2-1}$$

$$M_{inh} = \frac{\Delta m_2}{m_2} \times 100\% \tag{2-2}$$

$$M_t = M_f + \frac{100\% - M_f}{100\%} \times M_{inh} \tag{2-3}$$

式中　M_f——煤中外在水分，%；

Δm_1——粒度小于13mm煤样干燥后减少的质量，g；

m_1——称取粒度小于13mm煤样的质量，g；

M_{inh}——煤样的内在水分，%；

Δm_2——粒度小于3mm煤样干燥后减少的质量，g；

m_2——称取粒度小于3mm煤样的质量，g；

M_t——煤样的全水分，%。

讨论：

（1）在测定煤样的外在水分时，若采用空气干燥箱进行干燥，在称量前应使煤样在实验室环境中重新达到湿度平衡。

（2）在测定煤样的内在水分时，若内在水分大于2%时，应进行检查性干燥。方法是每隔30min测定干燥煤样的质量，直至连续两次干燥煤样质量的减少不超过0.01g为止。

（3）在测定煤样的内在水分时，若采用氮气流中干燥即为方法 A_1，若采用空气流中干燥即为方法 A_2，方法 A_1 为仲裁法。

2. 方法 B（一步法）

用预先干燥并称量过的称量瓶迅速称取粒度小于 6mm 的煤样 10～12g（精确至 0.001g），并平摊在称量瓶中。打开称量瓶盖，放入预先通入干燥氮气并已加热到 105～110℃的干燥箱中，烟煤干燥 2h，褐煤和无烟煤干燥 3h 后，从干燥箱中取出称量瓶，立即盖上盖。在空气中放置约 5min，然后放入干燥器中，冷却到室温后称量。进行检查性干燥，直至连续两次干燥煤样质量的减少不超过 0.01g 为止。按式(2-4) 计算煤样中水分的含量。

$$M_t=\frac{m_1}{m}\times 100\% \tag{2-4}$$

式中 M_t——煤样的全水分，%；

m——煤样的质量，g；

m_1——煤样干燥后减轻的质量，g。

讨论：

（1）对于粒度小于 6mm 的煤样，若采用氮气流中干燥即为方法 B_1，若采用空气流中干燥即为方法 B_2。

（2）对于粒度小于 13mm 的煤样，若采取方法 B_2（空气干燥法）时，要采用预先干燥已称量的浅盘称取煤样（500±10)g（精确至 0.1g)，并平摊在浅盘中。将浅盘放入预先鼓风并已加热到 105～110℃的空气干燥箱中，在鼓风条件下，烟煤干燥 2h，无烟煤干燥 3h 后，从干燥箱中取出，趁热称量。

3. 方法 C（微波干燥法）

微波干燥法是将煤样置于微波炉内，使煤样中水分在微波发生器产生的交变电场作用下，引起摩擦发热，使水分迅速蒸发。

测定时，称取粒度小于 6mm 的煤样 10～12g，置于预先干燥并称量过的称量瓶中，摊平。打开称量瓶盖，放入测定仪旋转盘的规定区内。关上门，接通电源，仪器按预先设定的程序工作，直到工作程序结束。打开门，取出称量瓶，盖上盖，立即放入干燥器中，冷却到室温后称量。

该方法具有如下的特点：

（1）能量转换过程是在被加热物体内部和表面同时进行的。因此，受热均匀，水分蒸发速度快。

（2）微波发生器的交变电场越强，被加热介质的极性分子摆动的幅度就越大；频率越高，分子间摩擦和碰撞的次数就越频繁。这两种作用都会加剧受热物质受热。

（3）在同一电场作用下，不同介质的分子极化程度不尽相同，水分子比其他分子易极化，因此，容易受热变成蒸汽放出。

（4）微波干燥法不适合无烟煤和焦炭等导电性较强的试样。

（三）一般分析试验煤样水分的测定

一般分析试验煤样是指已经破碎为粒度小于 0.2mm 并达到空气干燥状态，用于大多数物理和化学特性测定的煤样。《煤的工业分析方法》(GB/T 212）中规定了一般分析试验煤样水分测定的三种方法，即通氮干燥法（方法 A)、空气干燥法（方法 B）和微波干燥法。其中方法 A 适用于所有煤种，方法 B 适用于烟煤和无烟煤，微波干燥法仅适用于褐煤和烟煤水分的快速测定。本书只介绍方法 A 和方法 B。

在仲裁分析中遇到有用一般分析试验煤样进行校正及基的换算时，应采用方法 A 测定煤样的水分。

1. 方法A（通氮干燥法）

用预先干燥和称量过的称量瓶称取粒度为0.2mm以下的煤样（1.0±0.1)g（精确至0.0002g)，平摊在称量瓶中。打开称量瓶盖，放入预先通入干燥氮气（在称量瓶放入干燥箱前10min开始通气，氮气流量以每小时换气15次为准）并已加热到105～110℃的干燥箱中。烟煤干燥1.5h，褐煤和无烟煤干燥2h。从干燥箱中取出称量瓶，立即加盖，放入干燥器中冷却至室温（约20min）后称量。然后进行检查性干燥，每次30min，直到连续两次干燥煤样质量的减少量不超过0.001g为止。水分在2.00%以下时，不必进行检查性干燥。

一般分析试验煤样的水分按式(2-5）计算：

$$M_{ad}=\frac{m_1}{m}\times 100\% \tag{2-5}$$

式中 M_{ad}——一般分析试样煤样水分的质量分数，%；

m_1——煤样干燥后失去的质量，g；

m——煤样的质量，g。

2. 方法B（空气干燥法）

用预先干燥并称量过的称量瓶称取粒度为0.2mm以下的煤样（1.0±0.1)g（精确至0.0002g)，平摊在称量瓶中。打开称量瓶盖，放入预先鼓风并已加热到105～110℃的干燥箱中。在一直鼓风的条件下，烟煤干燥1h，无烟煤干燥1.5h。从干燥箱中取出称量瓶，立即加盖，放入干燥器中冷却至室温（约20min）后称量。

一般分析试验干燥煤样的水分按下式计算：

$$M_{ad}=\frac{m_1}{m}\times 100\% \tag{2-6}$$

式中 M_{ad}——一般分析试样煤样水分的质量分数，%；

m_1——煤样干燥后失去的质量，g；

m——煤样的质量，g。

讨论：

在进行全水分测定时，使用的称量瓶的规格为：直径70mm，高35～40mm；而在进行一般分析试验煤样水分的测定时，使用的称量瓶的规格为：直径40mm，高25mm，如图2-1所示。

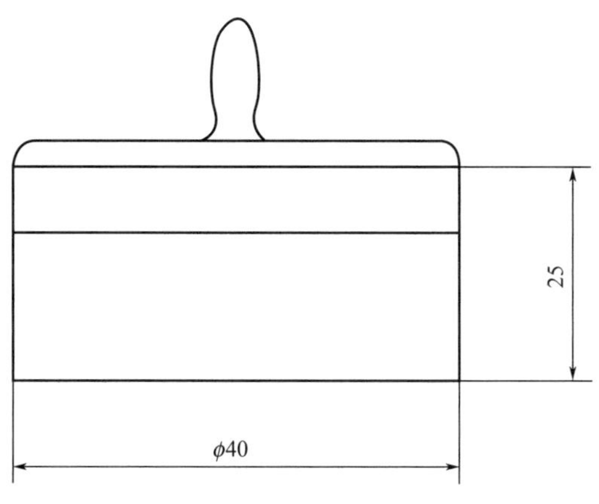

图2-1 玻璃称量瓶（单位：mm）

二、灰分的测定

煤的灰分是指煤完全燃烧后残留物，是煤中矿物质在煤完全燃烧过程中经过一系列分解、化合反应后的产物。煤灰的成分十分复杂，主要有二氧化硅、三氧化二铝、三氧化二铁、氧化钙、氧化镁等。由于灰分的组成和含量不同于煤中原有的矿物质，因此煤的灰分应称为灰分产率。

灰分是煤中的无用物质，灰分越低煤质越好。在工业利用上，灰分低于10%的为特低灰煤，在10%～15%之间的为低灰煤，在15%～25%之间的为中灰煤，在25%～40%之间的为高灰煤，灰分>40%的为富灰煤。

煤的灰分增加，不仅增加了无效运输，更重要的是影响煤作为工业原料和能源的使用。当煤用作动力燃料时，灰分增加，煤中可燃物质含量相对减少，煤的发热量低。同时，煤中矿物质燃烧灰化时要吸收热量，大量排渣还要带走热量，因而也降低了煤的发热量。另外，煤中灰分增加，还会影响锅炉操作（如易结渣、熄火），加剧设备磨损，增加排渣量等。当煤用于炼焦时，灰分增加，焦炭灰分也随之增加，从而降低了高炉的利用系数。因此，煤的灰分是表征煤质的主要指标，也是煤炭计价的辅助指标之一。

煤灰可以用来制造硅酸盐水泥、制砖等，还可以用来改良土壤。此外，从煤灰中可提炼锗、镓、钒等重要元素，使它变“废”为宝。

煤的灰分的测定分为缓慢灰化法和快速灰化法。缓慢灰化法为仲裁法，快速灰化法可作为常规分析方法。

1. 缓慢灰化法

测定灰分的主要仪器和设备是箱形电炉和灰皿。

对箱形电炉的基本要求是能保持温度为(815±10)℃，炉膛具有足够的恒温区，炉后壁的上部带有直径为25～30mm的烟囱，下部离炉膛底20～30mm处，有一个插热电偶的小孔，炉门上有一个直径为20mm的通气孔。

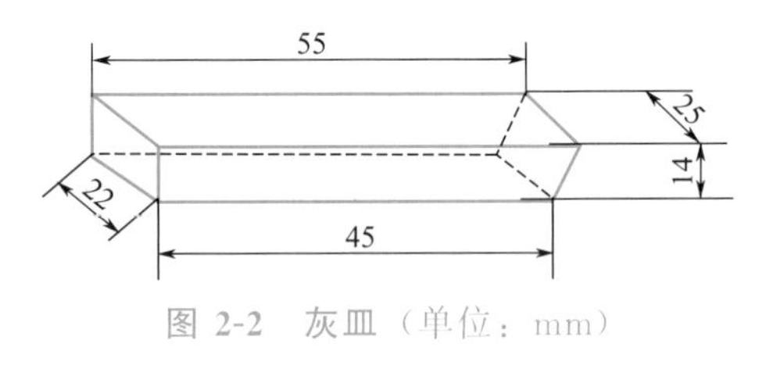

图 2-2 灰皿（单位：mm）

灰皿一般是长方形的瓷灰皿，底面长45mm、宽22mm、高14mm，如图2-2所示。

测定时，用预先灼烧至质量恒定的灰皿，称取粒度为0.2mm以下的一般分析试样煤样(1.0±0.1)g（精确至0.0002g），均匀地摊平在灰皿中，使其每平方厘米的质量不超过0.15g。将灰皿送入温度不超过100℃的箱形电炉中，关上炉门并使炉门留有15mm左右的缝隙。在不少于30min的时间内将炉温缓慢上升至500℃，并在此温度下保持30min。继续升到（815±10)℃，并在此温度下灼烧1h。灰化结束后从炉中取出灰皿，放在耐热瓷板或石棉板上，盖上灰皿盖，在空气中冷却5min左右，移入干燥器中冷却至室温（约20min）后称量。

最后进行检查性灼烧，每次20min，直到连续两次灼烧的质量变化不超过0.001g为止。用最后一次灼烧后的质量为计算依据。空气干燥基煤样的灰分按式(2-7) 计算。

$$A_{ad}=\frac{m_2}{m}\times 100\% \tag{2-7}$$

式中 A_{ad}——空气干燥基煤样的灰分的质量分数，%；

m_2——残留物的质量，g；

m——煤样的质量，g。

测定时应注意以下事项。

（1）煤中矿物质在测定灰分的温度下燃烧时许多组分都发生了变化，如黏土、石膏等失去结晶水；碳酸盐受热分解放出 CO_2；FeO 氧化成 Fe_2O_3；硫化铁等矿物氧化成 SO_2 和 Fe_2O_3；在燃烧中生成的 SO_2 与碳酸钙分解生成的 CaO 和氧作用生成 $CaSO_4$。

（2）为了减少 SO_2 被 CaO 固定在灰中，应采取了以下措施：

① 炉后装有 25～30mm 的烟囱，以保证炉内通风良好，使生成的 SO_2 及时排出；

② 测定时炉门留有 15mm 左右的缝隙，以保证有足够的空气通入；

③ 煤样在 100℃以下送入高温炉中，并在半小时内缓慢升至 500℃，并保温 30min，使煤样燃烧时产生的二氧化硫在碳酸盐（主要是碳酸钙）分解前（碳酸钙在 500℃以上才开始分解）能全部逸出；

④ 煤样在灰皿中厚度小于 0.15g/cm^2。

（3）从 100℃升到 500℃的时间控制为 30min，以使煤样在炉内缓慢灰化，防止爆燃，否则部分挥发性物质急速逸出将矿物质带走会使灰分测定结果偏低。

（4）最终灼烧温度之所以定为（815±10）℃，是因为在此温度下，煤中碳酸盐分解结束而硫酸盐尚未分解。一般纯硫酸盐在 1150℃以上才开始分解，但如与硅、铁共存，实际到 850℃即开始分解。

（5）当灰分低于 15%时，不必进行检查性灼烧。

2. 快速灰化法

快速灰化法分为方法 A 和方法 B，可作为日常分析用。一般情况下，应将快速灰化法的测定结果与缓慢法进行比较，在允许误差之内的方可使用。

（1）方法 A　快速灰分测定仪如图 2-3 所示，它由马蹄形管式电炉、传送带和控制仪三部分组成。

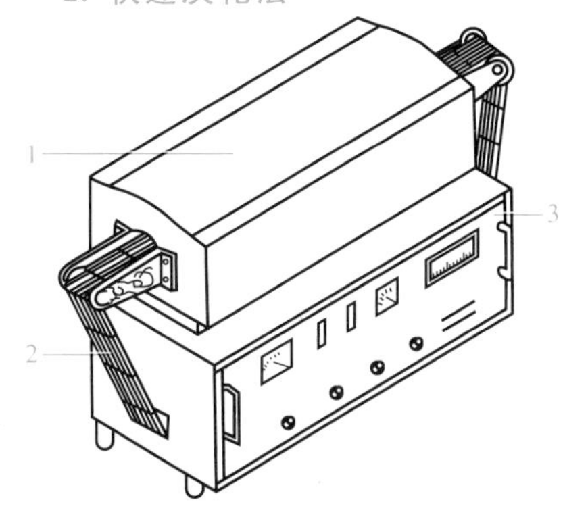

图 2-3　快速灰分测定仪

1—马蹄形管式电炉；2—传送带；3—控制仪

测定时，将灰分快速测定仪预先加热至（815 ±10）℃。开动传送带并将传送速度调节到 17mm/min 左右。用预先灼烧至质量恒定的灰皿，称取粒度为 0.2mm 以下的煤样（0.5±0.01）g(精确至 0.0002g)，均匀地摊平在灰皿中。将盛有煤样的灰皿放在灰分快速测定仪的传送带上，灰皿即自动送入炉中。当灰皿从炉中送出时，取下，放在耐热瓷板或石棉板上，在空气中冷却 5min 左右，移入干燥器中冷却至室温（约 20min），称量。煤样的灰分按式(2-8）计算。

$$A_{ad}=\frac{m_2}{m}\times 100\% \qquad (2\text{-}8)$$

式中　A_{ad}——空气干燥基煤样灰分的质量分数，%；

m_2——残留物的质量，g；

m——煤样的质量，g。

（2）方法 B　用预先灼烧至质量恒定的灰皿，称取粒度为 0.2mm 以下的空气干燥煤样(1.0±0.1)g，（精确至 0.0002g），均匀地摊平在灰皿中，使其每平方厘米的质量不超过 0.15g。将盛有煤样的灰皿预先分排放在耐热瓷板或石棉板上。将马弗炉加热到 850℃，打开炉门，将放有灰皿的耐热瓷板或石棉板缓慢地推入马弗炉中，先使第一排灰皿中的煤样灰化。待5～10min后，煤样不再冒烟时，以每分钟不大于2mm的速度把二排、三排、四排的灰皿顺序推入炉内炽热部分（若煤样着火发生爆燃，试验应作废）。关上炉门，在(815±10)℃的温度下灼烧40min。从炉中取出灰皿，放在空气中冷却5min左右，移入干燥器中冷却至室温（约20min），称量。

最后进行每次20min的检查性灼烧，直到连续两次灼烧的质量变化量不超过0.001g为止。以最后一次灼烧后的质量为计算依据。如遇检查灼烧时结果不稳定，应改用缓慢灰化法重新测定。灰分低于15%时，不必进行检查性灼烧。煤样的灰分按式(2-8)计算。

三、挥发分的测定

煤在规定条件下隔绝空气加热进行水分校正后的质量损失即为挥发分。去掉挥发分后的残渣叫焦渣。挥发分不是煤中原来固有的挥发性物质，而是煤在严格规定条件下，加热时的热分解产物，因此煤中挥发分应称为挥发分产率。

煤在隔绝空气下加热，当温度低于100℃时煤中吸附的气体和部分水逸出，低于110℃游离水逸尽；当温度达到200℃时化合水逸出；当温度升至250℃时，第一次热解开始，有气体逸出；当温度超过350℃时，有焦油产生，550～600℃焦油逸尽；当温度超过600℃时，第二次热解开始，气体再度逸出，气体冷凝后得高温焦，900～1000℃分解停止，残留物为焦炭。

煤的挥发分主要是由水分、碳氢氧化物和碳氢化合物（CH_4为主）组成，但物理吸附水（包括外在水和内在水）和矿物质生成的二氧化碳不属于挥发分范围。

1. 主要仪器和设备

(1) 挥发分坩埚　带有配合严密的盖的瓷坩埚，形状和尺寸如图2-4所示。坩埚总质量为15～20g。

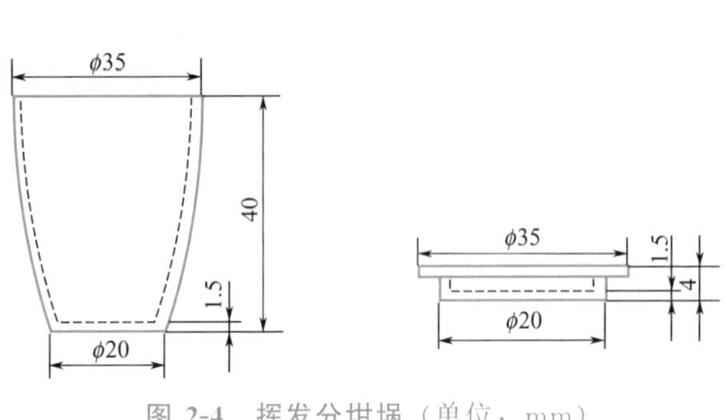

图2-4　挥发分坩埚（单位：mm）

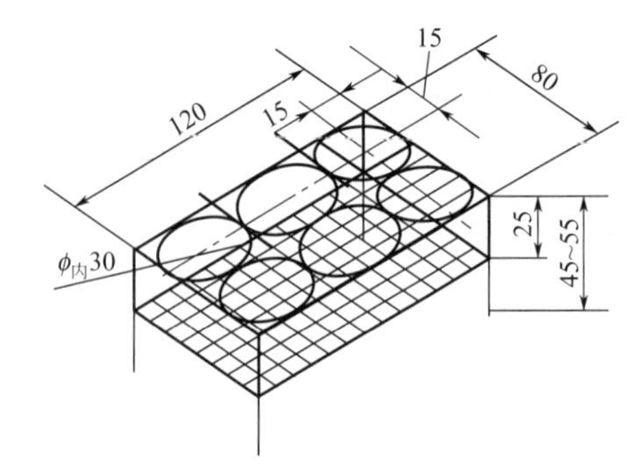

图2-5　坩埚架（单位：mm）

(2) 马弗炉　带有高温计和调温装置，能保持温度在(900±10)℃，并有足够的恒温区。炉子的热容量为当起始温度为920℃时，放入室温下的坩埚架和若干坩埚，关闭炉门后，在3min内恢复到(900±10)℃。炉后壁有一排气孔和一个插热电偶的小孔。小孔位置应使热电偶插入炉内后其热接点在坩埚底和炉底之间，距炉底20～30mm处。

(3) 坩埚架　用镍铬丝或其他耐热金属丝制成。其规格尺寸以能使所有的坩埚都在马弗炉恒温区内，并且坩埚底部位于热电偶热接点上方并距炉底20～30mm为宜，如图2-5所示。

(4) 压饼机　螺旋式或杠杆式压饼机，能压制直径约10mm的煤饼。

2. 测定步骤

用预先在900℃温度下灼烧至质量恒定的带盖瓷坩埚，称取粒度为0.2mm以下的空气干燥煤样（1±0.01)g（精确至0.0002g），然后轻轻振动坩埚，使煤样摊平，盖上盖，放在坩埚架上。

将马弗炉预先加热至920℃左右。打开炉门，迅速将放有坩埚的架子送入恒温区内并关上炉门，准确加热7min。从炉中取出坩埚，放在空气中冷却5min左右，移入干燥器中冷却至室温（约20min）后称量。

3. 结果计算

煤样的空气干燥基挥发分按式(2-9）计算：

$$V_{ad}=\frac{m_1}{m}\times 100\%-M_{ad} \tag{2-9}$$

式中　V_{ad}——空气干燥基挥发分的质量分数，%；

m_1——煤样加热后减少的质量，g；

m——一般分析试验煤样的质量，g；

M_{ad}——一般分析试验煤样水分的质量分数，%。

4. 讨论

（1）因为挥发分测定是一个规范性很强的试验项目，所以必须严格控制试验条件，尤其是加热温度和加热时间。测定温度应严格控制在（900±10)℃，总加热时间（包括温度恢复时间）要严格控制在7min，用秒表计时。

（2）坩埚从马弗炉取出后，在空气中冷却时间不宜过长，以防焦渣吸水。坩埚在称量前不能开盖。

（3）褐煤、长焰煤水分和挥发分很高，如以松散状态放入900℃炉中加热，则挥发分会骤然大量释放，把坩埚盖顶开并带走炭粒，使结果偏高，重复性差。因此应将煤样压成饼，切成3mm小块后，使试样紧密可减缓挥发分的释放速度，从而可有效地防止煤样爆燃、喷溅，使测定结果可靠。

（4）坩埚及架子刚放入后，炉温会有所下降，但必须在3min内使炉温恢复至（900±10)℃，否则此试验作废。加热时间包括温度恢复时间在内。

四、煤中固定碳含量的计算及不同基的换算

1. 固定碳含量的计算

固定碳是指测定煤的挥发分时剩下的焦渣中扣除灰分的部分，也是表征煤变质程度的一个指标。固定碳除含碳元素外，还含有少量硫及少量未分解彻底的碳氢化合物，因此，用这种方法计算出来煤中的固定碳含量不等同于煤中的碳元素含量。固定碳含量按式(2-10)计算：

$$FC_{ad}=100\%-(M_{ad}+A_{ad}+V_{ad}) \tag{2-10}$$

式中　FC_{ad}——空气干燥基固定碳的质量分数，%；

M_{ad}——一般分析试验煤样水分的质量分数，%；

A_{ad}——空气干燥基灰分的质量分数，%；

V_{ad}——空气干燥基挥发分的质量分数，%。

2. 基的换算

（1）煤质分析中的基　煤质分析中基的名称和符号见表2-1。

表 2-1 煤质分析中基的名称和符号

术语名称	英文术语	定义	符号	曾用名称
收到基	as received basis	以收到状态的煤为基准	ar	应用基
空气干燥基	air dried basis	以与空气湿度达到平衡状态的煤为基准	ad	分析基
干燥基	dry basis	以假想无水状态的煤为基准	d	干基
干燥无灰基	dry ash-free basis	以假想无水、无灰状态的煤为基准	daf	可燃基
干燥无矿物质基	dry mineral matter free basis	以假想无水、无矿物质状态的煤为基准	dmmf	有机基
恒湿无灰基	mois ash-free basis	以假想含最高内在水分、无灰状态的煤为基准	maf	
恒湿无矿物质基	mois mineral matter free basis	以假想含最高内在水分、无矿物质状态的煤为基准	m,mmf	

(2) 空气干燥基挥发分换算成其他基的挥发分

收到基挥发分按式(2-11) 换算。

$$V_{ar}=V_{ad}\times\frac{100\%-M_{ar}}{100\%-M_{ad}} \tag{2-11}$$

干燥基挥发分按式(2-12) 换算。

$$V_{d}=\frac{V_{ad}}{100\%-M_{ad}}\times100\% \tag{2-12}$$

干燥无灰基挥发分按式(2-13) 换算。

$$V_{daf}=\frac{V_{ad}}{100\%-(M_{ad}+A_{ad})}\times100\% \tag{2-13}$$

当一般分析试验煤样中碳酸盐二氧化碳的质量分数为 2%～12%时，干燥无灰基挥发分按式(2 14) 换算。

$$V_{daf}=\frac{V_{ad}-(CO_2)_{ad}}{100\%-(M_{ad}+A_{ad})}\times100\% \tag{2-14}$$

当一般分析试验煤样中碳酸盐二氧化碳的质量分数大于 12%时，干燥无灰基挥发分按式(2-15) 换算。

$$V_{daf}=\frac{V_{ad}-[(CO_2)_{ad}-(CO_2)_{ad(焦渣)}]}{100\%-(M_{ad}+A_{ad})}\times100\% \tag{2-15}$$

干燥无矿物基质挥发分按式(2-16) 换算。

$$V_{dmmf}=\frac{V_{ad}}{100\%-(M_{ad}+MM_{ad})}\times100\% \tag{2-16}$$

当一般分析试验煤样中碳酸盐二氧化碳的质量分数为 2%～12%时，干燥无矿物基挥发分按式(2-17) 换算。

$$V_{dmmf}=\frac{V_{ad}-(CO_2)_{ad}}{100\%-(M_{ad}+MM_{ad})}\times100\% \tag{2-17}$$

当一般分析试验煤样中碳酸盐二氧化碳的质量分数大于12%时，干燥无矿物基挥发分按式(2-18)换算。

$$V_{dmmf}=\frac{V_{ad}-[(CO_2)_{ad}-(CO_2)_{ad(焦渣)}]}{100\%-(M_{ad}+MM_{ad})}\times 100\% \qquad (2\text{-}18)$$

式中　V_{ar}——收到基挥发分的质量分数，%；
V_{ad}——空气干燥基挥发分的质量分数，%；
M_{ar}——收到基水分的质量分数，%；
M_{ad}——空气干燥基水分的质量分数，%；
A_{ad}——空气干燥基灰分的质量分数，%；
V_d——干燥基挥发分的质量分数，%；
V_{daf}——干燥无灰基挥发分的质量分数，%；
V_{dmmf}——干燥无矿物基挥发分的质量分数，%；
MM_{ad}——空气干燥基矿物质的质量分数，%；
$(CO_2)_{ad}$——一般分析试验煤样中碳酸盐二氧化碳的质量分数，%；
$(CO_2)_{ad(焦渣)}$——焦渣中二氧化碳对煤样量的质量分数，%。

煤工业分析仪简介

早在1983年，由美国Leco公司研制的MAC-500型工业分析仪就已经投放市场了。该测定仪可以连续测定煤的水分、灰分、挥发分，并能计算固定碳。分单炉和双炉两种类型，即一台控制仪可带一个炉子，也可带两个炉子。仪器内部有一个呈圆盘形的加热炉，炉子下部装有电子分析天平，天平的支座伸入炉内，通过圆盘传送带转动，每7s可以自动称量一只坩埚。传送带上一次可以装20个坩埚，其中19个坩埚内装试样，1个作空白，以校正因温度变化及其他变量改变而造成坩埚质量的改变，MAC-500型工业分析仪将电子天平和微型计算机引用到工业分析中。炉温在氮保护气氛中保持在106℃测定水分，等所有坩埚质量恒定后，计算机自动计算并打印出水分测定结果。随即炉温升高

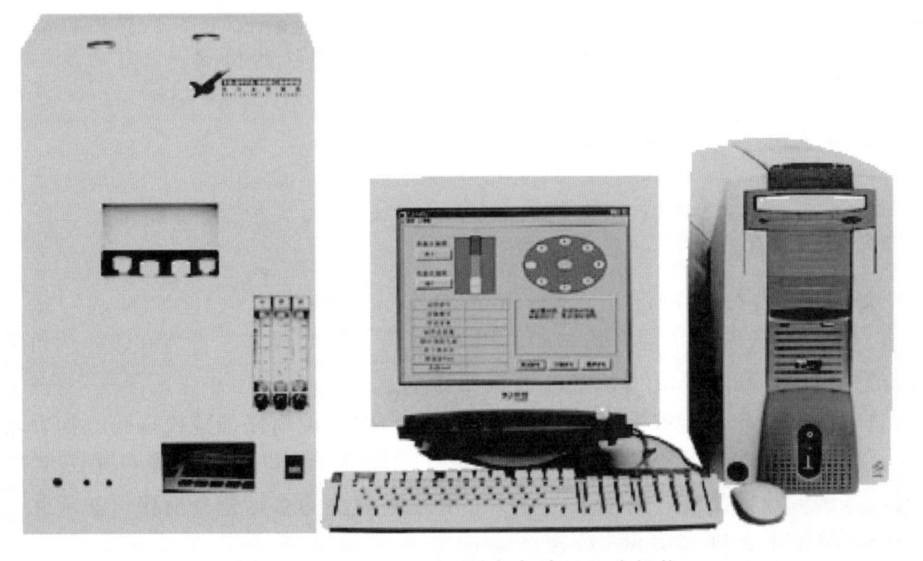

图2-6　YX-GYFX/D型全自动工业分析仪

到900℃后持续7min，这时损失的质量就是挥发分，计算机自动计算并打出结果。然后去掉坩埚盖，改变炉内为氧气气氛，温度降至815℃，保持此温度到灼烧至质量恒定，坩埚内的剩余物即为煤的灰分，计算机记录下煤的灰分产率。根据水分、挥发分和灰分三项结果计算出固定碳的含量。

目前，市场上的工业分析仪多是国产的，常见型号有：YX-GYFX/D型全自动工业分析仪（见图2-6），5E-MAC/GⅢ型全自动工业分析仪，SDTGA5000型工业分析仪，MAC-2000型工业分析仪等。YX-GYFX/D型全自动工业分析仪在150min左右可以连续进行23个试样的测定，并自动计算出该样品的发热量、固定碳和氢含量。

第三节 煤中全硫的测定

煤中的硫通常以无机硫和有机硫两种状态存在。无机硫以硫化物和硫酸盐形式存在。硫化物主要存在于黄铁矿中，在某些特殊矿床中也含有其他金属硫化物（例如ZnS、PbS、CuS等）。硫酸盐中主要以硫酸钙存在，有时也含有其他硫酸盐。有机硫通常含量较低，但组成却很复杂，主要是以硫醚、硫醇、二硫化物、噻吩类杂环硫化物及硫醌等形式存在。焦炭中的硫则主要以FeS状态存在。煤中的硫对燃烧、炼焦、气化都是有害的，因此，硫含量的高低是评价煤或焦炭质量的重要指标之一。

煤中全硫是无机硫和有机硫的总和。在一般分析中不要求分别测定无机硫或有机硫，而只测定全硫。全硫的测定方法有多种，主要有艾氏卡法、高温燃烧-酸碱滴定法、高温燃烧碘量法、库仑滴定法及高温燃烧-红外光谱法等。

一、艾氏卡法

1. 方法原理

将煤样与艾氏卡试剂（2份质量的氧化镁+1份质量的无水碳酸钠）混合于850℃下燃烧，煤中硫生成硫酸盐，然后使硫酸根离子生成硫酸钡沉淀，根据硫酸钡的质量计算煤中全硫的含量。

$$2Na_2CO_3+2SO_2+O_2 = 2Na_2SO_4+2CO_2\uparrow$$

$$Na_2CO_3+SO_3 = Na_2SO_4+CO_2\uparrow$$

$$2MgO+2SO_2+O_2 = 2MgSO_4$$

$$Na_2CO_3+CaSO_4 = Na_2SO_4+CaCO_3$$

$$MgSO_4+Na_2SO_4+2BaCl_2 = 2BaSO_4\downarrow+2NaCl+MgCl_2$$

2. 测定步骤

在30mL坩埚内称取粒度小于0.2mm的空气干燥煤样（1.00±0.01）g（精确至0.0002g），与2g艾氏卡试剂混合均匀，再用1g艾氏卡试剂覆盖。将装有煤样的坩埚移入通风良好的马弗炉中，在1～2h内从室温逐渐加热至800～850℃，并在该温度下保持1～2h。将坩埚从炉中取出，冷却至室温。用玻璃棒将坩埚中的灼烧物仔细搅松捣碎（如发现有未烧尽的煤粒，应在800～850℃下继续灼烧30min），然后转移到400mL烧杯中。用热水冲洗坩埚内壁，将洗液收入烧杯，再加入100～150mL刚煮沸的水，充分搅拌。如果此时尚有黑色煤粒漂浮在液面上，则本次测定作废。

用中速定性滤纸以倾泻法过滤，用热水冲洗3次，然后将残渣移入滤纸中，用热水仔细清洗至少10次，洗液总体积约为250～300mL。向滤液中滴入2～3滴甲基橙指示剂（20g/L），加盐酸（1+1）中和后再过量2mL，使溶液呈微酸性。将溶液加热到沸腾，在不断搅拌下滴加10mL氯化钡溶液（100g/L），在近沸状况下保持约2h，使溶液体积为200mL左右。

将溶液冷却或静置过夜后，用无灰定量滤纸过滤，并用热水洗至无氯离子为止（用浓度为10g/L硝酸银溶液检验）。将带沉淀的滤纸移入已恒重并称量过的瓷坩埚中，灰化后，在温度为800～850℃的马弗炉内灼烧20～40min，取出坩埚，在空气中稍加冷却后放入干燥器中冷却到室温，称量。

煤中全硫含量按式(2-19）计算：

$$S_{t,ad}=\frac{(m_1-m_2)\times\frac{M(S)}{M(BaSO_4)}}{m}\times 100\% \tag{2-19}$$

式中　$S_{t,ad}$——一般分析试样中全硫质量分数，%；

m_1——硫酸钡质量，g；

m_2——空白试验的硫酸钡质量，g；

$M(S)$——硫的摩尔质量，30.07g/mol；

$M(BaSO_4)$——硫酸钡的摩尔质量，233.39g/mol；

m——煤样质量，g。

3. 注意事项

（1）每配制一批艾氏卡试剂或更换其他任一试剂时，应做2个以上空白试验，硫酸钡质量的极差不得大于0.0010g，取算术平均值作为空白值。

（2）必须在通风条件下进行半熔反应，否则煤粒燃烧不完全而且部分硫不能转化为SO_2。

（3）调节酸度到微酸性，同时加热，使CO_3^{2-}生成CO_2，从而消除CO_3^{2-}的影响。

二、高温燃烧-酸碱滴定法

1. 方法原理

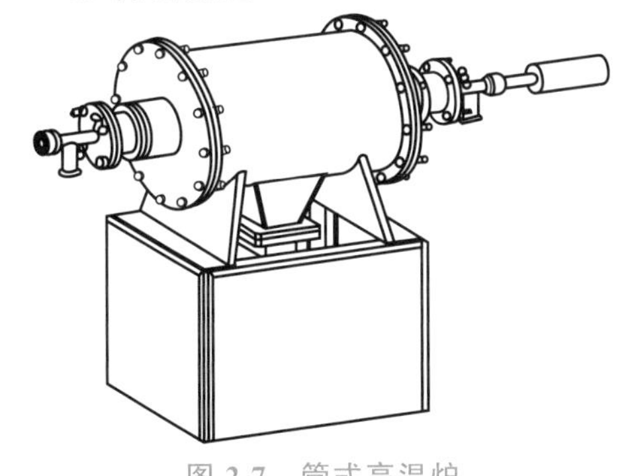

图2-7　管式高温炉

煤样在催化剂作用下在氧气流中燃烧，煤中硫生成硫的氧化物，用过氧化氢吸收形成硫酸，用氢氧化钠溶液滴定，根据消耗氢氧化钠溶液的体积，计算出煤中全硫含量。

2. 主要仪器和试剂

（1）管式高温炉　能加热到1250℃，并有80mm（1200±10)℃的高温恒温带，附有铂铑-铂热电偶测温和控温装置，如图2-7所示。

（2）异径燃烧管　耐温1300℃以上，管总长约750mm。一端外径约22mm，内径约19mm，长约690mm；另一端外径约10mm，内径约7mm，长约60mm。如图2-8所示。

（3）干燥塔　容积250mL，下部2/3装碱石棉，上部1/3装无水氯化钙。

（4）过氧化氢溶液的配制　取30mL 30%过氧化氢加入970mL水，加2滴甲基红-亚甲基蓝混合指示剂，用稀硫酸或稀氢氧化钠溶液中和至溶液呈钢灰色。此溶液于使用当天中和配制。

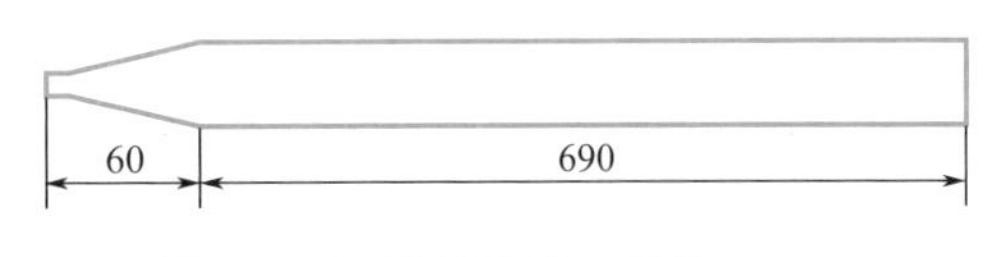

图2-8　异径燃烧管（单位：mm）

(5) 甲基红-亚甲基蓝混合指示剂　将 0.125g 甲基红溶于 100mL 乙醇中，另将 0.083g 亚甲基蓝溶于 100mL 乙醇中，分别贮存于棕色瓶中，使用前按等体积混合。

(6) 氢氧化钠标准溶液对硫滴定度的标定　称取 0.2g 左右标准煤样（称准至 0.0002g），置于燃烧舟中，再盖上一薄层三氧化钨。按测定步骤进行试验并记下滴定时氢氧化钠溶液的用量，按式(2-20) 计算滴定度。

$$T_{S/NaOH}=\frac{mS^{s}_{t,ad}}{V} \tag{2-20}$$

式中　$T_{S/NaOH}$——氢氧化钠标准溶液对硫的滴定度，g/mL；

m——标准煤样的质量，g；

$S^{s}_{t,ad}$——标准煤样的硫含量，%；

V——氢氧化钠溶液的用量，mL。

(7) 羟基氰化汞溶液　称取约 6.5g 羟基氰化汞，溶于 500mL 水中，充分搅拌后，放置片刻，过滤。滤液中加入 2～3 滴甲基红-亚甲基蓝混合指示剂，用稀硫酸溶液中和至中性，贮存于棕色瓶中。此溶液应在一星期内使用。

3. 测定步骤

测定装置按图 2-9 所示连接好，将高温炉加热并稳定在 (1200±10)℃，测定燃烧管内高温带、恒温带及 500℃温度带部位和长度。

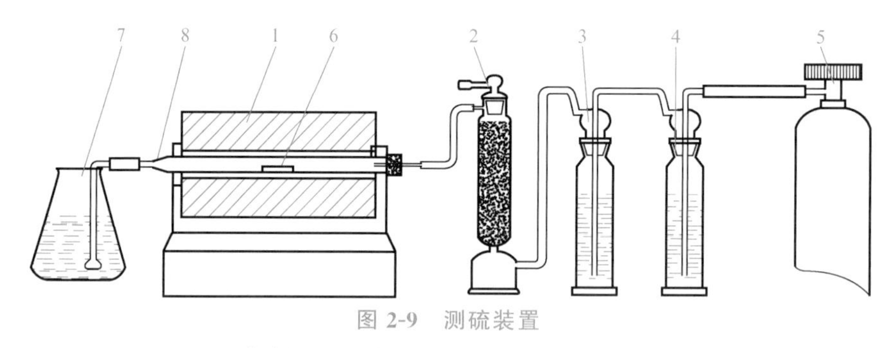

图 2-9　测硫装置

1—管式炉；2—干燥塔；3，4—洗气瓶（内装硫酸）；
5—氧气瓶；6—燃烧舟；7—气体吸收瓶；8—异径管

将高温炉加热并稳定在 (1200±10)℃。用量筒分别量取 100mL 已中和的过氧化氢溶液（每升含 30mL 30% H_2O_2），加入吸收瓶中，塞上瓶塞，连接到燃烧管细端，检查气密性。

称取 (0.20±0.01)g（精确至 0.0002g）煤样于燃烧舟中，盖上一薄层三氧化钨。将盛有煤样的燃烧舟放在燃烧管入口端，以 350mL/min 的流量通入氧气，用镍铬丝推棒将燃烧舟推到 500℃温度区，5min 后再将舟推到高温区，使煤样在该区燃烧 10min。停止通入氧气，取下吸收瓶，用水清洗气体过滤器 2～3 次。向吸收瓶内加入 3～4 滴甲基红-亚甲基蓝混合指示剂，用 0.02mol/L NaOH 标准溶液滴定至溶液由桃红色变为灰色，记下氢氧化钠溶液的用量。同时进行空白试验。

4. 结果计算

(1) 用氢氧化钠标准溶液的浓度计算全硫的质量分数

$$S_{t,ad}=\frac{\frac{1}{2}(V-V_0)c\times 32.07\times f\times 10^{-3}}{m}\times 100\% \quad (2\text{-}21)$$

式中 $S_{t,ad}$——一般分析煤样中全硫质量分数，%；

V——煤样测定时，氢氧化钠标准溶液的用量，mL；

V_0——空白测定时，氢氧化钠标准溶液的用量，mL；

c——氢氧化钠标准溶液的浓度，mol/L；

32.07——硫的摩尔质量，g/mol；

f——校正系数，当 $S_{t,ad}<1\%$时，$f=0.95$；当 $S_{t,ad}$ 为 1%～4%时，$f=1.00$；当 $S_{t,ad}>4\%$时，$f=1.05$；

m——煤样质量，g。

（2）用氢氧化钠标准溶液对硫的滴定度计算全硫的质量分数

$$S_{t,ad}=\frac{(V_1-V_0)T_{S/NaOH}}{m}\times 100\% \quad (2\text{-}22)$$

式中 $S_{t,ad}$——一般分析煤样中全硫质量分数，%；

V_1——煤样测定时，氢氧化钠标准溶液的用量，mL；

V_0——空白测定时，氢氧化钠标准溶液的用量，mL；

$T_{S/NaOH}$——氢氧化钠标准溶液对硫的滴定度，g/mL；

m——煤样质量，g。

（3）氯的校正 当试样中氯含量高于 0.02%时，或用氯化锌减灰的精煤时应进行氯的校正。

在氢氧化钠标准溶液滴定到终点的试液中加入 10mL 羟基氰化汞溶液，用硫酸标准溶液（0.01mol/L）滴定到溶液由绿色变为灰色，记下硫酸标准溶液的用量，按式(2-23）计算全硫含量。

$$S_{t,ad}=S^{n}_{t,ad}-\frac{\frac{1}{2}cV_2\times 32.07\times 10^{-3}}{m}\times 100\% \quad (2\text{-}23)$$

式中 $S_{t,ad}$——一般分析煤样中全硫质量分数，%；

$S^{n}_{t,ad}$——按式(2-21）或式(2-22）计算的全硫质量分数，%；

c——硫酸标准溶液的浓度，mol/L；

V_2——硫酸标准溶液的用量，mL；

32.07——硫的摩尔质量，g/mol；

m——煤样质量，g。

三、库仑滴定法

1. 方法原理

煤样在催化剂作用下，于空气流中燃烧分解，煤中硫生成二氧化硫并被净化过的空气流带到电解池内，并立即被电解池内的 I_2 氧化为 H_2SO_4。由此导致溶液中的 I_2 浓度降低，而 I^- 浓度则增加，指示电极间的电位改变，仪器自动启动电解，又产生出 I_2。这样电解产生的 I_2 使 SO_2 全部氧化，并使电解液回到平衡状态。根据电解产生 I_2 所耗电量的积分值，再根据法拉第电解定律计算出试样中全硫的含量。反应式如下：

$$2I^{-}-2e = I_2$$

$$I_2+SO_2+2H_2O = H_2SO_4+2HI$$

2. 仪器设备

测定所使用的仪器是库仑测硫仪，由以下几部分构成。

(1) 管式高温炉　能加热到1200℃以上，(1150±5)℃的高温区长度超过70mm，附有铂铑-铂热电偶测温及控温装置，炉内装有耐温1300℃以上的异径燃烧管。

(2) 电解池和电磁搅拌器　电解池高120～180mm，容量不少于400mL。内有面积约150mm^2的铂电极和面积约15mm^2的指示电极。指示电极响应时间应小于1s，电磁搅拌器转速约500r/min，且连续可调。

(3) 库仑积分器　电解电流0～350mA范围内积分线性误差应小于±0.1%。配有4～6位数字显示器和打印机。

(4) 送样程序控制器　可按指定的程序前进、后退。

(5) 空气供应及净化装置　由电磁泵和净化管组成。供气量约1500mL/min，抽气量约1000mL/min，净化管内装氢氧化钠及变色硅胶。

3. 测定步骤

将管式高温炉升温至1150℃，用另一组铂铑-铂热电偶高温计测定燃烧管中高温带的位置、长度及500℃的位置。调节送样程序控制器，使煤样预分解及高温分解的位置分别处于500℃和1150℃的部位。在燃烧管出口处填充洗净、干燥的玻璃纤维棉，在距出口端约80～100mm处，充填厚度约3mm的硅酸铝棉。将程序控制器、管式高温炉、库仑积分器、电解池、电磁搅拌器和空气供应及净化装置组装在一起。开动抽气泵和供气泵，将抽气流量调节到1000mL/min，然后关闭电解池与燃烧管间的活塞，如抽气量降到300mL/min以下，证明仪器各部件及各接口气密性良好，否则需检查各部件及其接口。

将管式高温炉升温并控制在(1150±10)℃。开动供气泵和抽气泵并将抽气流量调节到1000mL/min。在抽气下，将250～300mL电解液加入电解池内，开动电磁搅拌器。在瓷舟中放入少量非测定用的煤样，按下述方法进行测定（终点电位调整试验）。如试验结束后库仑积分器的显示值为0，应再次测定直至显示值不为0。于瓷舟中称取粒度小于0.2mm的空气干燥煤样(0.05±0.005)g（精确至0.0002g），在煤样上盖一薄层三氧化钨。将瓷舟置于送样的石英托盘上，开启送样程序控制器，煤样即自动送进炉内，库仑滴定随即开始。试验结束后，库仑积分器显示出硫的量(mg)或百分含量，并由打印机打印出结果。

若库仑积分器最终显示为硫的质量，全硫含量按式(2-24)计算。

$$S_{t,ad}=\frac{m_1}{m}\times 100\% \qquad (2\text{-}24)$$

式中　$S_{t,ad}$——一般分析试验煤样中全硫质量分数，%；

m_1——库仑积分器显示值，mg；

m——煤样质量，mg。

4. 注意事项

① 使用的催化剂是三氧化钨。

② 电解液的配制方法是将碘化钾和溴化钾各5g、冰醋酸10mL，溶于250～300mL水中。

③ 要求燃烧舟长70～77mm，素瓷或刚玉制品，耐热1200℃以上。

四、高温燃烧-红外光谱法

在燃烧舟中称取粒度小于0.2mm的一般分析试验煤样0.3g（精确至0.0002g）。待燃烧管温度升至（1300±10）℃时，通入氧气，维持氧气流量为3.0L/min。将燃烧舟推入燃烧管的恒温区。煤样在氧气流中燃烧，煤中的硫被氧化生成二氧化硫。气流中的颗粒物和水蒸气分别被玻璃棉和高氯酸盐滤除后通过红外检测池，二氧化硫通过红外检测系统被测定出来。该法适用于褐煤、烟煤、无烟煤和焦炭中硫含量的测定。

YX-DL一体化定硫仪

YX-DL一体化定硫仪将裂解炉、电解池、搅拌器、送样机构、空气净化系统等部件巧妙地装配在整个箱体内，如图2-10所示。在Windows平台上，程序控制可以完成自动升温、控温、送样、退样、电解、计算，结果自动存盘、打印。最高炉温达1300℃，控温精度＜5℃，测硫范围＞0.01%，完成一个样品的测定时间约为5min。

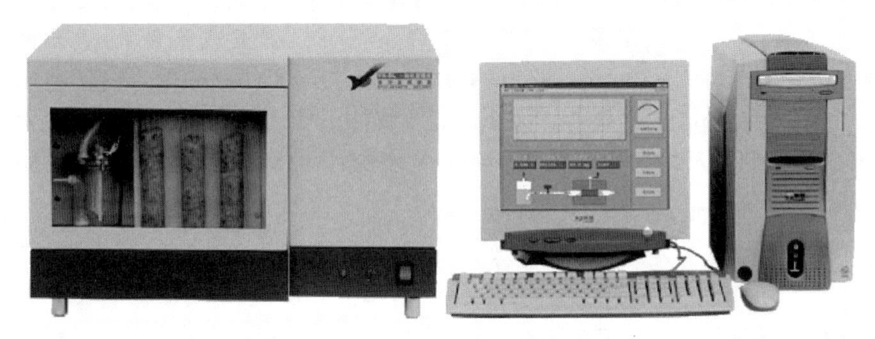

图2-10　YX-DL一体化定硫仪

第四节　煤中碳和氢的测定

煤中的有机质主要由碳、氢、氧、氮和硫等元素组成，其中碳含量达60%以上，氢的含量约占0.8%～6.6%，氧约占1.0%～30%，氮含量约占0.3%～3.5%。

《煤中碳和氢的测定》（GB/T 476）中规定碳和氢的测定方法主要有元素炉法和电量-重量法，其中元素炉法为经典方法，适用于煤和水煤浆中碳和氢的测定，可用作仲裁分析，而电量-重量法适用于煤和水煤浆干燥试样中碳和氢的测定。

一、元素炉法

1. 方法原理

一定量的煤样在氧气中燃烧，生成的水和二氧化碳分别用吸收剂吸收，由吸收剂的增量计算煤中碳和氢的含量。

2. 碳氢测定仪装置

碳氢测定仪主要由净化系统、燃烧装置和吸收系统三部分组成，如图2-11所示。

（1）净化系统　由两个容量为500mL的气体干燥塔和流量计组成。干燥塔A上部（约2/3）装无水氯化钙或无水高氯酸镁，下部（约1/3）装碱石棉或碱石灰。干燥塔B装无水氯化钙或无水高氯酸镁。

（2）燃烧装置　由一个三节（或两节）管式炉和控温装置组成。

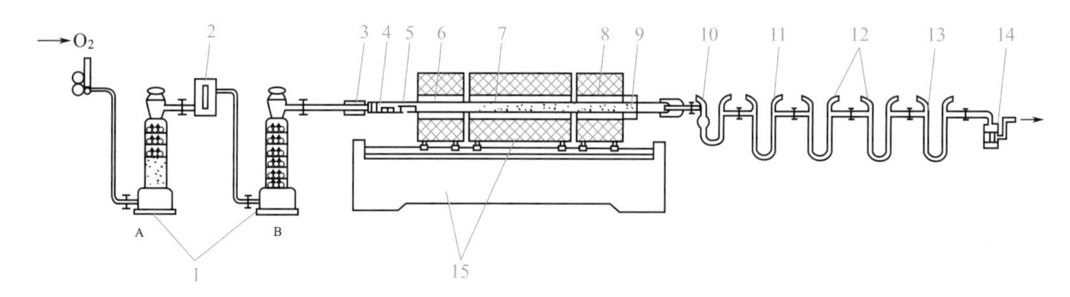

图 2-11 三节炉碳氢测定仪示意图

1—气体干燥塔；2—流量计；3—橡胶塞；4—铜丝卷；5—燃烧舟；6—燃烧管；7—氧化铜；8—铬酸铅；9—银丝卷；10—吸水 U 形管；11—除氮氧化物 U 形管；12—吸收二氧化碳 U 形管；13—空 U 形管；14—气泡计；15—三节电炉及控温装置

三节管式炉的炉膛直径 35mm，第一节长约 230mm，可加热到（850±10)℃，并可沿水平方向移动；第二节长 330～350mm，可加热到（800±10)℃；第三节长 130～150mm，可加热到（600±10)℃。采用的燃烧管由素瓷、石英、刚玉或不锈钢材质制成，长约 1100～1200mm，内径 20～22mm，壁厚约 2mm。用直径约 0.5mm 的铜丝制作三个长约 30mm 和一个长约 100mm 的铜丝卷，大小以能自由插入管内又要与管壁密切接触。用直径约 0.25mm 的银丝制作长约 30mm 的银丝卷。从燃烧管出气端起，留 50mm 空间，按图 2-12 所示方法充填燃烧管。

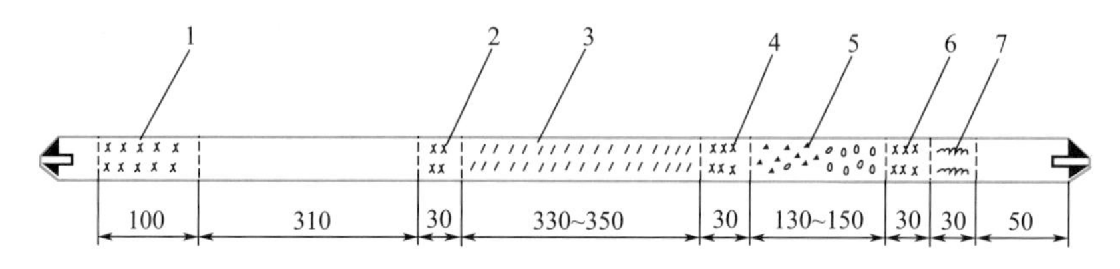

图 2-12 三节炉燃烧管填充示意图（单位：mm）

1，2，4，6—铜丝卷；3—氧化铜；5—铬酸铅；7—银丝卷

两节管式炉的第一节长约 230mm，可加热到（850±10)℃，并可沿水平方向移动；第二节长 130～150mm，可加热到（500±10)℃。采用的燃烧管长约 800mm，按图 2-13 所示方法充填燃烧管。

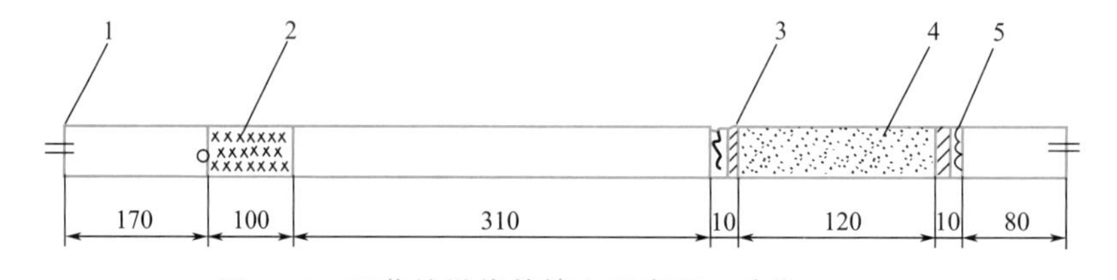

图 2-13 两节炉燃烧管填充示意图（单位：mm）

1—橡胶塞；2—铜丝卷；3，5—铜丝卷和 100 目铜丝网圆垫；4—高锰酸银热解产物

(3) 吸收系统　主要由吸水 U 形管、吸收二氧化碳 U 形管、除氮 U 形管和气泡计等组成。

吸水 U 形管盛装试剂部分高 100～120mm，直径约 15mm，入口端有一球形扩大部分，内装无水氯化钙或无水高氯酸镁，如图 2-14 所示。

吸收二氧化碳 U 形管盛装试剂部分高 100～120mm，直径约 15mm，前 2/3 装碱石棉或碱石灰，后 1/3 装无水氯化钙或无水高氯酸镁，如图 2-15 所示。

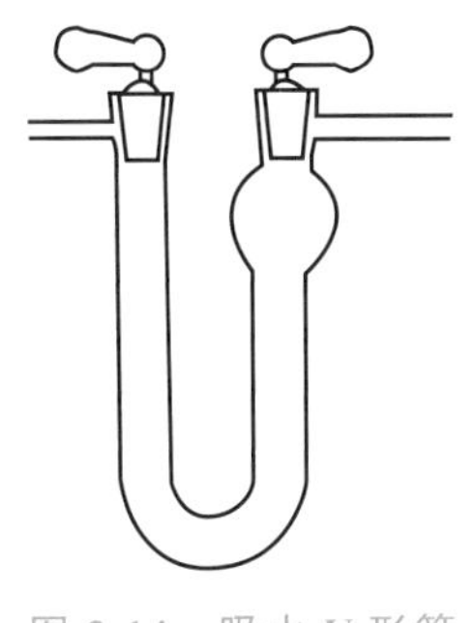

图 2-14　吸水 U 形管

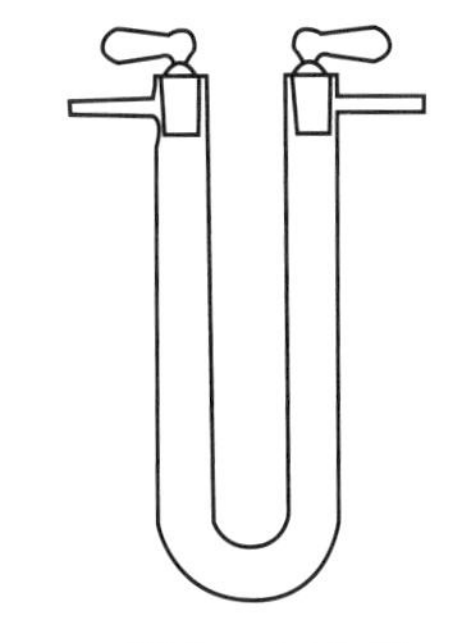

图 2-15　吸收二氧化碳 U 形管

除氮 U 形管外形与吸收二氧化碳 U 形管相同，前 2/3 装粒状二氧化锰，后 1/3 装无水氯化钙或无水高氯酸镁。

气泡计容量约 10mL，内装浓硫酸。

3. 测定步骤

采用三节炉法测定时，将第一节炉的炉温控制在（850±10)℃，第二节炉控温在（800±10)℃，第三节炉控温在（600±10)℃。在预先灼烧过的燃烧舟（素瓷或石英材质，长约 80mm）中，称取粒度小于 0.2mm 的一般分析试验煤样或水煤浆干燥试样 0.2g（精确至 0.0002g)，均匀铺平，在试样上铺一层三氧化钨。接上已恒重的吸收管，并以 120mL/min 的流量通入氧气，打开橡胶塞，取出铜丝卷，迅速将燃烧舟放入燃烧管中，使其前端刚好位于第一节炉的炉口，再放入铜丝卷，塞上橡胶塞，保持氧气流量为 120mL/min。1min 后向净化系统移动第一节炉，使燃烧舟的一半进入炉子，2min 后使燃烧舟全部进入炉子，再过 2min 使燃烧舟位于炉子中央。保温 10min 后，把第一节炉移回原位。2min 后取下吸收系统，将磨口塞关闭，用绒布擦净，在天平旁放置 10min，称量。若第二个吸收二氧化碳 U 形管质量变化小于 0.0005g，计算时可以忽略。

采用两节炉法测定时，第一节炉控温在（850±10)℃，第二节炉控温在（500±10)℃。燃烧舟移至第一节炉子中心后，保温 13min，其他操作同三节炉法。

4. 结果计算

一般分析煤样(或水煤浆干燥试样)的碳、氢的质量分数分别按式(2-25)和式(2-26)计算。

$$C_{ad}=\frac{m_1}{m}\times\frac{12.01}{44.01}\times100\% \tag{2-25}$$

$$H_{ad}=\left(\frac{m_2-m_3}{m}\times100\%-M_{ad}\right)\times\frac{2\times1.008}{18.02} \tag{2-26}$$

式中　C_{ad}——一般分析煤样中碳的质量分数，%；

H_{ad}——一般分析煤样中氢的质量分数，%；

m——一般分析煤样的质量，g；

m_1——吸收二氧化碳 U 形管的增加值，g；

m_2——吸水 U 形管的增加值，g；

m_3——空白试验吸水 U 形管的增加值，g；

M_{ad}——一般分析煤样水分的质量分数，%；

12.01——碳的摩尔质量，g/mol；

44.01——二氧化碳的摩尔质量，g/mol；

1.008——氢的摩尔质量，g/mol；

18.02——水的摩尔质量，g/mol。

水煤浆中碳、氢的质量分数分别按式(2-27)和式(2-28)计算。

$$C_{cwm}=C_{ad}\times\frac{100\%-M_{cwm}}{100\%-M_{ad}}\times100\% \tag{2-27}$$

$$H_{cwm}=H_{ad}\times\frac{100\%-M_{cwm}}{100\%-M_{ad}}\times100\% \tag{2-28}$$

式中 C_{cwm}——水煤浆中碳的质量分数，%；

C_{ad}——水煤浆干燥试样中碳的质量分数，%；

H_{cwm}——水煤浆中氢的质量分数，%；

H_{ad}——水煤浆干燥试样中氢的质量分数，%；

M_{cwm}——水煤浆水分的质量分数，%；

M_{ad}——水煤浆干燥试样中水分的质量分数，%。

5. 讨论

(1) 煤样中的硫和氯对碳的测定有干扰，在三节炉中使铬酸铅与气流中的二氧化硫（或三氧化硫）反应，用银丝卷与氯气反应，从而消除干扰；而在两节炉中用高锰酸银热解产物（单质银和二氧化锰）进行消除。氮对碳的测定也有干扰，可用粒状二氧化锰进行消除。

(2) 高锰酸银热解产物的制备方法：将 100g 化学纯高锰酸钾溶于 2L 水中，煮沸。取 107.5g 化学纯硝酸银溶于约 50mL 水中，在不断搅拌下缓缓注入沸腾的高锰酸钾溶液中，搅拌均匀后逐渐冷却并静置过夜。将生成的紫色晶体用水洗涤数次，在 60～80℃下干燥 1h，然后将晶体一点一点地放在瓷皿中，在电炉上缓缓加热至骤然分解，成银灰色疏松状产物。

(3) 吸收系统的末端连接一个空 U 形管以防止硫酸倒吸。

(4) 当吸水 U 形管中的氯化钙开始溶化并阻碍气体畅通时应更换吸收剂。

(5) 当第二个吸收二氧化碳的 U 形管一次试验后的质量增加 50mg 以上时，应更换第一个 U 形管中的二氧化碳吸收剂。

二、电量-重量法

1. 方法原理

一定量的煤样在氧气中燃烧，生成的水与五氧化二磷反应生成偏磷酸，电解偏磷酸，根据电解所消耗的电量，计算煤中的氢含量。生成的二氧化碳用吸收剂吸收，由吸收剂的增量计算煤中的碳含量。

2. 仪器装置

电量-重量法碳氢测定仪装置主要由氧气净化系统、燃烧装置、铂-五氧化二磷电解池、电量积分器和吸收系统等构成，如图 2-16 所示。

3. 测定步骤

在燃烧管细颈端先充填约 10mm 硅酸铝棉，然后填入约 100mm 高锰酸银热解产物，最后充填约 10mm 硅酸铝棉，如图 2-17 所示。将带推棒的橡胶塞塞住燃烧管入口端并将燃烧管放入燃烧炉内，使装填的试剂部位位于催化段。

将燃烧炉控制在指定的温度，将煤样混合均匀，在预先燃烧过的燃烧舟中称取粒度小于 0.2mm 的一般分析煤样 0.070～0.075g（精确至 0.0002g）。均匀铺平，在煤样上铺盖一层三氧化钨。接上质量恒定的吸收二氧化碳 U 形管，保持氧气流量约 80mL/min，启动电解直至终点。将氢积分值和时间计数器清零，打开带有镍铬丝推棒的橡胶塞，迅速将燃烧舟放

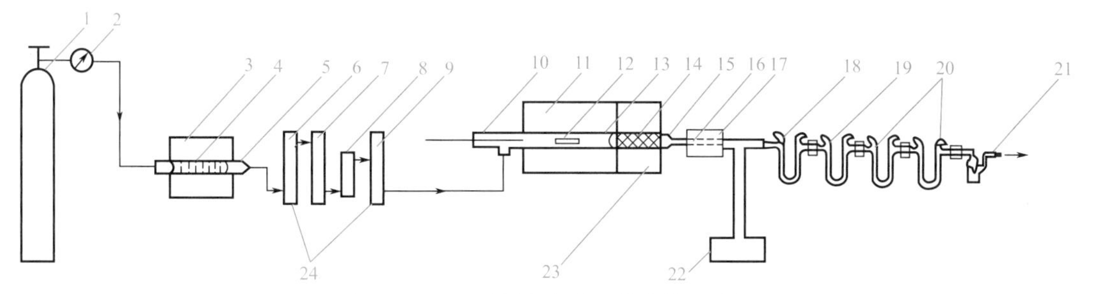

图 2-16　电量-重量法碳氢测定仪示意图

1—氧气钢瓶；2—氧气压力表；3—净化炉；4—线状氧化铜；5—净化管；6—变色硅胶；7—碱石棉；8—氧气流量计；9—无水高氯酸镁；10—带推棒的橡胶塞；11—燃烧炉；12—燃烧舟；13—燃烧管；14—高锰酸银热解产物；15—硅酸铝棉；16—Pt-P_2O_5 电解池；17—冷却水套；18—除氮 U 形管；19—吸水 U 形管；20—吸收二氧化碳 U 形管；21—气泡计；22—电量积分器；23—催化炉；24—气体干燥管

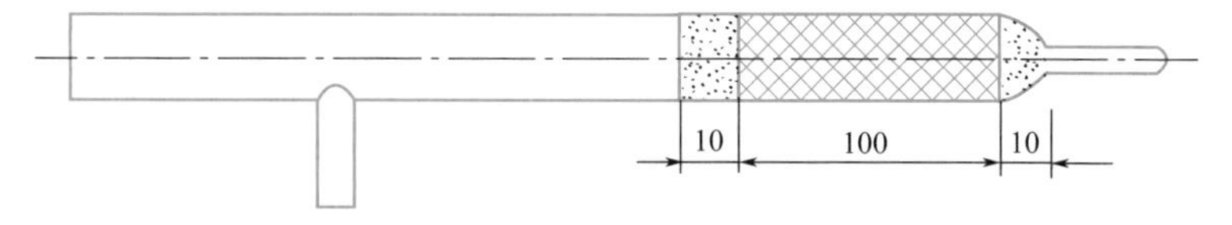

图 2-17　燃烧管充填示意图（单位：mm）

入燃烧管入口端，塞上橡胶塞，用推棒推动瓷舟使其一半进入燃烧炉口。煤样燃烧后按电解键，当煤样燃烧平稳，将瓷舟整体推入炉口，停留 2min，再将燃烧舟推入高温区，并立即拉回推棒。约 10min 后，取下吸收二氧化碳 U 形管，关闭磨口塞，在天平旁放置 10min 后称量。若第二个吸收二氧化碳 U 形管质量变化小于 0.0005g，计算时可以忽略。记录电量积分器显示的氢质量（mg）。打开带推棒的橡胶塞，用镍铬丝钩出燃烧舟。

4. 结果计算

一般分析煤样（或水煤浆干燥试样）的碳、氢质量分数分别按式(2-25）和式(2-29）计算。

$$H_{ad}=\left(\frac{m_1-m_2}{m\times1000}\times100\%-M_{ad}\right)\times\frac{2\times1.008}{18.02}\tag{2-29}$$

式中　H_{ad}——一般分析煤样中氢的质量分数，%；

m——一般分析煤样的质量，g；

m_1——电量积分器显示氢的质量，mg；

m_2——电量积分器显示氢的空白值，mg；

M_{ad}——一般分析煤样水分的质量分数，%；

1.008——氢的摩尔质量，g/mol；

18.02——水的摩尔质量，g/mol。

第五节　煤中氮的测定

《煤中氮的测定方法》(GB/T 19227）规定氮的测定方法有半微量凯氏法和半微量蒸汽法，其中半微量凯氏法适用于褐煤、烟煤、无烟煤和水煤浆中氮的测定，半微量蒸汽法适用于烟煤、无烟煤和焦炭中氮的测定。

一、半微量凯氏法

1. 方法原理

称取一定量煤样，在混合催化剂和浓硫酸的作用下，加热分解，使氮转化为硫酸氢铵。加入过量的氢氧化钠溶液，将氨蒸出并用硼酸溶液吸收，用硫酸标准溶液滴定，根据消耗硫酸标准溶液的体积计算氮的质量分数。

2. 测定步骤

称取 0.2g 粒度小于 0.2mm 的一般分析煤样或水煤浆干燥试样，放入凯氏瓶中，加入 2g 混合催化剂（无水硫酸钠、硫酸汞和硒粉）和 5mL 浓硫酸，将凯氏瓶放在加热电炉上缓慢加热到 350℃左右，直至溶液清澈透明，使氮元素全部转化为硫酸氢铵。向凯氏瓶中加入 25mL 氢氧化钠溶液，按如图 2-18 所示连接好蒸馏装置，通入水蒸气将氨蒸出并用 20mL 硼酸吸收，直至甲基红-亚甲基蓝混合指示剂颜色由紫色变为绿色。取下锥形瓶，用硫酸标准溶液滴定至灰色为终点。用 0.2g 蔗糖代替试样做空白试验。

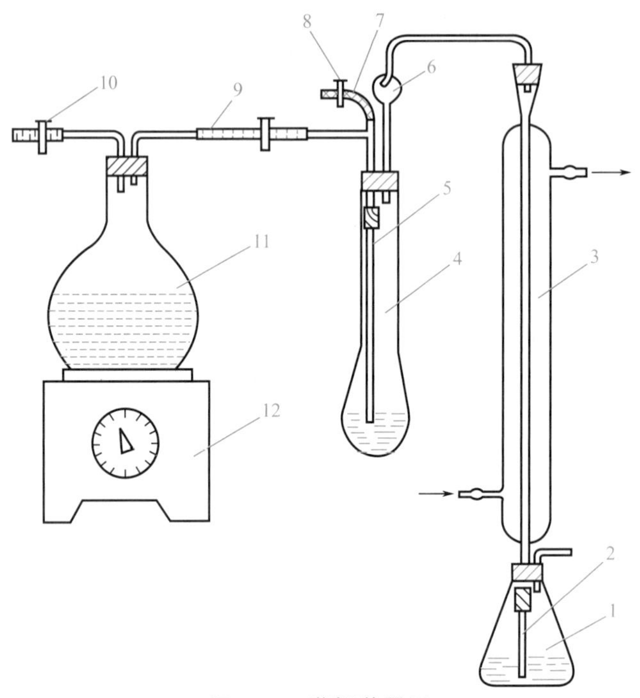

图 2-18 蒸馏装置图

1—锥形瓶；2—玻璃管；3—直形冷凝管；4—凯氏瓶；5—玻璃管；6—凯氏球；7—橡胶管；8—夹子；9—橡胶管；10—夹子；11—圆底烧瓶；12—加热电炉

一般分析煤样中氮的质量分数按式(2-30) 计算：

$$N_{ad}=\frac{c(V_1-V_2)\times 14.01\times 10^{-3}}{m}\times 100\% \tag{2-30}$$

式中 N_{ad}——一般分析煤样中氮的质量分数，%；

c——硫酸标准溶液的浓度，mol/L；

V_1——消耗硫酸标准溶液的体积，mL；

V_2——空白试验消耗硫酸标准溶液的体积，mL；

14.01——氮的摩尔质量，g/moL；

m——一般分析煤样的质量，g。

水煤浆中氮的质量分数按式(2-31) 计算：

$$N_{cwm}=\frac{N_{ad}(100\%\times M_{cwm})}{100\%-M_{ad}} \tag{2-31}$$

式中 N_{cwm}——水煤浆中氮的质量分数，%；

N_{ad}——水煤浆干燥试样中氮的质量分数，%；

M_{ad}——水煤浆水分的质量分数，%；

M_{cwm}——水煤浆干燥试样水分的质量分数，%。

二、半微量蒸汽法

1. 方法原理

称取一定量煤样或焦炭试样，以氧化铝作为催化剂和疏散剂，在 1050℃的条件下，通入水蒸气，使试样中的氮全部转化为氨，并随水蒸气蒸馏至吸收瓶中。用硼酸溶液吸收后，用硫酸标准溶液滴定，根据消耗硫酸标准溶液的体积计算氮的质量分数。

2. 测定步骤

按如图 2-19 所示连接好定氮装置，调节氦气流量为 50mL/min，高温炉通电升温。向蒸馏瓶中加入 150mL 氢氧化钠溶液，通冷凝水，套式加热管通电升温，并控制在（125±5)℃。当高温炉升温至 500℃时通入水蒸气，继续升温至 1050℃，空蒸 30min。

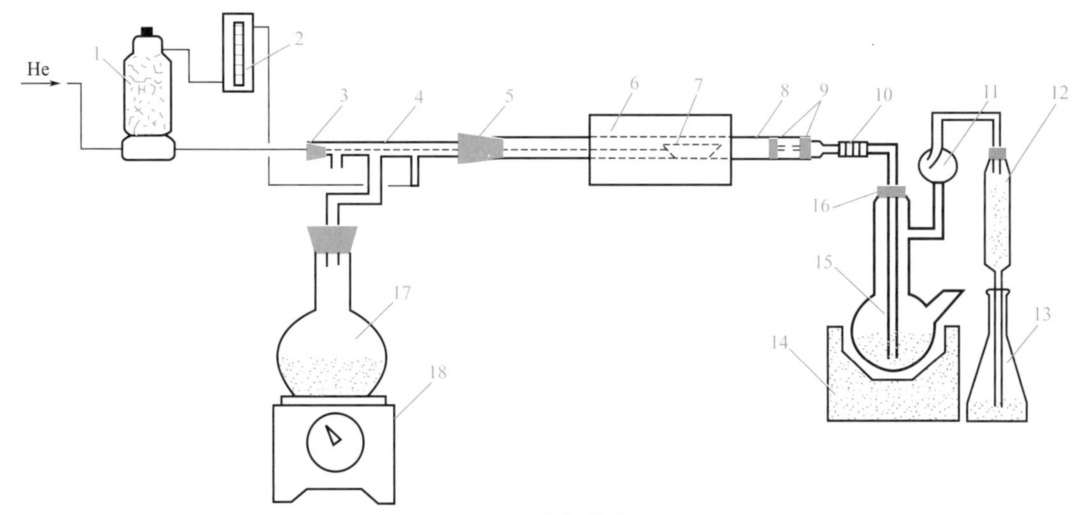

图 2-19 定氮装置图

1—气体干燥塔；2—流量计；3—橡胶塞；4—T 形玻璃管；5—橡胶塞；6—高温炉；7—石英托盘；8—水解管；9—硅酸铝棉；10—硅橡胶管；11—缓冲瓶；12—冷凝管；13—吸收瓶；14—套式加热器；15—蒸馏瓶；16—硅橡胶塞；17—烧瓶；18—电炉

称取一般分析煤样 0.1g，与 0.5g 氧化铝（作为催化剂和疏散剂）混合均匀，放入瓷舟内。在吸收瓶中加入 20mL 硼酸溶液，再加几滴混合指示剂。将瓷舟放入燃烧管内的石英托盘上，通入水蒸气。先将瓷舟推至 400～500℃区域，停留 5min，然后在 750～800℃区域停留 5min，最后在 1050℃恒温区停留 25min。取下吸收瓶，用硫酸标准溶液滴定溶液由绿色变为钢灰色为终点，并做空白试验。根据消耗硫酸标准溶液的体积计算氮的质量分数，结果计算同半微量凯氏法。

第六节 煤发热量的测定

一、发热量的表示方法

煤的发热量是指单位质量的煤完全燃烧时所产生的热量，以符号 Q 表示，也称为热值，单位用“J/g”表示。发热量是供热用煤或焦炭的主要质量指标之一。燃煤或焦炭工艺过程的热平衡、煤或焦炭耗量、热效率等的计算，都以发热量为依据。

发热量可以直接测定，也可以由工业分析的结果粗略地计算。现行企业中测定煤的发热量不属于常规分析项目。

发热量的表示方法有弹筒发热量、恒容高位发热量和恒容低位发热量三种。

（1）弹筒发热量　单位质量的试样在充有过量氧气的氧弹内燃烧，其燃烧产物组成为氧气、氮气、二氧化碳、硝酸和硫酸、液态水以及固态灰时放出的热量称为弹筒发热量。

（2）恒容高位发热量　单位质量的试样在恒容条件下，在过量氧气中燃烧，其燃烧产物组成为氧气、氮气、二氧化碳、二氧化硫、液态水以及固态灰时放出的热量称为恒容高位发热量。

高位发热量即由弹筒发热量减去硝酸形成热和硫酸校正热后得到的发热量。

（3）恒容低位发热量　单位质量的试样在恒容条件下，在过量氧气中燃烧，其燃烧产物组成为氧气、氮气、二氧化碳、三氧化硫、气态水以及固态灰时放出的热量称恒容低位发热量。

低位发热量即由高位发热量减去水（煤中原有的水和煤中氢燃烧生成的水）的汽化热后得到的发热量。

《煤的发热量测定方法》(GB/T 213）规定了煤的高位发热量的测定方法和发热量的计算方法，适用于泥炭、褐煤、烟煤、无烟煤和碳质页岩以及焦炭的发热量测定。测定方法以经典的氧弹式热量计法为主，在此简要介绍氧弹式热量计法和发热量的计算法。

二、发热量的测定方法（氧弹式量热计法）

1. 方法原理

将一定量的分析试样置于密封的氧弹热量计中，在充有过量氧气的氧弹内完全燃烧。燃烧所放出的热量被氧弹周围一定量的水和量热系统所吸收，水温的上升与试样燃烧放出的热量成正比。氧弹量热计的热容量可以通过在相似条件下燃烧一定量的基准量热物苯甲酸来确定，根据试样点燃前后量热系统产生的温升，并对点火热等附加热进行校正即可求得试样的弹筒发热量。

从弹筒发热量中扣除硝酸形成热和硫酸校正热（硫酸与二氧化硫形成热之差）后即得高位发热量。对煤中的水分（煤中原有的水和氢燃烧生成的水）的汽化热进行校正后求得煤的低位发热量。由于弹筒发热量是在恒定体积下测定的，所以它是恒容发热量。

2. 仪器

我国氧弹量热法采用的量热计有恒温式和绝热式两种，两者的基本结构相似，其区别在于热交换的控制方式不同，前者在外筒内装入大量的水，使外筒水温基本保持不变，以减少热交换；后者是让外筒水温随内筒水温而变化，故在测定过程中内、外筒之间可以认为没有热交换。恒温式量热计如图 2-20 所示，主要由氧弹、内筒、外筒、量热温度计、点火装置等组成。

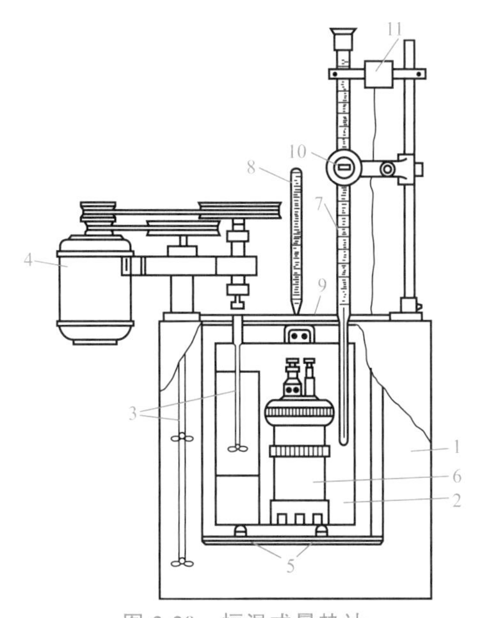

图 2-20 恒温式量热计

1—外筒；2—内筒；3—搅拌器；4—电动机；5—绝缘支柱；
6—氧弹；7—量热温度计；8—外筒温度计；
9—电极；10—放大镜；11—振荡器

（1）氧弹 由耐热、耐腐蚀的镍铬钼合金制成，如图 2-21 所示。氧弹应不受燃烧过程中出现的高温和腐蚀性产物的影响而产生热效应；能承受充氧压力和燃烧过程而产生的瞬时高压；在试验过程中能保持完全气密等性能。弹筒的容积为 250～350mL，弹盖上应装有供充氧气和排气的阀门以及点火电源的接线电极。

（2）内筒 由紫铜、黄铜或不锈钢制成，断面可为圆形、菱形成其他适当形状。氧弹装入内筒中，加水 2000～3000mL，将氧弹浸没。为使内筒中水温均匀，装有搅拌器进行搅拌。内筒外表面应电镀抛光，以减少与外筒的热辐射。

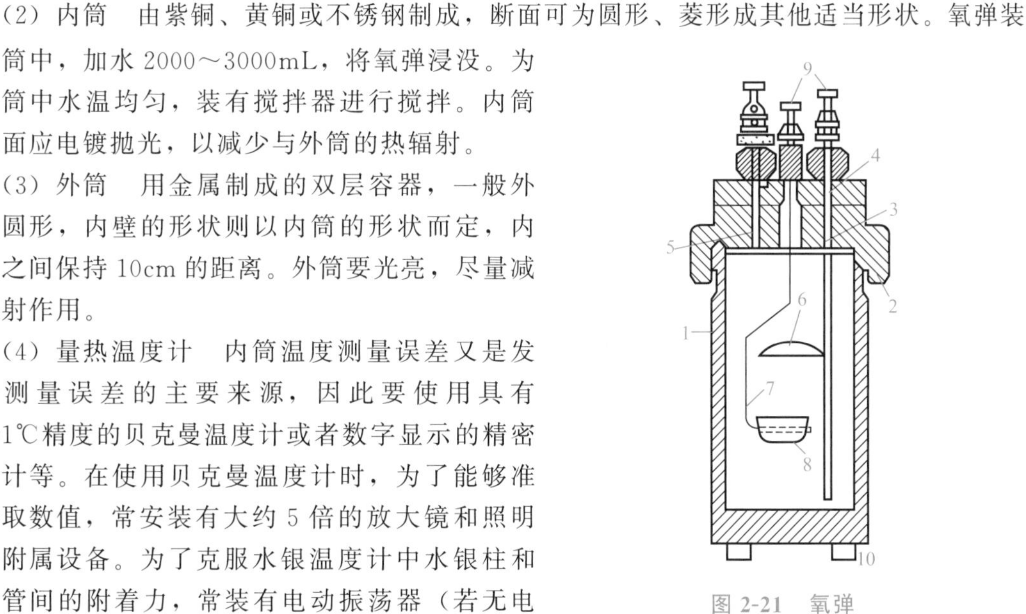

图 2-21 氧弹

1—弹体；2—弹盖；3—进气管；4—进气阀；
5—排气管；6—遮火罩；7—电极柱；8—燃烧皿；
9—接线柱；10—弹脚

（3）外筒 用金属制成的双层容器，一般外壁是圆形，内壁的形状则以内筒的形状而定，内外筒之间保持 10cm 的距离。外筒要光亮，尽量减少辐射作用。

（4）量热温度计 内筒温度测量误差又是发热量测量误差的主要来源，因此要使用具有 0.001℃精度的贝克曼温度计或者数字显示的精密温度计等。在使用贝克曼温度计时，为了能够准确读取数值，常安装有大约 5 倍的放大镜和照明灯等附属设备。为了克服水银温度计中水银柱和毛细管间的附着力，常装有电动振荡器（若无电动振荡器，也可用套有橡胶套的细玻璃棒轻轻敲击温度计）。

（5）点火装置 将一根已知热值的细金属丝

接在氧弹内的两电极之间，通电后金属丝发热，最后熔断，将煤试样引燃。根据金属丝的量计算出其燃烧时产生的热量，在测定的总热量值中扣除。

3. 测定步骤

称取粒度为0.2mm以下的空气干燥煤样1～1.1g（精确至0.0002g），置于燃烧皿中。取一段已知质量的点火丝，两端接在氧弹内的两个电极柱上，注意使点火丝与试样保持接触或保持有一小段距离。将10mL蒸馏水加入氧弹中，用以吸收煤燃烧时产生的氮氧化物和硫氧化物，然后拧紧氧弹盖。接好氧气导管，缓慢将氧气充入氧弹中，直至压力达到2.6～2.8MPa，充氧气时间不得少于30s。

准确称取一定质量的水加入内筒里（以将氧弹完全浸没的水量为准），所加入的水量与标定仪器的热容量时所用的水量质量一致。先调节好外筒水温使之与室温相差在1℃以内。而内筒温度的调节以终点时内筒温度比外筒温度高1℃左右为宜。

将装好一定质量水的内筒小心放入外筒的绝缘支架上，再将氧弹小心放入内筒，同时检漏。接上点火电极插头，装好搅拌器和量热温度计，并盖上外筒的盖子。温度计的水银球应与氧弹主体的中部在同一水平上。在靠近量热温度计的露出水银柱的部位，应另悬一支普通温度计，用以测定露出柱的温度。

开动搅拌器，5min后开始计时和读取内筒温度（t_0），并立即通电点火。随后记下外筒温度（t_j）和露出柱温度（t_e）。外筒温度至少读至精度0.05℃，内筒温度借助放大镜读至精度0.001℃。每次读数前，应开动振动器振动3～5s。

注意观察内筒温度，如在30s内温度急剧上升，则表明点火成功。点火后100s时读一次内筒温度（t_{100s}）。在接近终点时，以每间隔一分钟读取一次内筒温度，以第一个下降温度作为终点温度（t_n）。

实验完成后停止搅拌，取出内筒和氧弹，开启放气阀，放出燃烧废气，打开氧弹，仔细观察弹筒和燃烧皿内部。如果有试样燃烧不完全或有炭黑存在，试验作废。

找出未烧完的点火丝，量出长度，用于计算实际消耗量。用蒸馏水充分冲洗氧弹内各部位、放气阀、燃烧皿内外和燃烧残渣。把全部洗液收集在烧杯中，可供测硫使用。

4. 结果计算

（1）弹筒发热量　使用恒温式热量计时，空气干燥煤样或水煤浆干燥试样的弹筒发热量$Q_{b\cdot ad}$用式(2-32)计算。

$$Q_{b,ad}=\frac{EH[(t_n+h_n)-(t_0+h_0)+C]-(q_1+q_2)}{m} \tag{2-32}$$

式中　$Q_{b,ad}$——空气干燥煤样的弹筒发热量，J/g；

E——热量计的热容量，J/℃；

H——贝克曼温度计的平均分度值；

t_0——点火时的温度，℃；

t_n——终点温度，℃；

h_0——点火时温度校正值，由贝克曼温度计检定证书中查得；

h_n——终点温度校正值，由贝克曼温度计检定证书中查得；

C——辐射校正系数或冷却校正系数，℃；

q_1——点火丝扣除剩余部分的发热量，J；

q_2——添加物如包纸等产生的总热量，J；

m——空气干燥煤样的质量，g。

【注意】 若使用绝热式量热计，则式(2-32)中的 $C=0$。若使用数字显示温度计时，空气干燥煤样或水煤浆干燥试样的弹筒发热量可用式(2-33)计算。

$$Q_{b,ad}=\frac{E(t_n-t_0)-(q_1+q_2)}{m} \tag{2-33}$$

(2) 恒容高位发热量　空气干燥煤样或水煤浆干燥试样的恒容高位发热量 $Q_{gr,v,ad}$ 量可用式(2-34)计算。

$$Q_{gr,v,ad}=Q_{b,ad}-(94.1S_{b,ad}+\alpha Q_{b,ad}) \tag{2-34}$$

式中　$Q_{gr,v,ad}$——空气干燥煤样的恒容高位发热量，J/g；

$Q_{b,ad}$——空气干燥煤样的弹筒发热量，J/g；

$S_{b,ad}$——由弹筒洗液测得的硫含量，通常以质量分数表示，%；当全硫低于 4.00% 时或发热量大于 14.60kJ/g 时，通常用煤的全硫量代替；

94.1——空气干燥煤样中 1.00% 硫的校正值（为 0.01g 硫生成硫酸的化学生成热和溶解热之和），J/g；

α——硝酸生成热校正系数，当 $Q_{b,ad}\leqslant 16.70$kJ/g 时，$\alpha=0.0010$；当 16.70kJ/g$<Q_{b,ad}\leqslant 25.10$kJ/g 时，$\alpha=0.0012$；当 $Q_{b,ad}>25.10$kJ/g 时，$\alpha=0.0016$。

(3) 恒容低位发热量　煤样或水煤浆（称取水煤浆干燥试样时）的收到基恒容低位发热量按式(2-35)计算。

$$Q_{net,v,ar}=(Q_{gr,v,ad}-206H_{ad})\times\frac{100\%-M_t}{100\%-M_{ad}}-23M_t \tag{2-35}$$

式中　$Q_{net,v,ar}$——煤样收到基恒容低位发热量，J/g；

$Q_{gr,v,ad}$——煤样空气干燥基恒容高位发热量，J/g；

M_t——煤的收到基全水分的质量分数，%；

M_{ad}——煤的空气干燥基水分的质量分数，%；

H_{ad}——煤的空气干燥基氢的质量分数，%；

206——对应于空气干燥煤样中每 1.00% 氢的汽化热校正值（恒容），J/g；

23——对应于收到基煤样中每 1.00% 水分的汽化热校正值（恒容），J/g。

如果称取的是水煤浆试样，其恒容低位发热量按式(2-36) 计算。

$$Q_{net,v,cwm}=Q_{gr,v,cwm}-206H_{cwm}-23M_{cwm} \tag{2-36}$$

式中　$Q_{net,v,cwm}$——水煤浆的恒容低位发热量，J/g；

$Q_{gr,v,cwm}$——水煤浆的恒容高位发热量，J/g；

H_{cwm}——水煤浆中氢的质量分数，%；

M_{cwm}——水煤浆中水分的质量分数，%。

(4) 恒压低位发热量　由弹筒发热量算出的高位发热量和低位发热量都属于恒容状态，在实际工业燃烧中则是恒压状态，严格地讲，工业计算中应使用恒压低位发热量。煤样或水煤浆（称取水煤浆干燥试样时）的恒压低位发热量按式(2-37) 计算。

$$Q_{net,p,ar}=[Q_{gr,v,ad}-212H_{ad}-0.8(O_{ad}+N_{ad})]\times\frac{100\%-M_t}{100\%-M_{ad}}-24.4M_t \tag{2-37}$$

式中　$Q_{net,p,ar}$——煤样收到基恒压低位发热量，J/g；

$Q_{gr,v,ad}$——煤样空气干燥基恒容高位发热量，J/g；

O_{ad}——空气干燥基煤样中氧的质量分数，%；

N_{ad}——空气干燥基煤样中氮的质量分数，%；

M_t——煤的收到基全水分的质量分数，%；
M_{ad}——煤的空气干燥基水分的质量分数，%；
H_{ad}——煤的空气干燥基氢的质量分数，%；
212——对应于空气干燥煤样中每1.00%氢的汽化热校正值（恒压），J/g；
0.8——对应于空气干燥煤样中每1.00%氧和氮的汽化热校正值（恒压），J/g；
24.4——对应于收到基煤样中每1.00%水分的汽化热校正值（恒压），J/g。

如果称取的是水煤浆试样，其恒容低位发热量按式(2-38) 计算。

$$Q_{net,p,cwm}=Q_{gr,v,cwm}-212H_{cwm}-0.8(O_{cwm}+N_{cwm})-24.4M_{cwm} \quad (2\text{-}38)$$

式中 $Q_{net,p,cwm}$——水煤浆的恒压低位发热量，J/g；
$Q_{gr,v,cwm}$——水煤浆的恒容高位发热量，J/g；
O_{cwm}——水煤浆中氧的质量分数，%；
N_{cwm}——水煤浆中氮的质量分数，%；
H_{cwm}——水煤浆中氢的质量分数，%；
M_{cwm}——水煤浆中水分的质量分数，%。

5. 注意事项

(1) 对于燃烧时易跳溅的煤，可用已知质量的擦镜纸包紧，或先用压饼机将煤样压成饼状，再将其切成2～4mm的小块。而对于不易燃烧完全的煤样，可先在燃烧皿底铺上一层石棉垫，但注意不能使煤样漏入石棉垫底部，否则燃烧不完全。若加了石棉垫仍燃烧不完全，则可提高充氧压力促进燃烧。若采用石英燃烧皿时，不必加石棉垫。

(2) 对易跳溅的煤样要特别注意点火丝不能接触燃烧皿，两电极之间或燃烧皿与另一电极之间也不能接触，以免发生短路，造成点火失败甚至烧毁燃烧皿。

(3) 在拧紧氧弹盖时应注意避免由于震动而使调好的燃烧皿与点火丝的位置发生改变，造成点火失败。

YX-ZR/Q全自动量热仪

YX-ZR/Q全自动量热仪采用可自动充氧放气的单头氧弹和自动充氧放气装置及氧弹自动升降机构，每次实验只需将装好试样的氧弹挂在升降机构的挂钩上，程序控制氧弹自动下降到设定位置即自动充氧，做完试验后自动将氧弹提升并通过导出气管自动将废气排出实验室外，可始终保持实验室环境清洁，如图2-22所示。另外，YX-ZR/Q全自动量热

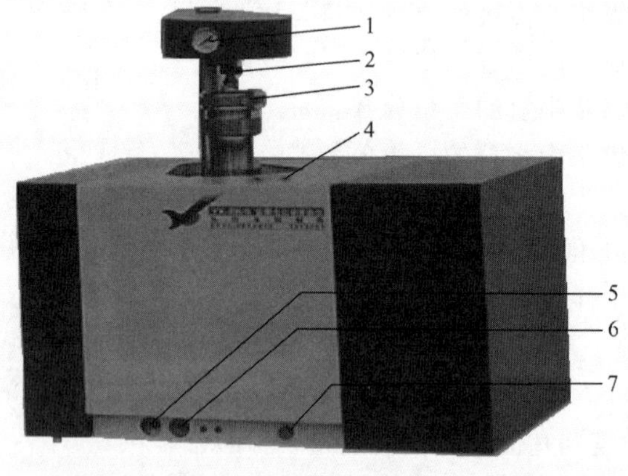

图2-22 YX-ZR/Q全自动量热仪

1—氧气压力表；2—点火电极；3—氧弹；4—注水口；
5—溢水口；6—放水口；7—电源开关

仪还采用半导体制冷型水循环系统，可根据前次发热量决定制冷量，平衡循环水系，使水温保持相对恒定。测温范围 5～40℃，温度分辨率达 0.0001℃，精密度 RSD≤0.1%，测试时间约 8min 左右。

习题

1. 填空题

（1）煤的工业分析包括__________、__________、__________和__________四个项目。

（2）艾氏卡试剂是指 2 份质量的__________和 1 份质量的__________的混合物。

（3）燃烧库仑滴定法中使用的催化剂是__________。

（4）一般分析试验煤样是指粒度小于__________并达到空气干燥状态，用于大多数物理和化学特性测定的煤样。

（5）煤的发热量可分为__________、__________和__________三种类别。弹筒发热量中扣除硝酸形成热和硫酸校正热为__________，对煤中的水分的汽化热进行校正后的热量为__________。由于弹筒发热量是在恒定体积下测定的，所以它是__________。

2. 选择题

（1）下列关于煤中全水分的测定方法 A_1 和 A_2 的叙述，（　　）不正确。

A. 外在水分测定方法相同　　B. 内在水分测定方法相同

C. 进行仲裁分析时应采用方法 A_1　　D. 方法 A_1 适用于所有煤种

（2）下列关于煤中全水分和一般分析试验煤样中水分的测定方法的叙述，（　　）不正确。

A. 称取试样的质量不同　　B. 煤样的粒度不同

C. 采用的干燥温度相同　　D. 方法 A_1 和方法 A 均可用于仲裁分析

（3）进行一般分析试验煤样中水分的测定时，采用玻璃称量瓶的规格是（　　）。

A. 直径 70mm，高 35～40mm　　B. 直径 35～40mm，高 70mm

C. 直径 40mm，高 25mm　　D. 直径 25mm，高 40mm

（4）若供需双方对煤中全硫测定结果有异议，拟进行仲裁分析时，应采用（　）。

A. 艾氏卡法　　B. 库仑滴定法

C. 高温燃烧-酸碱滴定法　　D. 高温燃烧-红外光谱法

（5）在进行煤中灰分测定时，若（　　）必须进行检查性灼烧。

A. A_d<15.00%　　B. A_{ad}<15.00%　　C. A_d≥15.00%　　D. A_{ad}≥15.00%

（6）采用元素炉法测定煤中碳、氢含量时，采用（　　）吸收二氧化碳。

A. 无水氯化钙　　B. 无水高氯酸镁　　C. 粒状二氧化锰　　D. 碱石棉或碱石灰

（7）采用元素炉法测定煤中碳、氢含量时，采用（　　）消除煤中氯的干扰。

A. 铬酸铅或高锰酸银热解产物　　B. 银丝卷或高锰酸银热解产物

C. 粒状二氧化锰　　D. 碱石棉或碱石灰

（8）某一般分析试验煤样的空气干燥基水分为 4.00%，空气干燥基挥发分为 9.60%，该煤样的干燥基挥发分的质量分数是（　　）。

A. 0.96%　　B. 1.00%　　C. 9.60%　　D. 10.0%

3. 称取一般分析试验煤样 1.000g，测定其空气干燥基水分时失去质量为 0.0600g，求煤样的空气干燥基水分的质量分数。

4. 称取空气干燥基煤样 1.2000g，测定挥发分时失去质量 0.1420g，测定灰分时残渣的质量 0.1125g，如已知煤样的空气干燥基水分为 4.00%，求该煤样中的挥发分、灰分和固定碳的质量分数。

5. 称取空气干燥基煤样 1.2000g，灼烧后残余物的质量是 0.1000g，已知外在水分是 2.45%，空气干燥基水分为1.50%，求收到基和干燥基灰分的质量分数。

6. 称取空气干燥基煤样1.000g，测定挥发分时，失去质量为0.2842g，已知空气干燥基水分为2.50%，灰分为9.00%，收到基水分为5.40%，计算以空气干燥基、干燥基、干燥无灰基、收到基表示的挥发分和固定碳的质量分数。

实验探究

如图所示为碱石棉吸收重量法测定煤中碳酸盐二氧化碳含量的装置示意图。图中编号各部分仪器的名称及内装试剂的名称见下表。思考并回答下列问题：

(1) 填写表中作用一栏。

(2) 标出气体流动方向。

(3) 编号为11、12的U形管，为什么要装2/3碱石棉或碱石灰和1/3无水氯化钙？

(4) 简述测定原理，写出结果计算公式。

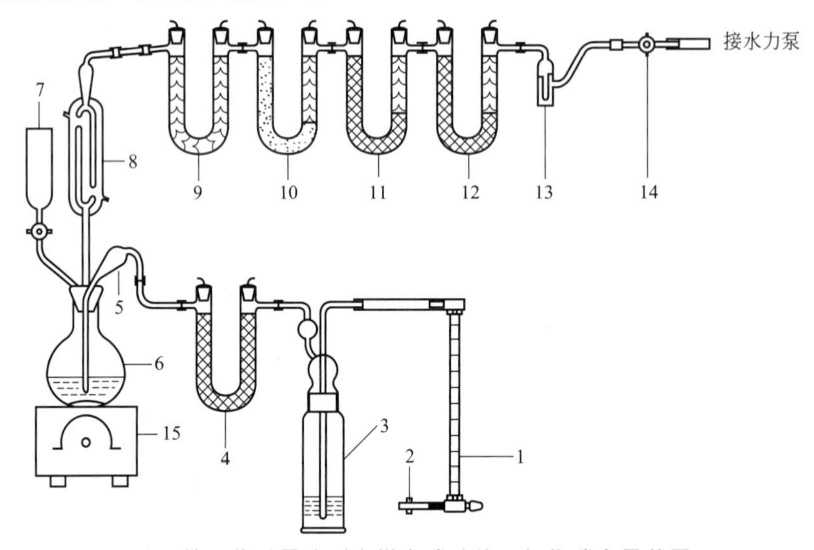

碱石棉吸收重量法测定煤中碳酸盐二氧化碳含量装置

编号	仪器名称	内装试剂	作用
1	气体流量计		
2	弹簧夹		
3	洗气瓶	浓硫酸	
4	U形管	碱石棉	
5	梨形进气管		
6	平底烧瓶(300mL)	试样	
7	管状带旋塞漏斗	盐酸(1+3)	
8	双壁冷凝管		
9	U形管	无水氯化钙	
10	U形管	2/3粒状无水硫酸铜浮石和1/3无水氯化钙	
11	U形管	2/3碱石棉或碱石灰和1/3无水氯化钙	
12	U形管	2/3碱石棉或碱石灰和1/3无水氯化钙	
13	气泡计	硫酸	
14	二通玻璃旋塞		
15	电炉		

第三章 硅酸盐分析

第一节 概 述

硅酸盐（silicates）是硅酸中的氢被铁、铝、钙、镁、钾、钠及其他金属离子取代而生成的盐。硅酸盐可分为天然硅酸盐和人造硅酸盐两类。

一、天然硅酸盐

天然硅酸盐包括硅酸盐岩石和硅酸盐矿物等，在自然界分布很广，是构成地壳岩石、土壤和许多矿物的主要成分。在已知的2000种矿石中，硅酸盐矿石就多达800余种。在地质学上，通常根据SiO_2含量的大小，将硅酸盐矿石分为五种类型，即极酸性岩（SiO_2＞78％）、酸性岩（65％～78％）、中性岩（55％～65％）、基性岩（38％～55％）和超基性岩（SiO_2＜38％）。

常见的天然硅酸盐矿石主要有：正长石[$K(AlSi_3O_8)$]、钠长石[$Na(AlSi_3O_8)$]、钙长石[$Ca(AlSi_3O_8)_2$]、滑石[$Mg_3Si_4O_{10}(OH)_2$]、白云母[$KAl_2(AlSi_3O_{10})(OH)_2$]、高岭土[$Al_2(Si_4O_{10})(OH)_2$]、石棉[$CaMg_3(Si_4O_{12})$]、石英($SiO_2$)等。

硅酸盐岩石的测定项目主要有水分、SiO_2、Al_2O_3、总铁、FeO、CaO、MgO、TiO_2、P_2O_5、MnO、Na_2O、K_2O等。另外还有氟、硫非金属元素，以及锂、铷、锶、铜、铅、锌、钴、镍、钒、铬、镉、钼、钨等金属元素的测定。

二、人造硅酸盐

人造硅酸盐是以天然硅酸盐为主要原料，经加工而制得的各种硅酸盐材料和制品。传统的人造硅酸盐材料及制品主要有硅酸盐水泥及制品、玻璃及制品、陶瓷及制品、耐火材料等。

1. 水泥

凡细磨成粉末状，加入适量水后可成为塑性浆体，既能在空气中硬化又能在水中继续硬化，并能将砂、石等胶结在一起的水硬性胶凝材料，通称为水泥。

水泥的种类有多种，按其用途和性能，可将水泥分为通用水泥、专用水泥和特性水泥等；按其所含的主要水硬性矿物的不同，可将水泥分为硅酸盐水泥、铝酸盐水泥、氟铝酸盐水泥等。

以硅酸盐水泥熟料和适量的石膏，或者再加入规定的混合材料制成的水硬性胶凝材料，称为通用硅酸盐水泥。通用硅酸盐水泥有多个品种，其组成见表3-1。

表3-1 通用硅酸盐水泥的品种和组成

品 种	代 号	(熟料＋石膏)/%	粒化高炉矿渣/%	火山灰质混合材料/%	粉煤灰/%	石灰石/%
硅酸盐水泥	P·Ⅰ	100	—	—	—	—
	P·Ⅱ	≥95	≤5	—	—	—
		≥95	—	—	—	≤5

续表

品　种	代　号	(熟料+石膏)/%	粒化高炉矿渣/%	火山灰质混合材料/%	粉煤灰/%	石灰石/%
普通硅酸盐水泥	P·O	≥80,<95	>5,≤20			—
矿渣硅酸盐水泥	P·S·A	≥50,<80	>20,≤50	—	—	—
	P·S·B	≥30,<50	>50,≤70	—	—	—
火山灰质硅酸盐水泥	P·P	≥60,<80	—	>20,≤40	—	—
粉煤灰硅酸盐水泥	P·F	≥60,<80	—	—	>20,≤40	—
复合硅酸盐水泥	P·C	≥50,<80	>20,≤50			

硅酸盐水泥熟料是指以主要含 CaO、SiO_2、Al_2O_3、Fe_2O_3 的原料，按适当比例磨成细粉烧至部分熔融所得以硅酸钙为主要矿物成分的水硬性胶凝物质。其中硅酸钙矿物不小于66%，氧化钙和氧化硅质量比不小于2.0。

水泥的测定项目主要包括烧失量、不溶物、SiO_2、Fe_2O_3、Al_2O_3、TiO_2、CaO、MgO、MnO、Na_2O、K_2O 等，另外还有 SO_3、P_2O_5、CO_2、F^-、Cl^- 等。

2. 玻璃

玻璃是属于硅酸盐类非金属材料。常见的玻璃分为硅酸盐玻璃、硼酸盐玻璃和磷酸盐玻璃等。硅酸盐玻璃指基本成分为 SiO_2 的玻璃，按玻璃中 SiO_2 以及碱金属、碱土金属氧化物的不同含量，又分为多种类别。其中 SiO_2 含量超过 99.5%的玻璃为石英玻璃，SiO_2 含量达到 95%～98%的玻璃为高硅氧玻璃；以 SiO_2 含量为主，另外还含有 15%Na_2O 和 16% CaO 的玻璃为钠钙玻璃；以 SiO_2 和 PbO 为主要成分的玻璃为铅硅酸盐玻璃，以 SiO_2 和 Al_2O_3 为主要成分的玻璃为铝硅酸盐玻璃，以 SiO_2 和 B_2O_3 为主要成分的玻璃为硼硅酸盐玻璃。

用于制备玻璃配合料的各种物质统称为玻璃原料，分为主要原料和辅助原料。常用的主要原料有石英岩、硅砂、白云石、方解石、石灰石、菱镁石、重晶石等矿物，以及纯碱、芒硝、硼酸和硼砂等化工原料。辅助原料根据其作用的不同可分为澄清剂、着色剂、氧化剂、还原剂、乳浊剂和脱色剂等。玻璃及其原料中主要测定项目有 SiO_2、Fe_2O_3、Al_2O_3、CaO、MgO、K_2O、Na_2O、B_2O_3 等。

3. 陶瓷

陶瓷有普通陶瓷和特种陶瓷之分。普通陶瓷是指以黏土为主要原料，与其他矿物原料经过破碎、混合、成型，再经过烧制而成的制品。特种陶瓷是指具有某些特殊性能的陶瓷制品，广泛应用于电子、航空、航天、生物医学等领域。

陶瓷制品最基本的原料是石英、长石和黏土三大类硅酸盐矿物，同时也使用一部分碱土金属的硅酸盐、硫酸盐和其他矿物原料，如石灰石、方解石、白云石、萤石、石膏等。

陶瓷原料的主要化学成分为 SiO_2、Al_2O_3、CaO、MgO、Fe_2O_3、K_2O、Na_2O、CaF_2、SO_3 等。

4. 耐火材料

耐火材料是耐火温度不低于 1580℃ 并能在高温下经受结构应力和各种物理作用、化学作用和机械作用的无机非金属材料。大部分耐火材料是以天然矿石（如耐火黏土、硅石、菱镁矿、白云石等）为原料制造的。按化学成分可分为酸性耐火材料、中性耐火材料和碱性耐火材料，其中酸性耐火材料都含有相当数量的 SiO_2，一般硅质耐火材料含 SiO_2 高达 90%以上，半硅质的 SiO_2 含量超过 65%，而黏土质的耐火材料中 SiO_2 含量为 40%～50%。SiO_2

含量越高，其耐酸性也越强。

耐火材料的主要测定项目有烧失量、SiO_2、Fe_2O_3、Al_2O_3、CaO、MgO、K_2O、Na_2O、TiO_2 等。有时根据材料或制品的特性要求，还要测定 MnO、Cr_2O_3、ZrO_2、P_2O_5、FeO、ZnO、B_2O_3、PbO 等。

三、硅酸盐常见项目的分析方法

天然硅酸盐和人造硅酸盐的分析项目有相同的也有不同的，表 3-2 是根据国家标准《水泥化学分析法》(GB/T 176)、《硅酸盐岩石化学分析方法》(GB/T 14506.1—GB/T 14506.30)、《石膏化学分析方法》(GB/T 5484) 列出的有关水泥、硅酸盐岩石和石膏的分析项目和分析方法。

表 3-2　水泥、硅酸盐岩石和石膏有关分析项目及分析方法对比

项目	分析方法		
	水泥	硅酸盐岩石	石膏
吸附水量		干燥差减法 105～110℃	附着水:干燥差减法 (45±3)℃
化合水量		灼烧差减法	结晶水:干燥差减法 (230±5)℃
烧失量	灼烧差减法(950±25)℃		灼烧差减法(850℃)
矿渣硅酸盐水泥烧失量	校正法(基准法)		
硫酸盐三氧化硫	硫酸钡重量法(基准法) 碘量法(代用法) 库伦滴定法(代用法) 离子交换法(代用法)		三氧化硫(硫酸钡重量法) 二氧化硫(碘量法)
不溶物	盐酸-氢氧化钠处理 硝酸溶液处理		酸不溶物(盐酸处理)
二氧化硅	氯化铵重量法(基准法) 氟硅酸钾容量法(代用法)	聚环氧乙烷重量法 动物胶凝重重量法	氟硅酸钾容量法 硅钼蓝分光光度法
三氧化二铁	邻菲啰啉分光光度法(基准法) EDTA 直接滴定法(代用法) 原子吸收分光光度法(代用法)	总铁: 重铬酸钾容量法 磺基水杨酸光度法 邻菲啰啉分光光度法 氧化亚铁: 重铬酸钾容量法	邻菲啰啉分光光度法(基准法) EDTA 直接滴定法(代用法)
三氧化二铝	EDTA 直接滴定铁铝合量(基准法) EDTA 直接滴定法(代用法) 硫酸铜返滴定法(代用法)	锌盐返滴定法	EDTA 直接滴定铁铝合量(基准法) EDTA 直接滴定法(代用法) 硫酸铜返滴定法(代用法)

续表

项目	分析方法		
	水泥	硅酸盐岩石	石膏
氧化钙	EDTA 滴定法(基准法) 氢氧化钠熔样-EDTA 滴定法(代用法) 高锰酸钾滴定法(代用法)	EGTA 滴定法 火焰原子吸收分光光度法	EDTA 滴定法
游离氧化钙	甘油法(代用法) 乙二醇法(代用法) 乙二醇萃取-EDTA 滴定法(代用法)		
氧化镁	原子吸收分光光度法(基准法) EDTA 滴定差减法(代用法)	EDTA 滴定法 火焰原子吸收分光光度法	EDTA 滴定差减法(基准法) 原子吸收光谱法(代用法)
二氧化钛	二安替比林甲烷分光光度法	过氧化氢分光光度法 二安替比林甲烷分光光度法	二安替比林甲烷分光光度法
氯离子	硫氰酸铵容量法(基准法) 电位滴定法(代用法) 离子色谱法(代用法)		硫氰酸铵容量法(基准法) 磷酸蒸馏-汞盐滴定法(代用法) 电位滴定法(代用法) 水溶性氯离子(硝酸银滴定法)
氟离子	离子选择电极法	离子选择电极法	离子选择电极法
氧化钾和氧化钠	火焰光度法(基准法) 原子吸收分光光度法(代用法)	火焰光度法	火焰光度法
硫化物	碘量法	碘量法	
一氧化锰	高碘酸钾氧化分光光度法(基准法) 原子吸收分光光度法(代用法)	高碘酸钾氧化分光光度法 原子吸收分光光度法	
五氧化二磷	磷钼蓝分光光度法	磷钒钼黄分光光度法 磷钼蓝分光光度法	磷钼蓝分光光度法
二氧化碳	碱石棉吸收重量法		碱石棉吸收重量法(基准法) 自动光电滴定法(代用法)
氧化锌	原子吸收分光光度法	锌: 氢氧化钠-氯化铵底液极谱法 乙二胺底液极谱法 火焰原子吸收分光光度法	
多组分测定	SiO_2、Fe_2O_3、Al_2O_3 等 12 种组分: X 射线荧光分析法	SiO_2、Al_2O_3、Fe_2O_3 等 16 种主次成分: X 射线荧光分析法	
多组分测定	Fe_2O_3、MgO、Al_2O_3 等 10 种组分: 电感耦合等离子体发射光谱法	锰、钴、稀土等 22 种元素: 电感耦合等离子体质谱法	

第二节　硅酸盐系统分析

硅酸盐试样的系统分析，已有 100 多年的历史。从 20 世纪 40 年代以来，由于试样分解方法的改进和新的测试方法与测试仪器的应用，至今已有多种分析系统，习惯上可粗略地分为经典分析系统和快速分析系统两大类。

一、经典分析系统

硅酸盐经典分析系统基本上是建立在沉淀分离和重量法的基础上的，可以说是定性分析化学中元素分组法的定量发展。

在经典分析系统中（如图 3-1 所示），通常准确称样 0.5～1.0g，于铂坩埚中用 Na_2CO_3 在 950～1000℃熔融分解，熔块用水提取，盐酸酸化，蒸干后在 110℃烘约 1h，用 HCl 浸取，滤出沉淀。滤液重复蒸干、熔烘、酸浸、过滤，把两次滤得的沉淀置于铂坩埚中灼烧、称重。用 H_2F_2-H_2SO_4 驱硅，灼烧并称量残渣，失重部分即为 SiO_2 质量。

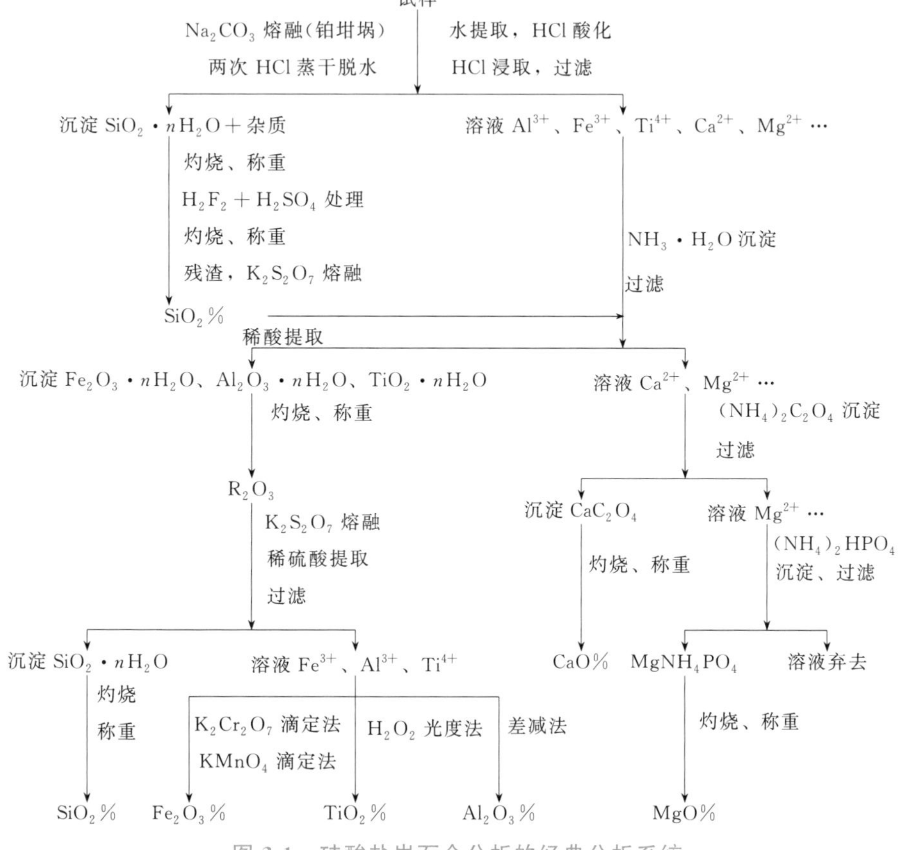

图 3-1　硅酸盐岩石全分析的经典分析系统

残渣经 $K_2S_2O_7$ 熔融，用稀硫酸提取后并入滤出 SiO_2 后的滤液。滤液用氨水两次沉淀铁、铝、钛等的氢氧化物，灼烧、称重，测得氧化物（R_2O_3）含量。再用 $K_2S_2O_7$ 熔融灼烧称重过的 R_2O_3 残渣，稀硫酸提取，溶液分别用重铬酸钾或高锰酸钾滴定法测定 Fe_2O_3 含量，用过氧化氢光度法测定 TiO_2，用差减法计算 Al_2O_3 含量。将酸提取时的不溶性白色残渣滤出，灼烧称重，在 R_2O_3 中减去此量并加入 SiO_2 含量中。

在分离氢氧化物沉淀后的滤液中，用草酸铵沉淀钙，并于 950～1000℃灼烧成氧化钙，用重量法测定钙含量；或将草酸钙沉淀溶于硫酸，用高锰酸钾滴定草酸，以求出 CaO 含量。

在分离草酸钙后的滤液中，在有过量氨水存在下加入磷酸氢二铵，使镁以磷酸铵镁形式沉淀，在 1000～1050℃温度下灼烧成 $Mg_2P_2O_7$ 后称重，即可求得 MgO 含量。

在经典分析系统中，一份试样只能测定 SiO_2、Fe_2O_3、Al_2O_3、TiO_2、CaO、MgO 六项，而 K_2O、Na_2O、MnO、P_2O_5 必须另取试样测定，故不是一个完善的全分析系统。目前，经典分析系统已被一些快速分析系统代替。但是，由于其分析结果比较准确，适用范围较广泛，在标准试样的研制、外检试样分析及仲裁分析中仍有应用。然而，在采用经典分析系统时，除 SiO_2 的分析过程仍保持不变外，其余项目常综合应用配位滴定法、分光光度法和原子吸收光度法进行测定。

二、快速分析系统

根据分解试样的方法不同，可将快速分析系统分为碱熔、酸溶、锂盐熔融三类。

1. 碱熔快速分析系统

碱熔快速分析系统如图 3-2 所示，它是以 Na_2CO_3、Na_2O_2 或 NaOH（KOH）等碱性熔剂与试样混合，在高温下熔融分解，熔融物以热水提取后用盐酸或硝酸酸化，过滤后，滤液即可直接分别进行铝、锰、铁、钙、镁、磷、钛的测定，而钾和钠须另外取样用火焰光度法测定。

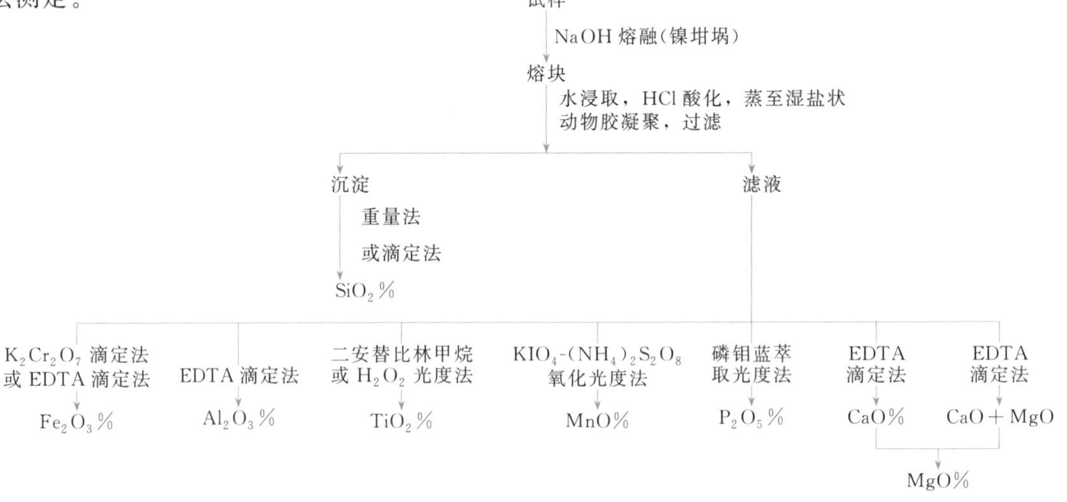

图 3-2 碱熔快速分析系统

2. 酸溶快速分析系统

酸溶快速分析系统是将试样在铂坩埚或聚四氟乙烯烧杯中用 H_2F_2 或 H_2F_2-$HClO_4$、H_2F_2-H_2SO_4 分解，驱除 H_2F_2，制成硫酸或盐酸-硼酸溶液。分离后，分别测定铁、铝、钙、镁、钛、磷、锰、钾、钠。与碱熔快速分析相类似，硅可用无火焰原子吸收光度法、硅钼蓝光度法、氟硅酸钾滴定法测定；铝可用 EDTA 滴定法、无火焰原子吸收光度法、分光光度法测定；铁、钙、镁常用 EDTA 滴定法、原子吸收分光光度法测定；锰多用分光光度法、原子吸收光度法测定；钛和磷多用光度法测定，钠和钾多用火焰光度法、原子吸收光度法测定。图 3-3 和图 3-4 所示的是酸溶快速分析系统流程的两个实例。

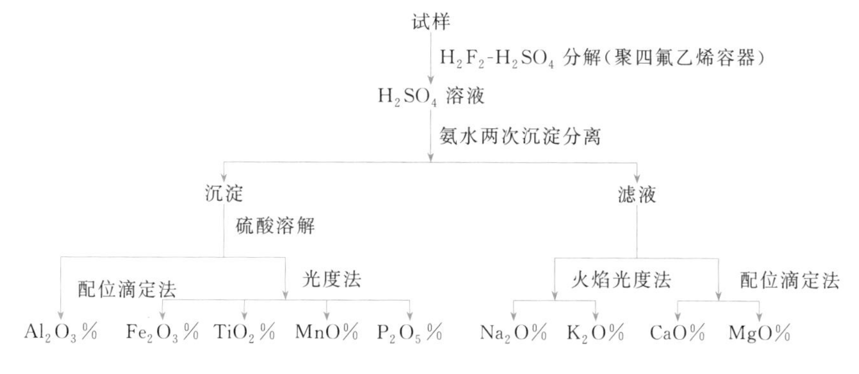

图 3-3　酸溶快速分析系统Ⅰ

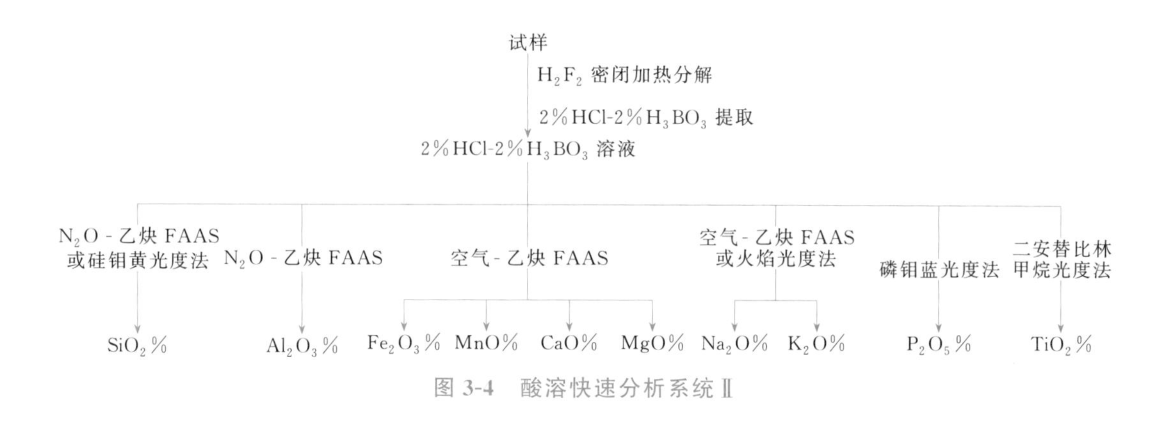

图 3-4　酸溶快速分析系统Ⅱ

3. 锂盐熔融分解快速分析系统

锂盐熔融分解快速分析系统是在热解石墨坩埚或用石墨粉作内衬的瓷坩埚中用偏硼酸锂、碳酸锂-硼酸酐（8+1）或四硼酸锂于 850～900℃熔融分解试样，熔块经盐酸提取后以 CTMAB（十六烷基三甲基溴化铵）凝聚重量法测定硅。分离后以 EDTA 滴定法测定铝，二安替比林甲烷光度法和磷钼蓝光度法分别测定钛和磷，原子吸收光度法测定钛、锰、钙、镁、钾、钠；也有用盐酸溶解熔块后制成盐酸溶液，以光度法测定硅、钛、磷，以原子吸收光度法测定铁、锰、钙、镁、钠；也有用硝酸-酒石酸提取熔块后，用 N_2O-乙炔火焰原子吸收光度法测定硅、铝、钛，用空气-乙炔火焰原子吸收光度法测定铁、钙、镁、钾、钠。图 3-5 所示为锂硼酸盐熔融分解快速分析系统实例。

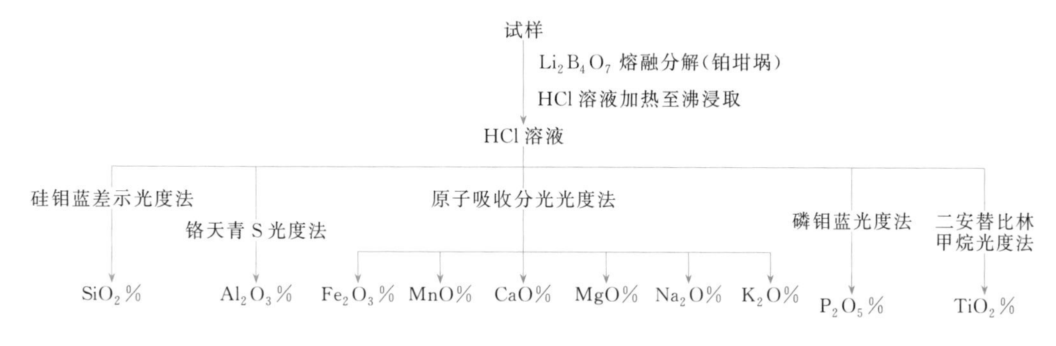

图 3-5　四硼酸锂熔融分解快速分析系统

第三节 水分和烧失量的测定

一、水分的测定

根据水分与岩石、矿物的结合状态不同，将硅酸盐岩石水分分为吸附水和化合水两类。

吸附水是指硅酸盐岩石表面以物理吸附方式结合的水分，不是矿物内的固定组成部分。吸附水量通常是指在试样经105℃烘干至恒重后减少的质量。

化合水包括结晶水和结构水两部分。结晶水是以H_2O分子状态存在于矿物晶格中，如石膏$CaSO_4 \cdot 2H_2O$等，通常在(230±5)℃下烘干就能失去。结构水是以化合状态的氢或氢氧根存在于矿物的晶格中，需加热到300～1300℃才能释放出来。化合水的测定方法有重量法、气相色谱法、库仑法等。

1. 吸附水量的测定

称取最大颗粒粒径小于74μm的试样1g（精确至0.0001g），置于150℃干燥至恒重的称量瓶内，均匀平铺底部，半开瓶盖，置于已升温至105～110℃的烘箱内干燥2h。取出，盖严瓶盖，稍冷后放入干燥器内冷却至室温，称重。再放入烘箱内干燥30min，取出冷却后称量，直至恒重。用下式计算吸附水的质量分数。

$$w(H_2O)=\frac{m_1-m_2}{m}\times 100\% \tag{3-1}$$

式中 m_1——干燥前称量瓶与试料的质量，g；

m_2——干燥后称量瓶与试料的质量，g；

m——试料的质量，g。

2. 化合水量的测定

称取最大颗粒粒径小于74μm且在105℃下预干燥过的试样0.5～1g，通过干燥的长颈漏斗将试样加入如图3-6所示的已干燥并称重过的双球管末端的玻璃球中，称量试料与双球管的总质量（精确至0.0001g）可获得试样的准确质量。在双球管开口的一段塞上有毛细管的橡胶塞，用浸过冷水的湿布缠住中间的空球，放置好双球管并使管口稍向下倾斜，用喷灯灼烧装有试样的玻璃球，先低温后高温并使其受热均匀，不时向湿布处滴冷水，使逸出的水分充分冷却。再强烈灼烧15min后，把末端玻璃球烧熔拉掉。取下剩下的玻璃管冷却至室温，去掉湿布及橡胶塞，用干布擦干玻璃管外壁，称量玻璃管得到玻璃管与水的质量。

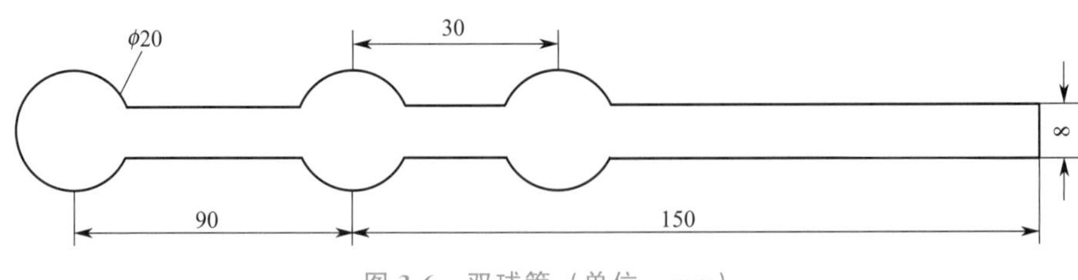

图3-6 双球管（单位：mm）

将带水的玻璃管置于105～110℃的烘箱内干燥2h。取出，冷却至室温，称量。由两次质量之差可得化合水的质量。用下式计算化合水的质量分数。

$$w(H_2O)=\frac{m_3-m_4}{m_2-m_1}\times 100\% \tag{3-2}$$

式中　m_1——双球管的质量，g；

m_2——双球管与试料的质量，g；

m_3——玻璃管与水的质量，g；

m_4——玻璃管的质量，g。

二、烧失量的测定

烧失量，又称为灼烧减量，是试样在高温下灼烧后所失去的质量。烧失量主要包括化合水、二氧化碳和少量的硫、氟、氯、有机质等，一般主要指化合水和二氧化碳。在硅酸盐全分析中，当亚铁、二氧化碳、硫、氟、氯、有机质含量很低时，可以用烧失量代替化合水等易挥发组分，参与总量计算，使平衡达到100%。但是，当试样的组成复杂或上述组分中某些组分的含量较高时，高温灼烧过程中的化学反应比较复杂，如有机物、硫化物、低价化合物被氧化，碳酸盐、硫酸盐分解，碱金属化合物挥发，吸附水、化合水、二氧化碳被排除等。有的反应使试样的质量增加，有的反应却使试样的质量减少，因此，严格地说，烧失量是试样中各组分在灼烧时的各种化学反应所引起的质量增加和减少的代数和。在样品较为复杂时，测定烧失量就没有意义了。

在建筑材料、耐火材料、陶瓷配料等物料的全分析中，烧失量的测定结果对工艺过程具有直接的指导意义。若烧失量的取舍不当，将造成分析结果总量的偏高或偏低。例如，对于试样组成比较简单的硅酸盐岩石，可测烧失量，并将烧失量测定结果直接计入总量；对于组成较复杂的试样，应测定水分、二氧化碳、硫、氟、氯等组分，不测烧失量。

1. 水泥烧失量的测定

称取约1g试样（精确至0.0001g），置于已灼烧恒重的瓷坩埚中，将盖斜置于坩埚上，放在高温炉内从低温开始逐渐升高温度，在（950±25）℃下灼烧15～20min，取出坩埚置于干燥器内冷却至室温，称量，直至恒重。

烧失量（以质量分数表示）按式(3-3）计算：

$$w_{LOI}=\frac{m_1-m_2}{m_1}\times 100\% \tag{3-3}$$

式中　w_{LOI}——烧失量的质量分数，%；

m_1——试料的质量，g；

m_2——灼烧后试料的质量，g。

【注意】　由于矿渣水泥和掺入大量矿渣的其他水泥，在灼烧过程中因硫化物的氧化而引起测定的误差，因此该方法不适用于矿渣硅酸盐水泥烧失量的测定。

2. 矿渣硅酸盐水泥烧失量的校正

按水泥烧失量的测定方法测定矿渣硅酸盐水泥烧失量。

将在（950±25）℃灼烧后的试料全部转移至200mL烧杯中，用少许热盐酸（1+10）洗净坩埚，用平头玻璃棒压碎试料，按测定硫酸盐三氧化硫的操作测定并计算灼烧后试料中硫酸盐三氧化硫的质量分数。

按照测定硫酸盐三氧化硫的操作测定并计算未灼烧试样中硫酸盐三氧化硫的质量分数。

矿渣硅酸盐水泥校正后的烧失量按式(3-4）计算。

$$w'_{LOI}=w_{LOI}+0.8\times(w_2-w_1) \tag{3-4}$$

式中 w'_{LOI}——矿渣硅酸盐水泥校正后烧失量的质量分数，%；

w_{LOI}——按水泥烧失量测定方法测定的烧失量的质量分数，%；

w_1——未灼烧水泥试样中硫酸盐三氧化硫的质量分数，%；

w_2——灼烧后试料中硫酸盐三氧化硫的质量分数，%；

0.8——S^{2-} 氧化为 SO_4^{2-} 时增加的氧与 SO_3 的摩尔质量比。

第四节 二氧化硅的测定

硅酸盐中二氧化硅的测定通常采用氯化铵重量法和氟硅酸钾容量法。对于硅含量低的试样，可采用硅钼蓝分光光度法或原子吸收分光光度法进行测定。

一、氯化铵重量法

1. 方法原理

试样用无水碳酸钠烧结，使不溶的硅酸盐转化为可溶性的硅酸钠，用盐酸分解熔融块。

$$Na_2SiO_3+2HCl=\!=\!=H_2SiO_3+2NaCl$$

加入足量的固体氯化铵，于沸水浴上加热蒸发，使硅酸凝聚。沉淀用中速滤纸过滤，沉淀经灼烧后，得到含有铁、铝等杂质的不纯二氧化硅。

然后用氢氟酸处理沉淀，使沉淀中的二氧化硅以 SiF_4 形式挥发，失去的质量即为胶凝性二氧化硅的量。

$$SiO_2+6HF=\!=\!=H_2SiF_6+2H_2O$$

$$H_2SiF_6=\!=\!=SiF_4\uparrow+2HF\uparrow$$

用分光光度法测定滤液中可溶性的二氧化硅量，二者之和即为二氧化硅的总量。此法为GB/T 176 规定的测定水泥中二氧化硅的基准法。

2. 胶凝性二氧化硅的测定

称取约 0.5g 试样（精确至 0.0001g），置于铂坩埚中将盖斜置于坩埚上，在 950～1000℃下灼烧 5min，冷却。加入 0.3g 已磨细的无水碳酸钠，用玻璃棒仔细压碎块状物，混匀，再将坩埚置于 950～1000℃下灼烧 10min，冷却。

将烧结块移入瓷蒸发皿中，加少量水润湿，用平头玻璃棒压碎块状物，盖上表面皿，从皿口滴入 5mL 盐酸及 2～3 滴硝酸，待反应停止后取下表面皿，用平头玻璃棒压碎块状物使分解完全，用热盐酸（1+1）清洗坩埚数次，洗液合并于蒸发皿中。将蒸发皿置于蒸汽浴上，皿上放一玻璃三脚架，再盖上表面皿。蒸发至糊状后，加入 1g 氯化铵，充分搅匀，继续在蒸汽浴上蒸发至近干。中间过程搅拌数次，并压碎块状物。

取下蒸发皿，加入 10～20mL 热盐酸（3+97），搅拌使可溶性盐类溶解。用中速定量滤纸过滤，用胶头扫棒以热盐酸（3+97）擦洗玻璃棒及蒸发皿，并洗涤沉淀 3～4 次。然后用热水充分洗涤沉淀，直至检验无氯离子为止。滤液及洗液保存在 250mL 容量瓶中。

在沉淀物上滴加 3 滴硫酸（1+4），将沉淀物连同滤纸一并移入铂坩埚中，烘干并灰化后放入 950～1000℃的高温炉内灼烧 1h。取出坩埚，置于干燥器中，冷却至室温，称量，反复灼烧，直至恒重（m_1）。

向坩埚中加数滴水润湿沉淀物，加 3 滴硫酸（1+4）和 10mL 氢氟酸，在通风橱内电热板上缓慢蒸发至干，升高温度继续加热至三氧化硫白烟完全逸尽。将坩埚放入950～1000℃的高温炉内灼烧30min。取出坩埚，置于干燥器中，冷却至室温，称量，反复灼烧，直至恒重（m_2）。

在上述经过氢氟酸处理后得到的残渣中加入0.5g焦硫酸钾，熔融，熔块用热水和数滴盐酸（1+1）溶解，溶液并入分离二氧化硅后得到的滤液和洗液中。用水稀释至标线，摇匀。此溶液A用来测定溶液残留的可溶性二氧化硅、三氧化二铁、三氧化二铝、氧化钙、氧化镁和二氧化钛等。同时进行空白试验。

3. 可溶性二氧化硅的测定（硅钼蓝分光光度法）

（1）二氧化硅标准溶液的配制　称取0.2000g经1000～1100℃新灼烧过60min的二氧化硅（SiO_2），置于铂坩埚中，加入2g无水碳酸钠，搅拌均匀，在950～1000℃高温下熔融15min，冷却。用热水将熔块浸出，放于盛有100mL热水的300mL塑料杯中，待全部溶解后冷却至室温，移入1000mL容量瓶中，用水稀释至标线，摇匀，移入塑料瓶中保存。此标准溶液中二氧化硅的浓度为0.2000mg/mL。

吸取10.00mL上述标准溶液于100mL容量瓶中，用水稀释至标线，摇匀，移入塑料瓶中保存。此标准溶液中二氧化硅的浓度为0.02000mg/mL。

（2）工作曲线的绘制　吸取0.02000mg/mL二氧化硅标准溶液0、2.00mL、4.00mL、5.00mL、6.00mL、8.00mL、10.00mL，分别放入7个100mL容量瓶中，加水稀释至约40mL，依次加入5mL盐酸（1+1）、8mL乙醇（95%）、6mL钼酸铵溶液（50g/L）。放置30min后，加入20mL盐酸（1+1）、5mL抗坏血酸溶液（5g/L），用水稀释至标线，摇匀。放置1h后，以水作参比，于660nm处测定溶液的吸光度，绘制工作曲线并求出线性回归方程。

（3）样品测定　从待测溶液中吸取25.00mL放入100mL容量瓶中，按照工作曲线绘制中的测定方法测定溶液的吸光度，然后求出二氧化硅的含量（m_3）。

4. 结果计算

胶凝性二氧化硅的质量分数按式(3-5)计算：

$$w(\text{胶凝性 } SiO_2)=\frac{m_1-m_2}{m}\times 100\% \tag{3-5}$$

可溶性二氧化硅的质量分数按式(3-6)计算：

$$w(\text{可溶性 } SiO_2)=\frac{m_3\times 10^{-3}}{m\times\frac{25}{250}}\times 100\% \tag{3-6}$$

式中　m_1——灼烧后未经氢氟酸处理的沉淀及坩埚的质量，g；

m_2——用氢氟酸处理并经灼烧后的残渣及坩埚的质量，g；

m_3——测定的100mL溶液中二氧化硅的含量，mg；

m——试料的质量，g。

二氧化硅的质量分数按式(3-7)计算：

$$w(SiO_2)=w(\text{胶凝性 } SiO_2)+w(\text{可溶性 } SiO_2) \tag{3-7}$$

5. 讨论

（1）试样的处理　由于水泥试样中或多或少含有不溶物，如用盐酸直接溶解样品，不溶物将混入二氧化硅沉淀中，造成结果偏高。因此，在国家标准中规定，水泥试样要用碳酸钠烧结后再用盐酸溶解。若需准确测定，应以氢氟酸处理。

以碳酸钠烧结法分解试样，应预先将固体碳酸钠用玛瑙研钵研细，碳酸钠的加入量要相对准确，需用分析天平称量0.30g左右。若加入量不足，试料烧结不完全，测定结果不稳定；若加入量过多，烧结块不易脱埚。加入碳酸钠后，要用细玻璃棒仔细混匀，否则试料烧结不完全。

用盐酸浸出烧结块后，应控制溶液体积，若溶液太多，蒸干耗时太长。通常加 5mL 浓盐酸溶解烧结块，再以约 5mL HCl（1+1）和少量水洗净坩埚。

（2）加入氯化铵可起到加速脱水的作用　因为氯化铵是强电解质，当浓度足够大时，对硅酸胶体有盐析作用，从而加快硅酸胶体的凝聚。由于大量 NH_4^+ 的存在，还减少了硅酸胶体对其他阳离子的吸附，而硅酸胶粒吸附的 NH_4^+ 在加热时即可除去，从而获得比较纯净的硅酸沉淀。在硅酸盐岩石化学分析标准（GB/T 14506.3）中用聚环氧乙烷重量法或动物胶凝聚重量法测定硅酸盐岩石中的二氧化硅。

（3）脱水的温度与时间　脱水的温度不要超过 110℃。若温度过高，某些氯化物（$MgCl_2$、$AlCl_3$ 等）将变成碱式盐，甚至与硅酸结合成难溶的硅酸盐，用盐酸洗涤时不易除去，使硅酸沉淀夹带较多的杂质，结果偏高。反之，若脱水温度过低或时间太短，则可溶性硅酸不能完全转变成不溶性硅酸，在过滤时会透过滤纸，使二氧化硅结果偏低，且过滤速度很慢。

为保证硅酸充分脱水，又不致温度过高，应采用水浴加热。不宜使用砂浴或红外线灯加热，因其温度不易控制。

为加速脱水，氯化铵不要在一开始就加入，否则由于大量氯化铵的存在，使溶液的沸点升高，水的蒸发速率反而降低。应在蒸至糊状后再加氯化铵，继续蒸发至干。黏土试样要多蒸发一些时间，直至蒸发至干粉状。

（4）沉淀的洗涤　为防止钛、铝、铁水解产生氢氧化物沉淀，首先应以温热的稀盐酸（3+97）将沉淀中夹杂的可溶性盐类溶解，用中速滤纸过滤，以热稀盐酸溶液（3+97）洗涤沉淀 3～4 次，然后再用热水充分洗涤沉淀，直到无氯离子为止。但洗涤次数也不要过多，否则漏失的可溶性硅酸会明显增加，一般洗液体积不超过 120mL。另外，洗涤的速度要快，防止因温度降低而使硅酸形成胶冻，以致过滤更加困难。

（5）沉淀的灼烧　试验证明，只要在 950～1000℃充分灼烧（约 1.5h），并且在干燥器中冷却至与室温一致，灼烧温度对结果的影响并不显著。

灼烧后生成的无定形二氧化硅极易吸水，故每次灼烧后冷却的条件应保持一致，且称量要迅速。

灼烧前滤纸一定要缓慢灰化完全。坩埚盖要半开，不要产生火焰，以防造成二氧化硅沉淀的损失。同时，也不能有残余碳存在，以免高温灼烧时发生下列反应而使结果产生负误差。

$$SiO_2+3C \longrightarrow SiC+2CO$$

（6）氢氟酸的处理　即使严格掌握烧结、脱水、洗涤等步骤的实验条件，在二氧化硅沉淀中吸附的铁、铝等杂质的量也能达到 0.1%～0.2%，如果在脱水阶段蒸发得过干，吸附量还会增加。消除此吸附现象的最好办法就是将灼烧过的不纯二氧化硅沉淀用氢氟酸加硫酸处理。其反应式如下：

$$SiO_2+4HF \longrightarrow SiF_4\uparrow+2H_2O$$

处理后，SiO_2 以 SiF_4 形式逸出，减轻的质量即为胶凝性 SiO_2 的质量。

（7）漏失二氧化硅的回收　实验证明，当采用盐酸-氯化铵法一次脱水蒸干、过滤测定二氧化硅时，会有少量硅酸漏失到滤液中，其量约为 0.10%左右。为得到比较准确的结果，在基准法中规定对二氧化硅滤液采用光度法测定，以回收漏失的二氧化硅。

在一定的酸度下，硅酸与钼酸生成黄色硅钼杂多酸（硅钼黄），λ_{max} 为 350～355nm，摩尔吸光系数 $\kappa=10^3 L/(mol \cdot cm)$，此法为硅钼黄光度法。硅酸与钼酸的反应如下：

$$H_4SiO_4+12H_2MoO_4 = H_8[Si(Mo_2O_7)_6]+10H_2O$$

硅钼黄可在一定酸度下，被硫酸亚铁、氯化亚锡、抗坏血酸等还原剂还原，得到蓝色硅钼杂多酸（硅钼蓝），可用于光度法测定硅。通常在 660nm 波长处测定，$\kappa=8.3\times10^3 L/(mol \cdot cm)$，由于灵敏度稍低，适应于较高含量硅的测定。

当然，在水泥厂的日常分析中，既不用氢氟酸处理，又不用光度法从滤液中回收漏失的二氧化硅，分析结果也能满足生产要求。因为，一方面二氧化硅吸附杂质使结果偏高，另一方面二氧化硅漏失使结果偏低，两者能部分抵消。

二、氟硅酸钾容量法

氟硅酸钾容量法确切地应称为氟硅酸钾沉淀分离-酸碱滴定法，该法应用广泛，在 GB/T 176 中被列为代用法。

1. 方法原理

在试样经苛性碱熔剂（KOH 或 NaOH）熔融后，加入硝酸使硅生成游离硅酸。在有过量的氟离子和钾离子存在的强酸性溶液中，使硅形成氟硅酸钾（K_2SiF_6）沉淀，反应式如下：

$$2K^++H_2SiO_3+6F^-+4H^+ = K_2SiF_6\downarrow+3H_2O$$

沉淀经过滤、洗涤及中和残余酸后，加沸水使氟硅酸钾沉淀水解，然后以酚酞为指示剂，用氢氧化钠标准滴定溶液滴定生成的氢氟酸。

$$K_2SiF_6+3H_2O = 2KF+H_2SiO_3+4HF$$

$$HF+NaOH = NaF+H_2O$$

2. 测定步骤

称取约 0.5g 试样（精确至 0.0001g），置于银坩埚中，加入 6～7g 氢氧化钠，在 650～700℃的高温下熔融 20min，取出冷却。将坩埚放入盛有 100mL 沸水的烧杯中，盖上表面皿，于电热板上适当加热，待熔块完全浸出后，取出坩埚，用水冲洗坩埚和盖，在搅拌下一次加入 25～30mL 盐酸，再加入 1mL 硝酸，用热盐酸（1+5）洗净坩埚和盖，将溶液加热至沸，冷却，然后移入 250mL 容量瓶中，用水稀释至标线，摇匀。此溶液 B 供测定二氧化硅、三氧化二铁、三氧化二铝、氧化钙、氧化镁、二氧化钛用。

吸取 50.00mL 待测溶液，放入 250～300mL 塑料杯中，加入 10～15mL 硝酸，搅拌，冷却至 30℃以下，加入氯化钾，仔细搅拌至饱和并有少量氯化钾析出，再加 2g 氯化钾及 10mL 氟化钾溶液（150g/L），仔细搅拌（如氯化钾析出量不够，应再补充加入），放置 15～20min。用中速滤纸过滤，用氯化钾溶液（50g/L）洗涤塑料杯及沉淀 3 次。将滤纸连同沉淀取下置于原塑料杯中，沿杯壁加入 10mL 30℃以下的氯化钾-乙醇溶液（50g/L）及 1mL 酚酞指示剂溶液（10g/L），用 0.15mol/L 氢氧化钠标准滴定溶液中和未洗尽的酸，仔细搅动滤纸并擦洗杯壁直至溶液呈淡红色。向杯中加入 200mL 沸水（煮沸并用氢氧化钠溶液中和至酚酞呈微红色），用 0.15mol/L 氢氧化钠标准滴定溶液滴定至微红色。

二氧化硅的质量分数按式(3-8) 计算：

$$w(SiO_2)=\frac{T_{SiO_2}V}{m\times\frac{50}{250}}\times 100\% \tag{3-8}$$

式中 T_{SiO_2}——每毫升氢氧化钠标准滴定溶液相当于二氧化硅的质量，g/mL；

V——滴定时消耗氢氧化钠标准滴定溶液的体积，mL；

m——试料的质量，g。

3. 讨论

（1）试样的分解　单独称样测定二氧化硅时，可采用氢氧化钾为熔剂，在镍坩埚中熔融；或以碳酸钾作熔剂，在铂坩埚中熔融。进行系统分析时，多采用氢氧化钠作熔剂，在银坩埚中熔融。对于高铝试样，最好改用氢氧化钾或碳酸钾熔样，因为在溶液中易生成比 K_3AlF_6 溶解度更小的 Na_3AlF_6 而干扰测定。

（2）溶液的酸度　溶液的酸度应保持在 H^+ 浓度为 3mol/L 左右。在使用硝酸时，于 50mL 试液中加入 10～15mL 浓硝酸即可。酸度过低易形成其他金属的氟化物沉淀而干扰测定；酸度过高将使 K_2SiF_6 沉淀不完全，还会给后面的沉淀洗涤、残余酸的中和操作带来麻烦。

使用硝酸比盐酸好，既不易析出硅酸胶体，又可以减弱铝的干扰。溶液中共存的 Al^{3+} 在生成 K_2SiF_6 的条件下亦能生成 K_3AlF_6（或 Na_3AlF_6）沉淀，从而严重干扰硅的测定。由于 K_3AlF_6 在硝酸介质中的溶解度比在盐酸中的大，不会析出沉淀，从而防止了 Al^{3+} 的干扰。

（3）氯化钾的加入量　氯化钾应加至饱和，过量的钾离子有利于 K_2SiF_6 沉淀完全，这是本法的关键之一。加入固体氯化钾时，要不断搅拌，压碎氯化钾颗粒，溶解后再加，直到不再溶解为止，再过量 1～2g。

（4）氟化钾的加入量　氟化钾的加入量要适宜。一般硅酸盐试样，在含有 0.1g 试料的试验溶液中，加入 10mL $KF\cdot 2H_2O$ 溶液（150g/L）。如加入量过多，则 Al^{3+} 易与过量的氟离子生成 K_3AlF_6 沉淀，该沉淀水解生成氢氟酸而使结果偏高，反应式如下：

$$K_3AlF_6+3H_2O=\!=\!=3KF+H_3AlO_3+3HF$$

（5）氟硅酸钾沉淀的陈化　从加入氟化钾溶液开始，以沉淀放置 15～20min 为宜。放置时间短，K_2SiF_6 沉淀不完全；放置时间过长，会增强 Al^{3+} 的干扰。特别是高铝试样，更要严格控制。

K_2SiF_6 的沉淀反应是放热反应，所以冷却有利于沉淀反应完全，沉淀时的温度不超过 25℃。

（6）氟硅酸钾的过滤和洗涤　氟硅酸钾属于中等细度晶体，过滤时用一层中速滤纸。为加快过滤速度，宜使用带槽长颈塑料漏斗，并在漏斗颈中形成水柱。

过滤时应采用倾泻法，先将溶液倒入漏斗中，而将氯化钾固体和氟硅酸钾沉淀留在塑料杯中，溶液滤完后，再用氯化钾溶液（50g/L）洗烧杯 2 次，洗漏斗 1 次，洗涤液总量不超过 25mL，洗涤液的温度不宜超过 30℃。

（7）中和残余酸　氟硅酸钾晶体中夹杂的金属阳离子不会干扰测定，而夹杂的硝酸却严重干扰测定。当采用洗涤法来彻底除去硝酸时，会使氟硅酸钾严重水解，因而只能洗涤 2～3 次，残余的酸则采用中和法消除。

中和残余酸的操作十分关键，要快速、准确，以防氟硅酸钾提前水解。中和时，要将滤纸展开、捣烂，用塑料棒反复挤压滤纸，使其吸附的酸能进入溶液而被碱中和，最后还要用滤纸擦洗杯内壁，中和至溶液呈红色。中和完放置后如有褪色，则不能再作为残余酸继续中和了。

(8) 水解和滴定过程 氟硅酸钾沉淀的水解反应分为两个阶段，即氟硅酸钾沉淀的溶解反应及氟硅酸根离子的水解反应，反应式如下：

$$K_2SiF_6 = 2K^+ + SiF_6^{2-}$$

$$SiF_6^{2-} + 3H_2O = H_2SiO_3 + 2F^- + 4HF$$

两步反应均为吸热反应，水温越高、体积越大，越有利于反应进行。故实际操作中，应用刚刚沸腾的水，并使总体积在 200mL 以上。

上述水解反应是随着氢氧化钠溶液的加入，K_2SiF_6 不断水解，直至滴定终点时才趋于完全。故滴定速度不宜过快，且以保持溶液的温度在终点时不低于 70℃ 为宜。若滴定速度太慢，硅酸会发生水解而使终点不敏锐。

第五节 三氧化二铁的测定

在《硅酸盐岩石化学分析方法标准》(GB/T 14506.5) 中，总铁的测定可采用重铬酸钾容量法、磺基水杨酸光度法以及邻菲啰啉分光光度法。在《水泥化学分析方法》(GB/T 176) 中，邻菲啰啉分光光度法被列为基准法，EDTA 直接滴定法和原子吸收分光光度法被列为代用法。

一、邻菲啰啉分光光度法

1. 方法原理

在酸性溶液中加入抗坏血酸溶液，使三价铁离子还原为二价铁离子，与邻菲啰啉生成红色配合物，在波长 510nm 处测定溶液吸光度。

2. 测定步骤

从溶液 A 或 B 中移取 10.00mL 溶液于 100mL 容量瓶中，用水稀释至刻度，摇匀。吸取 25.00mL 溶液于 100mL 容量瓶中，用水稀释至 40mL，加入 5mL 抗坏血酸溶液 (5g/L)，放置 5min，再加入 5mL 邻菲啰啉溶液 (10g/L 乙酸溶液)，10mL 乙酸铵溶液 (100g/L)，用水稀释至刻度，摇匀。常温下放置 30min，以水作参比，于波长 510nm 处测定溶液的吸光度。利用工作曲线求出三氧化二铁的含量。同时进行空白试验，并在测定结果中扣除空白值。

样品中三氧化二铁的质量分数用式(3-9) 计算：

$$w(Fe_2O_3) = \frac{m_1 \times 10^{-3}}{m \times \frac{10}{250} \times \frac{25}{100}} \times 100\% \tag{3-9}$$

式中 m_1——100mL 测定溶液中三氧化二铁的含量，mg；

m——试料的质量，g。

二、EDTA 直接滴定法

1. 方法原理

在 pH 为 1.8～2.0，温度为 60～70℃ 的溶液中，以磺基水杨酸钠为指示剂，用 EDTA 标准溶液直接滴定溶液中的三价铁离子。此法适用于 Fe_2O_3 含量小于 10% 的试样，如水泥、生料、熟料、黏土、石灰石等。

在溶液 pH 值为 1.8～2.5 时，磺基水杨酸钠能与 Fe^{3+} 生成紫红色配合物，能被 EDTA 所取代。反应过程如下：

$$Fe^{3+} + Sal^{2-} \longrightarrow FeSal^{+}$$

（紫红色）

$$Fe^{3+} + H_2Y^{2-} \longrightarrow FeY^{-} + 2H^{+}$$

（黄色）

$$FeSal^{+} + H_2Y^{2-} \longrightarrow FeY^{-} + Sal^{2-} + 2H^{+}$$

（黄色） （无色）

因此，终点时溶液颜色由紫红色变为亮黄色。试样中铁含量越高，则黄色越深；铁含量低时为浅黄色，甚至近于无色。若溶液中含有大量 Cl^{-} 时，FeY^{-} 与 Cl^{-} 生成黄色更深的配合物，所以，在盐酸介质中滴定比在硝酸介质中滴定可以得到更明显的终点。

2. 测定步骤

从待测溶液中吸取 25.00mL 放入 300mL 烧杯中，加水稀释至约 100mL，用氨水（1＋1）和盐酸（1＋1）调节溶液 pH 值在 1.8～2.0 之间（用精密 pH 试纸或酸度计检验）。将溶液加热至 70℃，加 10 滴磺基水杨酸钠指示剂溶液（100g/L），用 0.015mol/L EDTA 标准滴定溶液缓慢滴定至亮黄色（终点时溶液温度应不低于 60℃）。保留此溶液供测定三氧化二铝用。同时进行空白试验。

三氧化二铁的质量分数按式(3-10) 计算：

$$w(Fe_2O_3) = \frac{T_{Fe_2O_3}V}{m \times \frac{25}{250}} \times 100\% \tag{3-10}$$

式中 $T_{Fe_2O_3}$——EDTA 标准滴定溶液对 Fe_2O_3 的滴定度，g/mL；

V——滴定时消耗 EDTA 标准滴定溶液的体积，mL；

m——试料的质量，g。

3. 讨论

（1）准确控制溶液的 pH 值是本法的关键。如果 pH＜1，EDTA 不能与 Fe^{3+} 定量配位；同时，磺基水杨酸钠与 Fe^{3+} 生成的配合物也很不稳定，致使滴定终点提前，滴定结果偏低。如果 pH＞2.5，Fe^{3+} 易水解，使 Fe^{3+} 与 EDTA 的配位能力减弱甚至完全消失。在实际样品的分析中，还应考虑共存的其他金属阳离子特别是 Al^{3+}、TiO^{2+} 的干扰。试验证明，pH＞2 时，Al^{3+} 的干扰增强，而 TiO^{2+} 的含量一般不高，其干扰作用不显著。因此，对于单独 Fe^{3+} 的滴定，当有 Al^{3+} 共存时，溶液的最佳 pH 范围为 1.8～2.0（室温下），滴定终点的变色最明显。

（2）准确控制溶液的温度在 60～70℃。在 pH 为 1.8～2.0 时，Fe^{3+} 与 EDTA 的配位反应速率较慢，因部分 Fe^{3+} 水解生成羟基配合物，需要离解时间。一般在滴定时，溶液的起始温度以 70℃ 为宜，高铝类样品一定不要超过 70℃。在滴定结束时，溶液的温度不宜低于 60℃。

（3）溶液的体积一般以 80～100mL 为宜。体积过大，滴定终点不敏锐；体积过小，溶液中 Al^{3+} 浓度相对增高，干扰增强，同时溶液的温度下降较快，对滴定不利。

（4）滴定近终点时，要加强搅拌，缓慢滴定，最后要半滴半滴地加入 EDTA 溶液，每加半滴，强烈搅拌数秒，直至无残余红色为止。如滴定过快，Fe_2O_3 的结果将偏高，接着

测定 Al_2O_3 时，结果又会偏低。

(5) 一定要保证溶液中的铁全部以 Fe^{3+} 存在，因为在 pH 为 1.8～2.0 时，Fe^{2+} 不能与 EDTA 定量配位而使铁的测定结果偏低。所以在测定总铁时，应先将溶液中的 Fe^{2+} 氧化成 Fe^{3+}。例如，在用氢氧化钠熔融试样且制成溶液时，一定要加入少量浓硝酸。

(6) 由于在测定溶液中的铁后还要继续测定 Al_2O_3 的含量，因此磺基水杨酸钠指示液的用量不宜多，以防止与 Al^{3+} 配位反应而使 Al_2O_3 的测定结果偏低。

三、原子吸收分光光度法

1. 方法原理

试样经氢氟酸和高氯酸分解后，分取一定量的溶液，以锶盐消除硅、铝、钛等对铁的干扰。在空气-乙炔火焰中，于波长 248.3nm 处测定吸光度。

2. 测定步骤

(1) 三氧化二铁标准溶液的配制　称取 0.1000g 已于 950℃灼烧 1h 的 Fe_2O_3（高纯试剂），置于 300mL 烧杯中，依次加入 50mL 水、30mL 盐酸（1＋1）、2mL 硝酸，低温加热至全部溶解，冷却后移入 1000mL 容量瓶中，用水稀释至标线，摇匀。此标准溶液中三氧化二铁的浓度为 0.1000mg/mL。

(2) 工作曲线的绘制　吸取 0.1000mg/mL 三氧化二铁的标准溶液 0、10.00mL、20.00mL、30.00mL、40.00mL、50.00mL 分别放入 500mL 容量瓶中，加入 25mL 盐酸及 10mL 氯化锶溶液（50g/L），用水稀释至标线，摇匀。将原子吸收光谱仪调节至最佳工作状态，在空气-乙炔火焰中，用铁元素空心阴极灯，于 248.3nm 处，以水校零测定溶液的吸光度。绘制工作曲线或求出线性回归方程。

(3) 样品测定　从待测溶液中分取一定量的溶液，放入容量瓶中（试样溶液的分取量及容量瓶的容积视三氧化二铁的含量而定），加入氯化锶溶液（含锶 50g/L），使测定溶液中锶的浓度为 1mg/mL。用水稀释至标线，摇匀。在与工作曲线绘制相同的仪器条件下测定溶液的吸光度，求出三氧化二铁的浓度。

三氧化二铁的质量分数按式(3-11) 计算：

$$w(Fe_2O_3)=\frac{\rho V\times 10^{-3}}{m\times\frac{V_0}{250}}\times 100\% \tag{3-11}$$

式中　ρ——测定溶液中三氧化二铁的浓度，mg/mL；

V——测定溶液的体积，mL；

V_0——移取试样溶液的体积，mL；

m——试料的质量，g。

第六节　三氧化二铝的测定

铝的测定方法有重量法、滴定法、可见分光光度法、原子吸收分光光度法、电感耦合等离子体发射光谱法等。重量法的手续烦琐，已很少采用。可见分光光度法测定铝出现了一些新的显色剂和显色体系，例如三苯甲烷类和荧光酮类显色剂。原子吸收分光光度法测定铝，由于在空气-乙炔焰中铝易生成难溶化合物，测定的灵敏度极低，共存离子的干扰严重，需用一氧化二氮-乙炔焰，因此限制了它的普遍应用。在硅酸盐中铝含量常常较高，多采用滴定法。如试样中铝含量很低时，可采用铬天青S分光光度法。

铝与EDTA等氨羧配位剂能形成稳定的配合物（Al-EDTA的 $\lg K=16.13$；Al-CYDTA的 $\lg K=17.6$），因此，可用配位滴定法测定铝。由于铝与EDTA的配位反应较慢，铝对二甲酚橙、铬黑T等指示剂有封闭作用，因此采用PAN为指示剂。在GB/T 176中，EDTA直接滴定铁铝合量被列为基准法，而EDTA直接滴定法和铜盐返滴定法被列为代用法。

一、EDTA直接滴定法

1. 方法原理

在pH=3的条件下，加热，使 TiO^{2+} 水解为 $TiO(OH)_2$ 沉淀，然后以PAN和等物质量的EDTA-Cu为指示剂，用EDTA标准溶液直接滴定 Al^{3+}，终点时稍过量的EDTA夺取了Cu-PAN中的 Cu^{2+}，使PAN释放出来，终点呈亮黄色。

$$Al^{3+}+CuY^{2-} \longrightarrow AlY^{-}+Cu^{2+}$$

$$Cu^{2+}+PAN \longrightarrow \underset{(红色)}{Cu\text{-}PAN}$$

$$Cu\text{-}PAN+H_2Y^{2-} \longrightarrow CuY^{2-}+\underset{(黄色)}{PAN}$$

2. 测定步骤

将测完铁的溶液用水稀释至200mL，加1～2滴溴酚蓝指示剂溶液（2g/L），滴加氨水（1+2）至溶液出现蓝紫色，再滴加盐酸（1+1）至黄色，加入15mL的乙酸-乙酸钠缓冲溶液（pH=3.0），加热至微沸并保持1min，加入10滴EDTA-铜溶液及2～3滴PAN指示剂溶液（2g/L），用0.015mol/L EDTA标准滴定溶液至红色消失，继续煮沸，滴定，直至溶液经煮沸后红色不再出现呈稳定的亮黄色为止。

三氧化二铝的质量分数按式(3-12)计算：

$$w(Al_2O_3)=\frac{T_{Al_2O_3}V}{m\times\frac{25}{250}}\times100\% \tag{3-12}$$

式中 $T_{Al_2O_3}$——EDTA标准滴定溶液对三氧化二铝的滴定度，g/mL；

V——滴定时消耗EDTA标准滴定溶液的体积，mL；

m——试料的质量，g。

3. 讨论

（1）此法在GB/T 176中为基准法，只适用于一氧化锰含量在0.5%以下的试样。

（2）指示剂的加入量以10滴为宜，用量太少，终点不敏锐，用量太多，随溶液中 TiO^{2+}、Mn^{2+} 含量增加而产生一定的误差。

二、铜盐返滴定法

1. 方法原理

在测定铁后的溶液中，加入对铝、钛过量的EDTA标准滴定溶液，加热至70～80℃，调整溶液的pH为3.8～4.0，煮沸1～2min，以PAN为指示剂，用铜盐标准滴定溶液返滴过量的EDTA，终点时溶液由黄色变为亮紫色，扣除钛的含量后即为三氧化二铝的含量。

$$Al^{3+}+H_2Y^{2-}=\!=\!=AlY^{-}+2H^{+}$$
$$TiO^{2+}+H_2Y^{2-}=\!=\!=TiOY^{2-}+2H^{+}$$
$$Cu^{2+}+H_2Y^{2-}=\!=\!=\underset{(蓝色)}{CuY^{2-}}+2H^{+}$$
$$Cu^{2+}+\underset{(黄色)}{PAN}=\!=\!=\underset{(红色)}{Cu^{2+}\text{-}PAN}$$

2. 测定步骤

向测定完铁的溶液中加入0.015mol/L EDTA标准滴定溶液至过量10～15mL，用水稀释至150～200mL。将溶液加热至70～80℃后，加数滴氨水（1+1）使溶液pH在3.0～3.5之间，加15mL pH=4.3缓冲溶液，煮沸1～2min，取下稍冷，加入4～5滴PAN指示剂溶液（2g/L），用0.015mol/L硫酸铜标准滴定溶液滴定至亮紫色。

三氧化二铝的质量分数按式(3-13)计算：

$$w(Al_2O_3)=\frac{T_{Al_2O_3}(V_1-KV_2)}{m\times\frac{25}{250}}\times100\%-0.64\times w(TiO_2) \tag{3-13}$$

式中　$T_{Al_2O_3}$——每毫升EDTA标准溶液相当于三氧化二铝的质量，g/mL；

V_1——加入EDTA标准溶液的体积，mL；

V_2——滴定时消耗硫酸铜标准溶液的体积，mL；

K——每毫升硫酸铜标准溶液相当于EDTA标准滴定溶液的体积，mL/mL；

$w(TiO_2)$——用二安替比林甲烷光度法测得的二氧化钛的质量分数；

0.64——二氧化钛对三氧化二铝的换算系数；

m——试料的质量，g。

3. 讨论

(1) 常见的返滴定法有以PAN为指示剂的铜盐返滴定法和以二甲酚橙为指示剂的锌盐返滴定法。前者多用于水泥化学分析中，在国家标准GB/T 176中列为代用法，只适用于一氧化锰含量在0.5%以下的试样。后者常用于耐火材料、玻璃及其原料中铝的测定。

(2) 铜盐返滴定法选择性差，主要是铁、钛的干扰，故不适于复杂硅酸盐的分析。溶液中的TiO^{2+}可完全与EDTA配位，因此测定的结果为Al^{3+}和TiO^{2+}的总量。工厂有时用铝钛总量表示Al_2O_3的含量。硅酸盐岩石分析方法GB/T 14506中用锌盐返滴定。

若要求纯的Al_2O_3含量，可采用以下方法扣除TiO_2的含量：

① 在返滴定完Al^{3+}和TiO^{2+}之后，加入苦杏仁酸（β-羟基乙酸）溶液，夺取$TiOY^{2-}$中的TiO^{2+}离子，从而置换出等物质的量的EDTA，再用$CuSO_4$标准滴定溶液返滴定，即可测得钛含量；

② 加入钽试剂、磷酸盐、乳酸或酒石酸等试剂掩蔽钛；

③ 另行测定钛含量。

(3) Mn^{2+}与EDTA定量配位的最低pH值为5.2，对配位滴定Al^{3+}的干扰程度随溶液pH值的增加和Mn^{2+}浓度的增大而增强。在pH=4左右时，溶液中共存的Mn^{2+}约有一半能与EDTA配位。如果MnO含量低于0.5mg，其影响可以忽略不计，若达到1mg以上，不仅使Al_2O_3的测定结果明显偏高，而且使滴定终点拖长。一般对于MnO含量高于0.5%的试样，采用直接滴定法或氟化铵置换-EDTA配位滴定法测定。

（4）F^-能与Al^{3+}逐级形成AlF^{2+}，AlF_2^+，…，AlF_6^{3-}等稳定的配合物，会干扰Al^{3+}与EDTA的配位。如溶液中F^-的含量高于2mg，Al^{3+}的测定结果将明显偏低，且终点变化不敏锐。一般对于氟含量高于5%的试样，需采取措施消除氟的干扰。

三、EDTA滴定铁铝差减法

1. 方法原理

在pH=1.8及温度为60～70℃的溶液中，以磺基水杨酸钠为指示剂，用EDTA标准溶液滴定溶液中的三价铁至亮黄色。然后调节pH至3.0，在煮沸下以EDTA-Cu和PAN为指示剂，用EDTA标准溶液滴定溶液中的铝离子至稳定的亮黄色。滴定铁铝消耗的EDTA标准溶液的总体积扣除滴定三氧化二铁消耗溶液的体积即为滴定三氧化二铝消耗EDTA溶液的体积。

2. 测定步骤

从待测溶液A中吸取25.00mL按照EDTA直接滴定法测定三氧化二铁的步骤滴定溶液至亮黄色（V_1）。然后按照EDTA直接滴定法测定三氧化二铝的步骤用同一滴定管溶液继续滴定至稳定的亮黄色。两次滴定消耗EDTA的总体积即为测定铁铝合量消耗EDTA标准溶液的体积（V_2）。同时进行空白试验，并在结果中扣除空白值。

三氧化二铝的质量分数按式(3-14)计算：

$$w(Al_2O_3)=\frac{T_{Al_2O_3}(V_2-V_1)}{m\times\frac{25}{250}}\times100\% \tag{3-14}$$

式中 $T_{Al_2O_3}$——EDTA标准溶液对Al_2O_3的滴定度，g/mL；

V_1——测定Fe_2O_3时消耗EDTA标准溶液的体积，mL；

V_2——测定铁铝合量时消耗EDTA标准溶液的体积，mL；

m——试料的质量，g。

3. 讨论

（1）这里介绍的滴定铁铝差减法，结果计算简单，适用于三氧化二铁、三氧化二铝含量较高的情况，或者是三氧化二铁含量比较高而三氧化二铝含量比较低的情况。在这种情况下，V_1和V_2数值较大，可以减少滴定管读数带来的相对误差。

（2）在GB/T 176中，被列为基准法的EDTA直接滴定铁铝合量的计算方法，适用于三氧化二铁、三氧化二铝含量较低的情况。用式(3-15)计算三氧化二铝的质量分数。

$$w(Al_2O_3)=\frac{T_{Al_2O_3}V_2}{m\times\frac{25}{250}}\times100\%-0.639\times w(Fe_2O_3) \tag{3-15}$$

式中 $T_{Al_2O_3}$——EDTA标准溶液对Al_2O_3的滴定度，g/mL；

V_2——测定铁铝合量时消耗EDTA标准溶液的体积，mL；

m——试料的质量，g；

0.639——Fe_2O_3对Al_2O_3的换算系数；

$w(Fe_2O_3)$——用邻菲啰啉分光光度法测定的Fe_2O_3的质量分数。

四、铬天青S分光光度法

铝与三苯甲烷类显色剂普遍存在显色反应，且大多在pH为3.5～6.0的酸度下进行显色。在 pH 为 4.5～5.4 的条件下，铝与铬天青 S（简写为 CAS）进行显色反应生成 1∶2 的有色配合物，且反应迅速完成，可稳定约 1h。在 pH=5.4 时，有色配合物的最大吸收波长为 545nm，其摩尔吸光系数为 4×10^4 L/(mol·cm)。该体系可用于测定试样中低含量的铝。

在 Al-CAS 法中，引入阳离子或非离子表面活性剂，生成 Al-CAS-CPB 或 Al-CAS-CTMAB 等三元配合物，其灵敏度和稳定性都显著提高。

第七节 二氧化钛的测定

钛的测定方法较多，常用的有分光光度法和返滴定法两种。分光光度法主要有二安替比林甲烷分光光度法、过氧化氢分光光度法和钛铁试剂光度法等。返滴定法通常有苦杏仁酸置换-铜盐溶液返滴定法和过氧化氢-铋盐溶液返滴定法。

硅酸盐水泥及其原材料中的二氧化钛含量一般为 0.2%～0.3%，常用苦杏仁酸置换-铜盐溶液返滴定法。铝酸盐水泥中二氧化钛含量一般为 2%～5%，常以二甲酚橙为指示剂，用过氧化氢-铋盐溶液返滴定法。

一、苦杏仁酸置换-铜盐溶液返滴定法

在滴定完 Fe^{3+} 的溶液中，调节 pH 3.8～4.0，测定 Al^{3+} 和 TiO^{2+} 的总量，然后加入 10～15mL 苦杏仁酸溶液（50g/L），使 TiO^{2+} 与苦杏仁酸生成更稳定的配合物，置换出等物质量的 EDTA，以 PAN 为指示剂，用硫酸铜标准溶液（0.015mol/L）进行滴定，根据消耗硫酸铜标准溶液的体积计算 TiO_2 的含量。

二、二安替比林甲烷分光光度法

1. 方法原理

在盐酸介质中，二安替比林甲烷（DAPM）与 TiO^{2+} 生成极为稳定的组成为 1∶3 的黄色配合物。在波长 420nm 处测定其吸光度，摩尔吸光系数约为 1.47×10^4 L/(mol·cm)。

$$TiO^{2+}+3DAPM+2H^{+}=\!=\!=[Ti(DAPM)_3]^{4+}+H_2O$$

2. 测定步骤

(1) 二氧化钛标准溶液的配制　称取 0.1000g 经高温灼烧过的二氧化钛，置于铂坩埚中，加入 2g 焦硫酸钾，在 500～600℃下熔融至透明。熔块用硫酸（1+9）浸出，加热至 50～60℃，使熔块完全溶解，冷却后移入 1000mL 容量瓶中，用硫酸（1+9）稀释至标线，摇匀。此标准溶液每毫升含有 0.100mg 二氧化钛。

吸取 100.00mL 上述标准溶液于 500mL 容量瓶中，用硫酸（1+9）稀释至标线，摇匀，此标准溶液每毫升含有 0.0200mg 二氧化钛。

(2) 工作曲线的绘制　吸取 0.02mg/mL 二氧化钛标准溶液 0、2.50mL、5.00mL、7.50mL、10.00mL、12.50mL、15.00mL 分别放入 100mL 容量瓶中，依次加入 10mL 盐酸（1+2）、10mL 抗坏血酸溶液（5g/L）、5mL 乙醇（95%）、20mL 二安替比林甲烷溶液（30g/L），用水稀释至标线，摇匀。放置 40min 后，以水作参比于 420nm 处测定溶液的吸光度。绘制工作曲线并求出线性回归方程。

(3) 样品测定　吸取 25.00mL 待测溶液于 100mL 容量瓶中，加入 10mL 盐酸（1+2）及 10mL 抗坏血酸溶液（5g/L），放置 5min。加入 5mL 乙醇（95%）、20mL 二安替比林甲

烷溶液（30g/L），用水稀释至标线，摇匀。用上述方法测定溶液的吸光度。

二氧化钛的质量分数按式(3-16) 计算：

$$w(TiO_2)=\frac{m_{TiO_2}\times 10^{-3}}{m\times \frac{25}{250}}\times 100\% \tag{3-16}$$

式中 m_{TiO_2}——100mL 测定溶液中二氧化钛的含量，mg；

m——试料的质量，g。

3. 讨论

① 测定用的试样溶液可以是氯化铵重量法测定硅后的溶液，也可以用氢氧化钠熔融后的盐酸溶液。但加入显色剂前，需加入 5mL 乙醇，以防止溶液浑浊而影响测定。

② 该法有较高的选择性。在此条件下大量的铝、钙、镁、铍、锰（Ⅱ）、锌、镉及 BO_3^{3-}、SO_4^{2-}、EDTA、$C_2O_4^{2-}$、NO_3^- 和 100mg PO_4^{3-}、5mg Cu^{2+}、Ni^{2+}、Sn^{4+}、3mg Co^{2+} 等均不干扰。Fe^{3+} 能与二安替比林甲烷形成棕色配合物，铬（Ⅲ）、钒（Ⅴ）、铈（Ⅳ）本身具有颜色，使测定结果产生显著的正误差，可加入抗坏血酸还原。

③ 反应介质选用盐酸，因硫酸溶液会降低配合物的吸光度。溶液最适宜的盐酸酸度范围为 0.5～1mol/L。如果溶液的酸度太低，一方面很容易引起 TiO^{2+} 的水解；另一方面，当以抗坏血酸还原 Fe^{3+} 时，由于 TiO^{2+} 与抗坏血酸形成不易破坏的微黄色配合物，而导致测定结果偏低。如果溶液酸度达 1mol/L 以上，有色溶液的吸光度将明显下降。

第八节 氧化钙的测定

在水泥生产过程中，熟料中的氧化钙与二氧化硅、三氧化二铝、三氧化二铁等反应，主要以化合态存在，但也有一部分氧化钙未与这些物质反应而以游离状态存在，即所谓的游离氧化钙。游离氧化钙含量过高，对水泥的性能会有一定的影响，因此游离氧化钙含量是水泥质量检验的一项重要指标。

水泥中氧化钙的分析分为总氧化钙和游离氧化钙的测定。总氧化钙的测定方法主要有 EDTA 滴定法和高锰酸钾滴定法；在 GB/T 176 中，EDTA 滴定法被列为基准法，氢氧化钠熔样-EDTA 滴定法和高锰酸钾滴定法被列为代用法。在《硅酸盐岩石化学分析方法》(GB/T 14506.6) 中，采用 EGTA 配位滴定法和火焰原子吸收分光光度法测定氧化钙。游离氧化钙的测定方法有甘油法、乙二醇法和乙二醇萃取-EDTA 滴定法。

一、水泥中总氧化钙的测定

（一）EDTA 滴定法

1. 方法原理

在 pH>13 的强碱性溶液中，以三乙醇胺（TEA）为掩蔽剂，用钙黄绿素-甲基百里香酚蓝-酚酞（CMP）混合指示剂指示终点，用 EDTA 标准滴定溶液滴定。

$$Ca^{2+}+CMP = Ca^{2+}\text{-}CMP$$

（红色）　　（绿色荧光）

$$Ca^{2+}\text{-}CMP+H_2Y^{2-} = CaY^{2-}+CMP+2H^+$$

（绿色荧光）　　　　　　（红色）

2. 测定步骤

移取 25.00mL 待测溶液放入 300mL 烧杯中，加水稀释至约 200mL，加 5mL 三乙醇胺（1+2）及少许的钙黄绿素-甲基百里香酚蓝-酚酞混合指示剂，在搅拌下加入氢氧化钾溶液（200g/L），至出现绿色荧光后再过量 5～8mL，使溶液 pH＞13。用 0.015mol/L EDTA 标准滴定溶液滴定至绿色荧光消失并呈现红色为终点。同时进行空白试验。

氧化钙的质量分数按式(3-17）计算：

$$w(\mathrm{CaO})=\frac{T_{\mathrm{CaO}}V}{m\times\frac{25}{250}}\times 100\% \tag{3-17}$$

式中　T_{CaO}——每毫升 EDTA 标准滴定溶液相当于氧化钙的质量，g/mL；

V——滴定时消耗 EDTA 标准滴定溶液的体积，mL；

m——试料的质量，g。

3. 讨论

（1）该法在 GB/T 176 中为基准法。在代用法中，预先向酸溶液中加入适量氟化钾，以抑制硅酸的干扰。

（2）钙黄绿素是一种常用的荧光指示剂，在 pH＞12 时，其本身无荧光，但与 Ca^{2+}、Mg^{2+}、Sr^{2+}、Ba^{2+}、Al^{3+} 等形成配合物时呈现黄绿色荧光，对 Ca^{2+} 特别灵敏。但是，有时在合成或贮存时会分解而产生荧光黄，使滴定终点仍有残余荧光。因此，常对指示剂进行提纯处理，或以酚酞、百里酚酞溶液加以掩蔽。另外，钙黄绿素也能与钾离子、钠离子产生微弱的荧光，因钾的作用比钠弱，故应尽量避免使用钠盐。

（3）在不分离硅的试液中测定钙时，在强碱性溶液中生成硅酸钙，使钙的测定结果偏低。可将试液调为酸性后，加入一定量的氟化钾溶液，搅拌，放置 2min 以上，生成氟硅酸，再用氢氧化钾碱化，反应式如下：

$$H_2SiO_3+6H^++6F^- \longrightarrow H_2SiF_6+3H_2O$$

$$H_2SiF_6+6OH^- \longrightarrow H_2SiO_3+6F^-+3H_2O$$

该反应速率较慢，新释出的硅酸为非聚合状态的硅酸，在 30min 内不会生成硅酸钙沉淀。因此，在碱化后应立即滴定，即可避免硅酸的干扰。

加入氟化钾的量应根据试样中二氧化硅的大致含量而定。例如，含 SiO_2 为 2～15mg 的水泥、矾土、生料、熟料等试样，应加入氟化钾溶液（20g/L $KF\cdot 2H_2O$）5～7mL；而含 SiO_2 为 25mg 以上的黏土、煤灰等试样，则加入 15mL。若加入氟化钾的量太多，则生成氟化钙沉淀，影响测定结果及终点的判断；若加入量不足，则不能完全消除硅的干扰，两者都使测定结果偏低。

（4）铁、铝、钛的干扰可用三乙醇胺掩蔽。少量锰与三乙醇胺也能生成绿色配合物而被掩蔽，锰量太高则生成的绿色背景太深，影响终点的观察。镁的干扰是可以在 pH＞12 的条件下使之生成氢氧化镁沉淀而消除。加入三乙醇胺的量一般为 5mL，但当测定高铁或高锰类试样时应增加至 10mL，并经过充分搅拌，加入后溶液应呈酸性，如变浑浊应立即以盐酸调至酸性。

（5）滴定至近终点时应充分搅拌，使被氢氧化镁沉淀吸附的钙离子能与 EDTA 充分反应。在使用 CMP 指示剂时，不能在光线直接照射下观察终点，应使光线从上向下照射。近终点时应观察整个液层，至烧杯底部绿色荧光消失呈现红色。

（6）如试样中含有磷，由于有磷酸钙生成，滴定近终点时应放慢速度并加强搅拌。当磷含量较高时，应采用返滴定法测 Ca^{2+}。

(7) 测定铝酸盐水泥、矾土等高铝试样中的氧化钙时，通常采用硼砂-碳酸钾（1+1）于铂坩埚中熔样。由于引入的硼与部分氟离子形成 BF_6^{3-}，故氟化钾的加入量应为 15mL。另外，由于氟离子与硅酸的反应需在一定的酸度下进行，因此在加入氟化钾溶液前，应先加 5mL 盐酸（1+1）。

（二）高锰酸钾滴定法

1. 方法原理

用氨水将铁、铝、钛等沉淀为氢氧化物，过滤除去后，将钙以草酸钙形式沉淀，过滤和洗涤后，将草酸钙溶解，用高锰酸钾标准溶液滴定。

2. 测定步骤

称取约 0.3g 试样（精确至 0.0001g），置于铂坩埚中，将盖斜置于坩埚上，在 950～1000℃下灼烧 5min，冷却。用玻璃棒仔细压碎块状物，加入 0.2g 磨细的无水碳酸钠，仔细混匀，再将坩埚置于 950～1000℃下灼烧 10min，冷却。

将烧结块移入 300mL 烧杯中，加 30～40mL 水，盖上表面皿，从杯口慢慢加入 10mL 盐酸（1+1）及 2～3 滴硝酸，待反应停止后取下表面皿，用热盐酸（1+1）清洗坩埚数次，洗液合并于烧杯中。加热煮沸使熔块全部溶解，加水稀释至 150mL，煮沸，取下，加入 3～4 滴甲基红指示剂（2g/L），在搅拌下缓慢滴加氨水（1+1），至溶液呈黄色，再过量 2～3 滴。加热煮沸 1min，加入少许滤纸浆，静置，待氢氧化物下沉后，趁热用快速滤纸过滤，并用热硝酸铵溶液洗涤烧杯及沉淀 8～10 次，滤液及洗涤液收集于 500mL 烧杯中，弃去沉淀。

向烧杯中加入 10mL 盐酸（1+1），调整溶液体积至 200mL，加入 30mL 草酸铵溶液（50g/L），煮沸取下，加 2～3 滴甲基红指示剂（2g/L），在搅拌下缓慢滴加氨水（1+1），至溶液呈黄色，再过量 2～3 滴。每静置 10min 搅拌 1 次，共搅拌 3 次。并加入少许滤纸浆，静置 30min 后，用慢速滤纸过滤，用热水洗涤沉淀 8～10 次。

将沉淀连同滤纸置于原烧杯中，加入 150～200mL 热水，10mL 硫酸（1+1），加热至 70～80℃，搅拌使沉淀溶解，将滤纸展开，贴附于烧杯内壁上，立即用高锰酸钾标准溶液滴定至微红色，再将滤纸浸入溶液中充分搅拌，继续滴定至微红色出现并保持 30s。

3. 结果计算

氧化钙的质量分数按式(3-18) 计算：

$$w(\mathrm{CaO})=\frac{T_{\mathrm{CaO}}V}{m}\times 100\% \tag{3-18}$$

式中 T_{CaO}——每毫升高锰酸钾标准溶液相当于氧化钙的质量，g/mL；

V——滴定时消耗高锰酸钾标准溶液的体积，mL；

m——试料的质量，g。

二、硅酸盐水泥中游离氧化钙的测定

（一）甘油法

1. 方法原理

以硝酸锶为催化剂，在加热搅拌的条件下，试样中游离的氧化钙与甘油作用生成弱碱性的甘油钙，以酚酞为指示剂，用苯甲酸-无水乙醇标准溶液滴定。反应方程式如下：

$$CaO + \underset{\text{甘油}}{\begin{array}{c} CH_2OH \\ | \\ CHOH \\ | \\ CH_2OH \end{array}} \xrightarrow{Sr(NO_3)_2\text{催化}} \begin{array}{c} CH_2O \\ | \\ CHOH \\ | \\ CH_2O \end{array}\!\!>Ca + H_2O$$

$$\underset{\text{甘油酸钙}}{\begin{array}{c} CH_2O \\ | \\ CHOH \\ | \\ CH_2O \end{array}\!\!>Ca} + \underset{\text{苯甲酸}}{2C_6H_5COOH} \xrightarrow{\text{酚酞指示剂}} \underset{\text{甘油}}{\begin{array}{c} CH_2OH \\ | \\ CHOH \\ | \\ CH_2OH \end{array}} + \underset{\text{苯甲酸钙}}{(C_6H_5COO)_2Ca}$$

2. 测定步骤

称取约 0.5g 试样（精确至 0.0001g），置于 250mL 干燥的锥形瓶中，加入 30mL 甘油-无水乙醇溶液（1+2），加入 1g 硝酸锶，放入一粒搅拌子，装上冷凝管，置于游离氧化钙测定仪上，以适当的速度搅拌，同时加热升温，微沸 10min 后，取下锥形瓶，立即用苯甲酸-无水乙醇标准溶液（0.1mol/L）滴定至微红色消失。装上冷凝管，继续在搅拌下煮沸至红色出现，再取下滴定，如此反复操作，直至在加热 10min 后不出现红色为止。

3. 结果计算

游离氧化钙的质量分数按式(3-19) 计算：

$$w(\mathrm{fCaO})=\frac{T_{\mathrm{CaO}}V}{m}\times 100\% \tag{3-19}$$

式中　T_{CaO}——苯甲酸-无水乙醇标准溶液对氧化钙的滴定度，g/mL；

V——滴定时消耗苯甲酸-无水乙醇标准溶液的体积，mL；

m——试料的质量，g。

【注意】 标定苯甲酸-无水乙醇标准溶液时，用氧化钙试剂代替试样，采用与甘油法测定游离氧化钙相同的方法，标定苯甲酸-无水乙醇标准溶液，并计算出 T_{CaO}。

（二）乙二醇法

1. 方法原理

在加热搅拌的条件下，试样中游离的氧化钙与乙二醇作用生成弱碱性的乙二醇钙，以酚酞为指示剂，用苯甲酸-无水乙醇标准溶液滴定。反应方程式如下：

$$CaO + \begin{array}{c} CH_2OH \\ | \\ CH_2OH \end{array} \xrightarrow{100\sim110℃} \begin{array}{c} CH_2O \\ | \\ CH_2O \end{array}\!\!>Ca + H_2O$$

$$2C_6H_5COOH + \begin{array}{c} CH_2O \\ | \\ CH_2O \end{array}\!\!>Ca = (C_6H_5COO)_2Ca + \begin{array}{c} CH_2OH \\ | \\ CH_2OH \end{array}$$

2. 测定步骤

称取约 0.5g 试样（精确至 0.0001g），置于 250mL 干燥的锥形瓶中，加入 30mL 乙二醇-无水乙醇溶液（1+2），放入一粒搅拌子，装上冷凝管，置于游离氧化钙测定仪上，以适当的速度搅拌，同时升温，加热至沸，当冷凝下的乙醇开始连续滴下时，保持微沸 4min 后，取下锥形瓶，用预先用无水乙醇润湿过的快速滤纸（或砂芯漏斗）抽滤，用无水乙醇洗涤沉淀和锥形瓶，立即用苯甲酸-无水乙醇标准溶液（0.1mol/L）滴定至微红色消失。

3. 结果计算

游离氧化钙的质量分数按式(3-20) 计算：

$$w(fCaO)=\frac{T_{CaO}V}{m}\times100\% \tag{3-20}$$

式中 T_{CaO}——苯甲酸-无水乙醇标准溶液对氧化钙的滴定度，g/mL；

V——滴定时消耗苯甲酸-无水乙醇标准溶液的体积，mL；

m——试料的质量，g。

【注意】 标定苯甲酸-无水乙醇标准溶液时，用氧化钙试剂代替试样，采用与乙二醇法测定游离氧化钙相同的方法，标定苯甲酸-无水乙醇标准溶液，并计算出 T_{CaO}。

（三）乙二醇萃取-EDTA 滴定法

1. 方法原理

在加热搅拌的条件下，使试样中游离的氧化钙与乙二醇作用生成弱碱性的乙二醇钙，过滤后调节滤液 pH >13，以三乙醇胺为掩蔽剂，用钙黄绿素-甲基百里香酚蓝-酚酞（CMP）混合指示剂，用 EDTA 标准溶液滴定。

2. 测定步骤

称取约 0.5g 试样（精确至 0.0001g），置于 250mL 干燥的锥形瓶中，加入 10mL 无水乙醇溶液（1+2）和 20mL 乙二醇，放入一粒搅拌子，装上冷凝管，置于游离氧化钙测定仪上，以适当的速度搅拌，同时升温，加热至沸，当冷凝下的乙醇开始连续滴下时，保持微沸 5min 后，取下锥形瓶，用快速滤纸（或砂芯漏斗）趁热快速过滤到 250mL 抽滤瓶中，用无水乙醇洗涤沉淀和锥形瓶 3～4 次。在抽滤瓶中加入 50mL 水和 5mL 盐酸（1+1），混匀，加入 5mL 三乙醇胺溶液（1+2），适量的 CMP 混合指示剂，在摇动下加入氢氧化钾溶液（200g/L）至出现绿色荧光后再过量 5mL，用 0.015 mol/L EDTA 标准溶液滴定至绿色荧光完全消失而呈红色为终点。

3. 结果计算

游离氧化钙的质量分数按式(3-21) 计算：

$$w(CaO)=\frac{T_{CaO}V}{m}\times100\% \tag{3-21}$$

式中 T_{CaO}——EDTA 标准溶液对氧化钙的滴定度，g/mL；

V——滴定时消耗 EDTA 标准溶液的体积，mL；

m——试料的质量，g。

【注意】 这里说的游离氧化钙测定仪是指具有加热、搅拌、计时功能，并配有冷凝管的装置。

三、硅酸盐岩石中氧化钙含量的测定

（一）EGTA 配位滴定法

1. 方法原理

分离二氧化硅后的滤液，用三乙醇胺掩蔽铁、铝等元素。铜、镍等干扰元素用氟化钠掩蔽，或者用六次甲基四胺、二乙基二硫代氨基甲酸钠（铜试剂）分离干扰元素。在 pH≥12 的条件下，以钙黄绿素-百里酚酞为指示剂，用 **EGTA**（乙二醇二乙醚二胺四乙酸）标准溶液滴定。

2. 测定步骤

（1）试样处理 将试料置于预先盛有 6g 无水碳酸钠的铂坩埚中，搅拌均匀，再覆盖 1g 无水碳酸钠。盖上坩埚盖，放入高温炉中，于 1000℃熔融 40min，取出冷却。将坩埚放入

250mL 烧杯中，盖上表面皿，缓慢加入 50mL 盐酸（1+1），待剧烈反应停止，加热使熔块脱落，清洗坩埚和盖子。若有结块，用平头玻璃棒压碎。将烧杯置于沸水浴上，放一玻璃三脚架，再盖上表面皿。蒸发至 10mL，取下冷却，加 10mL 盐酸，加入 5mL 环氧乙烷溶液（1g/L），搅拌均匀。放置 5min，加水 30mL，充分搅匀，使可溶性盐类溶解，用中速定量滤纸过滤。将沉淀全部转入至滤纸上，用盐酸（5+95）洗涤烧杯和滤纸数次，用胶头扫棒以热盐酸（3+97）擦洗玻璃棒和烧杯，用水充分洗涤沉淀，直至检验无氯离子为止。滤液及洗液收集于 250mL 容量瓶中。

将沉淀连同滤纸一并移入铂坩埚中，低温灰化，放入 1000℃ 高温炉中灼烧 1h。取出稍冷，置于干燥器中，冷却至室温，称量，反复灼烧，直至恒重。向坩埚中加数滴水润湿沉淀，加 10 滴硫酸（1+1）和 5mL 氢氟酸，放入通风橱内电热板上缓慢蒸发至干，升高温度继续加热至三氧化硫白烟完全逸尽。将坩埚放入 1000℃ 高温炉内灼烧 30min。取出坩埚，置于干燥器中，冷却至室温，称量，反复灼烧，直至恒重。

在上述经过氢氟酸处理后得到的残渣中加 1～2g 焦硫酸钾，在 600～700℃ 熔融 5min，熔块用 5mL 水和 1mL 盐酸（1+1）加热溶解，溶液并入分离二氧化硅后得到的滤液中。用水稀释至标线，摇匀。

（2）样品测定 吸取 25.00mL 待测溶液，置于 200mL 烧杯中，加水至约 50mL，加 0.5～1g 盐酸羟胺和 2～3mL 三乙醇胺（1+1），2 滴甲基红指示剂（1g/L），用氨水（1+1）调至溶液变黄色。加入 5mL 氢氧化钾溶液（500g/L），3～4 滴氰化钾溶液（50g/L），加几滴钙黄绿素-百里酚酞为指示剂，用 0.01mol/L EGTA 标准滴定溶液滴定至绿色荧光消失为终点。

（3）结果计算 氧化钙的质量分数按式(3-22) 计算：

$$w(\mathrm{CaO})=\frac{T_{\mathrm{CaO}}V}{m\times\frac{25}{250}}\times100\% \tag{3-22}$$

式中 T_{CaO}——EGTA 标准溶液对氧化钙的滴定度，g/mL；

V——滴定时消耗 EGTA 标准溶液的体积，mL；

m——试料的质量，g。

【注意】 该方法中使用了剧毒物质氰化钾，应十分慎重。

（二）火焰原子吸收分光光度法

吸取一定体积分离过二氧化硅后的滤液，置于 100mL 容量瓶中，加入盐酸（1+1）制成 2%的盐酸溶液，用水稀释至 50mL，加入 10mL 氯化锶溶液（50g/L）作释放剂消除干扰，用水稀释至标线，摇匀。

调节原子吸收分光光度计波长为 422.7nm，谱带宽 0.7～1.3nm，点燃空气-乙炔富燃火焰，用水作参比，测定钙的吸光度。

氧化钙的质量分数按式(3-23) 计算：

$$w(\mathrm{CaO})=\frac{m_1\times10^{-3}}{m\times\frac{V_1}{250}}\times100\% \tag{3-23}$$

式中 m_1——通过工作曲线得到的每 100mL 测定溶液中含 CaO 的量，mg；

V_1——从 250mL 待测溶液中吸取溶液的体积，mL；

m——试料的质量，g。

第九节 氧化镁的测定

氧化镁的测定方法主要有三种，即焦磷酸镁重量法、原子吸收分光光度法及EDTA滴定差减法。在GB/T 176中，原子吸收分光光度法被列为基准法，EDTA滴定差减法列为代用法。

一、原子吸收分光光度法

1. 方法原理

以氢氟酸-高氯酸分解，或用硼酸锂熔融，或用碳酸钠熔融试样的方法制备溶液，分取一定量的溶液，用锶盐消除硅、铝、钛等的干扰，在空气-乙炔火焰中，于285.2nm处测定吸光度。

2. 试样分解

(1) 氢氟酸-高氯酸分解试样　称取约0.1g试样（精确至0.0001g），置于铂坩埚中，用0.5～1mL水润湿，加5～7mL氢氟酸和0.5mL高氯酸，置于电热板上蒸发。近干时摇动坩埚以防溅失，待白色浓烟驱尽后取下放冷。加入20mL盐酸（1＋1），温热至溶液澄清。冷却后转移到250mL容量瓶中，加5mL氯化锶溶液（含锶50g/L），用水稀释至标线，摇匀。此溶液C用于原子吸收光谱法测定氧化镁、三氧化二铁、一氧化锰、氧化钾和氧化钠。

(2) 氢氧化钠熔融试样　称取约0.1g试样（精确至0.0001g），置于银坩埚中，加入3～4g氢氧化钠，盖上坩埚盖，留有缝隙。放在高温炉中于750℃下熔融10min，取出冷却。将坩埚放入预先盛有100mL沸水的300mL烧杯中，盖上表面皿，待熔块完全浸出后，取出坩埚，并用水冲洗。在搅拌下一次加入35mL盐酸（1＋1），用盐酸（1＋9）洗净坩埚。将溶液加热煮沸，冷却，移至250mL容量瓶中，用水稀释至标线，摇匀。此溶液D供原子吸收分光光度法测定氧化镁。

(3) 碳酸钠熔融试样　称取约0.1g试样（精确至0.0001g），置于铂坩埚中，加入0.4g碳酸钠，混匀。放在高温炉中于950℃下熔融10min，取出冷却。将坩埚放入预先盛有50mL盐酸（1＋1）的250mL烧杯中，盖上表面皿，加热至熔块完全浸出后，取出坩埚，并用水冲洗。将溶液加热煮沸，冷却，移至250mL容量瓶中，用水稀释至标线，摇匀。此溶液E供原子吸收分光光度法测定氧化镁。

3. 测定步骤

(1) 氧化镁标准溶液的配制　称取1.000g已于（900±25)℃灼烧过60min的氧化镁，置于250mL烧杯中，加入50mL水，再缓缓加入20mL盐酸（1＋1），低温加热至全部溶解，冷却后移入1000mL容量瓶中，用水稀释至标线，摇匀。此标准溶液每毫升含有1.00mg氧化镁。

吸取25.00mL上述标准溶液于500mL容量瓶中，用水稀释至标线，摇匀。此标准溶液每毫升含有0.0500mg氧化镁。

(2) 工作曲线的绘制　分别吸取0.0500mg/mL氧化镁的标准溶液0、2.00mL、4.00mL、6.00mL、8.00mL、10.00mL、12.00mL，分别放入500mL容量瓶中，加入30mL盐酸及10mL氯化锶溶液（含锶50g/L)。用水稀释至标线，摇匀。将原子吸收光谱仪调节至最佳工作状态，在空气-乙炔火焰中，用镁空心阴极灯，于285.2nm处，以水校零测定溶液的吸光度。绘制工作曲线并求出线性回归方程。

(3) 样品的测定 通常情况下，从溶液（C或D、E）中吸取5.00mL溶液放入100mL容量瓶中（实际试液的分取量及容量瓶的体积视氧化镁的含量而定），加入12mL盐酸（1+1）和2mL氯化锶溶液（含锶50g/L）（使测定溶液中盐酸的浓度为6%，锶浓度为1mg/mL）。用水稀释至标线，摇匀。采用与工作曲线绘制相同的仪器条件测定溶液的吸光度。同时进行空白试验。

氧化镁的质量分数按式(3-24)计算：

$$w(\mathrm{MgO})=\frac{\rho(\mathrm{MgO})V\times10^{-3}}{m\times\frac{V_0}{250}}\times100\% \tag{3-24}$$

式中 $\rho(\mathrm{MgO})$——根据工作曲线计算出的测定溶液中氧化镁的浓度，mg/mL；

V——测定溶液的体积，mL；

V_0——移取试样溶液的体积，mL；

m——试料的质量，g。

【注意】 若吸取5.00mL待测溶液放入100mL容量瓶中，稀释至标线后测定，则计算公式中的$V_0=5.00$mL，$V=100$mL。

二、EDTA滴定差减法

1. 方法原理

在pH=10的溶液中，以三乙醇胺、酒石酸钾钠为掩蔽剂，用酸性铬蓝K-萘酚绿B混合指示剂（简称KB指示剂），以EDTA标准滴定溶液滴定，测得钙、镁含量，然后扣除氧化钙的含量，即得氧化镁含量。当试样中一氧化锰含量在0.5%以上时，在盐酸羟胺存在下，测定钙、镁、锰总量，差减法求得氧化镁含量。

2. 测定步骤

吸取25.00mL待测溶液（A或B）放入400mL烧杯中，加水稀释至约200mL，加1mL酒石酸钾钠溶液（100g/L），5mL三乙醇胺溶液（1+2），搅拌，然后加入25mL缓冲溶液（pH=10）及少许酸性铬蓝K-萘酚绿B混合指示剂，用0.015mol/L EDTA标准滴定溶液滴定，近终点时应缓慢滴定至纯蓝色。

【注意】 若试样中一氧化锰的含量大于0.5%，应将三乙醇胺（1+2）的用量改为10mL，并在滴定前加入0.5～1g盐酸羟胺。

3. 结果计算

若一氧化锰含量在0.5%以下时，氧化镁的质量分数按式(3-25)计算：

$$w(\mathrm{MgO})=\frac{T_{\mathrm{MgO}}(V_1-V_2)}{m\times\frac{25}{250}}\times100\% \tag{3-25}$$

式中 T_{MgO}——每毫升EDTA标准滴定溶液相当于氧化镁的质量，g/mL；

V_1——滴定钙、镁总量时消耗EDTA标准滴定溶液的体积，mL；

V_2——测定氧化钙时消耗EDTA标准滴定溶液的体积，mL；

m——试料的质量，g。

若一氧化锰含量在0.5%以上时，氧化镁的质量分数按式(3-26)计算：

$$w(\mathrm{MgO})=\frac{T_{\mathrm{MgO}}(V_1-V_2)}{m\times\frac{25}{250}}\times100\%-0.57w(\mathrm{MnO}) \quad (3\text{-}26)$$

式中 T_{MgO}——每毫升EDTA标准滴定溶液相当于氧化镁的质量，g/mL；

V_1——滴定钙、镁、锰总量时消耗EDTA标准滴定溶液的体积，mL；

V_2——测定氧化钙时消耗EDTA标准滴定溶液的体积，mL；

m——试料的质量，g；

$w(\mathrm{MnO})$——测得的氧化锰的质量分数，%；

0.57——氧化锰对氧化镁的换算系数。

4. 方法讨论

(1) EDTA滴定Ca^{2+}时的允许酸度为pH≥7.5，滴定Mg^{2+}时的允许酸度为pH≥9.5。在实际操作中，常控制在pH=10时滴定Ca^{2+}和Mg^{2+}的总量，再于pH>12.5时滴定Ca^{2+}。

(2) 当溶液中锰含量在0.5%以下时对镁的干扰不显著，但超过0.5%则有明显的干扰，此时将三乙醇胺的量需增至10mL，在滴定前加入0.5～1g盐酸羟胺，使锰呈Mn^{2+}，与Mg^{2+}、Ca^{2+}一起被定量配位滴定，然后再扣除氧化钙、氧化锰的含量，即得氧化镁含量。

(3) 用酒石酸钾钠与三乙醇胺联合掩蔽铁、铝、钛的干扰，但必须在酸性溶液中先加酒石酸钾钠，然后再加三乙醇胺，使掩蔽效果更好。

(4) 滴定近终点时，一定要充分搅拌并缓慢滴定至由蓝紫色变为纯蓝色。若滴定速度过快，将使结果偏高，因为滴定近终点时，由于加入的EDTA夺取镁-酸性铬蓝K中的Mg^{2+}，而使指示剂游离出来，此反应速率较慢。

(5) 在测定硅含量较高的试样中的Mg^{2+}时，也可在酸性溶液中先加入一定量的氟化钾来防止硅酸的干扰，使终点易于观察。不加氟化钾时会在滴定过程中或滴定后的溶液中出现硅酸沉淀，但对结果影响不大。

(6) 在测定高铁或高铝类样品时，需加入100g/L酒石酸钾钠溶液2～3mL，加10mL三乙醇胺（1+2），充分搅拌后滴加氨水（1+1）至黄色变浅，再用水稀释至200mL，加入pH=10缓冲溶液后滴定，掩蔽效果好。

(7) 酸性铬蓝K是一种酸碱指示剂，在酸性溶液中呈玫瑰红色，它在碱性溶液中呈蓝色，能与Mg^{2+}、Ca^{2+}形成玫瑰色的配合物，故可用作滴定钙、镁的指示剂。为使终点变化敏锐，常加入萘酚绿B作为衬色剂。采用酸性铬蓝K-萘酚绿B作指示剂，二者配比要合适。若萘酚绿B的比例过大，绿色背景加深，使终点提前到达。反之，终点拖后且不明显。配比一般为1∶2左右，需根据试剂质量，通过试验确定合适的比例。

第十节 其他项目的测定

一、一氧化锰的测定（高碘酸钾氧化分光光度法）

用硫酸、氢氟酸和硝酸处理试样，用高碘酸钾将二价锰氧化成紫红色的高锰酸根，用分光光度计测定其吸光度。反应方程式为：

$$2Mn^{2+}+5IO_4^-+3H_2O = 2MnO_4^-+5IO_3^-+6H^+$$

测定时，称取约0.5g试样置于铂坩埚中，加入3g碳酸钠-硼砂混合熔剂，混匀，在950～1000℃下熔融10min，冷却后将坩埚放入已加入50mL硝酸（1+9）及100mL硫酸（5+95）并加热至微沸的300mL烧杯中，继续保持微沸状态，直至熔融物完全溶解，用快速滤纸过滤至250mL容量瓶中，冷至室温后用水稀释至标线。吸取50.00mL溶液于150mL烧杯中，依次加入5mL磷酸（1+1）、10mL硫酸（1+1）和1g高碘酸钾，加热微沸10～15min，冷却至室温，移入100mL容量瓶中，用水稀释至标线，摇匀，用水作参比，在波长530nm处测定溶液的吸光度，绘制工作曲线，计算出样品中一氧化锰的含量。

该法在GB/T 176中为基准方法，而原子吸收光谱法被列为代用法。

二、氧化钾和氧化钠的测定（火焰光度法）

火焰光度法以火焰作为激发光源，使被测元素的原子激发，用光电检测系统来测量被激发元素所发射的特征辐射强度，从而进行元素定量分析。具有准确、快速、灵敏度较高等特点，主要用于测定碱金属和碱土金属。

试样经氢氟酸和硫酸蒸发处理除去硅，用热水浸取残渣，以氨水和碳酸铵分离铁、铝、钙、镁。滤液通过喷雾装置以气溶胶形式引入火焰光源中，靠火焰的热能将钠、钾元素原子化并激发出它们的特征光谱，通过光电检测系统测量出钠、钾的特征光谱的光强度，从而求出钠、钾的含量。

该法在GB/T 176中被列为基准方法，而原子吸收光谱法被列为代用法。

三、硫酸盐三氧化硫的测定（硫酸钡重量法）

在酸性溶液中，使氯化钡与硫酸根离子反应生成硫酸钡沉淀，过滤，灼烧，称量硫酸钡的质量，测定结果以三氧化硫计。反应方程式为：

$$Ba^{2+}+SO_4^{2-} = BaSO_4\downarrow$$

测定时，称取0.5g试样于200mL烧杯中，加入约40mL水，搅拌使试样完全分散，在搅拌下加入10mL盐酸（1+1），用平头玻璃棒压碎块状物，加热煮沸并保持微沸5min。用中速滤纸过滤，用热水洗涤10～12次，滤液及洗液收集于400mL烧杯中，加水稀释至250mL，盖上表面皿，加热煮沸，从杯口缓慢滴加10mL氯化钡溶液（100g/L），继续微沸3min以上，然后在常温下静置12～24h，溶液体积保持约200mL。用慢速定量滤纸过滤，用温水洗涤，直至滤液无氯离子为止。将沉淀及滤纸一并移入已恒重的瓷坩埚中，灰化完全后，放入800～950℃的高温炉中灼烧30min，取出坩埚，放入干燥器中冷却至室温，称量，反复灼烧至恒重。根据灼烧后沉淀的质量计算试样中三氧化硫的质量分数。

该法在GB/T 176中为基准方法，而碘量法、离子交换法、硫酸钡分光光度法和库仑滴定法被列为代用法。

四、硫化物的测定（碘量法）

在还原条件下，试样用盐酸分解，产生的硫化氢用氨性硫酸锌溶液吸收，并生成硫化锌沉淀。加入一定量的碘酸钾-碘化钾的混合碱性溶液，酸化后生成的碘氧化硫化锌，剩余的碘用硫代硫酸钠标准溶液滴定。反应方程式为：

$$H_2S+Zn^{2+} = ZnS\downarrow+2H^+$$

$$IO_3^-+5I^-+6H^+ = 3I_2+3H_2O$$

$$ZnS+I_2 = S\downarrow+Zn^{2+}+2I^-$$

$$2S_2O_3^{2-}+I_2 \longrightarrow S_4O_6^{2-}+2I^-$$

测定时，称取 1g 试样于 100mL 干燥的反应瓶中，轻摇使试样均匀地分布于反应瓶的底部，加入 2g 固体氯化亚锡，按如图 3-7 所示连接仪器各部件。

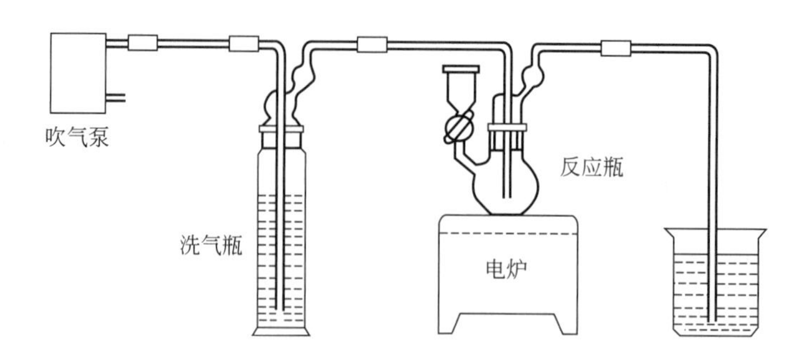

图 3-7 硫化物测定装置

由分液漏斗向反应瓶中加入 20mL 盐酸（1＋1），迅速关闭旋塞，开动空气泵，在保持通气速度每秒 4～5 个气泡的条件下，加热反应瓶，当吸收杯中刚出现氯化铵白色烟雾时，停止加热，再继续通气 5min。

取下吸收杯，关闭空气泵，用水冲洗插入吸收液内的玻璃管，加入 10mL 明胶溶液（5g/L），准确加入 5.00mL 碘酸钾标准溶液，在搅拌下一次性快速加入 30mL 硫酸（1＋2），用 0.02mol/L 硫代硫酸钠标准溶液滴定至淡黄色，加入 1mL 淀粉溶液，再继续滴定至蓝色消失为终点。

试样中硫化物的质量分数（以硫计）按式(3-27) 计算：

$$w(\mathrm{S})=\frac{T(\mathrm{S})(V_1-KV_2)}{m}\times 100\% \tag{3-27}$$

式中 $T(\mathrm{S})$——碘酸钾-碘化钾标准溶液对硫的滴定度，g/mL；

V_1——加入的碘酸钾-碘化钾标准溶液的体积，mL；

V_2——滴定时消耗硫代硫酸钠标准溶液的体积，mL；

K——碘酸钾-碘化钾标准溶液与硫代硫酸钠标准溶液的体积比；

m——试料的质量，g。

五、氯离子的测定（硫氰酸铵容量法）

将试样用硝酸分解，加入已知量硝酸银标准溶液使氯离子沉淀，过滤后以铁铵矾为指示剂，用硫氰酸铵标准溶液滴定过量的硝酸银。反应方程式为：

$$Ag^+ + Cl^- \longrightarrow AgCl\downarrow$$

$$Ag^+ + SCN^- \longrightarrow AgSCN\downarrow$$

测定时，称取 5g 试样置于 400mL 烧杯中，加入 50mL 水，使试样分散，加入 50mL 硝酸（1＋2），加热，在搅拌下微沸 1～2min。准确加入 5.00mL 硝酸银标准溶液（0.05mol/L），煮沸 1～2min。加入少量滤纸浆，用 G4 玻璃砂芯漏斗抽滤，滤液收集于 250mL 锥形瓶中，控制滤液总体积约 200mL。加入 5mL 硫酸铁铵指示剂溶液，用硫氰酸铵标准溶液（0.05mol/L）滴定至溶液呈红棕色。同时做空白实验。

该法在 GB/T 176 中被列为基准方法。

电感耦合等离子体发射光谱法（ICP-OES）测定水泥中9种组分

电感耦合等离子体发射光谱法（inductively coupled plasma optical emission spectrometry）简称ICP-OES。图3-8所示为电感耦合等离子体（ICP）工作原理示意图。高压放电装置使工作气体发生电离，被电离的气体经过环绕石英管顶部的高频感应圈时，产生巨大热能和交变磁场，使电离气体的电子、离子和处于基态的原子发生反复猛烈碰撞，各种粒子的高速运动，导致气体完全电离形成一个类似线圈状的等离子体炬区面，此处温度高达6000～10000℃。

试料经氢氟酸-高氯酸分解，盐酸浸取制成溶液后，通过超雾化装置变成全溶胶由底部导入管内，经轴心的石英管从喷嘴喷入等离子体炬内。样品气溶胶进入等离子体焰时，绝大部分立即分解成激发态的原子、离子状态。激发态的粒子回到稳定的基态时要放出能量（表现为一定波长的光谱），测定每种元素特有的谱线和强度，特征谱线的强弱与试样中原子的浓度有关，与标准溶液对应元素的光谱强度进行比较，可获取样品中所含元素的种类和含量。通过计算可定量测定水泥试样中Fe_2O_3、Al_2O_3、MgO、TiO_2、K_2O、Na_2O、MnO、ZnO、P_2O_5九种组分含量。

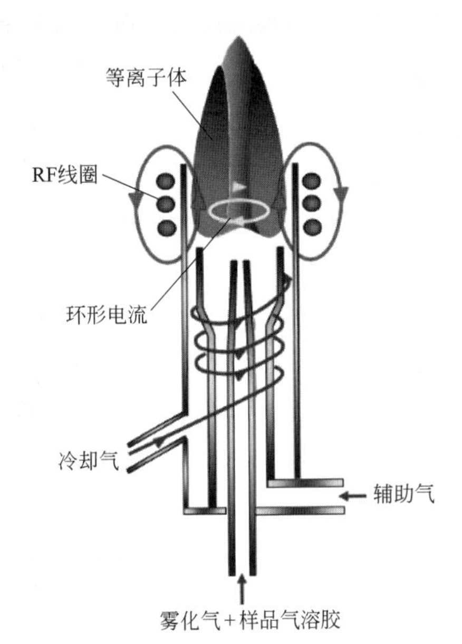

图3-8　电感耦合等离子体工作原理示意图

电感耦合等离子体质谱法（ICP-MS）测定硅酸盐岩石中44种元素

电感耦合等离子体质谱法（inductively coupled plasma mass spectrometry，ICP-MS）是以独特的接口技术将电感耦合等离子体的高温电离特性与质谱仪的灵敏快速扫描的优点相结合而形成一种高灵敏度的分析技术。

《硅酸盐岩石化学分析方法》（GB/T 14506.30）规定了采用电感耦合等离子体质谱法测定硅酸盐岩石中的44种元素，其中ⅠA族元素（锂、铷、铯）3种，ⅡA族元素（铍、锶、钡）3种，ⅢA族元素（镓、铟、铊）3种，ⅣA族元素（铅）1种，ⅤA族元素（砷、铋）2种，ⅠB族元素（铜）1种，ⅡB族元素（锌、镉）2种，ⅢB族元素（钪、钇、镧、铈、镨、钕、钐、铕、钆、铽、镝、钬、铒、铥、镱、镥、钍、铀）18种，ⅣB族元素（钛、锆、铪）3种，ⅤB族元素（钒、铌、钽）3种，ⅥB族元素（钼、钨）2种，ⅦB族元素（锰）1种，Ⅷ族元素（钴、镍）2种。

测定时依次配制一系列待测元素的标准溶液，同时配制内标元素标准溶液（要求内标元素的浓度远高于样品自身所含内标元素的浓度）。内标元素标准溶液可直接加入工作溶液中，也可在样品雾化之前通过蠕动泵自动加入。用ICP-MS测定标准溶液，以标准溶液浓度为横坐标，以待测元素信号与内标元素信号的比值为纵坐标建立标准曲线，用线性回归分析方法求得直线方程，进行样品含量计算。

X射线荧光法测定硅酸盐岩石中16种主次成分

称取0.7g在105℃预干燥过的硅酸盐岩石试样，置于25mL瓷坩埚中，加入5.2g无水四硼酸锂和0.4g氟化锂（作为熔剂），控制试料与熔剂的质量比为1∶8。加入0.3g硝酸铵作为氧化剂，搅拌均匀后移入铂-金合金坩埚中，加入1mL溴化锂溶液（15g/L）（作助溶剂和脱模剂），置于电热板上烘干。

将坩埚置于自动火焰熔样机上，盖上坩埚盖，以丙烷气为燃气，于1150～1250℃熔融10～15min。熔样机自动将坩埚内的熔融物倾入已加热至800℃的铸模中。移离火焰，通压缩空气冷却，制成玻璃样片。

在X射线管电压为50kV，电流为50mA，粗狭缝，视野光栏直径为30mm条件下，确定各主次成分量分析元素的测量条件，测量硅酸盐岩石中的二氧化硅（SiO_2）、三氧化二铝（Al_2O_3）、全铁、氧化钙（CaO）、氧化镁（MgO）、氧化钠（Na_2O）、氧化钾（K_2O）、二氧化钛（TiO_2）、氧化锰（MnO）、氧化钡（BeO）、五氧化二磷（P_2O_5）、三氧化二铬（Cr_2O_3）、镍（Ni）、铜（Cu）、锶（Si）和锆（Zr）16种主次成分。除镍、铜、锶和锆用康普顿散射线作内标校正基体效应外，其余分析元素均采用理论α系数校正元素间的吸收-增强效应。根据荧光强度计算各主次成分的含量。

习题

1. 填空题

（1）用氯化铵重量法测定硅酸盐中二氧化硅时，加入氯化铵的作用是__________。

（2）可溶性二氧化硅的测定方法常采用__________。

（3）可以将硅钼黄还原为硅钼蓝的还原剂有__________。

（4）在进行硅酸盐分析时，若以碳酸钠作熔剂，应在__________材质坩埚中熔融；若以氢氧化钠作熔剂时，应在__________材质坩埚中熔融；若采用氢氟酸-高氯酸溶解试样时，可采用__________材质坩埚，也可采用__________材质坩埚。

（5）用EDTA滴定法测定硅酸盐中的三氧化二铁时，使用的指示剂是__________。

（6）硅酸盐水泥及熟料可采用__________法分解试样，也可以采用__________法溶解试样。

2. 选择题

（1）下列水泥中，（　　）属于通用硅酸盐水泥。

A. 粉煤灰硅酸盐水泥　B. 铝酸盐水泥　C. 硫酸盐水泥　D. 井盐水泥

（2）用 EDTA 法测定水泥熟料中的 Fe_2O_3 时，使用的滴定剂和指示剂分别为（　）。

A. EDTA 和铬黑 T　　B. EDTA 和磺基水杨酸钠

C. $CuSO_4$ 和 PAN　　D. $CuSO_4$ 和铬黑 T

（3）关于氯化铵重量法测定水泥熟料中二氧化硅的叙述，（　）不正确。

A. NH_4Cl 是强电解质，对硅酸胶体有盐析作用，促使硅酸凝聚

B. 过滤使用的滤纸为中速定量滤纸

C. 灰化后放入马弗炉中在 950～1000℃ 温度下灼烧至恒重

D. 灼烧后的称量形式为 H_2SiO_3

（4）用 EDTA 法测定水泥熟料中的 Fe_2O_3 时，控制溶液的 pH 值为（　）。

A. 1.0　B. 1.8～2.0　C. 3.0～4.0　D. 4.0～5.0

（5）测定水泥中硫酸盐三氧化硫时，GB/T 176 中被列为基准方法的是（　）。

A. 碘量法　B. 离子交换法　C. 硫酸钡重量法　D. 铬酸钡分光光度法

（6）不能用来测定硅酸盐水泥中游离氧化钙的方法是（　）。

A. EGTA 滴定法　B. 乙二醇萃取-EDTA 滴定法

C. 乙二醇法　D. 甘油法

（7）铜盐返滴定法测定硅酸盐水泥中的三氧化二铝时，使用的指示剂是（　）。

A. 铬黑 T　B. 二甲酚橙　C. PAN　D. 磺基水杨酸钠

（8）氟硅酸钾容量法测定硅酸盐中二氧化硅含量时，不能在（　）材质的烧杯中进行滴定。

A. 玻璃　B. 聚四氟乙烯　C. 聚氯乙烯　D. 聚丙烯

（9）可用来测定硅酸盐岩石中氧化钙的方法是（　）。

A. EGTA 滴定法　B. 乙二醇萃取-EDTA 滴定法

C. 乙二醇法　D. 甘油法

3. 称取某岩石样品 1.000g，以氟硅酸钾容量法测定硅的含量，滴定时消耗 0.1000mol/L NaOH 标准溶液 19.00mL，试求该试样中 SiO_2 的质量分数。

4. 称取含铁、铝的试样 0.2015g，溶解后调节溶液 pH＝2.0，以磺基水杨酸为指示剂，用 0.02008mol/L EDTA 标准溶液滴定至红色消失并呈量黄色，消耗 15.20mL。然后加入 EDTA 标准溶液 25.00mL，加热煮沸，调 pH＝4.3，以 PAN 作指示剂，趁热用 0.02112mol/L 硫酸铜标准溶液返滴，消耗 8.16mL。试计算试样中 Fe_2O_3 和 Al_2O_3 的含量。

5. 称取 0.5000g 水泥熟料试样，碱熔后分离除去 SiO_2，滤液收集并定容于 250mL 的容量瓶中。移取 25.00mL 待测溶液，加入磺基水杨酸钠指示剂，快速调整溶液至 pH 为 2.0，用 0.01000mol/L EDTA 标准溶液滴定溶液由紫红色变为量黄色，消耗 3.30mL。在滴定完铁的溶液中，加入 25.00mL EDTA 标准溶液，加热至 70～80℃，加热 pH 4.3 的缓冲溶液，加热煮沸 1～2min，稍冷后以 PAN 为指示剂，用 0.01000mol/L 的硫酸铜标准溶液滴定过量的 EDTA 至溶液变为量紫色，消耗 19.80mL。试计算水泥熟料中 Fe_2O_3 和 Al_2O_3 的质量分数。

6. 采用配位滴定法分析水泥熟料中铁、铝、钙和镁的含量时，称取 0.5000g 试样，碱熔后分离除去 SiO_2，滤液收集并定容于 250mL 的容量瓶中。

（1）移取 25.00mL 待测溶液，加入磺基水杨酸钠指示剂，快速调整溶液至 pH 2.0，用 T（CaO/EDTA）＝0.5600mg/mL 的 EDTA 标准溶液滴定溶液由紫红色变为量黄色，消耗 3.30mL。

（2）在滴定完铁的溶液中，加入 15.00mL EDTA 标准溶液，加热至 70～80℃，加热 pH 为 4.3 的缓冲溶液，加热煮沸 1～2min，稍冷后以 PAN 为指示剂，用 0.01000mol/L 的硫酸铜标准溶液滴定过量的 EDTA 至溶液变为量紫色，消耗 9.80mL。

（3）移取 10.00mL 待测溶液，掩蔽铁、铝、钛，然后用 KOH 溶液调节溶液 pH＞13，加入几滴 CMP 混合指示剂，用 EDTA 标准溶液滴至黄绿色荧光消失并呈红色，消耗 22.94mL。

（4）移取 10.00mL 待测溶液，掩蔽铁、铝、钛，加入 pH 10.0 的氨性缓冲溶液，以 KB 为指示剂，用 EDTA 标准溶液滴定至纯蓝色，消耗 23.54mL。

若用二安替比林甲烷分光光度法测定试样中 TiO_2 的含量为 0.29%，试计算水泥熟料中 Fe_2O_3、

Al_2O_3、CaO 和 MgO 的质量分数。

7. 硅砂或砂岩是生产玻璃的主要原料，其主要成分是 SiO_2，杂质为 Fe_2O_3、Al_2O_3、CaO、MgO、K_2O 和 Na_2O，试设计系统分析方法。

实验探究

如图所示为碱石棉吸收重量法测定水泥中二氧化碳含量的装置示意图。安装一个适宜的抽气泵和玻璃转子流量计，保证气体通过装置均匀流动。图中编号所对应仪器的名称及内装试剂见下表。思考并回答下列问题：

（1）填写表中“作用”一栏。

（2）简述测定原理，写出结果计算公式。

（3）编号为 11、12 的 U 形管，1/4 无水高氯酸镁与 3/4 碱石棉的位置应怎样放置？为什么？

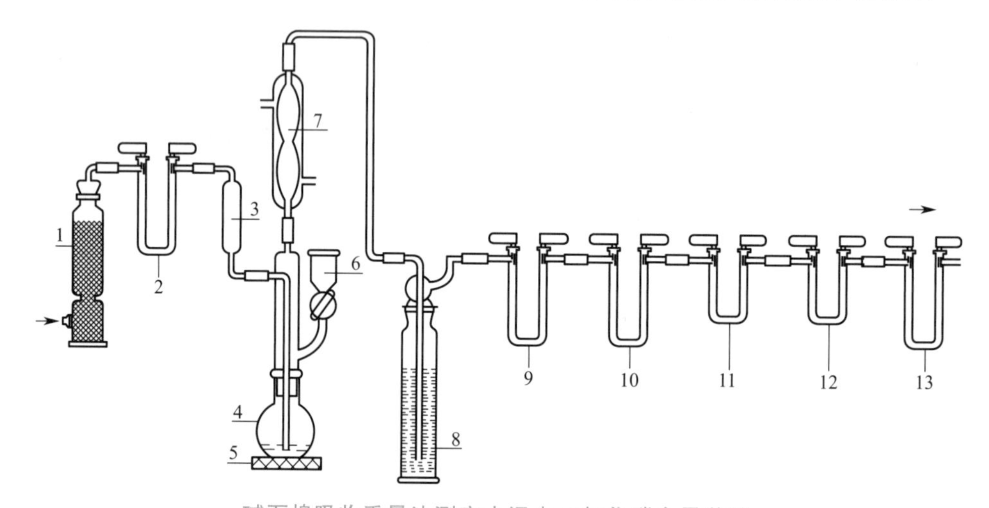

碱石棉吸收重量法测定水泥中二氧化碳含量装置

编号	仪器名称	内装试剂	作用
1	吸收塔	钠石灰或碱石棉	
2	U 形管(带磨口塞)	碱石棉	
3	缓冲瓶		
4	反应瓶(100mL)	水泥试样	
5	电炉		
6	分液漏斗	磷酸	
7	球形冷凝管		
8	洗气瓶	浓硫酸	
9	U 形管(带磨口塞)	硫化氢吸收剂	
10	U 形管(带磨口塞)	无水高氯酸镁	
11	U 形管(可称量)	3/4 碱石棉和 1/4 无水高氯酸镁	
12	U 形管(可称量)	3/4 碱石棉和 1/4 无水高氯酸镁	
13	U 形管(带磨口塞)	钠石灰或碱石棉	

第四章　冶金工业分析

第一节　金属矿石分析

地壳中具有相对固定化学组成和一定物理化学性质的天然产物称为矿石。按矿石中有用矿物的工业性能可分为金属矿石（如铁矿石、铜矿石、钼矿石等）和非金属矿石（如萤石矿石、石棉矿石等）。金属矿石是指用来提炼各种金属元素的矿石，中国已探明贮量的金属矿产有 54 种，主要有铁矿石、锰矿石、铬铁矿、铜矿石、铝土矿、铅锌矿、镍矿石、钼矿石、钨矿石、锡矿石、汞矿石、金矿石、银矿石、稀土矿和稀有金属矿等。

矿石是冶金工业的基础原料，矿石分析是保证产品质量、控制冶炼过程和研究新工艺的必要手段，也是进行地质勘探和综合利用矿产资源的主要依据。

一、铁矿石中全铁的测定

铁矿石是钢铁工业的基础原料。铁矿石的种类较多，用来炼铁的常见矿物及铁的存在形式见表 4-1。

表 4-1　用来炼铁的常见矿物及铁的存在形式

铁矿石种类	铁的存在形式	含铁量/%	铁矿石种类	铁的存在形式	含铁量/%
磁铁矿	Fe_3O_4	72	褐铁矿	$Fe_2O_3 \cdot nH_2O$	48～62
赤铁矿	Fe_2O_3	70	菱铁矿	$FeCO_3$	48
镜铁矿	Fe_2O_3	70	黄铁矿	FeS_2	

铁矿石的分析项目包括：全铁、金属铁、亚铁；金属元素（如钛、铝、锰、钡、铜、铬、镉、铅、汞、镍、钒、钙、镁、钾、钠、锡、钴等）；非金属元素（如磷、碳、硅、砷、氟、硫等）；稀土总量。另外还测定灼烧减量、水分、粒度分布、表观密度、真密度、比表面积、孔隙率等。

阅读材料

铁矿石常见分析项目和方法（见表 4-2）。

表 4-2　铁矿石分析项目和方法

项目	测定方法
镁	火焰原子吸收光谱法；EGTA-CYDTA 滴定法
铝	铬天青 S 分光光度法；火焰原子吸收光谱法；EDTA 滴定法
钙	火焰原子吸收光谱法；EGTA-CYDTA 滴定法
钡	硫酸钡重量法；EDTA 滴定法
钛	二安替吡啉甲烷分光光度法；硫酸亚铁铵滴定法
钒	硫酸亚铁铵滴定法；火焰原子吸收光谱法；苯甲酰苯胺分光光度法；双硫腙分光光度法
铬	火焰原子吸收光谱法；二苯基碳酰二肼分光光度法
锰	高碘酸钾分光光度法；火焰原子吸收光谱法
单质铁	三氯化铁-乙酸钠滴定法；磺基水杨酸分光光度法；EDTA 光度滴定法
钴	火焰原子吸收光谱法；4-[(5-氯-2-吡啶)偶氮]-1,3-二氨基苯分光光度法；亚硝基-R 盐分光光度法

续表

项目	测定方法
镍	丁二酮肟分光光度法；火焰原子吸收光谱法
铜	火焰原子吸收光谱法；双环己酮草酰二腙分光光度法
锌	火焰原子吸收光谱法；1-(2-吡啶偶氮)-2-萘酚分光光度法
锡	火焰原子吸收光谱法；邻苯二酚紫-溴化十六烷基三甲胺分光光度法
镉	石墨炉原子吸收光谱法；氢化物发生-原子荧光光谱法
铅	火焰原子吸收光谱法
汞	冷原子吸收光谱法
稀土总量	萃取分离-偶氮氯膦 mA 分光光度法；草酸盐重量法
碳	气体容量法；高频燃烧红外吸收法
氟	离子色谱法；离子选择电极法；硝酸钍滴定法；镧-茜素络合腙分光光度法
硅	重量法；钼蓝分光光度法；硫酸亚铁铵还原-硅钼蓝分光光度法
磷	铋钼蓝分光光度法；磷钼酸铵沉淀容量法
硫	燃烧碘量法；高频燃烧红外吸收法
氯	离子色谱法
砷	砷化氢分离-砷钼蓝分光光度法；氢化物发生-原子吸收光谱法；蒸馏分离-砷钼蓝分光光度法；氢化物发生-原子荧光光谱法
多元素	电感耦合等离子体质谱法；波长色散 X 射线荧光光谱法

全铁的测定方法有氯化亚锡还原滴定法、三氯化钛还原重铬酸钾滴定法、EDTA 光度滴定法和自动电位滴定法。这里只介绍三氯化钛还原重铬酸钾滴定法。

1. 方法原理

铁矿石样品的分解方法有：盐酸-氟化钠加热分解；硫酸-磷酸加热分解；碳酸钠-硼酸钠熔融，盐酸加热分解；碳酸钠-过氧化钠熔融，盐酸加热分解；碳酸钠、硝酸钾和草酸烧结，盐酸分解。在热的浓盐酸溶液中用 $SnCl_2$ 作还原剂，将试样中大部分的 Fe^{3+} 还原为 Fe^{2+}，再用 $TiCl_3$ 还原剩余的 Fe^{3+}，当全部的 Fe^{3+} 被定量还原为 Fe^{2+} 后，稍过量的 $TiCl_3$ 可用 Na_2WO_4 氧化去除，而 Na_2WO_4 被还原为钨蓝，溶液由无色变为蓝色，然后用少量的稀 $K_2Cr_2O_7$ 溶液将过量钨蓝氧化，使蓝色刚好消失。在硫磷混酸介质中，以二苯胺磺酸钠为指示剂，用 $K_2Cr_2O_7$ 标准溶液滴定至溶液呈紫色为终点。主要反应方程式为：

$$2Fe^{3+} + SnCl_4^{2-} + 2Cl^- = 2Fe^{2+} + SnCl_6^{2-}$$

$$Fe^{3+} + Ti^{3+} + H_2O = Fe^{2+} + TiO^{2+} + 2H^+$$

$$Cr_2O_7^{2-} + 6Fe^{2+} + 14H^+ = 2Cr^{3+} + 6Fe^{3+} + 7H_2O$$

2. 测定步骤

准确称取约 0.2g（精确至 0.0001g）铁矿石试样，置于 500mL 锥形瓶中，用少量水润湿，加入 15mL 氟化钠溶液（50g/L）、20mL 盐酸，加热，并不断滴加氯化亚锡溶液（60g/L），保持溶液呈微黄色，浓缩体积约为 20mL，取下冷却。加 100mL 水、1mL 钨酸钠溶液（250g/L），在不断搅拌下滴加三氯化钛溶液（1+14）至溶液出现稳定的浅蓝色。滴加重铬酸钾溶液（1g/L）至蓝色刚刚消失，或者稍等至空气的氧使蓝色消失，立即加入 10mL 硫酸-磷酸混合酸（3+3+4），再加入 5 滴二苯胺磺酸钠指示剂（2g/L），立即用重铬酸钾标准溶液滴定至溶液呈紫色为终点。

铁矿石中铁的质量分数用式(4-1) 计算：

$$w(Fe) = \frac{c(\frac{1}{6}K_2Cr_2O_7)VM \times 10^{-3}}{m} \times 100\% \quad (4-1)$$

式中　$c(\frac{1}{6}K_2Cr_2O_7)$——$\frac{1}{6}K_2Cr_2O_7$ 标准溶液的浓度，mol/L；

V——滴定消耗 $K_2Cr_2O_7$ 标准溶液的体积，mL；

M——铁的摩尔质量，g/mol；

m——试样的质量，g。

3. 讨论

（1）测定铁矿石中的铁含量还有 $SnCl_2$-$HgCl_2$-$K_2Cr_2O_7$ 法，该法成熟，准确度高。但由于使用的 $HgCl_2$ 是有毒物质，会造成环境污染，目前普遍采用 $SnCl_2$-$TiCl_3$-$K_2Cr_2O_7$ 无汞法代替有汞法。

（2）定量还原 Fe^{3+} 时，不能单独用 $SnCl_2$。因为 $SnCl_2$ 不能使 W^{6+} 还原为 W^{5+}，无法指示预还原的终点，因此无法准确控制其用量。也不能单独使用 $TiCl_3$ 还原 Fe^{3+}，因为在溶液中如果引入较多的钛盐，当用水稀释时，大量的 Ti^{4+} 易水解而生成沉淀，影响测定。因此采用 $SnCl_2$-$TiCl_3$ 联合预还原法。

（3）由于二苯胺磺酸钠也要消耗一定量的 $K_2Cr_2O_7$，因此不能多加。

（4）随着滴定的进行，Fe^{3+} 的浓度越来越大，$FeCl_4^-$ 的黄色不利于终点的观察，可借加入的 H_3PO_4 与 Fe^{3+} 生成无色的 $Fe(HPO_4)_2^-$ 配离子而消除。同时由于 $Fe(HPO_4)_2^-$ 的生成，降低了 Fe^{3+}/Fe^{2+} 电对的电位，使化学计量点附近的电位突跃增大，提高了结果的准确度。

（5）铁矿石中的全铁包括三价铁、亚铁以及单质铁，单质铁的含量极少。

二、铜矿石中铜的测定

已知铜的矿物约有 170 种以上，主要有黄铜矿（$CuFeS_2$）、斑铜矿（Cu_5FeS_4）、辉铜矿（Cu_2S）、铜蓝（CuS）、黑铜矿（CuO）、赤铜矿（Cu_2O）、孔雀石[$CuCO_3 \cdot Cu(OH)_2$]等。铜常与铅、锌、砷、锑、铋、硒、碲、锗、镓、铟、铊等亲硫元素伴生。

铜矿石的分析项目除铜含量外，还有铅、锌、钴、镍、锗、铟、铊、钨、钼、铋、银等金属元素，以及硫、砷、硒等非金属元素。

铜矿石中铜的测定方法主要有电感耦合等离子体发射光谱法、火焰原子吸收分光光度法和氯化铵-氨水分离碘量法。这里只介绍氯化铵-氨水分离碘量法。

1. 方法原理

试料经盐酸、硝酸分解，在氯化铵存在下，用氨水小体积沉淀分离铁、锰等元素，用乙酸调节溶液 pH 3.5～4，加入碘化钾与试液中的 Cu^{2+} 反应，生成难溶的 CuI，同时析出相应的 I_2。以淀粉为指示剂，用硫代硫酸钠标准溶液滴定，其反应式为：

$$2Cu^{2+} + 4I^- = 2CuI\downarrow + I_2$$

$$I_2 + 2S_2O_3^{2-} = S_4O_6^{2-} + 2I^-$$

2. 测定步骤

称取 0.2～1g（精确至 0.0001g）试样于 125mL 烧杯中，加少量水润湿，加入 8～12mL 盐酸，低温加热 15～20min，加 3mL 硝酸继续加热至样品完全分解，浓缩至 2～3mL，取下冷却，加入 5g 氯化铵，用玻璃棒搅拌，加入 10mL 氨水，搅拌均匀。用快速定性滤纸过滤，滤液用 250mL 锥形瓶承接，用氨-氯化铵溶液洗涤烧杯和沉淀多次，将锥形瓶放在电热板上蒸发至 30～40mL。取下，加入 7mL 冰乙酸，摇匀，冷却。

加入 2mL 碘化钾溶液（500g/L），用硫代硫酸钠标准溶液滴定至淡黄色，加入 1mL 淀粉溶液（10g/L），2mL 碘化钾溶液，继续滴定至蓝色消失为终点。

试样中铜的质量分数用式(4-2) 计算。

$$w(\mathrm{Cu})=\frac{T_{\mathrm{Cu}}V}{m}\times 100\% \tag{4-2}$$

式中 T_{Cu}——硫代硫酸钠标准溶液对铜的滴定度，g/mL；

V——消耗硫代硫酸钠标准溶液的体积，mL；

m——试样的质量，g。

3. 讨论

(1) I^- 与 Cu^{2+} 的反应有可逆性，为使 I^- 与 Cu^{2+} 反应完全，I^- 必须过量，过量的 I^- 还可以与 I_2 形成 I_3^-，从而减少碘的挥发。

(2) 由于 CuI 沉淀表面会吸附少量 I_2 而导致结果偏低，在接近终点前加入硫氰酸盐使 CuI 转化为溶解度更小的 CuSCN，可以消除 CuI 对 I_2 的吸附。但硫氰酸盐不能过早加入，否则会与游离的铜反应而使结果偏低。

(3) 采用与样品测定相同的方法标定硫代硫酸钠标准溶液。

三、锰矿石中锰的测定

锰在自然界中分布很广，几乎所有矿石及硅酸盐的岩石中都含有锰。最常见的锰矿是无水或含水的氧化锰或碳酸锰，如软锰矿（MnO_2）、硬锰矿（$MnO_2 \cdot MnO \cdot nH_2O$）、水锰矿[$MnO_2 \cdot Mn(OH)_2$]、褐锰矿（$Mn_2O_3$）、黑锰矿（$Mn_3O_4$）和菱锰矿（$MnCO_3$）等。除菱锰矿外，其他矿物中锰含量为 50%～70%。

锰矿中常伴有硅、铁、铝、钙、磷、砷、镁、硫等元素。

锰矿石的分析项目除锰含量外，还有铝、汞、镁、钾、钙、钛、铁、镍、铜、锌、钡、铅等金属元素含量，以及硅、磷、硫、砷、氧等非金属元素的含量。

锰矿石中锰的测定方法有电位滴定法、硫酸亚铁铵滴定法、波长色散 X 射线荧光光谱法、电感耦合等离子体原子发射光谱法等，这里只介绍电位滴定法。

1. 方法原理

试料用盐酸、硝酸、氢氟酸和高氯酸分解，过滤分离不溶性残渣，保留滤液。灼烧含有残渣的滤纸，用碳酸钠熔融残渣。熔融物用盐酸浸出，并与滤液合并。分取溶液至焦磷酸钠溶液中，调解溶液 pH 值为 7.0，用铂电极作指示电极，银电极作参比电极组成工作电池，用高锰酸钾标准溶液滴定试液中的 Mn^{2+} 至 Mn^{3+}，反应式如下。

$$4Mn^{2+} + MnO_4^- + 15H_2P_2O_7^{2-} + 8H^+ = 5Mn(H_2P_2O_7)_3^{3-} + 4H_2O$$

2. 分析步骤

称取 1.00g（精确至 0.0001g）试样于 250mL 聚四氟乙烯烧杯中，用几滴水润湿，加入 20mL 盐酸和 3mL 硝酸，加热约 10min 驱赶氮氧化物，冷却。加入 5mL 氢氟酸和 10mL 高氯酸，加热至试样完全溶解，并蒸发至冒浓烟，取下冷却。加 20mL 盐酸溶液（1+4），加热至可溶性盐类溶解。用含有少量纸浆的中速滤纸过滤，用热水洗涤多次，滤液收集于 500mL 容量瓶中。

将含有残渣的滤纸转移至铂坩埚中，干燥、灰化，在 600～700℃灼烧，加 2g 碳酸钠于 900～1000℃熔融。取出坩埚，冷却。将坩埚放入 250mL 烧杯中，加入 10mL 盐酸和 30～40mL 水，加热溶解熔融物。取出坩埚洗净，与滤液合并，用水稀释至刻度，混匀。

移取 100mL 溶液于盛有 250mL 焦磷酸钠溶液（120g/L）的 500mL 烧杯中（边加入边搅拌，保持溶液清亮）。用盐酸（1+4）或碳酸钠溶液（50g/L）调节 pH 值为 7.0，在电位滴定仪上，用高锰酸钾标准溶液滴定至终点。同时进行空白试验。

试样中锰的质量分数可用式(4-3) 计算。

$$w(\mathrm{Mn})=\frac{T_{\mathrm{Mn}}V}{m\times\frac{100}{500}}\times100\% \tag{4-3}$$

式中 T_{Mn}——高锰酸钾标准溶液对锰的滴定度，g/mL；

V——扣除空白值后消耗高锰酸钾标准溶液的体积，mL；

m——试料的质量，g。

四、锌矿石中锌的测定

锌在地壳中平均含量为 0.02%。已知锌的矿物有五十余种，主要有闪锌矿（ZnS，含锌 67%）、红锌矿（ZnO，含锌 80%）、菱锌矿（$ZnCO_3$，含锌 52%）、异极矿（$ZnSi_4 \cdot 4H_2O$，含锌 53%）。

单纯的锌矿是很少见的，闪锌矿常与铅的硫化物共生，常伴生有少量镉、铜、金、银、锗、铊、铟、镓、锑、铋、锡以及黄铁矿、萤石等而形成多金属矿床。锌精矿是由铅锌矿、铜锌矿或铅铜锌矿浮选而得的，其中锌含量约为 50%。

常量锌的测定常采用 EDTA 滴定法，微量锌的测定多采用极谱法和原子吸收分光光度法。本节介绍 EDTA 滴定法。

1. 方法原理

试样经酸分解，在 pH 为 5～6 的乙酸-乙酸钠缓冲溶液中，以二甲酚橙为指示剂，用 EDTA 标准溶液滴定。

2. 分析步骤

称取 0.2g（精确至 0.0001g）试样于 250mL 烧杯中，用少量水润湿，加入 10mL 盐酸和几滴氢氟酸，置于低温电炉上加热溶解 5～10min，冷却后加 2g 氯酸钾，继续加热蒸发至溶液体积为 2～3mL 后取下，用水洗烧杯壁至溶液体积约为 50mL。加 5g 硫酸铵，煮沸 2min，取下，冷却。滴加氨水至氢氧化铁沉淀完全，并过量 10mL，加热煮沸 2min，取下冷却后移入预先盛有 10mL 氨水的 100mL 容量瓶中，用水稀释至刻度，摇匀。干过滤于 100mL 的干烧杯中（弃去最初流下的 15～20mL 滤液）。

吸取 25.00mL 滤液于 250mL 烧杯中，加入 0.1g 氟化铵，加热煮沸驱除大部分的氨，取下冷却，加入 0.5g 亚硫酸钠、0.2g 抗坏血酸、1 滴甲基橙指示剂（1%），用盐酸（1+1）和氨水（1+1）调节至溶液为橙色。加入 1g 硫脲及 20mL 乙酸-乙酸钠缓冲溶液，用水稀释至 100mL，加入 3 滴二甲酚橙指示剂（0.2%），用 EDTA 标准溶液滴定至溶液由红色变为亮黄色为终点。

试样中锌的质量分数按式(4-4) 计算。

$$w(\mathrm{Zn})=\frac{T_{\mathrm{Zn}}V}{m}\times100\% \tag{4-4}$$

式中 T_{Zn}——EDTA 标准溶液对锌的滴定度，g/mL；

V——消耗 EDTA 标准溶液的体积，mL；

m——试样的质量，g。

3. 方法讨论

(1) 干扰元素较多，除碱土金属和砷等少数元素外，其他金属离子如 Pb^{2+}、Cu^{2+}、Cd^{2+}、Hg^{2+}、Ni^{2+}、Co^{2+}、Mn^{2+}、Al^{3+}、Fe^{2+}，Fe^{3+}、Bi^{3+} 等均干扰测定。测定前须预先分离干扰成分或加入适当的掩蔽剂消除干扰。利用氨水分离可使大部分金属离子如 Pb^{2+}、Mn^{2+}、Al^{3+}、Fe^{2+}、Fe^{3+}、Bi^{3+} 等生成沉淀与锌分离。

(2) 在铵盐存在下，Mn^{2+} 沉淀不完全，需要加入氯酸钾氧化剂使 Mn^{2+} 氧化成水合二氧化锰，与锌完全分离。

(3) 当铅含量较高时，在用氨水沉淀后应加入碳酸铵，使铅生成溶解度更小的碳酸铅沉淀。

(4) 加入硫脲掩蔽铜的干扰。

(5) 加入氟化铵可以掩蔽滤液中少量的铁和铝。

五、金矿石中金的测定

金在地壳中的含量很少，由于地壳运动和地质变化使金元素富集成金矿床。贫矿中金的含量为 0.1～1g/t，富矿为 5～50g/t，特富矿为 50～500g/t。具有工业价值的金矿中金的品位为 2～3g/t。

金矿石中常含银、铜、铁、钯、铋、铂、镍、锇、碲、硒等伴生元素，自然金中含银 15%以上者称银金矿，含铜 20%以上者称铜金矿，含钯 5%～11%者称钯金矿。金具有亲硫性，常与硫化物如黄铁矿、方铅矿、辉锑矿等共生。

金矿石的分析项目除金含量外，还要测定银、铜、锑、铋等金属元素含量，以及砷、硫、碳等非金属元素的含量。

金矿石中金的测定方法有火试金重量法、火试金富集-火焰原子吸收光谱法、活性炭富集-火焰原子吸收光谱法和活性炭富集-碘量法。

1. 火试金重量法

(1) 方法原理　试料经配料、熔融，获得适当质量的含有金、银的铅扣和易碎性的熔渣，通过灰吹使金、银与铅扣分离，得到金银合粒，经硝酸分金后，用重量法测定金的质量分数。

4-1-1　火试金重量法测定金设备工具

(2) 测定步骤

① 配料　称取试料 10～30g（精确至 0.01g）于黏土坩埚中。根据试样的化学组分、还原力及称取试料的质量，按照方法标准 GB/T 20899.1 的规定计算碳酸钠、氧化铅、二氧化硅、玻璃粉、硝酸钾、硼砂、面粉的加入量。搅拌均匀，加入 0.5～1mL 硝酸银溶液（10g/L），覆盖约 10mm 厚的由两份碳酸钠和一份硼砂组成的覆盖剂。

② 熔融　将坩埚放在高温炉中从 800℃逐渐升温至 1200℃下熔融，将熔融物倒入预热的铸铁模中，冷却后将得到的试金铅扣（含有金、银）与熔渣分离。

③ 灰吹　将试金铅扣放入已在炉中预热过的镁砂灰皿中，在 900℃下进行灰吹，取出灰皿冷却，将得到的金银合粒放在小钢砧上锤成厚 0.2～0.3mm 的薄片。

④ 分金　将金银薄片放入比色管中，加入 10mL 硝酸溶液（1+7），将比色管置于沸水中加热，待反应停止后倾出酸液，再加入 10mL 热硝酸溶液（1+2）于沸水中加热 30min。取出金片洗净，放在坩埚中于 600℃高温炉中灼烧 2min，冷却，称量。

试样中金的质量分数用式(4-5) 计算。

$$w(Au)=\frac{m_1-m_2}{m}\times 10^6 \tag{4-5}$$

式中 $w(Au)$ ——试样中金的含量，g/t；

m_1——分金后得到的金的质量，g；

m_2——加入的氧化铅中的含金量，g；

m——试样的质量，g。

（3）方法讨论

① 火试金重量法测定金矿石中金的含量是根据早期冶金技术设计出来的检验方法。灰吹就是将金、银等贵金属与氧化铅一起熔融，金、银等贵金属便被收集于粗铅中，于是得到含有金、银的铅扣（金属珠）。将铅扣放在炉中熔炼，使金、银与铅分离。

② 该方法的配料过程操作比较烦琐，需要测定试样的还原力，以确定氧化铅、二氧化硅、玻璃粉、硝酸钾、硼砂等试剂的加入量。

③ 金银合粒中银金之比应大于3∶1，分金所用的硝酸中不能含有氯，否则金会被溶解。

2. 活性炭富集-碘量法

（1）方法原理 试料经焙烧后，用王水溶解，金以氯金酸的形式存在于溶液中。用活性炭富集金与干扰元素分离，灰化后用王水溶解金，在盐酸介质中用碘化钾将 Au^{3+} 还原为 Au^{+}，同时释放出定量的碘，以淀粉为指示剂，用硫代硫酸钠标准溶液滴定。化学反应式如下。

$$H[AuCl_4]+2KI = AuCl+I_2+HCl+2KCl$$

$$I_2+2Na_2S_2O_3 = Na_2S_4O_6+2NaI$$

（2）分析步骤 根据试样中金的质量分数称取一定量的试料（10～30g），置于瓷舟中，放入高温炉中程序升温至650℃，保温30min。取出冷却，转移至400mL烧杯中，用水润湿，加王水100mL，加热溶解并使溶液不少于50mL，加入15mL明胶溶液（50g/L），稀释至100mL，冷却至40～60℃。

活性炭吸附抽滤装置如图4-1所示，在玻璃吸附柱内加入活性炭纸浆混合物，抽干后厚度达5～10mm。将试料溶液倾入布氏漏斗中进行抽滤，然后用40～60℃盐酸溶液（5+95）洗涤烧杯、残渣和漏斗。洗涤布氏漏斗，用40～60℃二氟化氢铵溶液（20g/L）洗涤吸附柱，再用40～60℃盐酸溶液（5+95）洗涤以及40～60℃水洗涤，滤干。

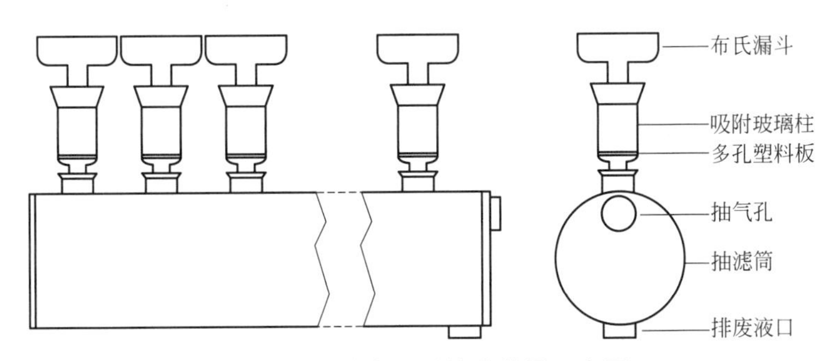

图4-1 活性炭吸附抽滤装置示意图

取出活性炭纸浆块于50mL坩埚中，放在电炉上烘干，于700℃高温炉中灰化完全，取出冷却。加入3滴氯化钠溶液（200g/L）和2mL王水，于水浴上溶解并蒸至近干。冷却后加入适量盐酸并重复蒸干2～3次。加入5mL乙酸溶液（7+93），于水浴上微热溶解。冷却后加入 0.1g 二氟化氢铵，加入 0.2～2mL EDTA 溶液（25g/L），加入 0.1～0.5g 碘化钾，搅拌均匀，用硫代硫酸钠标准溶液滴定至微黄色，加入 5 滴淀粉溶液（10g/L）滴定至蓝色消失为终点。

试样中金的含量用式(4-6) 计算。

$$\rho(\mathrm{Au})=\frac{cVM\times10^{3}}{2m} \tag{4-6}$$

式中 $\rho(\mathrm{Au})$ ——试样中金的含量，g/t；

c——硫代硫酸钠标准溶液的浓度，mol/L；

V——消耗硫代硫酸钠标准溶液的体积，mL；

M——金的摩尔质量，196.97g/mol；

m——试样的质量，g。

（3）方法讨论

① 若金的含量大于 5.0g/t 时，称取试料 10g；若金的含量大于 1.0g/t 但小于 5.0g/t 时，称取试料 20g；若金的含量大于 0.3g/t 但小于 1.0g/t 时，称取试料 30g。

② 活性炭纸浆混合物制备方法：将活性炭与定性滤纸按照质量比 1∶2 的比例放入 2L 塑料烧杯中搅碎混匀，用盐酸溶液（5＋95）和水洗涤。

③ 若金的含量大于 0.3g/t 但小于 5.0g/t 时，采用 0.0003mol/L 硫代硫酸钠标准溶液；若金的含量大于 5.0g/t 但小于 60g/t 时，采用 0.0006mol/L 硫代硫酸钠标准溶液。硫代硫酸钠标准溶液的浓度用金标准溶液进行标定。

六、铀矿石中铀的测定

铀是放射性元素，其天然同位素主要有 ^{238}U、^{235}U 和 ^{234}U 三种。在天然铀中，^{238}U、^{235}U 和 ^{234}U 三种同位素的含量分别为 99.28%、0.71% 和 0.006%。铀是核工业的重要原料，而 ^{235}U 是核裂变的主要元素。

铀矿石中通常有磷、硫及有色金属、稀有金属与之共生或伴生。常见的铀矿石有沥青铀矿、铌钛铀矿、钒钾铀矿、钡磷铀矿、翠砷铜铀矿、钙镁铀矿、硅镁铀矿、磷锌铀矿和绿铀矿等。含铀量在 0.05%～0.2%品位的铀矿石是工业提取铀的主要原料。

铀矿石的分析项目除了铀之外，还有铁、钙、镁、钾、钠、钼、钛、钒、钍、锆等金属元素，还有硼、硅、硫、磷、砷、卤素等非金属元素。

分解铀矿石时一般采用酸分解法，分为常压和增压两种。常用的溶剂有氢氟酸、盐酸、硝酸、硫酸、磷酸、高氯酸、王水等。

由于铀在矿物中总是与其他元素共生的，而且大多数矿石中铀的含量较低，因此在测定前需要将铀分离和富集，以提高分析方法的选择性和灵敏度。铀的分离富集方法较多，主要有铀共沉淀法、溶剂萃取法、离子交换法、吸附法、层析法、液膜分离法、泡沫浮选法、汞阴极电解法等。

铀的分析方法很多，如重铀酸铵重量法和 U^{6+}-8-羟基喹啉重量法；高锰酸钾滴定法、硫酸铈滴定法、重铬酸钾滴定法和钒酸铵滴定法；U^{6+}-偶氮胂Ⅲ分光光度法、U^{6+}-偶氮氯膦Ⅲ分光光度法、5-Br-PADAP 光度法以及铬天青 S 胶束增溶光度法；铜铁试剂催化极谱法和噻吩甲酰三氟丙酮催化极谱法；另外还有电感耦合等离子体发射光谱法、激光荧光法等。

对于铀的形态分析可采用 X 射线衍射技术、X 射线荧光光谱法和 X 射线光电子能谱分析法等。

七、稀土矿石中稀土分量的测定

稀土是化学元素周期表中镧系元素和钪、钇共17种元素的总称，简称RE。目前在稀土工业及产品标准中，稀土一般是指除钷（Pm）和钪（Sc）外的15种元素。稀土元素与氧元素结合生成的化合物称为稀土氧化物，简称REO。自然界中有250种稀土矿，但具有工业价值的稀土矿物只有50～60种，目前具有开采价值的只有10种左右，如磷铈镧矿、氟碳铈矿、磷钇矿等。

稀土总量是指稀土元素（RE）的总含量或稀土氧化物（REO）的总含量，常采用草酸盐重量法进行测定。

稀土分量是指钇（Y）、镧（La）、铈（Ce）、镨（Pr）、钕（Nd）、钐（Sm）、铕（Eu）、钆（Gd）、铽（Tb）、镝（Dy）、钬（Ho）、铒（Er）、铥（Tm）、镱（Yb）、镥（Lu）15种元素氧化物的分别含量，测定方法为电感耦合等离子体原子发射光谱法。

分别配制15种稀土元素氧化物的单一标准溶液，再配制合适浓度的混合标准溶液系列，用电感耦合等离子体原子发射光谱仪测定各元素的分析线处的净光强，根据相应的浓度绘制标准曲线。

称取合适质量的试料，用过氧化钠熔融后，用水提取，稀土元素形成氢氧化物沉淀，加三乙醇胺掩蔽铁、铝，用EGTA络合钙、钡，过滤后将稀土元素氢氧化物沉淀溶解于2mol/L盐酸溶液中。用强酸性阳离子交换树脂分离富集后，再用3.5mol/L盐酸洗提，蒸发定容后用电感耦合等离子体原子发射光谱仪测定Y_2O_3、La_2O_3、CeO_2、Pr_6O_{11}、Nd_2O_3、Sm_2O_3、Eu_2O_3、Gd_2O_3、Tb_4O_7、Dy_2O_3、Ho_2O_3、Er_2O_3、Tm_2O_3、Yb_2O_3、Lu_2O_3 15种稀土元素氧化物的含量（用μg/g表示）。

第二节 钢铁分析

纯金属及合金经熔炼加工制成的材料称为金属材料。金属材料通常分为黑色金属和有色金属两大类。黑色金属材料是指铁、铬、锰及它们的合金，通常称为钢铁材料。常用钢铁材料有钢、生铁、铁合金、铸铁及各种合金（高温合金、精密合金等）。各类钢铁是由铁矿石及其他辅助原料在高炉、转炉、电炉等各种冶金炉中冶炼而成的产品。

钢是指含碳量低于2%的铁碳合金，其成分除铁和碳外，还有少量硅、锰、硫、磷等杂质元素，合金钢还含有镍、铬、钼、钨、钒、钛等合金元素。钢的分类方法很多，按化学成分可分为碳素钢和合金钢两大类。碳素钢按含碳量可分为工业纯铁（碳≤0.04%）、低碳钢（碳≤0.25%）、中碳钢（碳0.25%～0.60%）和高碳钢（碳>0.60%）。合金钢按合金元素总量可分为普通低合金钢（合金元素总量<3%）、低合金钢（合金元素总量3%～5%）、中合金钢（合金元素总量5%～10%）和高合金钢（合金元素总量>10%）；按硫、磷含量又分为质量钢（硫、磷≤0.04%）、高级质量钢（硫≤0.03%，磷≤0.035%）和特殊质量钢（硫、磷≤0.025%）。

生铁是含碳量高于2%的铁碳合金，一般含碳2.5%～4%、硅0.5%～3%、锰0.5%～6%及少量的硫和磷。根据生铁中碳的存在形式可分为白口铁和灰口铁。当碳以化合形式存在时，生铁剖面呈暗白色，称为白口铁；当生铁中的碳以游离态的石墨碳形式存在时，其剖面呈灰色，称为灰口铁。白口铁硬且脆，难于加工，主要用于炼钢，因此也称为炼钢生铁；灰口铁硬度低，流动性大，便于加工，主要用于铸造，因此也称为铸造生铁。

钢铁及合金的分析项目有铁、钒、铝、锰、镍、钼、铋、钴、钛、钨、铬、镉、镧、铈、铌、钽、锆等金属元素，银、锌、铜、锡等微量金属元素，以及磷、碳、硫、硅、碲、硼、砷、硒、氢、氧、氮等非金属元素。碳、硅、锰、硫、磷是钢铁中的五大元素，直接影响着钢铁的性能，因此成为钢铁分析中的必测项目。

一、钢铁中碳的测定

碳是钢铁的重要元素，它对钢铁的性能影响很大。碳是区别铁与钢、决定钢号和品质的主要标志。钢中含碳量为0.05%～1.7%，铁中含碳量通常大于1.7%，常将碳含量小于0.03%的钢称作超低碳钢。碳在钢铁中主要以两种形式存在，一种是游离碳，另一种就是化合碳。游离碳一般不与酸作用，而化合碳能溶解于酸。在钢中一般是以化合碳为主，游离碳只存于铁及经退火处理的高碳钢中。

在冶炼过程中掌握碳含量的变化，对冶炼的控制有着重要的指导意义。在工厂化验室中，各种形态化合碳的测定属于相分析的任务，在成分分析中，通常测定碳的总量。化合碳的含量是由总碳量和游离碳量之差求得的。对有些特殊试样（如生铁试样），有时就需要测定游离碳或化合碳含量。

总碳量的测定方法较多，通常都是将试样置于高温氧气流中燃烧，使之转化为二氧化碳再用适当方法测定。如气体容量法、吸收重量法、电导法、电量法、非水滴定法、光度滴定法、色谱法、微压法及红外吸收法等。目前应用较广泛的有管式炉内燃烧后气体容量法、燃烧后非水滴定法、感应炉燃烧后红外吸收法和管式炉内燃烧后重量法等。

（一）燃烧后气体容量法

1. 方法原理

试样于高温1200～1300℃的氧气流中燃烧生成二氧化碳，混合气体经除硫后收集于量气管中，然后以氢氧化钾溶液吸收其中的二氧化碳，吸收前后体积之差即为二氧化碳体积，由此计算碳含量。

2. 测定装置

气体容量法定碳装置如图4-2所示。

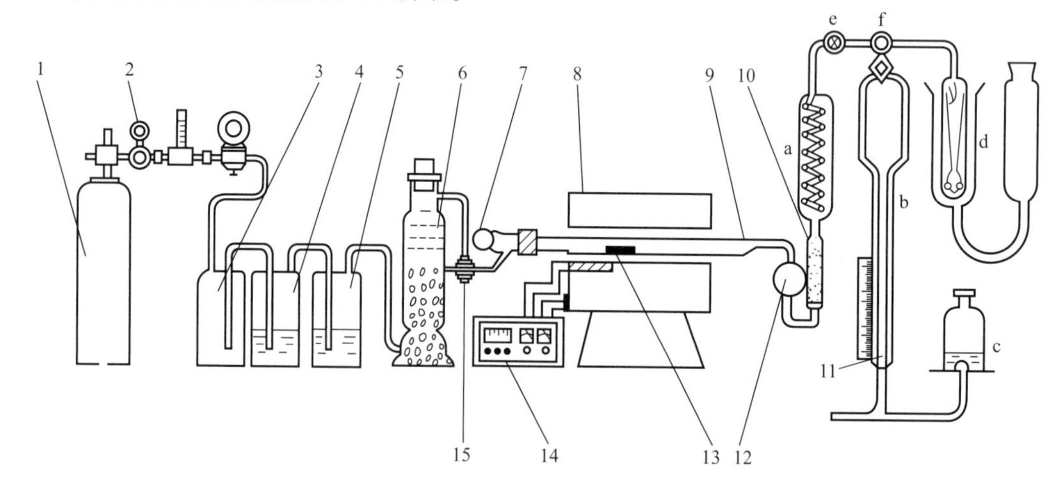

图4-2 气体容量法定碳装置

1—氧气瓶；2—氧气表；3—缓冲瓶；4，5—洗气瓶；6—干燥塔；7—磨口塞；8—管式炉；9—瓷管；10—除硫管；11—容量定碳仪；12—球形干燥管；13—瓷舟；14—温度控制器；15—供氧旋塞

（1）洗气瓶4　内盛氢氧化钾-高锰酸钾溶液（1.5g氢氧化钾溶解于35mL 4%的高锰酸钾溶液中），其高度约为瓶高度的1/3。

（2）洗气瓶5　内盛浓硫酸，其高度约为瓶高度的1/3。

（3）干燥塔6　上层装碱石灰（或碱石棉），下装无水氯化钙，中间隔以玻璃棉，底部与顶部铺玻璃棉。

（4）管式炉8　使用温度通常为1300℃，最高可达1350℃，有温度控制器控制。

（5）球形干燥管12　内装干燥脱脂棉。

（6）除硫管10　直径10～15mm，长100mm玻璃管，内装4g颗粒活性二氧化锰（或粒状钒酸银），两端塞有脱脂棉，除硫剂失效应重新更换。

① 活性氧化锰制备方法　硫酸锰20g溶解于500mL水中，加入浓氨水10mL，摇匀，加90mL过硫酸铵溶液（25%），边加边搅拌，煮沸10min，再加1～2滴氨水，静置至澄清（如果不澄清则再加适量过硫酸铵）。抽滤，用氨水洗10次，热水洗2～3次，再用硫酸（5+95）洗1～2次，最后用热水洗至无硫酸反应。于110℃烘箱烘干3～4h，筛取20～40目，在干燥器中备用。

② 钒酸银的制备方法　称取钒酸铵（或偏钒酸铵）12g溶解于400mL水中，17g硝酸银溶于400mL水，然后将二者混合，用玻璃坩埚过滤，用水稍加洗净。然后在烘箱中（110℃）烘干。筛取20～40目，保存在干燥器中备用。

（7）容量定碳仪11　如图4-2所示，蛇形管a套内通冷却水，用以冷却混合气体；量气管b用来测量气体体积；水准瓶c内盛酸性氯化钠溶液；吸收器d内盛40%氢氧化钾溶液；小旋塞e可以通过f使a和b接通，也可分别使a或b通大气；三通旋塞f可以使a与b接通，也可使b与d接通。

（8）瓷管9　长600mm，内径23mm（亦可采用相近规格的瓷管），使用时先检查是否漏气，然后分段灼烧。瓷管两端露出炉外部分长度不小于175mm，以便燃烧时管端仍是冷却的。粗口端连接玻璃磨口塞，锥形口端用硅胶管连接于球形干燥管上。

（9）瓷舟13　长88mm或97mm，使用前需在1200℃管氏炉中通氧灼烧2～4min，也可于1000℃高温炉中灼烧1h以上，冷却后贮于盛有碱石棉或碱石灰及氯化钙的未涂油脂的干燥器中备用。

3. 测定步骤

转动三通旋塞，使量气管通大气，固定水准瓶位置，使量气管内的酸性氯化钠溶液水平面位于零点。转动三通旋塞，使吸收器通大气，并使吸收器中的两液面平衡，画上标线。

将炉温升至1200～1300℃，检查管路及旋塞是否漏气，装置是否正常。转动三通旋塞使量气管与大气接通，提升水准瓶使量气管内充满酸性溶液，水准瓶置于高位。

称取试样（含碳1.5%以下称取0.5～2g，含碳1.5%以上称0.2～0.5g）（精确至0.0002g）平铺于瓷舟中，覆盖适量助熔剂（约0.2g），开启玻璃磨口塞，将瓷舟放入瓷管内，用长钩推至高温处，立即塞紧磨口塞。预热1min，转动三通旋塞使冷凝管和量气管相通，并以2L/min的流量通入氧气，将水准瓶缓慢下移，待试样燃烧完毕，将水准瓶立即收到标尺的零点位置。当酸性氯化钠溶液液面下降至接近标尺零点时，迅速打开胶塞，停止通氧。液面对准零点，转动三通旋塞使量气管与吸收器相通，将水准瓶置于高位，将量气管内的气体全部压入吸收器，再降下水准瓶，调节吸收器内液面对准预先标记的标线，此时水准瓶与量气管的液面平衡，读取量气管上的刻度、温度和大气压（高碳试样应进行2次吸收）。转动三通旋塞，使量气管与大气相通，提升水准瓶使量气管内充满溶液，水准瓶放至高处，随即关闭三通旋塞即可进行下一试样分析。

4. 结果计算

(1) 标尺读数为体积（单位是毫升）时，碳的质量分数按式(4-7) 计算。

$$w(\mathrm{C})=\frac{AV_{16}}{m}\times 100\% \tag{4-7}$$

式中 A——温度16℃、气压101.3kPa，每1.00mL二氧化碳中碳的质量，g/mL（当用硫酸作封闭液时，$A=0.0005000$g/mL；当用氯化钠溶液作封闭液时，$A=0.0005022$g/mL)；

V_{16}——温度16℃、气压101.3kPa时，测得的二氧化碳体积，mL；

m——试样质量，g。

在实际测定中，当测量气体体积的温度和压力与量气管刻度规定的温度、压力不同时，必须进行校正。若测定时的大气压力、温度和体积分别为 p、t 和 V_t，换算为101.3kPa、16.00℃时的体积 V_{16} 为：

$$V_{16}=\frac{p-p_t}{101.3-p_{16}}\times\frac{16.00+273.2}{t+273.2}\times V_t \tag{4-8}$$

式中 p_t——测定温度为 t 时水的饱和蒸汽压，kPa；

p_{16}——16.00℃时水的饱和蒸汽压，kPa。

(2) 标尺的刻度为碳含量（25mL体积刻成含碳量为1.250%，或30mL体积刻成含碳量为1.500%）时，碳的质量分数按式(4-9) 计算。

$$w(\mathrm{C})=\frac{20AX_{16}}{m}\times 100\% \tag{4-9}$$

式中 X_{16}——温度16.00℃、气压101.3kPa时，标尺的读数，%；

20——标尺读数（碳含量，%）换算成二氧化碳气体体积（mL）的系数，（即25/1.250或30/1.500)；

m——试样质量，g。

通常把101.3kPa、16.00℃时的体积 V_{16} 与测定条件下的体积 V_t 之比作为碳的校正系数，用 f 表示。

$$f=\frac{V_{16}}{V_t}=\frac{p-p_t}{101.3-p_{16}}\times\frac{289.2}{t+273.2} \tag{4-10}$$

式中 p——测定时的大气压，kPa；

p_t——测定温度为 t 时水的饱和蒸汽压，kPa；

p_{16}——16.00℃时水的饱和蒸汽压，kPa；

t——测定时的温度，℃。

于是式(4-7) 和式(4-9) 可分别用式(4-11) 和式(4-12) 表示。

$$w(\mathrm{C})=\frac{AVf}{m}\times 100\% \tag{4-11}$$

$$w(\mathrm{C})=\frac{20AXf}{m}\times 100\% \tag{4-12}$$

式中 V——测定温度为 t、压力为 p 时，测得的二氧化碳体积，mL；

X——测定温度为 t、压力为 p 时，标尺的读数，%；

f——温度、气压的校正系数，可通过计算得到，也可以通过查表（GB/T 223.69）得到。

5. 讨论

(1) 本方法适用于生铁、铁粉、碳钢、高温合金及精密合金中碳量的测定，测定范围是0.10%～2.0%。

(2) 使用的助熔剂有锡粒（或锡片）、氧化铜、五氧化二钒等，要求助熔剂中含碳量一般不超过0.005%，使用前应做空白试验，并从分析结果中扣除。

(3) 更换水准瓶所盛溶液、玻璃棉、除硫剂、氢氧化钾溶液后，应做几次高碳试样，使二氧化碳饱和后方能进行操作。

(4) 如分析含硫量高的试样（0.2%以上），应增加除硫剂量，或多增加一个除硫管。

(5) 在测定过程中，必须避免温差所造成的影响。温差是指测量过程中冷凝管、量气管和吸收管三者之间温度上的差异。为此，要适当选择定碳仪的安放地点及位置，使定碳仪远离高温炉，避免阳光的直接照射和其他形式的热辐射，并尽可能改善定碳室的通风条件等。

(6) 测定过程中应观察试样是否完全燃烧，如燃烧不完全，要重新分析。一般来说，试样燃烧后的表面应光滑平整，如表面有坑状等不光滑之处则表明燃烧不完全。

(7) 如分析完高碳试样后，应空通一次，才能接着做低碳试样。

(8) 新的燃烧管要进行通氧灼烧，以除去燃烧管中可能附着的有机物。

(二) 燃烧后非水滴定法

1. 方法原理

试样在1150～1300℃的高温氧气流中燃烧，生成的气体经过除硫管除去二氧化硫，导入乙醇-乙醇胺介质中，乙醇胺吸收二氧化碳后生成2-羟基乙基胺甲酸，以百里酚酞-甲基红为指示剂，用乙醇钾滴定至溶液呈稳定的蓝色时即为终点。主要反应如下：

$$C_2H_5OH + KOH = C_2H_5OK + H_2O$$

$$CO_2 + NH_2C_2H_4OH = HOC_2H_4NHCOOH$$

$$HOC_2H_4NHCOOH + C_2H_5OK = C_2H_5OCOOK + NH_2C_2H_4OH$$

2. 测定装置

电弧炉非水滴定法定碳装置如图4-3所示。其中吸收器是一种新型吸收杯，它可以消除二氧化碳的润湿吸收现象，从而提高分析精度。为了克服玻璃与乙醇的临界表面张力的差异，涂上一层环氧树脂，以降低导气管的表面张力，从而阻止非水溶液沿杯壁伸展。

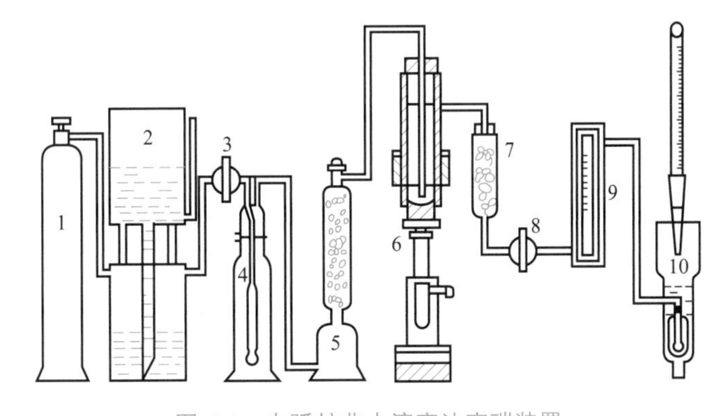

图4-3　电弧炉非水滴定法定碳装置

1—氧气瓶；2—贮气筒；3—第一道旋塞；4—洗气瓶；5—干燥塔；
6—电弧炉；7—除尘除硫管；8—第二道旋塞；9—流量计；10—吸收杯

3. 测定步骤

称取 0.3g 的铝硅热剂放于铜锅底部，并稍加分散。准确称取试样约 1g（高碳试样 0.5g）置于铜锅中，加 0.5g 锡粒。然后将铜锅移至电弧炉的托盘上，上升手柄，密封炉体。

将进入电弧炉的通氧旋塞打开至最大，部分打开吸收杯前的控制旋塞，调整进入吸收杯的氧气流量约为 1L/min。

加标准溶液于吸收杯中，将电弧点火后，试样随即剧烈燃烧。当 CO_2 进入吸收杯后，吸收液蓝色开始消退时及时滴加标准溶液，保持吸收液上层为浅蓝色，当终点颜色不再消失时，关闭进氧旋塞片刻，再打开继续通氧，滴定至蓝色不褪时即为终点。重复上述测定操作，记录每个样品消耗标准溶液的体积。

试样中碳的质量分数按下式计算：

$$w(\mathrm{C})=\frac{TV}{m}\times 100\% \tag{4-13}$$

式中 T——标准滴定溶液对碳的滴定度（可用相近类型、相近含量的标准钢样进行标定），g/mL；

V——消耗标准溶液的体积，mL；

m——样品的质量，g。

4. 讨论

（1）吸收液兼滴定液的配制方法。称取 5.6g 氢氧化钾，溶于 1000mL 无水乙醇中，加入 30mL 乙醇胺、20mL 丙三醇、0.2g 百里酚酞和 0.015g 甲基红，摇匀备用。加入乙醇胺可以增强体系对二氧化碳的吸收能力，加入丙三醇可防止乙醇钾和碳酸钾乙酯的沉淀析出，加强体系的稳定性。

（2）为了改善滴定终点的敏锐程度，常采用混合指示剂。常见的混合指示剂有百里酚酞-百里酚蓝、百里酚蓝-甲基红、百里酚酞-茜素黄、酚酞-溴甲酚绿-甲基红、百里酚酞-酚酞等。

（3）当分析的试样中含铬大于 2%时，应把锡粒与铝硅热剂加于试样的底部，否则因锡粒有延缓铬氧化的趋势而使燃烧速度降低，导致测定结果显著偏低。铝硅热剂是用 200 目左右的铝粉和化学纯二氧化硅（粉状）混匀制成的，二者的混合比为 1∶2（适用于铁）或 2∶3（适用于钢）。

（4）间隔测定时，如间隔时间较长，吸收液有返黄现象，测定之前需重新调至蓝紫色。若将滴定系统的管路密封后导出，既利于安全防火，又可避免终点返黄现象出现，还可减少乙醇的挥发，使乙醇钾浓度稳定。

（5）配制滴定溶液用的氢氧化钾，不得有过多的碳酸钾。当氢氧化钾试剂瓶密封不严时，会吸收空气中的二氧化碳生成碳酸钾，对测定有一定的影响。

（6）吸收杯长期不用时，杯内有白色沉淀产生，将溶液放掉后，用水清洗，即可全部溶解。吸收杯后装一只 8W 的日光灯，有利于终点的观察。

（7）也可使用卧式高温炉燃烧样品。

（三）感应炉燃烧后红外吸收法

用丙酮等合适溶剂洗去试样表面的油脂，加入钨或钨锡混合物作为助熔剂，向高频感应炉中通入氧气，将样品中的碳转化为二氧化碳，用红外吸收光谱法测定。该法适用于碳的质量分数为 0.005%～4.5%的样品的测定。

二、钢铁中硫的测定

硫在钢铁中是有害元素，主要来源于焦炭和矿石。当硫含量超过规定范围时，要降低硫的含量，生产中称为“脱硫”。硫在钢中能形成多种硫化物，如 FeS、MnS、VS、ZrS、TiS、NbS 以及复杂硫化物 $Zr_4(CN)_2S_2$、$Ti(CN)_2S_2$ 等。当钢中有大量锰存在时，主要以 MnS 形式存在，当锰含量不足时，则以 FeS 形式存在。

硫对钢铁性能的影响是产生“热脆”，即在热变形时工件产生裂纹，并降低钢的机械性能，特别是疲劳极限、塑性和耐磨性显著下降，影响钢件的使用寿命。另外，硫含量高时，还会造成焊接困难和耐腐蚀性下降等不良影响。但某些钢中含有适量的硫可以改善切削性等加工性能。

钢铁中硫的测定方法有多种，经典的硫酸钡重量法用于测定高硫试样，管式炉内燃烧后碘酸钾滴定法因具有快速、准确及适应面广的特点，而成为国内外的标准方法。此外，还有感应炉燃烧后红外吸收法、次甲基蓝分光光度法等。

（一）燃烧后碘酸钾滴定法

1. 方法原理

试样在 1250～1350℃高温下通氧燃烧，使硫全部转化为二氧化硫。燃烧后的混合气体经除尘管除去粉尘后，被含有淀粉的碘化钾水溶液吸收，生成亚硫酸，然后用碘酸钾标准溶液滴定至浅蓝色为终点。主要反应如下：

燃烧
$$4FeS + 7O_2 = 2Fe_2O_3 + 4SO_2$$
$$3MnS + 5O_2 = Mn_3O_4 + 3SO_2$$
吸收
$$SO_2 + H_2O = H_2SO_3$$
滴定
$$KIO_3 + 5KI + 6HCl = 3I_2 + 6KCl + 3H_2O$$
$$H_2SO_3 + I_2 + H_2O = H_2SO_4 + 2HI$$

2. 测定装置

管式炉内燃烧法测硫装置如图 4-4 所示。洗气瓶内装浓硫酸，装入量约为洗气瓶体积的 1/3。干燥塔上层装碱石棉，下层装无水氯化钙，中间隔玻璃棉，底部及顶端也铺以玻璃棉。球形干燥管内装干燥脱脂棉。

3. 测定步骤

将炉温升至测定所需要的温度（生铁、碳钢及低合金钢样，1250～1300℃；中、高合金及高温合金、精密合金，1300℃以上）。

准备好淀粉吸收液（硫含量小于 0.01%的用低硫吸收杯，加入 20mL 淀粉吸收液；硫大于 0.01%的用高硫吸收杯，加入 60mL 淀粉吸收液）。通氧（流速为 1500～2000mL/min），用碘酸钾标准溶液滴定至浅蓝色不褪，作为终点颜色，关闭氧气。

称取试样 1g（高、低硫适当增减），于瓷舟底部，加入适量助熔剂，启开燃烧管进口的橡胶塞，将瓷舟放入燃烧管内，用长钩推至高温处，立即塞紧橡胶塞，预热 0.5～1.5min，随即通氧，燃烧后的混合气体导入吸收杯中，使淀粉吸收液蓝色消退，立即用碘酸钾标准溶液滴定并使液面保持蓝色，当吸收液褪色缓慢时，滴定速度也相应减慢，直至吸收液的颜色与原来的终点颜色相同，间歇通氧后，颜色不变即为终点。关闭氧气，打开橡胶塞，用长钩拉出瓷舟，读取滴定管所消耗碘酸钾标准溶液的体积。

试样中的硫的质量分数按式(4-14) 计算。

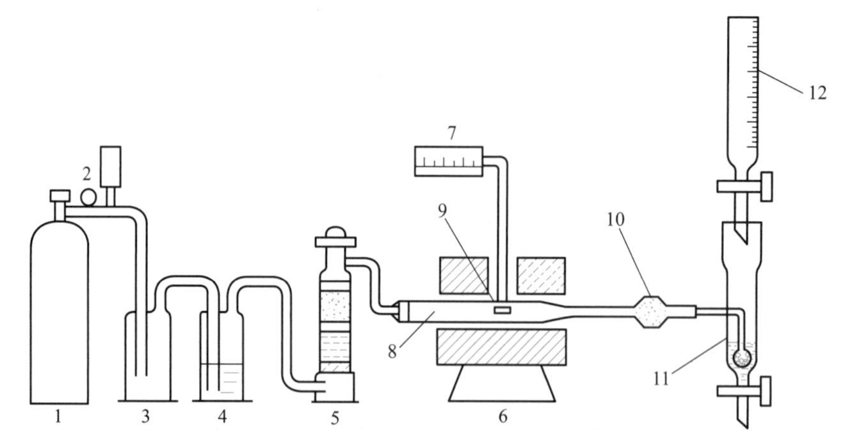

图 4-4 管式炉内燃烧法测硫装置示意图

1—氧气瓶；2—分压表；3—缓冲瓶；4—洗气瓶；5—干燥塔；6—管式炉；7—温控器；8—异径管；9—瓷舟；10—球形干燥管；11—吸收杯；12—滴定管

$$w(\mathrm{S})=\frac{T(V-V_0)}{m}\times 100\% \tag{4-14}$$

式中 T——碘酸钾标准溶液对硫的滴定度，g/mL；

V——试样消耗碘酸钾标准溶液的体积，mL；

V_0——空白消耗标准溶液的体积，mL；

m——试样质量，g。

4. 讨论

(1) 本法适用于钢铁及合金中硫含量大于 0.005%样品的测定。由于硫的燃烧反应一般很难进行完全，因此这一方法硫的回收率不高，通常硫的回收率大约为 90%。

(2) 淀粉吸收液的配制方法。称可溶性淀粉 10g，用少量水调成糊状，然后加入 500mL 沸水，搅拌，煮沸 1min，冷却后加 3g 碘化钾、500mL 及 2 滴盐酸，搅拌均匀后静置澄清。使用时取 25mL 上层澄清液，加 15mL 盐酸，用水稀释至 1L。

(3) 常用的助熔剂为五氧化二钒和还原铁粉以 3∶1 混匀。五氧化二钒的助熔效果比较理想，优点是燃烧过程中产生的粉尘少，硫的回收率高。采用五氧化二钒、还原铁粉和碳粉为混合助熔剂，可使中低合金钢、碳钢、生铁等不同样品中硫的回收率接近一致；将五氧化二钒与二氧化硅按 1∶1 混合，用作碳素锰铁的助熔剂。还原铁粉一般作为稀释剂使用，但需注意铁粉的纯度，否则还原铁粉中的硫会导致结果偏高。

早期采用锡粒为定硫的助熔剂，当用于管式炉时，硫的回收率可达 80%左右。其主要缺点是燃烧过程中产生大量的二氧化锡粉尘，锡粒尤其不能单独用于含铬合金钢的分析，因产生吸附能力更强的红色粉尘，使硫的回收率大幅度下降。因此不主张用锡粒为助熔剂。

(4) 滴定时常使用自动滴定管装置，如图 4-5 所示。

(5) 测定硫含量时，一般要进行两次通氧。即在通氧燃烧并滴定至终点后，应停止通氧，数分钟后再次按规定方法通氧，观察吸收杯中的蓝色是否消退，若褪色则要继续滴定至浅蓝色。

(二) 感应炉燃烧后红外吸收法

用丙酮等合适溶剂洗去试样表面的油脂，加入钨或钨锡混合物作为助熔剂，向高频感应炉中通入氧气，将样品中的硫转化为二氧化硫，用红外吸收光谱法测定。该法适用于硫的质量分数为0.0005%～0.33%样品的测定。

（三）碳硫分析仪

碳硫分析仪按检测方法分为容量法碳硫分析仪、库仑碳硫分析仪和红外碳硫分析仪。按照燃烧方式分为管式炉碳硫分析仪和电弧炉碳硫分析仪。

1. 容量法碳硫分析仪

容量法碳硫分析仪有两种类型，一种是采用非水滴定法定碳，用酸碱滴定法定硫，如TP-CSA型碳硫联测分析仪；另一种是采用气体容量法测碳，碘量法测硫，如TP-CS3D型碳硫联测分析仪。

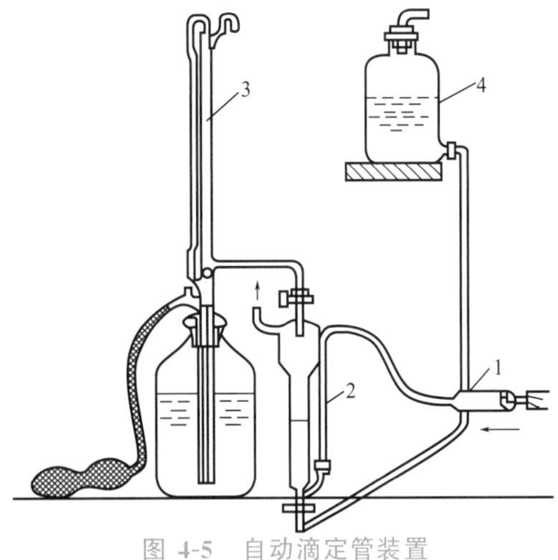

图 4-5 自动滴定管装置

1—球形过滤管；2—吸收杯；3—滴定管；4—高位瓶

TP-CSA型碳硫联测分析仪

国产TP-CSA型碳硫联测分析仪由电弧燃烧炉和气体吸收滴定装置两部分构成（见图4-6）。样品在电弧燃烧炉中于1800℃温度下燃烧，碳和硫元素分别生成二氧化碳和二氧化硫。二氧化硫用水吸收后生成亚硫酸，然后以淀粉为指示剂，用碘标准溶液滴定。将二氧化碳导入乙醇-乙醇胺介质中，以百里酚酞-甲基红为指示剂，用乙醇钾标准溶液滴定。适用于测定钢铁、有色金属等材料中的碳、硫的质量分数。测定碳含量的范围是0.01%～12.70%，测定硫含量的范围是0.003%～2.00%。

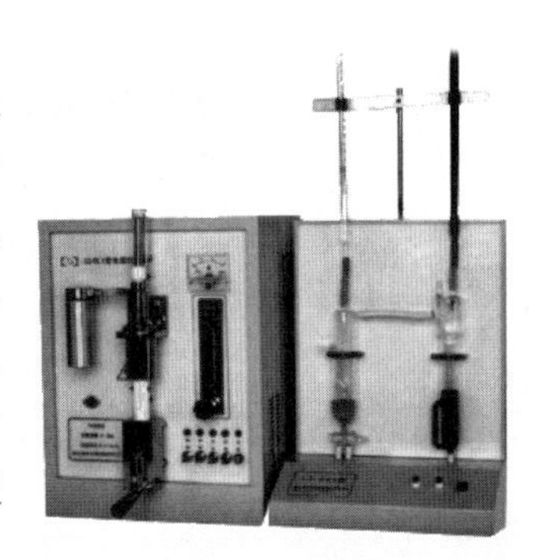
图 4-6 TP-CSA型碳硫联测分析仪

TP-CS3D型碳硫联测分析仪

国产TP-CS3D型碳硫联测分析仪由电弧燃烧炉和气体吸收滴定装置两部分构成（见图4-7）。样品在电弧燃烧炉中于1800℃温度下燃烧，碳元素和硫元素分别生成二氧化碳和二氧化硫。二氧化硫用水吸收后生成亚硫酸，然后以淀粉为指示剂，用碘标准溶液滴定。将二氧化碳用氢氧化钾溶液吸收，吸收前后的体积之差即为二氧化碳的体积，由量气管读出读数，并由此计算出碳的含量。适用于测定钢铁、矿石、焦炭等材料中碳、硫的质量分数。测定碳含量的范围是0.02%～6.00%，测定硫含量的范围是0.003%～2.00%。

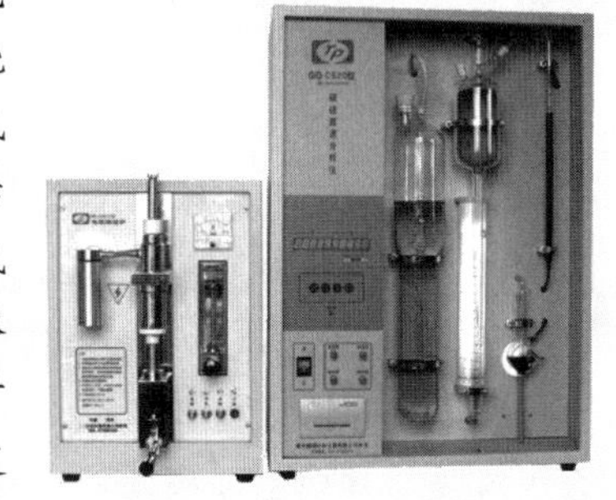
图 4-7 TP-CS3D型碳硫联测分析仪

2. 库仑碳硫分析仪

库仑碳硫分析仪是根据法拉第定律，采用电位检测方法测定碳和硫的含量。将样品放入样品瓶，用不含二氧化碳的载气排空以去除其中的二氧化碳。然后通过酸分配器添加酸初步处理样品，使无机碳分解成二氧化碳，使硫元素分解成二氧化硫或硫化氢。样品酸解产生的气体通过二氧化硫电位测量池，于是二氧化硫或硫化氢会被溶液完全吸收并被电解生成的 I_2 滴定。而二氧化碳气体会随载气进入二氧化碳吸收池，与单一醇胺反应生成可被滴定的酸，从而被自动滴定。

CM540 型库仑碳硫测定仪

CM540 型库仑碳硫测定仪带有一个样品酸化装置（以释放 CO_2、SO_2 或 H_2S）和一个高敏感的 CO_2 检测器和 SO_2/H_2S 检测器。通过酸解和库仑滴定检测，可同时测定固体或液体样品中的碳硫含量。可选用容量为 10mL、25mL、50mL 和 100 mL 的样品瓶。固体和液体样品称重后可直接放入样品瓶中，液体样品也可以用注射器透过隔膜进样。最多可以存储 50 组数据参数，包括样品的名称、质量、容量或面积等，以计算最终结果。

3. 红外碳硫分析仪

试样经高频炉加热，通氧燃烧，使碳和硫分别转化为二氧化碳和二氧化硫，并随氧气流经红外池时产生红外吸收。根据它们对各自特定波长的红外吸收与其浓度的关系，经微机运算处理，测定出试样中碳、硫的含量。本法适用于钢、铁、铁合金等样品中碳和硫的联合测定。

RCS-8800 型高频红外碳硫分析仪

国产 RCS-8800 型高频红外碳硫分析仪，其高频燃烧系统采用 7.5kW 高频陶瓷功率管（实际使用功率大于 2.7kW）。数据处理采用动态数据积分，动态显示分析过程中的各项实时数据和碳、硫释放曲线（如图 4-8 所示）。可以用于钢铁、合金、有色金属、焦炭、煤、石油等材料中碳和硫元素质量分数的测定。碳含量和硫含量的测量范围为 0.00001%～99.99%。

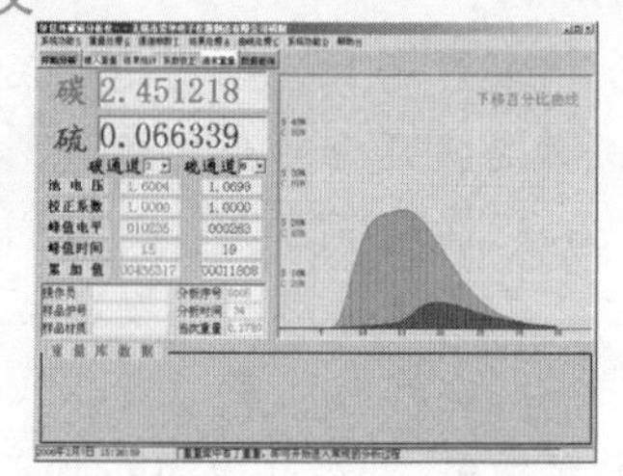

图 4-8　碳、硫释放曲线

CS600 型红外碳硫分析仪

CS600 型红外碳硫分析仪（如图 4-9 所示）由美国 LECO 公司制造。高频感应炉频率为 18MHz，功率为 2.2kW。检测方法采用非色散的红外吸收法，碳含量的测定范围为 0.000006%～6.0%，硫含量的测定范围为 0.000006%～0.35%。测定时可进行高、低检测范围自动转换。

图 4-9　CS600 型红外碳硫分析仪

三、钢铁中磷的测定

磷为钢铁中有害元素，通常由冶炼原料带入。磷在钢铁中主要以磷化物固溶体（如 Fe_2P 和 Fe_3P）及磷酸盐夹杂物的形式存在。由于 Fe_3P 质硬，因此影响钢铁的塑性和韧性，易发生冷脆。利用钢铁的这种脆性，可冶炼炮弹钢，以提高爆炸威力。在某些情况下，为了改善钢材的切削性能，要求有较高磷含量。另外，磷能提高钢材的抗腐蚀性，特别是钢铁中有铜存在时，效果更加显著。

测定磷的方法主要有二安替比林甲烷磷钼酸重量法、磷钼酸铵容量法、锑磷钼蓝分光光度法、乙酸丁酯萃取光度法等。目前应用最广泛的是锑磷钼蓝分光光度法。

1. 基本原理

试样用盐酸、硝酸溶解后，用高氯酸氧化处理，使磷全部被氧化为 H_3PO_4。在硫酸介质中，磷与锑、钼酸铵生成黄色的配合物，用抗坏血酸将黄色的锑磷钼黄还原为锑磷钼蓝，于700nm波长处测定吸光度。

该方法被称为锑磷钼蓝分光光度法。由于显色反应过程中使用了钼酸铵、锑盐和抗坏血酸，又被称为钼锑抗分光光度法。

2. 测定步骤

(1) 样品测定　称取生铁或铸铁试样0.2g（精确至0.0001g）于150mL烧杯中，加10mL盐酸-硝酸混合酸（2+1），加热溶解。待试样溶解后，加10mL高氯酸，加热至刚出现高氯酸烟，稍冷，加入10mL氢溴酸-盐酸混合酸（1+2）除砷，加热至刚出现高氯酸烟。加入5mL氢溴酸-盐酸混合酸（1+2）再挥砷一次，加热至刚出现高氯酸烟。必要时滴加盐酸挥铬，至烧杯内部透明后回流3～4min，蒸发至湿盐状，取下，冷却。加入10mL硫酸溶液（1+5）溶解盐类，滴加亚硝酸钠溶液（100g/L）将铬还原至低价，煮沸驱除氮氧化物，冷却至室温，移入100mL容量瓶中，稀释至刻度，摇匀。

分别移取10.00mL试液于2个25mL容量瓶中，分别加2mL硫酸溶液（1+5）、0.3mL酒石酸锑氧钾溶液（2.7g/L）、2mL淀粉溶液（10g/L）、2mL抗坏血酸溶液（30g/L）。一瓶中加入5mL钼酸铵溶液（20g/L），另一瓶不加钼酸铵溶液，用水稀释至刻度，摇匀。放置10min，以未加钼酸铵溶液的一份溶液作参比，于波长700nm处测定吸光度。同时进行空白试验。根据工作曲线计算出试样中磷的质量分数。

(2) 校准曲线的绘制　准确称取0.4g纯铁（磷的质量分数<0.001%）于烧杯中，用10mL盐酸溶解后，滴加硝酸氧化，加3mL高氯酸蒸发至出现高氯酸烟，继续蒸发至湿盐状。冷却，用20mL硫酸溶液（1+5）溶解盐类，冷却至室温，转移至100mL容量瓶中，稀释至标线，摇匀。

称取0.4393g烘干过的基准磷酸二氢钾，用适量水溶解后加入5mL硫酸溶液（1+5），转移至100mL容量瓶中，稀释至标线，摇匀。此溶液1mL含有100μg磷，进一步稀释可配制成1mL含有2.00μg磷的标准溶液。

在6只25mL容量瓶中分别移入0、1.00mL、2.00mL、4.00mL、6.00mL、8.00mL磷标准溶液（2.00μg/mL），加5mL铁溶液，依照样品测定步骤测定各溶液的吸光度，绘制工作曲线或求出线性回归方程。

试样中磷的质量分数用式(4-15)计算。

$$w(\mathrm{P})=\frac{m_1\times10^{-6}}{m\times\frac{10}{100}}\times100\% \tag{4-15}$$

式中　m_1——根据线性回归方程计算得到的25mL溶液中磷的质量，μg；

m——试样的质量，g。

(3) 方法讨论

① 如果用硝酸铋代替酒石酸锑氧钾，被称为铋磷钼蓝分光光度法。与锑磷钼蓝分光光度法的测定条件基本相同。

② 由于硅的存在可部分生成硅钼杂多酸，当被进一步还原为硅钼蓝时，会使磷的测定结果偏高。必要时要用氢氟酸除去。

四、钢铁中锰的测定

锰是钢铁中有益的合金元素，一部分来自矿石，另一部分是在冶炼过程中特意加入的。

锰在钢铁中主要是以固溶体（如 MnS、Mn_3C、MnSi、FeMnSi 等）形式存在的。

锰与氧、硫有较强的化合能力，故为良好的脱氧剂和脱硫剂，能降低钢的热脆性，提高热加工性能。锰能提高钢的可锻性和机械强度，因而加锰生产的弹簧钢、轴承钢、工具钢等，都具有良好的热处理性能。锰含量过高时，有使钢晶粒粗化的倾向，并增加钢的回火脆敏感性。锰在钢中的质量分数一般为 0.3%～0.8%，超过 0.8%的钢称为锰合金钢。生铁中锰的含量可达 0.5%～2%。

钢铁及合金中锰的测定方法有硝酸铵氧化硫酸亚铁铵滴定法、过硫酸铵氧化亚砷酸钠-亚硝酸钠滴定法、高碘酸钠（钾）氧化光度法和火焰原子吸收光谱法。

（一）过硫酸铵氧化亚砷酸钠-亚硝酸钠滴定法

1. 方法原理

试样经混合酸（硫酸、硝酸、磷酸）溶解后，在酸性介质中，以 $AgNO_3$ 为催化剂，用过硫酸铵将 Mn^{2+} 氧化为 MnO_4^-，加 NaCl 除去 Ag^+，然后用亚砷酸钠-亚硝酸钠标准溶液滴定至紫红色刚好消失即为终点。反应式如下。

$$MnS + H_2SO_4 = MnSO_4 + H_2S\uparrow$$

$$3MnS + 14HNO_3 = 3Mn(NO_3)_2 + 3H_2SO_4 + 8NO\uparrow + 4H_2O$$

$$3Mn_3C + 28HNO_3 = 9Mn(NO_3)_2 + 10NO\uparrow + 3CO_2\uparrow + 14H_2O$$

$$2Mn^{2+} + 5S_2O_8^{2-} + 8H_2O = 2MnO_4^- + 10SO_4^{2-} + 16H^+$$

$$2MnO_4^- + 5AsO_3^{3-} + 6H^+ = 2Mn^{2+} + 5AsO_4^{3-} + 3H_2O$$

$$2MnO_4^- + 5NO_2^- + 6H^+ = 2Mn^{2+} + 5NO_3^- + 3H_2O$$

本方法为测定钢铁中锰含量的成熟方法，大量铬、钴等存在时会干扰测定。

2. 测定步骤

（1）0.025mol/L 亚砷酸钠-亚硝酸钠标准溶液配制和标定　称取 1.6g Na_3AsO_3 和 0.86g $NaNO_2$ 于 250mL 烧杯中，加 20mL H_2SO_4 溶液（2＋3）和 50mL 水溶解并稀释至 1000mL。

称取金属锰（基准物）0.5000g 于 250mL 烧杯中，加 20mL HNO_3（1＋3），加热溶解，煮沸除尽氮氧化物。冷却后，转移至 1000mL 容量瓶中，定容至刻度。

移取 25.00mL 锰标准溶液于 300mL 锥形瓶中，加入 20mL 硫磷混合酸，加 20mL 蒸馏水，加 10mL $AgNO_3$ 溶液（5g/L）和 10mL 过硫酸铵溶液（200g/L），低温加热 30s，冷至室温，加 10mL 硫酸-氯化钠混合溶液（4g/L），摇匀，立即用亚砷酸钠-亚硝酸钠标准溶液滴定至紫红色刚刚消失为终点。用下式计算亚砷酸钠-亚硝酸钠标准溶液对锰的滴定度。

$$T(Mn)=\frac{25.00\times0.5000}{1000\times V} \tag{4-16}$$

式中　$T(Mn)$——亚砷酸钠-亚硝酸钠标准溶液对锰的滴定度，g/mL；

V——滴定锰标准溶液消耗砷酸钠-亚硝酸钠标准溶液的体积，mL。

（2）样品测定　称取适量试样（含锰 0.1%～1%称 0.5g；1%～2.5%称 0.25g，精确至 0.0001g），置于 300mL 锥形瓶中，加入 30mL 硫磷混合酸（高合金钢、精密合金等可先用 15mL 适宜比例的 HCl-HNO_3 混合酸溶解），加热至完全溶解后，滴加 HNO_3 破坏碳化物至无反应。继续加热，驱尽氮氧化物。取下放置 1～2min，加 50mL 水，加 10mL 硝酸银溶液（5g/L）和 10mL 过硫酸铵溶液（200g/L），低温加热 30s，放置 2min，冷却至室温，加 10mL 硫酸-氯化钠混合溶液（4g/L），摇匀，立即用亚砷酸钠-亚硝酸钠标准溶液滴定至紫红色刚刚消失为终点。用式(4-17)计算试样中的锰的质量分数。

$$w(\mathrm{Mn})=\frac{T_{\mathrm{Mn}}V}{m}\times 100\% \tag{4-17}$$

式中 T_{Mn}——亚砷酸钠-亚硝酸钠标准溶液对锰的滴定度，g/mL；

V——滴定样品消耗砷酸钠-亚硝酸钠标准溶液的体积，mL；

m——样品质量，g。

3. 讨论

(1) 硫磷混合酸中的 H_3PO_4 不仅可以提高 $HMnO_4$ 的稳定性，防止 Mn^{4+} 的生成，而且可以与 Fe^{3+} 生成无色的配合物 $Fe(PO_4)_2^{3-}$，有利于对终点的判断。当试样中钨含量较高时，H_3PO_4 还可以与钨生成易溶性的磷钨酸，有利于对终点的观察。

(2) 滴定过程中若单独使用 $NaNO_2$，虽然基本上可以将 MnO_4^- 还原为 Mn^{2+}，但在室温下作用缓慢，试剂本身也不够稳定；若单独使用 Na_3AsO_3，可能有部分 MnO_4^- 被还原为 Mn^{3+} 或 Mn^{4+}。而两者混合使用可以互相取长补短。

(3) 若试样中含铬 2%以上时会干扰对终点的判断，为此，应在溶样后把溶液调至中性，加氧化锌使 Cr^{3+} 生成 $Cr(OH)_3$ 沉淀，再过滤除去。若试样中有大量的钴，会因 Co^{2+} 的颜色而干扰终点判断，可在氨性溶液中加入过硫酸铵，使 Mn^{2+} 氧化并生成 MnO_2 而沉淀，进行过滤分离后再测定锰含量。

（二）硝酸铵氧化硫酸亚铁铵滴定法

1. 方法原理

试样经适量酸溶解后，加入磷酸，加热，用硝酸铵将锰氧化至三价。以 *N*-苯代邻氨基苯甲酸为指示剂，用硫酸亚铁铵标准溶液滴定。也可以采用硫酸亚铁铵标准溶液进行电位滴定。

2. 测定步骤

称取适量试样（含锰 2%～5%称取 0.5g，5%～15%称取 0.2g，15%～25%称取 0.1g，精确至 0.0001g），置于 300mL 锥形瓶中，加入 15mL 磷酸［高合金钢、精密合金等可先用 15mL 盐酸-硝酸混合酸（3＋1）溶解］，加热至完全溶解后，滴加硝酸破坏碳化物至无反应。继续加热至刚出现少量烟，取下锥形瓶，立即加入 2g 硝酸铵，摇动锥形瓶排出氮氧化物（必要时加入 0.5g 尿素后放置 2min 以驱尽氮氧化物）。稍冷，于溶液中加入 60mL 硫酸溶液（5＋95），摇匀，将溶液体积稀释至 150mL，冷却至室温，用硫酸亚铁铵标准溶液(0.015mol/L）滴定至接近终点，加 2 滴 *N*-苯代邻氨基苯甲酸指示剂（2g/L），继续滴定至紫红色刚刚消失为终点。

试样中锰的质量分数用式(4-18）计算。

$$w(\mathrm{Mn})=\frac{cV_1M\times 10^{-3}}{m}\times 100\%-1.08w(\mathrm{V})-0.40w(\mathrm{Ce}) \tag{4-18}$$

式中 c——硫酸亚铁铵标准溶液的浓度，mol/L；

V_1——消耗硫酸亚铁铵标准溶液的体积，mL；

M——锰的摩尔质量，54.94g/mol；

m——试样的质量，g；

$w(\mathrm{V})$——样品中钒的质量分数，%；

$w(\mathrm{Ce})$——样品中铈的质量分数，%。

3. 方法讨论

① 若试样中钒含量大于0.005%、铈含量大于0.01%，滴定的则是锰、钒、铈的总量，应对测定结果进行校正。1%的钒相当于1.08%锰，1%的铈相当于0.40%锰。若试样中钒含量小于0.005%、铈含量小于0.01%，计算锰含量时可以忽略公式中的后两项。

② 有必要对加入的2滴N-苯代邻氨基苯甲酸指示剂消耗硫酸亚铁铵标准溶液的体积进行校正，相当于空白试验，在消耗体积中扣除该空白值。

（三）高碘酸钠（钾）氧化光度法

1. 方法原理

试样经酸溶解后，在硫酸、磷酸介质中，用高碘酸钠（钾）将Mn^{2+}氧化为MnO_4^-，在530nm处测其吸光度。

$$2Mn^{2+} + 5IO_4^- + 3H_2O \xlongequal{} 2MnO_4^- + 5IO_3^- + 6H^+$$

本法适用于生铁、铁粉、碳钢、合金钢和精密合金中锰含量的测定，测定范围是0.01%～2%。

2. 测定步骤

（1）样品测定　称取合适量的试样置于150mL锥形瓶中，加15mL硝酸（1+4），低温加热溶解，加10mL磷酸-高氯酸混合酸（3+1），加热蒸发至冒高氯酸烟（含铬试样需将铬氧化），稍冷，加10mL硫酸（1+1），用水稀释至约40mL，加10mL高碘酸钠（钾）溶液（50g/L），加热至沸并保持2～3min，冷却至室温，移入100mL容量瓶中，用不含还原物质的水稀释至刻度，摇匀。

将上述显色液移入比色皿中，向剩余的显色液中，边摇动边滴加亚硝酸钠溶液（10g/L）至紫红色刚好褪去，将此溶液移入另一比色皿中为参比，在长530nm处，测其吸光度，根据工作曲线计算试样中的锰含量。

（2）工作曲线的绘制　移取20mL锰标准溶液（500μg/mL），置于100mL容量瓶中，用水稀释至刻度，摇匀。此溶液1mL含100μg锰。

移取不同量的锰标准溶液5份，分别置于5个150mL锥形瓶中，加10mL磷酸-高氯酸混合酸，按分析步骤进行，测其吸光度，绘制工作曲线或求出线性回归方程。

3. 讨论

（1）称样量、锰标准液加入量及比色皿选用参照表4-3。

表4-3　称样量、锰标准液加入量及比色皿的选用

含量范围/%	0.01～0.1	0.1～0.5	0.5～1.0	1.0～2.0
称样量/g	0.5000	0.2000	0.2000	0.1000
锰标准溶液浓度/(μg/mL)	100	100	500	500
移取锰标准溶液体积/mL	0.50 2.00 3.00 4.00 5.00	2.00 4.00 6.00 8.00 10.00	2.00 2.50 3.00 3.50 4.00	2.00 2.50 3.00 3.50 4.00
比色皿/cm	3	2	1	1

（2）高硅试样需滴加3～4滴氢氟酸。

(3) 生铁试样用硝酸（1+4）溶解时滴加 3～4 滴氢氟酸，试样溶解后，取下冷却，用快速滤纸过滤于另一个 150mL 锥形瓶中，用热硝酸（2+98）洗涤原锥形瓶和滤纸 4 次，于滤液中加 10mL 磷酸-高氟酸混合酸，然后按分析步骤进行。

(4) 高钨（含量大于 5%）试样或难溶试样，可加 15mL 磷酸-高氯酸混合酸，低温加热溶解，并加热蒸发至冒高氯酸烟，然后按分析步骤进行。

(5) 含钴试样用亚硝酸钠溶液褪色时，钴的微红色不褪，可按下述方法处理：不断摇动容量瓶，慢慢滴加 1%的亚硝酸钠溶液，若试样微红色无变化时，将试液置于比色皿中，测其吸光度，向剩余试液中再加 1 滴 1%的亚硝酸钠溶液，再次测其吸光度，直至两次吸光度无变化即可以此溶液为参比。

(6) 制备不含还原物质的水，将去离子水（或蒸馏水）加热煮沸，每升用 10mL 硫酸（1+3）酸化，加几粒高碘酸钠（钾），蒸馏。

五、钢铁中硅的测定

硅是钢铁中常见的有益元素之一，主要以 FeSi、Fe_2Si、FeMnSi 等形式存在。在高碳硅钢中，可能存在少量的碳化硅。硅与氧的亲和力仅次于铝和钛，而强于锰、铬、钒，是炼钢过程中常用的脱氧剂。

硅能提高钢的强度、弹性、抗氧性、耐蚀性，但硅含量过高，将使钢的塑性和韧性降低，并影响焊接性能。硅一般由矿石引入，也有在冶炼过程中加入的，一般炼钢生铁中含硅 0.3%～1.5%，铸造生铁含硅达 3%；钢中含硅通常不超过 1%，而耐酸、耐热钢含硅量较高。

目前钢铁中硅的测定方法有多种，常见的有高氯酸脱水重量法、氟硅酸钾容量法、硅钼酸盐光度法。由于光度法具有简单、快速、比较准确等特点，是目前应用最广泛的方法。

1. 方法原理

试料用稀酸溶解后，使硅转化为硅酸。在弱酸性溶液中，硅酸与钼酸铵作用生成氧化型的硅钼酸盐（硅钼黄），在硫酸介质中，用草酸消除磷、砷、钒的干扰，用抗坏血酸将硅钼黄还原成硅钼蓝，在波长 810nm 处测量其吸光度。该法适用于钢铁中酸溶性硅含量为 0.01%～1.0%试料的测定。

2. 测定步骤

(1) 酸溶性硅的测定　称取试样 0.1～0.4g（控制硅量为 0.10～1.0mg，精确至 0.0001g）置于 250mL 聚四氟乙烯烧杯。加入 25～30mL 硫酸-硝酸混合酸溶液，缓慢温热至试料完全溶解，并不断补充蒸发失去的水分。用水稀释至 60mL，煮沸，滴加高锰酸钾溶液（40g/L）至析出二氧化锰水合物沉淀。保持微沸 2min，滴加过氧化氢溶液（1+4）至沉淀溶解，继续煮沸 5min 使过量的过氧化氢分解。冷却至室温，试液转移至 100mL 容量瓶中，用水稀释至刻度，混匀。

取 10.00mL 试液置于 50mL 硼硅酸盐玻璃容量瓶中，加水 10mL。加入 10.0mL 钼酸铵溶液（50g/L），混匀，放置 20min。加 5mL 硫酸溶液（1+3），5mL 草酸溶液（50g/L），混匀。立即加 5mL 抗坏血酸溶液（20g/L），用水稀释至刻度，摇匀后作为显色溶液。

另取 10.00mL 试液置于 50mL 硼硅酸盐玻璃容量瓶中，加水 10mL。加 5mL 硫酸溶液（1+3），加入 5mL 草酸溶液（50g/L）、10mL 钼酸铵溶液（50g/L）、5.0mL 抗坏血酸溶液（20g/L），用水稀释至刻度，摇匀后作为参比溶液。

以参比溶液作参比，在波长 810nm 处测定溶液的吸光度值。通过标准曲线的线性回归方程计算样品中硅的质量分数。

（2）绘制工作曲线　称取 0.4279g（准确至 0.0001g）二氧化硅（含量大于 99.9%），于 1000℃温度下灼烧 1h，置于干燥器中，冷却至室温。然后置于加有 3g 无水碳酸钠的铂坩埚中，上面再覆盖 1～2g 无水碳酸钠，先将铂坩埚于低温处加热，再置于 950℃高温处加热熔融至透明，继续加热熔融 3min，取出，冷却。置于盛有冷水的聚丙烯或聚四氟乙烯烧杯中至熔块完全溶解。取出坩埚，仔细洗净，冷却至室温，将溶液移入 1000mL 容量瓶中，用水稀释至刻度，混匀，贮于聚丙烯或聚四氟乙烯瓶中，此溶液 1mL 含 200μg 硅。将溶液稀释成 1mL 含 10μg 硅的标准溶液。

称取与试料相同量的纯铁（硅含量小于 0.004%）代替试料，按照上述酸溶性硅的测定步骤与试料平行操作，制作铁基底液用于标准曲线绘制。

分别移取 10.00mL 铁基底液于 7 个 50mL 硼硅酸盐玻璃容量瓶中，分别移取 0、0.50mL、1.00mL、2.00mL、3.00mL、4.00mL、5.00mL 硅标准溶液，加水至约 20mL，按分析步骤制备显色溶液和参比溶液，在波长 810nm 处测定各溶液的吸光度值。用硅标准溶液中硅量和纯铁中硅量之和为横坐标，以吸光度值为纵坐标，绘制工作曲线，求出线性回归方程。

试样中硅的质量分数用式(4-19)计算：

$$w(\mathrm{Si})=\frac{m_1\times 10^{-6}}{m\times\dfrac{10}{100}}\times 100\% \tag{4-19}$$

式中　m_1——根据线性回归方程计算得到的 50mL 溶液中硅的质量，μg；

m——试样的质量，g。

3. 方法讨论

（1）若测定样品中的全硅含量，需要加入 30～35mL 硫酸-硝酸混合酸溶液微热溶解试料。当反应停止时，用低灰分慢速滤纸过滤，滤液收集于 250mL 烧杯中。用 30mL 热水洗涤烧杯和滤纸，将滤纸放入铂坩埚中，干燥，灰化，在高温炉中于 950℃灼烧。冷却后加 0.25g 碳酸钠-硼砂混合熔剂（2∶1）与残渣混合，再覆盖 0.25g 混合熔剂，在高温炉中于 950℃熔融 10min，冷却后将坩埚置于盛有滤液的烧杯中，使熔融物溶解，洗净坩埚。加热溶液至沸，滴加高锰酸钾溶液（40g/L）至析出二氧化锰水合物沉淀，保持微沸 2min，滴加过氧化氢溶液（1+4）至沉淀溶解，继续煮沸 5min 使过氧化氢分解。冷却至室温，试液转移至 100mL 容量瓶中，用水稀释至刻度，混匀。该溶液用于测定全硅含量。

（2）硫酸-硝酸混合酸溶液是将 35mL 硫酸和 45mL 硝酸溶于 500mL 水中，冷却后稀释至 1000mL。

（3）试料也可采用 20～25mL 盐酸-硝酸混合酸溶液溶解。盐酸-硝酸混合酸溶液是将 180mL 盐酸和 65mL 硝酸溶于 500mL 水中，稀释至 1000mL。

（4）硅标准溶液也可以采用下述方法配制：称取 0.100g 经磨细的单晶硅或多晶硅，置于聚丙烯或聚四氟乙烯烧杯中，加 10g 氢氧化钠和 50mL 水，轻轻摇动，放入沸水浴中，加热至透明，冷却至室温，移入 1000mL 容量瓶中，用水稀释至刻度，混匀，贮于聚丙烯或聚四氟乙烯瓶中，此溶液 1mL 含 100μg 硅。

六、钢铁中合金元素的测定

钢铁中合金元素很多，常见的有铬、镍、钼、钒、钛、铝、铜、铌等。这里简单介绍几种合金元素的测定方法。

1. 铬的测定

普通钢中铬含量小于0.3%，铬钢中含铬0.5%～2%，镍铬钢中含铬1%～4%，不锈钢中含铬最高可达20%。对于高含量铬的钢铁试样常用银盐-过硫酸铵氧化滴定法测定，对于低含量铬的钢铁试样一般采用二苯碳酰二肼分光光度法进行测定。

2. 镍的测定

镍在普通钢中的含量一般都小于0.2%，结构钢、弹簧钢、滚球轴承钢中要求镍含量小于0.5%，而不锈钢、耐热钢中镍含量最高可达百分之几十。镍的测定方法较多，常见的有丁二酮肟重量法、丁二酮肟分光光度法及火焰原子吸收分光光度法等。

3. 钼的测定

钼在钢中主要以固溶体及碳化物 MoC_2、MoC 的形态存在。普通钢中钼含量在1%以下，不锈钢和高速工具钢中钼含量可达5%～9%。钼的测定常采用硫氰酸盐分光光度法。

4. 钒的测定

钢中钒的含量一般为0.02%～0.3%，一些合金钢中可达1%～4%。钒的测定主要有高锰酸钾或过硫酸铵氧化-亚铁盐滴定法、氯仿萃取-钽试剂分光光度法，以及火焰原子吸收分光光度法。

5. 钛的测定

不锈钢中一般含钛为0.1%～2%，部分耐热合金、精密合金中钛的含量可达2%～6%。钛的测定方法有变色酸光度法和二安替比林甲烷光度法。

6. 铈的测定

碳钢、合金钢中的铈可采用萃取分离-偶氮氯膦 mA 分光光度法进行测定，测定范围为0.0010%～0.20%。

钢铁中合金元素的快速分析法

对于生铁样品，先加入预热的硫酸、硝酸混合酸及过硫酸铵，加热至近沸，使试样完全溶解，再加入4mL过硫酸铵溶液（30%），煮沸2～3min（若有 MnO_2 析出或溶液呈褐色，则滴加10%亚硝酸钠溶液使高价锰恰好还原，继续煮沸1min），冷却，在100mL容量瓶中稀释至刻度，用快速滤纸干过滤除去不溶解的炭。然后取试液分别用磷钼蓝光度法测定磷，硅钼蓝光度法测定硅，过硫酸铵氧化光度法测定锰，二苯碳酰二肼光度法测定铬，丁二酮肟光度法测定镍，硫氰酸盐分光光度法测定钼，双环己酮草酰二腙光度法测定铜。

对于碳钢和低合金钢样品，先用高氯酸和硝酸加热分解试样，并蒸发至冒白烟，冷却，用少量水溶解盐类，在100mL容量瓶中稀释至刻度。然后取试液用磷钼蓝光度法测定磷，硅钼蓝光度法测定硅，过硫酸铵氧化光度法测定锰，二苯碳酰二肼光度法测定铬，硫氰酸盐分光光度法测定钼，PAR分光光度法测定钒，丁二酮肟光度法测定镍，变色酸光度法测定钛。

第三节　有色金属及合金分析

在金属材料中除钢铁以外的金属统称为有色金属。有色金属种类很多，按其密度、在地壳中的贮量和分布等情况，可将有色金属分为轻金属（密度小于4.5g/cm^3）、重金属、贵金属、半金属、稀有金属（包括稀有轻金属、难熔金属、稀有分散金属、稀土金属和稀有放射性金属）（见表4-4)。我国通常所指的有色金属包括铜、铅、锌、铝、锡、锑、镍、钨、钼、汞十种金属。

表4-4 有色金属分类一览表

类别	元素	类别	元素
轻金属	铝、镁、钾、钠、钙、锶、钡等	稀有轻金属	锶、钡
重金属	铜、镍、铅、锡、锌、锑、钴、镉、汞、铋等	难熔金属	钨、铌、锆、钼
贵金属	金、银、铂、铱、锇、钌、铑、钯	稀有分散金属	镓、铟、铊、锗等
半金属	硅、硒、碲、砷等	稀土金属	钪、钇、镧系
		稀有放射性金属	镭、锕系

一、铜及铜合金分析

纯铜亦称紫铜，是通过电解制得的，因此又称为电解铜。电解铜的含量为98%～99.99%，杂质元素主要有铅、铋、氧、硫等，另外还有铝、锌、银、镉、镍、铁、锡等。

铜的合金有多种，常见的有以铜和锌为主要成分的各种黄铜，如普通黄铜、铅黄铜等；以铜和锡或其他元素为主要成分的各种青铜，如锡青铜、铝青铜等。

铜及铜合金中分析项目除铜含量外，还有铅、镍、铋、铁、锡、锌、锑、铝、锰、钴、铬、铍、镁、银、锆、钛、镉、汞等金属元素以及磷、碳、硫、砷、氧、硅、硒、碲、硼等非金属元素。

（一）铜的测定

铜的测定方法有碘量法、电解重量法、EDTA滴定法、电感耦合等离子体原子发射光谱法以及波长色散X射线荧光光谱法。这里只介绍电解重量法。

1. 方法原理

试样以硝酸-硫酸混合酸溶解，在浸入此溶液的两个铂电极上施加适当的电压，溶液中的铜离子得到电子并在阴极上析出。电解完成后，将铂阴极上的铜烘干称重，计算铜的质量分数。电解液中残余铜量可采用原子吸收分光光度法、碘量法或分光光度法测定，二者之和即为铜的含量。

2. 分析步骤

称取粒径为1mm的铜碎屑2g试料（精确至0.0001g）于250mL聚四氟乙烯烧杯中，加入2mL氢氟酸、30mL硝酸溶液（1+1)，盖上表面皿，待反应结束后温热至试料完全溶解。加入25mL过氧化氢（1+9)，3mL硝酸铅溶液（10g/L)，用氯化铵溶液（0.02g/L）洗涤表面皿，并稀释至150mL。

将铂阳极和精确称量过的铂阴极安装在电解器上，用聚四氟乙烯皿盖上烧杯。搅拌，在电流密度为1.0A/100cm^{2}条件下进行电解，至溶液中铜离子颜色褪去，继续电解30min。不切断电源，慢慢提升电极，立即用水冲洗电极，迅速取下阴极放入无水乙醇中，立即放在105℃烘箱中干燥5min，取出放在干燥器中冷却至室温，称重。

将电解析出铜的溶液及收集的前几次冲洗电极的水，分别置于250mL烧杯中低温蒸发至体积约100mL，合并溶液转移至250mL容量瓶中，稀释至标线，摇匀。用原子吸收分光光度计测定溶液中铜的含量。

试样中铜的质量分数用式(4-20）计算。

$$w(\mathrm{Cu})=\frac{m_2-m_1+m_3}{m}\times 100\% \tag{4-20}$$

式中 m_1——铂阴极的质量，g；

m_2——铂阴极与沉积铜的总质量，g；

m_3——电解液中残余铜的质量，g；

m——试样的质量，g。

3. 讨论

（1）电解重量法分为恒电流电解重量法和控制电位电解重量法，上面介绍的就是恒电流电解重量法。控制电位电解重量法是在溶解的试样中加入酒石酸，以消除锡、锑的干扰，加入少量尿素或氨基磺酸以除去氮氧化物，并加入 2 滴盐酸溶液（0.1mol/L），加热至 80～90℃，控制阴极电位－0.40～－0.35V，电解 4min 后，用水洗涤烧杯内壁和电极，再用酒精洗涤阴极，然后在 105℃下烘干并称重。

（2）试样以硝酸（1＋1）或硝酸和硫酸混酸分解，电解过程中溶液中 Ag^+、Hg^{2+}、Bi^{3+}、Se^{4+}、Te^{4+}离子均易得到电子而在阴极上析出。若测定的是铜、银合量，应从合量中减去银的含量；若试样中含铋，电解时应采用低的电流密度，以减少铋的析出；若试样中含有锡，则析出 H_2SnO_3 沉淀，可过滤分离除去；若试样中含铅，应电解除去，然后再调节酸度电解析出铜。另外，在电解中 NO_3^- 可以在阴极发生还原反应，生成的 HNO_2 阻止铜的沉积。为此，在电解末期加入尿素以除去 HNO_2。

（3）电解时若发现阴极上的铜发黑，表明铜被氧化，应适当增加酸度。

（4）搅拌可增加离子在电极间的扩散速率，从而可防止或减少浓差极化作用，即使采用较大的电流密度也不至于影响铜的沉积，而且可以节省时间。

（5）在电解后期若阴极气泡多，铜不易沉积，可以加入少量的尿素再进行电解，但不宜加入过早，以免铜被氧化变黑。

（6）电解结束时，在阴极完全移出前不可断电，否则析出的铜又重新溶解。

（二）多元素同时测定（电感耦合等离子体原子发射光谱法）

试样用硝酸和盐酸混合酸分解。在酸性介质中，用电感耦合等离子体原子发射光谱仪，同时测定铍、硼、镁、铝、硅、磷、硫、钛、铬、锰、铁、钴、镍、锌、砷、硒、锆、银、镉、锡、锑、碲、汞、铅、铋 25 种元素。若硒和碲的质量分数不大于 0.001%时，以砷作载体共沉淀富集微量的硒、碲与基体铜分离；若铁、镍、锌、镉的质量分数不大于 0.001%时，电解除铜分离富集；若磷、砷、锰、锡、锑、铋的质量分数不大于 0.001%时，铅的质量分数不大于 0.002%时，用铁作载体，氢氧化铁共沉淀磷、砷、锰、锡、铅、锑、铋基体铜分离富集。

二、铝及铝合金分析

铝是银白色金属，纯铝有高纯铝（纯度 99.98%～99.99%）和工业纯铝（纯度 98.0%～99.7%）之分。纯铝中加入适量的铜、镁、锰、锌、硅等元素，可得到较高强度的铝合金。铝合金通常分为铸造用铝合金和变形铝合金。铸造铝合金按化学组成的不同分为铝镁系合金、铝硅系合金、铝铜系合金、铝硅铜系合金、铝和其他元素的合金。变形铝合金根据性能和用途的不同，可分为硬铝、防锈铝、线铝、煅铝和耐热铝等。

铝及合金试样的分解常用氢氧化钠，不溶解的残渣再用硝酸溶解。有时也用盐酸溶解，不溶解的残渣再用硝酸分解。

铝及铝合金的分析项目和测定方法见表 4-5。

表 4-5 铝及铝合金的分析项目和测定方法

测定项目	测定方法
铜	火焰原子吸收光谱法;新亚铜灵分光光度法;硫代硫酸钠滴定法
锌	火焰原子吸收光谱法;EDTA 滴定法
镁	CDTA 滴定法;EDTA 滴定法;火焰原子吸收光谱法
硅	重量法;钼蓝分光光度法
磷	钼蓝分光光度法
砷	钼蓝分光光度法;氢化物发生-原子荧光光谱法
铁	邻菲啰啉分光光度法;重铬酸钾滴定法
锰	高碘酸钾分光光度法;EDTA 滴定法
镍	丁二酮肟分光光度法;火焰原子吸收光谱法;EDTA 滴定法;丁二酮肟重量法
铬	火焰原子吸收光谱法;萃取分离-二苯基碳酰二肼分光光度法;硫酸亚铁铵滴定法
钨	硫氰酸盐分光光度法
铅	火焰原子吸收光谱法
汞	冷原子吸收光谱法;氢化物发生-原子荧光光谱法
镉	火焰原子吸收光谱法
锡	苯基荧光酮分光光度法;碘酸钾滴定法
钛	过氧化氢分光光度法;二安替吡啉甲烷分光光度法;火焰原子吸收光谱法;氢化物发生-原子荧光光谱法
钒	苯甲酰苯胲分光光度法
锆	二甲酚橙光度法;偶氮胂Ⅲ分光光度法
铌	纸上色层分离重量法;电感耦合等离子体原子发射光谱法
镓	丁基罗丹明 B 分光光度法
锑	碘化钾分光光度法;硫酸铈滴定法
锂	火焰原子吸收光谱法
硼	离子选择电极法;胭脂红分光光度法
铍	依莱铬氰蓝 R 分光光度法
钙	火焰原子吸收光谱法
锶	火焰原子吸收光谱法
稀土总量	三溴偶氮胂分光光度法;草酸盐重量法

(一)铝的测定——EDTA 滴定法

试样用盐酸和过氧化氢溶解，稀释至一定体积。取出一份调至 pH=2.2，加过量 EDTA，加热使 Al^{3+} 与 EDTA 反应完全。以邻菲啰啉掩蔽 Cu^{2+}、Ni^{2+}、Co^{2+}、Zn^{2+}、Cd^{2+} 及微量的 Fe^{2+}、Mn^{2+} 等离子，以硝酸铅进行返滴定，根据滴定结果计算出铝的含量。

若试样中铁、铅、铋等杂质元素含量较多时，可采用氟化铵释放法。样品以盐酸溶解，在 pH 为 5 左右，加入过量的 EDTA，加热使 Al^{3+} 和 EDTA 配合完全。以二甲酚橙为指示剂，以硝酸铅标准溶液滴定至终点，加入氟化铵置换 Al-EDTA 中的 EDTA，再以硝酸铅标准溶液滴定至终点，根据第二次滴定所消耗的硝酸铅标准溶液的体积计算铝的含量。

（二）锌的测定——EDTA滴定法

1. 方法原理

试样用盐酸溶解，蒸发除去过量的酸，用盐酸（2mol/L）溶解盐类，过滤除去不溶物，将滤液通过强碱性阴离子交换树脂，用盐酸（0.005mol/L）洗脱树脂上的锌，以双硫腙为指示剂，用EDTA标准溶液滴定锌。该法适用于铝及铝合金中0.1%～14%的锌含量的测定。

2. 测定步骤

（1）离子交换柱的制备　离子交换柱用直径为20mm，高约400mm，并配有旋塞的玻璃管按如下方法制备：用盐酸（0.005mol/L）连续洗涤强碱性阴离子树脂（季氨基聚苯乙烯型），直至洗出液清亮为止，以除去细小颗粒。将树脂浸入盐酸（0.005mol/L）中12h，在玻璃管底部的旋塞上放入玻璃纤维以托住树脂，边摇边将树脂悬浮液倒入管中，使树脂柱高约150mm，用约100mL盐酸（0.005mol/L）以5～7mL/min流量洗涤交换柱，用预先已加入0.5mL硝酸的200mL盐酸（2mol/L）以同样的流量通过交换柱，使之达到需要的状态。

（2）试样分解　将试样置于400mL烧杯中，盖上表面皿，分次加入总量为50mL的盐酸（1+1），待剧烈反应停止后，滴加过氧化氢，缓慢加热至试样完全分解，蒸发试液至结晶析出，冷却后加入约100mL盐酸（2mol/L），加热使盐类溶解，用预先以热盐酸（1+1）和热水淋洗的慢速滤纸过滤，用40mL热盐酸（2mol/L）分次淋洗烧杯及滤纸，以下根据锌量进行操作。

当锌含量为0.1%～1.5%时，将滤液和洗涤液收集于300mL烧杯中，冷却后用盐酸（2mol/L）调整试液体积约150mL，加入0.5mL硝酸。当锌量大于1.5%时，将滤液及洗涤液收集于200mL容量瓶中，冷却后用盐酸（2mol/L）稀释至刻度混匀。若锌量在1.5%～3.0%时，移取100mL试液；若锌量在3.0%～6.0%时，移取50mL试液；若锌量在6.0%～14.0%时，移取25mL试液，分别于300mL烧杯中，用盐酸（2mol/L）稀释至约150mL，加入0.5mL硝酸。

将试液以5～7mL/min的流量，通过交换柱，用四份25mL盐酸（2mol/L）连续洗涤烧杯和交换柱，再用100mL盐酸（1mol/L）以5～7mL/min的流量洗涤树脂，弃去洗涤液。

【注意】如合金中含有铅，盐酸（1mol/L）用量增加至200mL，用250mL盐酸（0.005mol/L）以同样的流量通过交换柱，洗脱被树脂吸着的锌，洗脱液收集于400mL烧杯中，浓缩至体积为100mL。

（3）滴定　将石蕊试纸放入洗液中边搅拌边滴加氨水直至试纸变色，取出石蕊试纸用水淋洗一下，加入20mL乙酸（1mol/L）和10mL乙酸铵溶液（500g/L），控制溶液的pH为5.0～5.5，用精密pH试纸检验，若不在此范围可滴加乙酸（1mol/L）调整。冷却至室温，加入50mL丙酮，加入2mL双硫腙溶液（0.25g/L），用EDTA标准滴定溶液（0.0300mol/L）滴定至试液从红色变为橙黄色为止。

按式(4-21)计算锌的质量分数。

$$w(\mathrm{Zn})=\frac{c(V_1-V_2)M_{\mathrm{Zn}}}{m_0\times\frac{V_3}{V_4}}\times10^{-3}\times100\% \tag{4-21}$$

式中　c——EDTA标准溶液物质的量浓度，mol/L；

V_1——滴定时所消耗的EDTA标准溶液的体积，mL；

V_2——滴定空白试验溶液所消耗的EDTA标准溶液体积，mL；

V_3——移取试液体积，mL；

V_4——试液总体积，mL；

M_{Zn}——锌的摩尔质量，65.39g/mol；

m_0——试料的质量，g。

（三）稀土总量的测定——偶氮胂Ⅲ分光光度法

稀土元素主要是指原子序数为57～71的15个镧系元素，以及与镧系元素在化学性质上相近的钪和钇。

在弱酸性介质中，偶氮胂Ⅲ与稀土元素形成稳定的蓝绿色配合物，最大吸收波长为660nm，摩尔吸光系数在4.5×10^4～7.1×10^4之间，但是选择性比较差，常需要进行分离。

用光度法测定稀土元素总量时，应选用与待测样品稀土成分相近的混合稀土配制标准溶液，绘制工作曲线。目前，多是在具有代表性的矿石中选择提取纯度99.9%以上的混合稀土氧化物进行配制，也可以按照光谱半定量结果的镧、钪、镱、钇不同比例的平均值进行配制。在偶氮胂Ⅲ光度法的研究中，可以选择某些单一稀土元素以一定比例混合后，配制绘制标准曲线的标准溶液。

偶氮胂Ⅲ在pH<5时呈玫瑰红色，在pH>5时由紫色向紫蓝色过渡，最大吸收波长向长波方向移动，导致试剂空白增大，以致无法测定。当pH<2.5时，配合物的稳定性下降，因此用偶氮胂Ⅲ光度法测定稀土总量，一般以控制pH=2.8为宜。

试样经过分解后，在三乙醇胺和EDTA存在下，用水提取可以使稀土与铁、铝、锰、钨、钼、硅、锡、钙等元素分离。采用PMBP-苯萃取分离时，在调节pH值前加入磺基水杨酸，可以掩蔽钛、锆、三价铁等元素的干扰。在萃取前加入铜试剂（2%）可以消除铅的干扰。在萃取分离时，一般控制溶液的pH为5.4～5.6。

三、锌及锌合金分析

纯锌是蓝白色有光泽的金属，在湿空气中会生成白色的碱式碳酸锌薄膜。纯锌的纯度为99.0%～99.9%，最高可达99.99%。锌中的杂质主要有铅、铁、镉等，有的还含有铜、锡、锑、铋等微量杂质。锌合金主要有锌铝合金和锌铜合金，锌铝合金中铝含量为0.2%～16%，锌铜合金中铜含量为0.5%～5.5%。

锌及锌合金的测定项目及化学分析方法见表4-6。

表4-6 锌及锌合金的测定项目及化学分析方法

测定项目	测定方法
铁	磺基水杨酸分光光度法；火焰原子吸收光谱法
铜	二乙基二硫代氨基甲酸钠分光光度法；火焰原子吸收光谱法；电解法
铝	铬天青S-聚乙二醇辛基苯基醚-溴化十六烷基吡啶分光光度法；CAS分光光度法
硅	硅钼蓝分光光度法
砷	原子荧光光谱法
锑	原子荧光光谱法；火焰原子吸收光谱法
锡	苯芴酮-溴化十六烷基三甲胺分光光度法
铅、镉、铁、铜、锡、铝、砷、锑、镁、镧、铈	电感耦合等离子体-发射光谱
镧、铈合量	三溴偶氮胂分光光度法
镉	火焰原子吸收光谱法
镁	火焰原子吸收光谱法
铅	示波极谱法

（一）锌的测定

测定锌合金中的锌可采用 EDTA 直接滴定法和甲醛解蔽 EDTA 滴定法。

1. EDTA 直接滴定法

试样用稀盐酸和少量硝酸溶解，以六次甲基四胺控制溶液 pH＝5.5，以二甲酚橙（XO）为指示剂，用 EDTA 标准溶液直接滴定锌。Bi^{3+}、Sn^{4+}、Pb^{2+} 可采用铋试剂Ⅱ掩蔽，Fe^{3+}、Al^{3+}、Zr^{4+} 等金属离子的干扰可以用铜铁试剂掩蔽，而 As^{5+}、Ca^{2+}、Mg^{2+}、Sb^{5+} 均不干扰测定，Mn^{2+}、Ni^{2+}、Co^{2+} 干扰测定，但金属锌中含量极少，可以忽略。

2. 甲醛解蔽 EDTA 滴定法

试样用盐酸和过氧化氢溶解，在 pH=10 的氨性缓冲溶液中，以三乙醇胺掩蔽 Fe^{3+}、Al^{3+}，以酒石酸掩蔽 Sn^{4+}，用丙酮氰醇使 Cu^{2+}、Ni^{2+}、Cd^{2+}、Zn^{2+} 形成配合物，以铬黑 T 为指示剂用 EDTA 滴定 Pb^{2+}、Mn^{2+}、Mg^{2+}。然后加入甲醛使被丙酮氰醇掩蔽的锌解蔽出来，再用 EDTA 标准溶液滴定释放出来的锌。由于镉与锌一起被解蔽出来，对测定产生干扰，因此该方法不适用于测定含镉的锌合金中锌的测定。

（二）其他元素的测定

采用 N-235 萃取分离-双硫腙、镉试剂分光光度法连续测定铅和镉；采用硫氰酸盐光度法或邻菲啰啉光度法测定铁；用 EDTA 滴定法或铬天青 S 光度法测定铝；采用二乙基二硫代氨基甲酸钠分光光度法或碘量法测定铜；采用偶氮氯膦光度法测定镁；采用硅钼蓝光度法测定硅；采用孔雀绿-苯萃取光度法测定锑。

四、钛及钛合金分析

钛具有密度小、熔点高、抗腐蚀性能强的特点，主要用于航空、航天、化工机械等工业部门。常用的钛合金品种有三十多种，其中应用最多的有 Ti-6Al-4V、Ti-8Al-1Mo-1V、Ti-6Al-6V-2Sn 等。

钛及钛合金的测定项目及化学分析方法见表 4-7。

表 4-7　钛及钛合金的测定项目及化学分析方法

测定项目	测定方法
铝	碱分离-EDTA 配位滴定法；电感耦合等离子体原子发射光谱法
铁	邻菲啰啉分光光度法；原子吸收光谱法；电感耦合等离子体原子发射光谱法
锡	碘酸钾滴定法；电感耦合等离子体原子发射光谱法
钼	硫氰酸盐示差分光光度法；电感耦合等离子体原子发射光谱法
锰	高碘酸盐氧化分光光度法；电感耦合等离子体原子发射光谱法
硅	钼蓝分光光度法
铜	铜试剂分光光度法；火焰原子吸收光谱法
镁	火焰原子吸收光谱法
钒	硫酸亚铁铵滴定法；电感耦合等离子体原子发射光谱法
锆	EDTA 配位滴定法；电感耦合等离子体原子发射光谱法
铬	硫酸亚铁铵滴定法；电感耦合等离子体原子发射光谱法
镍	丁二酮肟分光光度法；电感耦合等离子体原子发射光谱法
铌	5-Br-PADAP 分光光度法；电感耦合等离子体原子发射光谱法
钯	氯化亚锡-碘化钾分光光度法；电感耦合等离子体原子发射光谱法
钕	电感耦合等离子体原子发射光谱法
硼	次甲基蓝萃取分光光度法；电感耦合等离子体原子发射光谱法
碳	高频感应炉燃烧后红外吸收法
氮	蒸馏分离-奈斯勒试剂分光光度法；惰性气体熔融-热导法
氧	惰性气体熔融-红外吸收法；惰性气体熔融-热导法
氯	氯化银分光光度法

五、其他有色金属及合金分析

1. 铅及铅合金化学分析

铅是一种浅灰色的金属，特点是密度大、熔点低、可塑性高、强度低，具有良好的润滑能力和高的耐蚀性。在工业上铅被广泛地用来制造蓄电池、熔断丝、子弹头、焊料、耐酸容器衬里等。

铅及铅合金的测定项目主要有铅、锡、锑、铜、银、铁、铝、锌、铋、砷、硒、铊、碲等。

铅及铅合金分析中，采用火焰原子吸收光谱法测定铁、铜、锌、银、锑、碲、钙、镉、镍等元素，采用光电直读原子发射光谱分析方法同时测定多元素含量，采用氢化物发生-原子荧光光谱法测定锡、锑、铋、硒、碲等元素。另外，采用火试金法测银，碘酸钾滴定法测锡，铬天青S分光光度法测铝，结晶紫分光光度法测铊，砷铋钼蓝分光光度法测砷，硫酸铈滴定法测锑，碘化钾分光光度法测铋。

2. 贵金属合金化学分析

贵金属合金是以贵金属中的一种金属为基础，加入其他元素组成的合金，主要指金合金、银合金、铂合金和钯合金。贵金属合金中的合金元素大多是过渡族的金属，少数是半金属和非金属。一般说来，铅、锑、铋、硅、磷、铁等是贵金属合金中的有害杂质元素。

金合金中分析中，采用硫酸亚铁电位滴定法测定金量，碘化钾电位滴定法测定银量，高锰酸钾电流滴定法测定铂量，EDTA 配位返滴定法测定镍量和铟量，硫脲析出 EDTA 配位返滴定法测定铜量。

银合金分析中，采用氯化钠电位滴定法测定银量，二甲基乙二醛肟重量法测定钯量，硫脲析出 EDTA 配位返滴定法测定铜量。

铂合金分析中，采用高锰酸钾电流滴定法测定铂量，硫酸亚铁电位滴定法测定金量，碘化钾电位滴定法测定银量，二甲基乙二醛肟重量法测定钯量，三氧化钨重量法测定钨量，硫酸亚铁电流滴定法测定铱量。

钯合金分析中，采用二甲基乙二醛肟重量法测定钯量，硫酸亚铁电位滴定法测定金量，碘化钾电位滴定法测定银量，高锰酸钾电流滴定法测定铂量，硫酸亚铁电流滴定法测定铱量，硫脲析出 EDTA 配位返滴定法测定铜量。

另外，采用电感耦合等离子体原子发射光谱法测铍、铝、镁、钒、铬、锰、铁、镍、铜、锌、锡、镓、锆、镧、钆、铈等元素。

3. 镁及镁合金

镁是一种银白色有光泽的金属，具有延展性和中等硬度。金属镁的主要用途是制造镁合金，镁能与铝、铜、锰、锌、锆、铈等多种金属制成合金，广泛地用于航空、机械制造、民用建筑等。

镁需要分析的杂质元素有铝、铁、硅、铜、锰、镍、氯等。镁合金分析的主要元素有铝、锌、锰、铜、镍、铁、硅、锆、铈等。

镁及镁合金分析中，采用火焰原子吸收光谱法测定钙、钾、钠、锂、锌、铅、银等金属元素，采用 ICP-AES 同时测定多元素含量，采用光电直读原子发射光谱分析方法同时测定多元素含量。另外，铍的测定还可采用依莱铬氰蓝 R 分光光度法，钛的测定还可采用二安替比咻甲烷分光光度法，锡的测定还可采用邻苯二酚紫分光光度法，铜的测定还可采用新亚铜灵分光光度法和草酰二酰肼分光光度法，锌的测定还可采用 PAN 分光光度法、EDTA 滴定法，锆的测定还可采用二甲酚橙分光光度法和茜素磺酸盐分光光度法，氯的测定采用氯化银浊度法。

习 题

1. 填空题

（1）$SnCl_2$-$TiCl_3$-$K_2Cr_2O_7$ 法测定铁矿石中全铁含量时，加入 $SnCl_2$ 的作用是______，加入 $TiCl_3$ 的作用是______，加入 Na_2WO_4 的作用是______，加入磷酸的作用是______。

（2）$SnCl_2$-$TiCl_3$-$K_2Cr_2O_7$ 法测定铁矿石中全铁含量，定量还原 Fe^{3+} 时，不能单独使用 $SnCl_2$ 的原因是______，也不能单独使用 $TiCl_3$ 的原因是______。

（3）通常所说的稀土是化学元素周期表中镧系元素和钪、钇共____种元素的总称。目前在稀土工业及产品标准中，稀土包含____种元素，不包含____和____元素。稀土总量是指______。稀土分量是指______。

（4）锑磷钼蓝分光光度法测定钢铁中磷元素，采用____将锑磷钼黄还原为锑磷钼蓝，最大吸收波长是____，测定溶液的吸光度时采用的参比溶液是____。

（5）用燃烧后非水滴定法测定钢铁中的碳时，采用的标准滴定溶液是______，采用的指示剂是______，滴定终点时溶液的颜色是______。

2. 选择题

（1）常说的钢铁中的五大元素中，有害元素是指（ ）。

A. P 和 Si　B. S 和 Si　C. P 和 S　D. Mn 和 Si

（2）称取钢样 0.7500g，在 16℃、101.3kPa 时，用硫酸作封闭液，量气管读数为 2.10%，则试样中碳的质量分数为（ ）。

A. 0.000028%　B. 0.00028%　C. 0.0028%　D. 0.028%

（3）下列关于钢铁碳硫分析仪，（ ）的表述不正确。

A. 容量法碳硫分析仪可以采用非水滴定法测碳，用酸碱滴定法测硫

B. 容量法碳硫分析仪可以采用气体容量法测碳和硫

C. 红外碳硫分析仪是将碳和硫转化为 CO_2 和 SO_2，采用红外吸收法测定其含量

D. 库仑碳硫分析仪是根据法拉第定律，采用电位检测法测定碳和硫的含量

（4）火试金重量法测定金矿石中的金含量，灰吹过程的目的是（ ）。

A. 得到含有贵金属的铅扣　B. 将金、银与铅分离

C. 将金与银分离　D. 将金与灰分离

（5）燃烧-碘酸钾滴定法测定钢铁中的硫，称取 1.000g 钢铁试样，燃烧生成的气体导入吸收杯中，用碘酸钾标准溶液滴定，共消耗 8.60mL，空白试验消耗碘酸钾标准溶液的体积为 0.12mL。若碘酸钾标准溶液对硫的滴定度为 0.0250mg/mL，则样品中硫的质量分数为（ ）。

A. 0.212%　B. 0.0212%　C. 0.00212%　D. 0.000212%

（6）钢铁中的磷和硅均能与钼酸铵形成杂多酸，用还原剂还原后分别生成蓝色的磷钼蓝和硅钼蓝，在测定磷时防止硅的干扰可采用的办法是（ ）。

A. 用氢氟酸除去硅

B. 还原磷钼杂多酸时不使用硫酸亚铁还原剂

C. 还原磷钼杂多酸时使用抗坏血酸还原剂

D. 还原磷钼杂多酸时使用氯化亚锡还原剂

（7）采用活性炭富集-碘量法测定金矿石中金的含量，采用（ ）标定硫代硫酸钠标准溶液的浓度更合理。

A. 重铬酸钾　B. 溴酸钾　C. 碘酸钾　D. 金

（8）采用偶氮胂Ⅲ光度法测定稀土总量时，以下操作不正确的是（　　）。

A. 控制溶液 pH=2.8

B. 配制标准溶液时可选择镧、钪、镱、钇等稀土元素中的任一种单一元素进行配制

C. 配制标准溶液时可选择镧、钪、镱、钇等稀土元素中的单一元素以一定比例混合进行配制

D. 配制标准溶液时可选择与待测样品稀土成分相近的混合稀土进行配制

3. 准确称取约 0.2022g 铁矿石试样，于 500mL 锥形瓶中，用氟化钠溶液和浓盐酸溶解，用氯化亚锡和三氯化钛溶液将溶液中的三价铁全部还原为二价铁。滴加重铬酸钾溶液至钨蓝刚刚消失，用去 1.00mL，立即加入硫酸-磷酸混合酸，以二苯胺磺酸钠为指示剂，立即用重铬酸钾标准溶液滴定至溶液呈紫色为终点，消耗重铬酸钾标准溶液 22.07mL，若 $c(\frac{1}{6}K_2Cr_2O_7)=0.05000mol/L$，试计算铁矿石试样全铁的质量分数。

4. 取金矿石试料 10.60g，用王水溶解后，用活性炭富集氯金酸。将活性炭纸浆烘干，灰化，用王水溶解，加入 2.00mL EDTA 溶液（25g/L），加入 0.1～0.5g 碘化钾，搅拌均匀，放置，用 0.000602mol/L 硫代硫酸钠标准溶液滴定至微黄色，加入 1mL 淀粉溶液滴定至蓝色消失为终点，共消耗硫代硫酸钠标准溶液 8.25mL。试计算该金矿石中金的含量。

5. 0.1200g 碳完全燃烧后生成的 CO_2 用定碳仪测量，在 16℃、101.3kPa 时，1.00mL CO_2 气体中碳的质量是多少？已知 16℃时水的饱和蒸气压为 1.819kPa。

6. 称取钢样 1.0000g，用硫酸作封闭液，在 20℃、101.3kPa 时，测得二氧化碳的体积为 5.00mL，求该试样中碳的质量分数。已知 16℃、20℃时水的饱和蒸气压分别为 1.819kPa 和 2.339kPa。

7. 称取钢样 0.7500g，用硫酸作封闭液，在 17℃、99.99kPa 时，量气管读数为 2.14%，试求试样中碳的质量分数。已知 16℃、17℃时水的饱和蒸气压分别为 1.819kPa 和 1.938kPa。

8. 称取 0.5000g 含锰 0.40%的标准钢样，标定亚砷酸钠-亚硝酸钠标准溶液的浓度。滴定时消耗亚砷酸钠-亚硝酸钠标准溶液 5.00mL，试计算亚砷酸钠-亚硝酸钠标准溶液对锰的滴定度。

9. 称取 2.0010g 铜碎屑，用硝酸-硫酸混合酸溶解，在浸入此溶液的两个铂电极上施加适当的电压。电解完成后，将铂阴极烘干，称其质量为 18.2050g，电解前称量铂阴极质量为 16.2102g。将电解析出铜的溶液及收集的前几次冲洗电极的水，于 250mL 容量瓶中稀释至标线。移取 10mL 定容后的电解液于 50mL 容量瓶中，加入双环己酮草酰二腙显色后稀释至刻度，在波长 600nm 处测得吸光度为 0.356，试计算铜的质量分数。铜标准系列溶液及吸光度见下表。

铜标液的体积/mL	0	1.00	2.00	3.00	4.00	5.00
铜标系列溶液中铜浓度/(μg/50mL)	0	10.00	20.00	30.00	40.00	50.00
吸光度	0	0.082	0.166	0.251	0.326	0.412

实验探究

我国明朝宋应星著《天工开物》中关于黄金的描述：凡金质至重，每铜方寸重一两者，银照依其则，寸增重三钱。银方寸重一两者，金照依其则，寸增重二钱。凡金性又柔，可屈折如柳枝。其高下色，分七青、八黄、九紫、十赤。登试金石上，立见分明。凡足色金参和伪售者，惟银可入，余物无望焉。欲去银存金，则将其金打成薄片剪碎，每块以土泥裹涂，入坩埚中硼砂融化，其银即吸入土内，让金流出以成足色。然后入铅少许，另入坩埚内，勾出土内银，亦毫厘具在也。根据这段文字叙述回答问题：

（1）文中叙述了哪些验金方法？

（2）分金的科学依据是什么？

（3）火试金重量法测定金矿石中金含量采用的分金方法是什么？

（4）设计实验检验两种分金法的效果。

第五章　石油及石油产品分析

石油（petroleum）主要是低级动植物在地层和微生物的作用下，经过复杂的化学和生物化学变化而形成的液体矿物。通常将直接从油井中开采出来未加工的石油称为原油（crude oil）。不同产区和不同地层的原油其物理性质有很大的差别。原油的分类有多种方法，按组成可分为石蜡基原油、环烷基原油和中间基原油三类；按硫的含量可分为超低硫原油、低硫原油、含硫原油和高硫原油四类；按密度可分为轻质原油、中质原油、重质原油以及特重质原油四类。原油常见的测定项目包括密度、黏度、倾点、馏程、水分、硫含量、氮含量、有机氯、酸值、蜡含量、盐含量、硫化氢、甲基硫醇和乙基硫醇等。

原油经过分馏或裂化加工后得到各种产品称为石油产品，如石油气、汽油、煤油、柴油、润滑油、重油、沥青、石蜡等。石油气是1～4个碳原子的小分子烷烃，常被加压液化为液化石油气（LPG），用于加热、烹饪和制造塑料等。汽油是5～12个碳原子组成的烷烃和环烷烃的混合物，用作发动机燃料。煤油是10～18个碳原子组成的烷烃和芳香烃的混合物，常作为喷气发动机和拖拉机的燃料，还可以作为制造其他产品的原材料。柴油是碳原子数大于等于12的烷烃，用作柴油机燃料，还可以作为制造其他产品的原材料或加热用油。润滑油是长链（20～50个碳原子）的烷烃、环烷烃和芳香烃的混合物，用于发动机润滑油、润滑脂和其他润滑剂。重油是长链（20～70个碳原子）的烷烃、环烷烃和芳香烃的混合物，用作工业燃料或制造其他产品的原材料。石油炼制过程中最后剩余的固体残渣，是碳原子数大于等于70的多环化合物，通过加工可以得到焦炭、沥青、焦油和石蜡等。

不同的石油产品其分析项目也不同，通常测定密度、馏程、沸点、黏度、闪点、水分和机械杂质、酸值、硫含量等。

第一节　密度的测定

密度（density）是指在规定的温度下单位体积物质的质量，用 ρ_t 表示，单位为 kg/m^3 或 g/cm^3（g/mL）。由于石油产品的体积随温度变化而变化，其密度也随温度变化而变化，在某一温度下所观察到的密度计读数称为该物质的视密度。因此，一定要注明测定石油产品密度时的温度。**石油和石油产品在标准状态（20℃，101.325kPa）下的密度称为标准密度。**在其他温度下测得的视密度值应换算为标准密度报出试验结果。一般来说，原油的密度为0.75～1.00g/mL，汽油的密度为0.72～0.737g/mL，航空煤油的密度不小于0.775g/mL，标准柴油的密度为0.82～0.87g/mL。

通常测定液体石油产品密度的方法有密度瓶与密度计法、韦氏天平法、电子密度天平法和数字密度计法。

一、密度瓶与密度计法

1. 密度瓶法

密度瓶法通过比较相同体积的试样和水的质量来确定试样的密度，是测定密度最常用的方法之一。

常见的密度瓶（pycnometer）分为普通型（如图 5-1 所示）和标准型（如图 5-2 所示）。因为密度瓶的塞子上均有毛细管，多余的液体在盖紧瓶塞后会沿着毛细管流出，因此，又被称为毛细管塞密度瓶。图 5-1(a)是广口密度瓶，适用于黏稠液体或固体样品密度的测定。图 5-1(b)所示的密度瓶称为盖-卢塞克型密度瓶，适用于除高黏度外的非挥发性液体样品密度的测定。图 5-1(c)所示的密度瓶因具有磨口的防护帽，可以有效地减少样品的挥发损失，通常适用于具有一定挥发性样品密度的测定。标准型密度瓶的容积一般有 5mL、10mL、25mL 和 50mL 等，附有特制温度计可以准确地测定瓶中液体的温度，由于带有磨口帽的小支管，可以防止液体挥发，因此适用于挥发性不是很高的样品密度的测定。

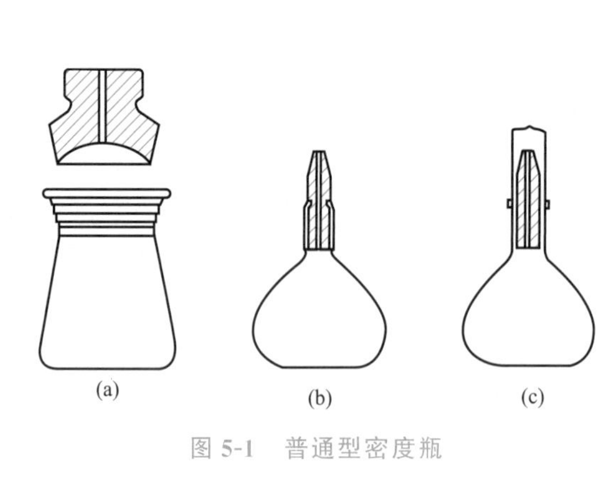

图 5-1 普通型密度瓶

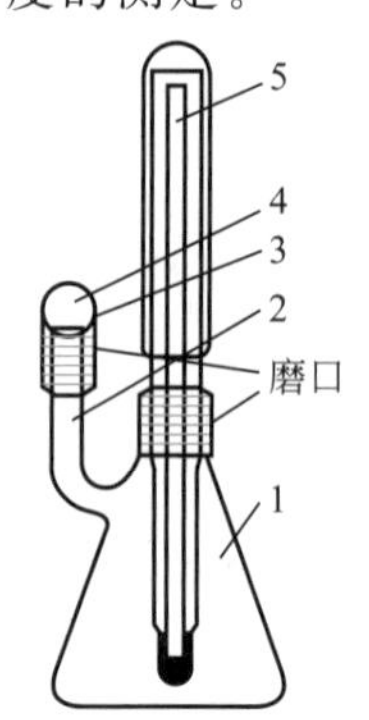

图 5-2 标准型密度瓶

1—密度瓶主体；2—毛细管；3—侧孔；4—罩；5—温度计

测定时先将密度瓶洗净并干燥，连温度计及侧孔罩一起称重。取下温度计及侧孔罩，用新煮沸并冷却至约 20℃的蒸馏水充满密度瓶（不得带入气泡），插入温度计，将密度瓶置于(20.0±0.1)℃的恒温水浴中，恒温 20min，至密度瓶中样品温度达到 20℃，并使测管中的液面与侧管管口对齐，立即盖上侧孔罩，取出密度瓶，用滤纸擦干其外壁的水，立即称其质量。然后将密度瓶中的水倒出，干燥后加入试样。用同样的方法进行测定。结果用式(5-1)计算。：

$$\rho_{20}^{S}=\frac{m_{20}^{S}\rho_{20}^{W}}{m_{20}^{W}} \tag{5-1}$$

式中 ρ_{20}^{S}——20℃时样品的密度，g/cm^3；

m_{20}^{S}——20℃时充满密度瓶的试样质量，g；

ρ_{20}^{W}——20℃时水的密度，g/cm^3；

m_{20}^{W}——20℃时充满密度瓶的水的质量，g。

【注意】 由于在测定时，称量是在空气中进行的，因此受到空气浮力的影响，必要时可按式(5-2) 计算密度以校正空气浮力的影响。

$$\rho_{20}^{S}=\frac{m_{20}^{S}+A}{m_{20}^{W}+A}\times\rho_{20}^{W} \tag{5-2}$$

式中 A——空气浮力校正值，即称量时试样和蒸馏水在空气中减轻的质量，g。

2. 密度计法

密度计（hydrometer）是一支封口的玻璃管，中间部分较粗，内有空气，放在液体中可以浮起，下部装有小铅粒形成重锤，能使密度计直立于液体中，上部较细，管内有刻度标尺，可以直接读出密度值，如图 5-3 所示。

密度计是成套的，每套有若干支，每支密度计只能测定一定范围的密度。使用时要根据待测液体的密度大小选用不同量程的密度计。

5-1-1
石油密度计

测定时先根据试样的密度选择适当的密度计，将待测定的试样小心倾入清洁、干燥的玻璃圆筒中，然后把密度计擦干净，用手拿住其上端，轻轻地插入玻璃筒内，用手扶住使其缓缓上升。要求试样中不得有气泡，密度计不得接触筒壁及筒底。待密度计停止摆动后，水平观察，读取待测液弯月面上缘的读数，同时测量试样的温度。

二、韦氏天平法

韦氏天平法测定密度的基本依据是阿基米德定律，即当物体完全浸入液体时，它所受到的浮力（所减轻的质量）等于其排开的液体的质量。在一定的温度下（20℃），分别测定同一物体（玻璃浮锤）在水及试样中的浮力。由于浮锤排开水的体积和排开试样的体积相同，根据水的密度便可以计算出样品的密度。

韦氏天平的构造如图 5-4 所示。它由支架、横梁、玻璃浮锤及骑码等组成。韦氏天平附有两套骑码，最大的骑码的质量等于玻璃浮锤在 20℃的水中所排开水的质量（约 5g），其他骑码为最大骑码的 1/10、1/100、1/1000。各个骑码的读数见表 5-1。

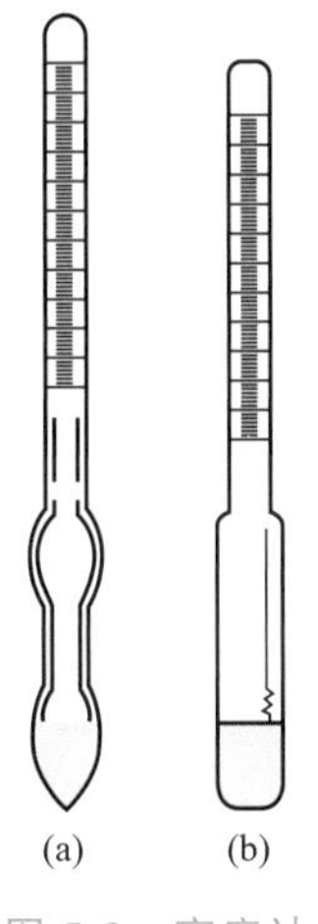

图 5-3　密度计

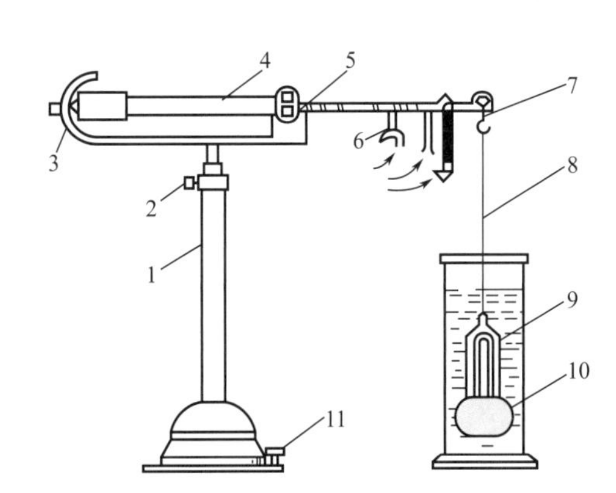

图 5-4　韦氏天平的构造

1—支架；2—支柱紧定螺钉；3—指针；4—横梁；5—刀口；6—骑码；7—钩环；8—细白金丝；9—浮锤；10—玻璃筒；11—水平调节螺钉

表 5-1　不同骑码在各个位置的读数

骑码位置	一号骑码	二号骑码	三号骑码	四号骑码
放在第十位时	1	0.1	0.01	0.001
放在第九位时	0.9	0.09	0.009	0.0009
…	…	…	…	…
放在第一位时	0.1	0.01	0.001	0.0001

例如一号骑码在第 8 位上，二号骑码在第 7 位上，三号骑码在第 6 位上，四号骑码在第 3 位上，则读数为 0.8763，如图 5-5 所示。

测定前，检查仪器各部件是否完整无损。用清洁的细布擦净金属部分，用乙醇擦净玻璃筒、温度计、玻璃浮锤，并干燥。将仪器置于稳固的平台上，旋松支柱螺钉，使其调整至适

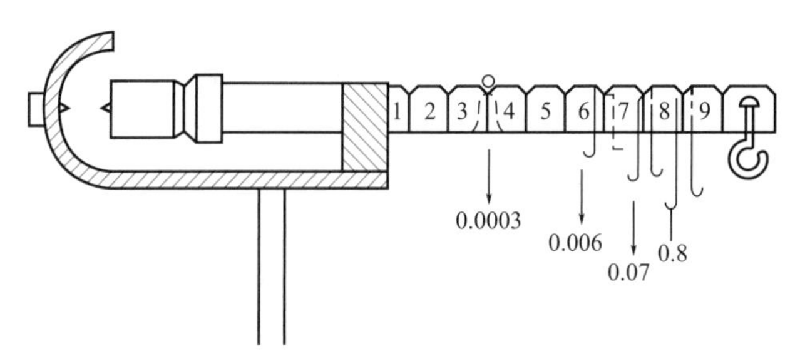

图 5-5 骑码读数法示意图

当高度，旋紧螺钉。将天平横梁置于玛瑙刀座上，钩环置于天平横梁右端刀口上，将等重砝码挂于钩环上，调整水平调节螺钉，使天平横梁左端指针与固定指针水平对齐，以示平衡。

【注意】 在测定过程中不得再变动水平调节螺钉。若无法调节平衡时，则可用螺丝刀将平衡调节器上的定位小螺钉松开，微微转动平衡调节器，使天平平衡，旋紧平衡调节器上的定位小螺钉，在测定中严防松动。

取下等重砝码，换上玻璃浮锤，此时天平仍应保持平衡。

向玻璃筒内缓慢注入预先煮沸并冷却至约 20℃的蒸馏水，将浮锤全部浸入水中，不得带入气泡，浮锤不得与筒壁或筒底接触，玻璃筒置于 (20.0±0.1)℃的恒温浴中，恒温 20min，然后由大到小把骑码加在横梁的 V 形槽上，使指针重新水平对齐，记录骑码的读数。

将玻璃浮锤取出，倒出玻璃筒内的水，玻璃筒及浮锤用乙醇洗涤后，并干燥。用同样的方法测定试样。

按式(5-3) 计算试样的密度。

$$\rho_{20}^{\mathrm{S}}=\frac{m^{\mathrm{S}}\rho_{20}^{\mathrm{W}}}{m^{\mathrm{W}}} \tag{5-3}$$

式中 ρ_{20}^{S}——试样在 20℃时的密度，g/cm³；

m^{S} 浮锤浸于试样中时的浮力（骑码读数），g；

m^{W}——浮锤浸于水中时的浮力（骑码读数），g；

ρ_{20}^{W}——水在 20℃时的密度（查表得到），g/cm³。

三、电子密度天平法

电子密度天平是将电子分析天平与阿基米德定律结合以测定物质的密度的仪器，与普通电子天平的区别是多了个测试架和玻璃杯，如图 5-6 所示。测定标准砝码在空气、水和样品中的质量分别为 m_1、m_{w} 和 m_{s}，则标准砝码在水和样品中所受浮力大小分别为 $F_{\mathrm{w}}=m_1-m_{\mathrm{w}}=V_{\mathrm{w}}\rho_{\mathrm{w}}$ 和 $F_{\mathrm{s}}=m_1-m_{\mathrm{s}}=V_{\mathrm{s}}\rho_{\mathrm{s}}$。在相同温度下，由于标准砝码排开的水的体积与排开试样的体积相同 ($V_{\mathrm{w}}=V_{\mathrm{s}}$) 于是，试样的密度用式(5-4) 计算。

$$\rho_{\mathrm{s}}^{t}=\frac{(m_1-m_{\mathrm{s}})\rho_{\mathrm{w}}^{t}}{m_1-m_{\mathrm{w}}} \tag{5-4}$$

式中 ρ_{s}^{t}——试样在温度为 t 时的密度，g/mL；

m_1——标准砝码在空气中测得的质量，g；

m_{s}——标准砝码在温度为 t 的试样中测得的质量，g；

m_{w}——标准砝码在温度为 t 的水中测得的质量，g；

ρ_{w}^{t}——水在温度为 t 时的密度，g/mL。

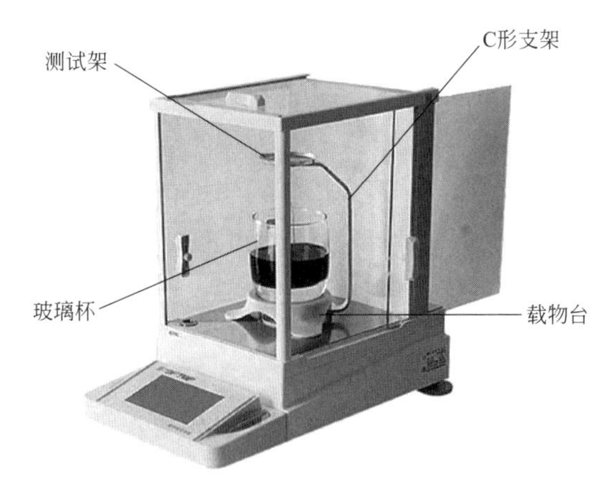

5-1-2
电子密度天平

图 5-6 电子密度天平

根据水的密度ρ_{w}^{t}即可计算出样品的密度。一般来说，直读式电子密度计会将不同温度时水的密度存储在仪器中，测定时只要输入水的温度，仪器便可根据嵌入的公式自动给出样品的密度值。

四、数字密度计法

1. 方法原理

5-1-3
U形管振荡
数字式密度计

数字密度计由U形振荡管、电子激发系统、频率计数器和显示器等部件构成。利用一块磁铁固定在U形振荡管上，由振荡器使其产生振动。U形玻璃管内充满不同密度的液体时，其振动频率会发生变化。随着液体密度的增大，振荡的频率就降低，而振动的周期就变化，如图5-7所示。通过测量被测物质与标准物质之间振动周期的差值就能计算出被测物质的密度值。这种利用U形振荡管振动周期改变的原理测定液体密度的仪器又被称为振动式密度计。

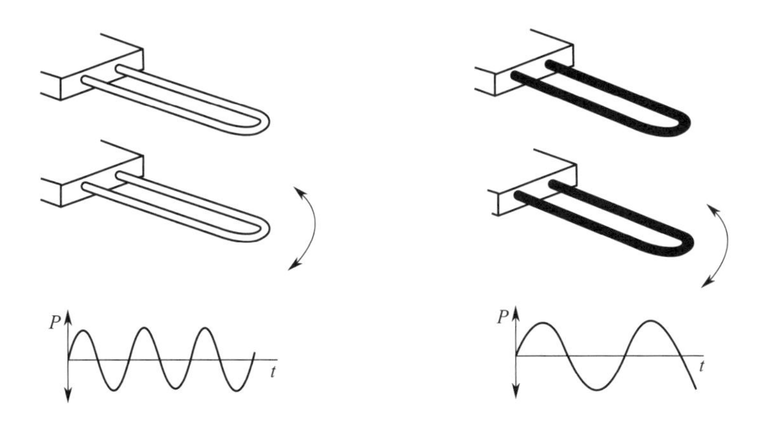

图 5-7 U形振荡管测量液体密度原理图

由U形振荡管的振动周期T的关系式，可导出液体密度与U形管振动周期T的关系式。

$$\rho=\frac{k}{4\pi^{2}V}T^{2}-\frac{m}{V} \tag{5-5}$$

式中 ρ——U 形管中液体在温度为 t 时的密度，g/mL；

T——U 形振荡管的振动周期，s；

V——U 形管中液体的体积，mL；

m——U 形管的质量，g；

k——测量管常数，g/s^2。

对于密度分别为 ρ_1 和 ρ_2 的两种液体来说，可以得出如下关系式。

$$\rho_1-\rho_2=\frac{k}{4\pi^2 V}(T_1^2-T_2^2)=K(T_1^2-T_2^2) \tag{5-6}$$

式中 K——仪器的常数，$g/(mL \cdot s^2)$。

由此可知，只要测量出两种已知密度液体的振动周期，便能求出仪器常数 K。再测定样品的振动周期即可计算出样品的密度。

2. 仪器常数的测定

先用清洗剂，后用丙酮，再用干燥空气干燥样品管。当 U 形管内的干燥空气在测试温度下达到热平衡时，记录此时空气的振动周期 T_a。用注射器吸取 1～2mL 水注入至试样管中，记录水的振动周期 T_w。用式(5-7) 计算仪器的常数 K。

$$K=\frac{\rho_w-\rho_a}{T_w^2-T_a^2} \tag{5-7}$$

式中 K——仪器的常数，$g/(mL \cdot s^2)$；

T_a——试样管充满空气时的振动周期，s；

T_w——试样管充满水时的振动周期，s；

ρ_a——测定温度下空气的密度，g/mL；

ρ_w——测定温度下水的密度，g/mL。

测定温度下水的密度可通过查表获取，测定温度下空气的密度可用式(5-8) 计算得到。

$$\rho_a=0.001293\times\frac{273.15}{t}\times\frac{p}{101.3} \tag{5-8}$$

式中 ρ_a——测定温度下空气的密度，g/mL；

t——测试的温度，K；

p——大气压力，kPa。

3. 样品测定

用注射器吸取 1～2mL 样品注入至试样管中，确保 U 形振荡管中样品无气泡，记录样品的振动周期 T_s。样品的密度用式(5-9) 计算。

$$\rho_s=\rho_w+K(T_s^2-T_w^2) \tag{5-9}$$

式中 ρ_s——测定温度下样品的密度，g/mL；

ρ_w——测定温度下水的密度，g/mL；

K——仪器的常数，$g/(mL \cdot s^2)$；

T_s——试样管充满样品时的振动周期，s；

T_w——试样管充满水时的振动周期，s。

4. 方法讨论

(1) 目前市售的数字密度计具有自动计算功能，可以直接记录和打印测试结果。

(2) 目前市售的数字密度计大多采用了单片机控制步进电机驱动蠕动泵，实现自动采样。

第二节 馏程的测定

沸点（boiling point）是液态物质的一项重要的物理常数，是检验液态有机物纯度的一项重要指标。原油或石油产品是多种有机化合物的混合物，在加热蒸馏时没有固定的沸点，而有一定的沸程，也称馏程。

液体的馏程（distillation）是指挥发性有机液体，在规定的条件下（101.325kPa）蒸馏，第一滴馏出物从冷凝管末端落下的瞬间温度（初馏点）至蒸馏瓶底最后一滴液体蒸发的瞬间温度（终馏点或干点）之间的温度范围。对于纯液体物质，其馏程一般不超过1～2℃，若含有杂质则馏程会增大。因此测定石油化工产品的馏程是其质量控制的主要指标之一。

测定时，按图5-8所示安装蒸馏装置，将装配密封塞的温度计插入已装入试样的蒸馏烧瓶瓶颈中（已加入沸石），使测量温度计水银球上端与蒸馏瓶和支管接合部的下沿保持水平。将装有试样的蒸馏烧瓶放在孔径为50mm的支板上，通过密封塞将蒸馏烧瓶的支管与冷凝管相连，支管应插入冷凝管25～40mm。

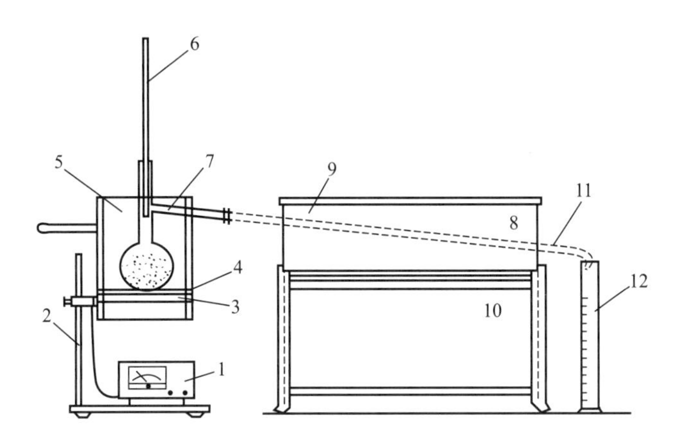

图5-8 馏程测定装置示意图

1—控温器；2—支架；3—电炉；4—石棉板；5—瓶罩；6—温度计；
7—蒸馏烧瓶；8—冷浴；9，10—进水管和排水管；11—冷凝管；12—量筒

1. 初馏点的测定

将洁净、干燥的接收量筒置于冷凝管下端，使冷凝管口进入量筒的深度不少于25mm，但不能低于量筒100mL刻度线，也不能与量筒的壁接触，用一些棉花将量筒口塞严。平稳加热烧瓶，使得从开始加热至第一滴冷凝液滴入量筒的时间为5～10min。在第一滴冷凝液从冷凝管滴入量筒的瞬间，观察并记录温度计的读数（t_0'）。

标准大气压下初馏点按式(5-10)计算。

$$t_0=t_0'+t_c+C \tag{5-10}$$

$$C=0.0009\times(101.3-p_b)(273+t_0') \tag{5-11}$$

式中 t_0——标准大气压下试样的初馏点，℃；

t_0'——观察并记录的温度计的读数，℃；

t_c——温度计检定书中的修正值，℃；

C——温度计读数的大气压修正值，℃；

p_b——试验时的大气压力，kPa。

2. 规定回收体积分数时蒸发温度的测定

调整量筒的位置，使冷凝液滴沿着量筒壁流下，最初的蒸馏速度控制在 2 滴/s，之后保持在 1 滴/s。记录 10%～90%每 10%回收体积分数时温度计的读数（t_i'）。某回收体积分数时的蒸发温度参照初馏点的计算。

3. 规定馏出温度范围内馏出物体积分数的测定

保持蒸馏速度 1 滴/s，蒸馏至相当于标准大气压 101.3kPa 下规定样品测定的最高温度时停止加热。记录相当于标准大气压 101.3kPa 下 100℃、120℃、150℃、160℃、180℃……至规定的最高温度时的回收体积。在规定温度下样品的回收体积与样品原始体积的比值即为该温度下的回收体积分数。

将标准大气压 101.3kPa 下 100℃、120℃、150℃、160℃、180℃……至规定的最高温度按式(5-12) 换算到试验条件下的温度计读数（t_i'）。

$$t_i'=\frac{(t_i-t_c)-273\times0.0009\times(101.3-p_b)}{1+0.0009\times(101.3-p_b)} \tag{5-12}$$

式中 t_i'——观察并记录的温度计的读数，℃；

t_i——标准大气下 100℃、120℃、150℃、160℃、180℃等的数值；

t_c——温度计检定书中的修正值，℃；

p_b——试验时的大气压力，kPa。

4. 终馏点（干馏点）的测定

保持蒸馏速度 1 滴/s，记录蒸馏至蒸馏瓶底最后一滴液体蒸发完的瞬间温度（t_n'），参照标准大气压下初馏点的计算得出终馏点的温度（t_n）。

注意事项：

(1) 若测定的原油样品中水的质量分数大于 0.2%时，为防止蒸馏时产生暴沸，应进行脱水处理。脱水时可将原油样品在密封的容器中与适当的破乳剂混合并加热至 40～60℃，在此温度下保持 1.5～2.0h，再冷却至 20℃。

(2) 对于在室温下能充分流动的样品，用洁净的量筒量取 100mL 试样，转移至蒸馏烧瓶中；对于在室温下不能充分流动或用量筒量取时挂壁的样品，根据试样的密度计算相当于 100mL（20℃）的质量，加热至试样能够流动的最低温度，按计算的试样质量称量至蒸馏烧瓶中。

(3) 通常情况下，国家标准规定车用汽油回收体积分数为 10%、50%和 90%时的蒸发温度分别控制在 70℃、120℃和 190℃以下，终馏点的温度控制在 205℃以下；普通柴油回收体积分数为 50%、90%和 95%时的蒸发温度分别控制在 300℃、355℃和 365℃以下。对于燃料用油一般只测定在 250℃时的回收体积分数。

(4) 因为石油产品馏程的测定是条件试验，根据馏分轻重的不同，所规定的加热速度也不同。在蒸馏过程中，如果加热速度过快，产生的大量气体来不及从蒸馏瓶支管逸出时，瓶中的气压大于外界的大气压，读出的温度并不是在外界大气压下试样的沸腾温度，会比正常蒸馏温度偏高一些。当加热速度过慢时，则馏出温度偏低。

(5) 大气压力对油品的气化有很大影响，油品的沸点随大气压的升高而升高，随大气压的降低而降低。在测定馏程时，对同一油品若在不同大气压下进行测定，所测得结果也不同。因此，对高于或低于规定大气压力范围时，必须对馏出温度进行修正。

【例】 测定某石油产品的馏程时，数据如下：室温 20.0℃，测定期间仪器附近的大气压 101.0kPa，温度计校正值为 0.1℃，观察的初馏点温度 196.0℃，观察的终馏点温度 207.0℃。试计算该石油产品的馏程。

解：（1）计算初馏点的校正温度

已知：$t_c=0.1$℃，$t_0'=196.0$℃，$p_b=101.0$kPa

温度计读数的大气压修正值：$C=0.0009\times(101.3-p_b)(273+t_0')$

$=0.0009\times(101.3-101.0)\times(273+196.0)=0.13$(℃)

初馏点的校正值：$t_0=t_0'+t_c+C=196.0+0.1+0.13=196.2$(℃)

（2）计算终馏点的校正温度

已知：$t_c=0.1$℃，$t_n'=207.0$℃，$p_b=101.0$kPa

温度计读数的大气压修正值：$C=0.0009\times(101.3-p_b)(273+t_n')$

$=0.0009\times(101.3-101.0)\times(273+207.0)=0.13$(℃)

终馏点的校正值：$t_n=t_n'+t_c+C=207.0+0.1+0.13=207.2$(℃)

该石油产品的馏程为 196.2～207.2℃。

第三节　黏度的测定

黏度（viscosity）是石油产品的一个重要物理性能，通过黏度的测定，可以确定该液体的输送条件和工艺。

黏度是当流体在外力作用下作层流运动时，相邻两层流体分子之间存在内摩擦力而阻滞流体的流动，这种特性称为流体的黏滞性。衡量黏滞性大小的物理性能称为黏度。黏度随流体的不同而不同，随温度的变化而变化。

黏度通常分为动力黏度、运动黏度和条件黏度。

一、动力黏度的测定

动力黏度（dynamic viscosity）是指当两个面积为 $1m^2$，垂直距离为 1m 的相邻液层，以 1m/s 的速度作相对运动时所产生的内摩擦力，又称绝对黏度，常用 η 表示。当内摩擦力为 1N 时，则该液体的黏度为 1Pa·s。在温度为 t 时的绝对黏度用 η_t 表示。**水在 20℃ 时的动力黏度是 1.002×10^{-3} Pa·s。**

动力黏度的测定常采用旋转黏度计，将特定的转子浸于被测液体中作恒速旋转运动，使液体接受转子与容器壁面之间发生切应力，维持这种运动所需的扭力矩由指针显示读数，根据此读数 α 和系数 K 可求得试样的动力黏度。

旋转黏度计如图 5-9 所示。测定时，先大约估计被测试样的黏度范围，然后根据仪器的量程表选择合适的转子和转速，使读数在刻度盘的 20%～80%范围内。把保护架装在仪器上，将选好的转子旋入连接螺杆。旋转升降旋钮，使仪器缓慢放下，转子逐渐浸入被测试样中至转子标线处。将试样恒温至所测温度，调整仪器水平，选择好转速，放下指针控制杆，开启电源，待转速稳定后，按下指针控制杆，观察指针在读数窗口时，关闭电源（若指针不在读数窗口，则再打开电源，使指针在读数窗口）。读取读数。测定完毕后，拆下转子和保护架，用无铅汽油洗净转子和保护架，并放入仪器箱中。

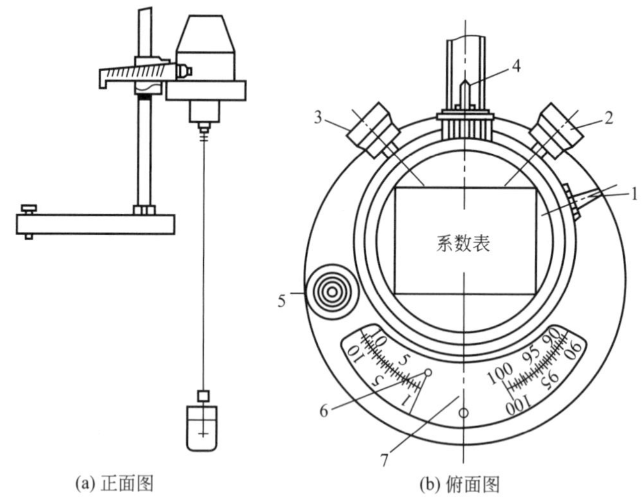

(a) 正面图　　(b) 俯面图

图 5-9　旋转黏度计

1—电源开关；2—旋钮 A；3—旋钮 B；
4—指针控制杆；5—水准器；6—指针；7—刻度线

测定结果按式(5-13)计算。

$$\eta = K\alpha \tag{5-13}$$

式中　η——样品的动力黏度，mPa·s；

α——旋转黏度计指针读数；

K——旋转黏度计指针系数。

SNB-1 数字式黏度计使用简介

SNB-1 数字式黏度计可以在程序控制下自动完成液体黏度的测量，结果在显示屏上显示，如图 5-10 所示。

① 将被测液体置于直径不小于 70mm 的烧杯中。把保护架装在仪器上，将选好的洁净的转子旋入连接螺杆。旋转升降旋钮，使仪器缓慢下降，转子逐渐浸入被测试液中，直至转子液位标线和液面相平为止。将测试容器中的试样和转子恒温至(20.0±0.5)℃，并保持试样温度均匀。

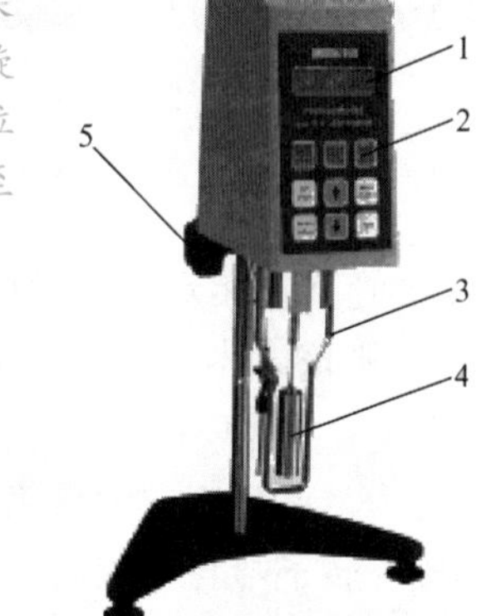

图 5-10　SNB-1 数字式黏度计

1—液晶显示屏；2—键盘；
3—保护架；4—转子；
5—升降旋钮

② 调整仪器水平，接通电源，打开开关，显示屏显示：

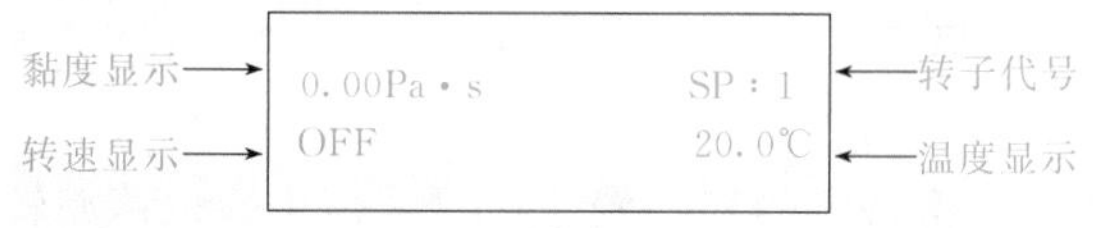

③ 仪器键盘说明：

MOTOR ON/OFF	运行/关闭键
SETSPEED	转速设置键
SELECTDISPLAY	%，η 选择键
↑	与 SETSPEED 联用，按一次↑键，转速增大一挡
↓	与 SETSPEED 联用，按一次↓键，转速降低一挡
AUTORANGE	量程显示
SELECTSPINDLE	转子号设置键
RESET	复位键

④ 参数设置：输入当前仪器选用的转子号，按一次 SELECTSPINDLE 键就可以改变一个转子号。仪器配有四个转子，从大到小的编号依次 1、2、3、4。

先按下 SETSPEED 转速设置键，再按一次↑键，转速增大一挡，若按一次↓键，转速降低一挡。仪器设有四挡转速，分别为 60r/min、30r/min、12r/min、6r/min。

在确定转子转速输入无误后，可以按 MOTOR ON/OFF 键，仪器进入实测状态。

⑤ 量程显示：按 AUTORANGE 键后，将显示某转子在一定转速下的满量程值。该功能有助于选择合适的转子和转速。当测量过程中出现“OVER”时，表明液体黏度超出仪器的最大测量范围，必须立即关闭电机，变换转子和转速。

注意：若估计不出被测试的样品的黏度时，可试用由小到大的转子和由低到高的转速。测定低黏度的液体时宜选用 1 号转子。

二、运动黏度的测定

运动黏度（**kinematic viscosity**）是指某流体的绝对黏度与该流体在同一温度下的密度之比，以 ν 表示，单位是 mm^2/s 或 m^2/s。在温度为 t 时的运动黏度以 ν_t 表示。水在 20℃ 时的运动黏度是 **1.0038**mm^2/s，即 $1.0038\times10^{-6}m^2/s$。

运动黏度的测定常采用毛细管黏度计法。在一定温度下，当液体在直立的毛细管中，以完全湿润管壁的状态流动时，其运动黏度 ν 与流动时间 τ 成正比。测定时，用已知运动黏度的液体（常用 20℃时的蒸馏水为标准液体）为标准，测量水从毛细管黏度计流出的时间，再测量试样自同一黏度计流出的时间，则可计算出试样的黏度。

$$\nu_t^S=\frac{\tau_t^S}{\tau_t^W}\times\nu_t^W \tag{5-14}$$

式中　ν_t^S——样品在一定温度下的运动黏度，mm^2/s；

ν_t^W——水在一定温度下的运动黏度，mm^2/s；

τ_t^S——样品在某一毛细管黏度计中的流出时间，s；

τ_t^W——水在某一毛细管黏度计中的流出时间，s。

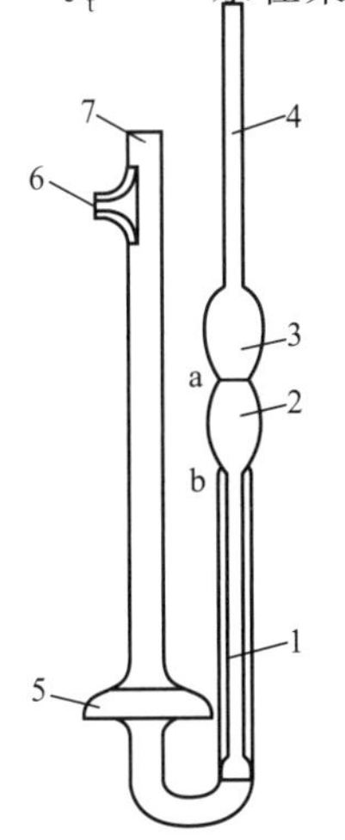

图 5-11　毛细管黏度计
1—毛细管；2,3,5—扩大部分；4,7—管身；6—支管；a,b—标线

由于在一定温度下，水的 ν_t^W 和 τ_t^W 是定值，因此对某一毛细管黏度计来说 $\frac{\nu_t^W}{\tau_t^W}$ 是一常数，称为该毛细管黏度计常数，单位为 mm^2/s^2，用 K 表示，则式(5-15) 可写成：

$$\nu_t^S=K\tau_t^S \tag{5-15}$$

毛细管黏度计一套共有 13 支，毛细管内径分别为 0.4mm、0.6mm、0.8mm、1.0mm、1.2mm、1.5mm、2.0mm、2.5mm、3.0mm、3.5mm、4.0mm、5.0mm 和 6.0mm。每支毛细管黏度计的常数 K 在出厂时都已测定好，并附在每支黏度计的包装盒内。毛细管黏度计的构造如图 5-11 所示。

选用的黏度计应使试样流出时间在 120～480s 内。在 0℃及更低温度下测定高黏度试样时，流出时间可增加至 900s；在 20℃测定液体燃料时，流出时间可减少至 60s。

测定时先将样品吸入毛细管黏度计，使黏度计直立于恒温浴缸中（见图 5-12），在 20℃时恒温 10min 以上。用洗耳球将样品吸至标线

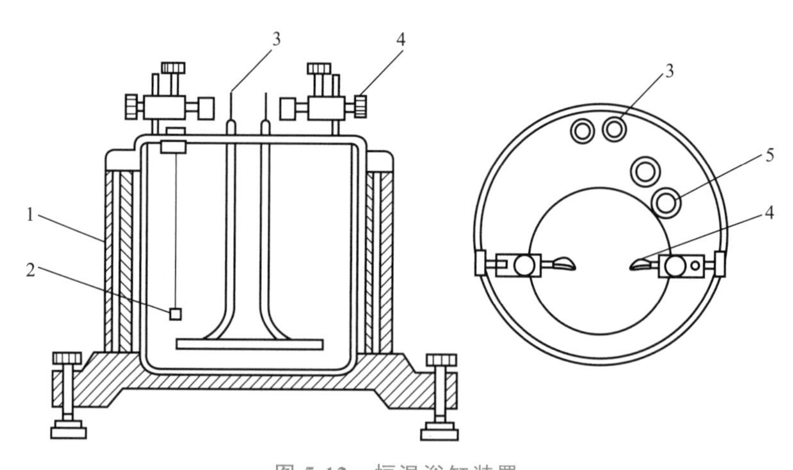

图 5-12 恒温浴缸装置

1—透明外壳；2—重锤；3—电加热器；4—黏度计夹；5—温度计插孔

“a”以上少许，使液体自由流下，注意观察液面。当液面至标线“a”时，立即启动秒表；当液面流至标线“b”时，按停秒表。记下液体由“a”至“b”的时间，即为样品在该毛细管黏度计中的流出时间。

在一定温度下，试样的动力黏度与运动黏度按式(5-16) 进行换算。

$$\eta_t = \nu_t \rho_t \tag{5-16}$$

式中 η_t——温度 t 时，试样的动力黏度，mPa·s；

ν_t——温度 t 时，试样的运动黏度，mm^2/s；

ρ_t——温度 t 时，试样的密度，g/cm^3。

通常情况下，车用汽油的黏度不需测定；普通柴油只测定 20℃温度下的运动黏度，如 0 号柴油和－10 号柴油在 20℃温度下的运动黏度为 3.0～8.0mm^2/s；炉用燃料油要测定 40℃或 100℃时的运动黏度；对于在流体静压液压系统中使用的液压油，需要分别测定 0℃和 40℃温度下的运动黏度。

三、条件黏度的测定

条件黏度是指在规定温度下，在特定的黏度计中，流出一定量液体的时间（s）；或者是此流出时间与在同一仪器中，规定温度下的另一种标准液体（通常是水）流出的时间之比。根据所用仪器和条件的不同，条件黏度通常又分为恩氏黏度、赛氏黏度和雷氏黏度等。

恩氏黏度（Engler viscosity）是指试样在规定温度下从恩氏黏度计中流出 200mL 所需的时间与 20℃时从同一黏度计中流出 200mL 水所需的时间之比，用符号 E_t 表示。赛氏黏度是指试样在规定温度下，从赛氏黏度计中流出 60mL 所需的时间，单位为秒（s）。雷氏黏度是指试样在规定温度下，从雷氏黏度计中流出 50mL 所需的时间，单位为秒（s）。

恩氏黏度的测定方法是分别测定试样在一定温度下（通常为 20℃、50℃、80℃、100℃），由恩氏黏度计流出 200mL 所需的时间（s）和同样量的水在 20℃时由同一黏度计流出的时间，根据式(5-17) 计算得出。

$$E_t = \frac{\tau_t}{K_{20}} \tag{5-17}$$

式中　E_t——试样在温度为 t 时的恩氏黏度，条件度；

τ_t——试样在温度为 t 时从恩氏黏度计中流出 200mL 所需时间，s；

K_{20}——恩氏黏度计的水值，s。

在一定温度下，试样的恩氏黏度与运动黏度可按式(5-18) 进行换算。

$$E_t = c_t \nu_t \tag{5-18}$$

式中　E_t——温度为 t 时，试样的恩氏黏度，条件度；

ν_t——温度为 t 时，试样的运动黏度，mm^2/s；

c_t——温度为 t 时的换算值，取值范围 0.135～1.00。当试样的运动黏度为 1.00mm^2/s 时，c_t 取 1.00；随着运动黏度的不断增大，c_t 取值不断减小，当运动黏度为 2.00mm^2/s、10.0mm^2/s、20.0mm^2/s、30.0mm^2/s、40.0mm^2/s 时，c_t 分别取 0.550、0.186、0.148、0.140、0.138；当运动黏度为 48.0～59.0mm^2/s 时，c_t 取 0.136；当运动黏度大于 60.0mm^2/s 时，c_t 取 0.135。具体可参考标准（GB/T 265）中关于恩氏黏度与运动黏度的换算。

恩氏黏度的测定装置（恩格勒黏度计）如图 5-13 所示。其结构是将两个圆形容器套在一起，内筒装试样，外筒为热浴。内筒壁上有三个尖钉，作为控制液面高度和调节仪器水平的指示标志，底部中央有流出孔，试液可经小孔流出，流入接受量瓶。筒上有盖，盖上有堵塞棒的插孔及温度计的插孔。外筒装在铁制的三脚架上，足底有调整仪器水平的螺旋。黏度计热浴一般用电加热器加热并能自动调整控制温度。

接受量瓶是具有一定尺寸规格的葫芦形玻璃瓶，如图 5-14 所示。其中刻有 100mL 和 200mL 两条刻度线。

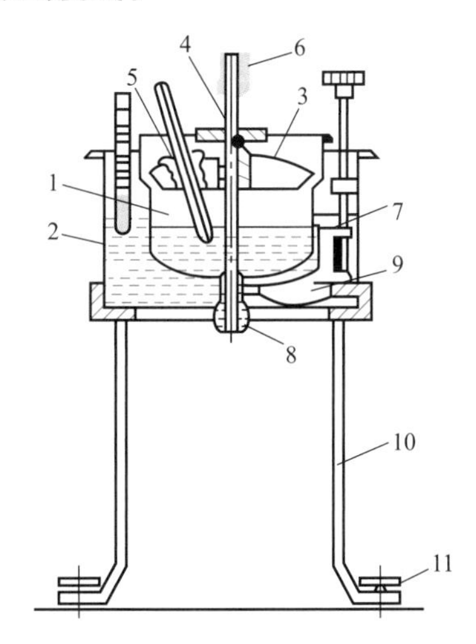

图 5-13　恩格勒黏度计

1—内筒；2—外筒；3—内筒盖；4,5—孔；6—堵塞棒；7—尖钉；8—流出孔；9—搅拌器；10—三脚架；11—水平调节螺旋

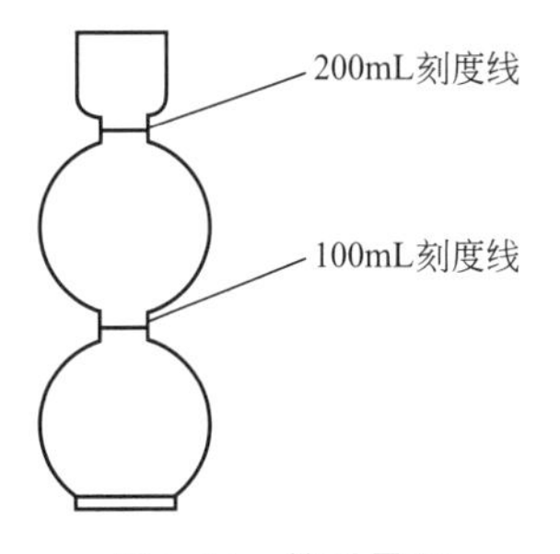

图 5-14　接受量瓶

测定时，将堵塞棒塞紧内筒的流出口，注入一定量的蒸馏水，至将要淹没三个尖钉，调整水平调节螺旋至水平，再补充蒸馏水至刚好淹没三个尖钉。盖上内筒盖，插好温度计。向外筒中注入一定量的恒温浴液（一般情况下用蒸馏水）至内筒的扩大部分，打开电加热器，选择控制温度，边加热边搅拌内、外筒，至内筒试样温度为控制温度。

将清洁干燥的接受量瓶置于流出孔下，准备好秒表，轻轻转松并稍提堵塞棒，使流出孔下端悬挂一滴试样，迅速提起堵塞棒，同时按下秒表，开始计时，当试液至200mL刻度线时，按停秒表，记录时间。要求测定水值应该在50～52s之间，否则要检查原因并使测定值符合此要求。按测定水值相同的方法测定样品。

平行测定的允许误差见表5-2。

表5-2 平行测定的允许误差

测定结果	允许误差	测定结果	允许误差
250s以下	1s	501～1000s	5s
251～500s	3s	1000s以上	10s

第四节 闪点和燃点的测定

在规定的试验条件下，点火源使得样品蒸气发生瞬间燃烧（闪燃）现象时样品被加热到的最低温度，称为闪点（flash point）。能发生连续5s以上燃烧现象的最低温度，称为燃点（fire points）。

闪点是可燃性液体贮存、运输和使用的重要安全指标，同时也是可燃性液体的挥发性指标。闪点低的可燃性液体，挥发性高，容易着火，安全性较差。一般要求可燃性液体的闪点要比使用温度高20～30℃，以保证使用安全和减少挥发损失。

油品的闪点和燃点与其馏程、化学组成有关。一般来说，馏程越低，闪点就越低。轻质组分的闪点低（如汽油、煤油），重质组分的闪点高（如柴油、润滑油）。在精制润滑油的过程中，如果混入轻质组分，将使闪点明显降低。这种挥发性高的润滑油在工作过程中容易蒸发损失，严重时甚至引起润滑油的黏度增大，从而影响润滑油的使用效果。

闪点的测定有开口杯法（open cup method）和闭口杯法（closed cup method）两种。用规定的开口杯闪点测定器所测的闪点称为开口闪点，用规定的闭口杯闪点测定器测得的闪点称为闭口闪点。闭口杯法测定时，试样在密闭的油杯中被加热，只是在点火的瞬间才打开杯盖；开口杯法测定时，试样是在敞口杯中加热，蒸发的气体可以自由向空气中扩散，需要更高的温度才能使液体上方的油蒸气浓度达到可闪燃的条件，因此，同一样品的开口闪点要比闭口闪点高10～30℃。

GB/T 3536规定，克利夫兰（Cleveland）开口杯试验仪适用于开口闪点高于79℃的石油产品（燃料油除外）闪点和燃点的测定。GB/T 261规定，宾斯基-马丁（Pensky-Martens）闭口杯试验仪适用于可燃液体、带悬浮颗粒的液体以及在试验条件下表面趋于成膜的液体，闭口闪点高于40℃样品的测定。

一、克利夫兰（Cleveland）开口杯法

目前，市售的克利夫兰开口杯闪点测定仪有手动和自动之分，图5-15所示为手动测定装置，主要由试验杯、电加热器、控制器、点火装置、温度计和防风护罩等组成。试验杯用黄铜或铜合金制成，带一个弯柄把手，内口直径为(63.5±0.5)mm，深(33.6±0.5)mm，在内壁与杯上口距离为(9.4±0.4)mm处刻有一道环状标线。火焰点火装置喷嘴直径0.8～1.0mm，能调节火焰长度，使成3～4mm近似球形，并能在试验杯上边缘面上2mm以内的平面上从一边划扫到另一边。电加热器和控制器用于加热样品，并能控制温度在5℃之内。

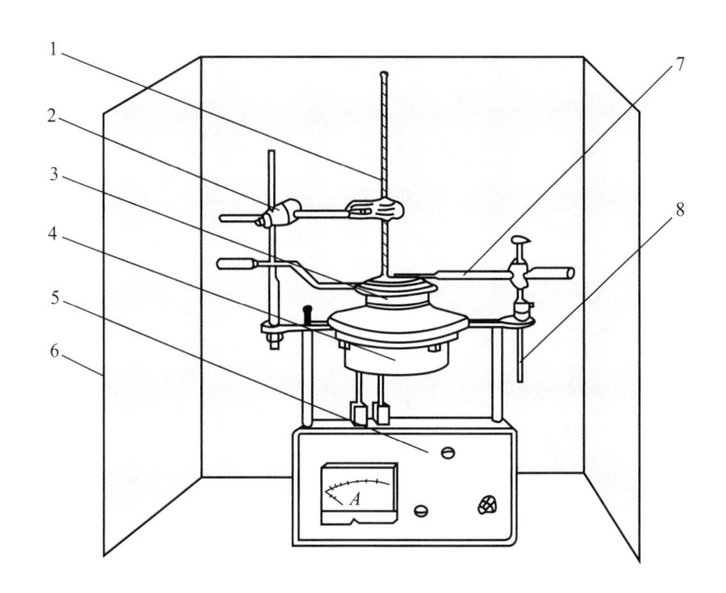

图 5-15 克利夫兰开口杯闪点手动测定装置

1—温度计；2—温度计支架；3—试验杯；4—电加热器；
5—控制器；6—防风护罩；7—点火装置；8—燃气管

测定时，观察气压计，记录试验期间的大气压。将试样倒入试验杯至刻度线，点燃试验火焰，并调节火焰直径为 3.2～4.8mm。先迅速升温，控制升温速度为 15℃/min 左右；当试样温度达到预期闪点前 56℃时减慢升温速度，在试样温度达到闪点前 25℃左右时，控制升温速度为 5～6℃/min，并开始用试验火焰划扫并通过试验杯的中心，温度每升高 2℃划扫一次，每次通过试验杯所需时间约为 1s。当在试样液面上出现闪火时，立即记录温度计的读数。测定闪点后，以升温速度 5～6℃/min 继续升温，每升高 2℃划扫一次，直到试样能持续燃烧不小于 5s，用带手柄的金属盖熄灭火焰，记录此温度作为试样的观察燃点。

国家标准规定，若闪点低于 150℃，则平行测定两次结果的最大允许误差为 4℃；若闪点高于 150℃，则平行测定两次结果的最大允许误差为 8℃。

由于闪点的高低受外界大气压力的影响，因此，应将观察的闪点或燃点按式(5-19) 修正为标准大气压（101.3kPa）下温度值。

$$T_f = T_0 + 0.25 \times (101.3 - p) \tag{5-19}$$

式中 T_f——标准压力下的闪点或燃点，℃；

T_0——观察的闪点或燃点，℃；

p——测定时记录的大气压力，kPa。

注意事项：

（1）对于室温下为液体的样品，取样前应先轻轻摇动混匀，再小心取样，应尽可能避免挥发性组分损失。对于闪点在 210℃以下的试样，加样至上标线；对于闪点在 210℃以上的试样加样至下标线。如果加入的试样过多，可用移液管或其他适当工具取出。对于室温下为固体或半固体的样品，将装有试样的容器放入加热浴或烘箱中，在低于预期闪点 56℃的温度下缓慢加热，轻轻混匀样品，然后按试验步骤进行操作。测试时还要除去试样表面的气泡。

(2) 若试样中水分超过0.1%时，必须对试样进行脱水处理。脱水的方法是在试样中加入新煅烧并冷却的氯化钠、硫酸钠或无水氯化钙。闪点低于100℃的试样不能加热，闪点高于100℃的试样可加热至50～80℃。

(3) 将温度计垂直放置，使感温泡距离试验杯底部6mm，位于点火器的对面，试验杯中心与试验杯边之间的中点上。

(4) 闪点测定的高低与加热条件有关。若加热速度过快时，样品蒸发快，使空气中油蒸气浓度提前到达闪燃条件，造成测定结果偏低；若加热速度过慢时，样品蒸发慢，造成测定结果偏高。一般来说，用电炉空气浴加热不仅使试验杯受热均匀，而且温度易于控制，比用酒精灯和煤气灯好。

(5) 闪点测定的高低与点火器有关。点火火焰越大，离液面越低，停留时间越长，测定结果就越低。因此，测定仪的点火器必须严格符合标准中的规定。

二、宾斯基-马丁（Pensky-Martens）闭口杯法

宾斯基-马丁闭口仪与克利夫兰开口杯闪点测定仪主要在试验杯、试验杯盖、滑板和点火器等方面有所不同。图5-16所示是试验杯和试验杯盖的装配示意图。试验杯由黄铜或具有相同导热性能的耐腐蚀金属制成，应符合规定的尺寸。试验杯盖由黄铜或具有相当导热性能的耐腐蚀金属制成，上有A、B、C三个开口，四周有向下的垂边，正好配罩在试验杯的外面。滑板由厚约2.4mm的黄铜制成，可以在试验杯盖水平中心轴的两个停位之间转动，当滑板转到一个端点位置时，试验杯盖上的开口A、B、C全都关闭，而转到另一个端点时，三个开口全部打开。点火器点火管的尖端开口直径为0.7～0.8mm，配有机械操作装置，当滑板在“开”的位置时，用试验杯盖上的滑板旋钮操作点火器，通过开口A让火焰喷嘴在0.5s内下降至试验杯中液体上面的蒸气空间内，并在此位置停留1s，然后迅速升至原位置。

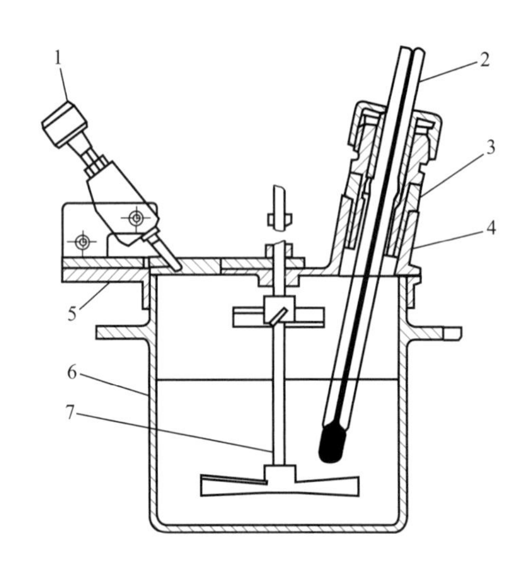

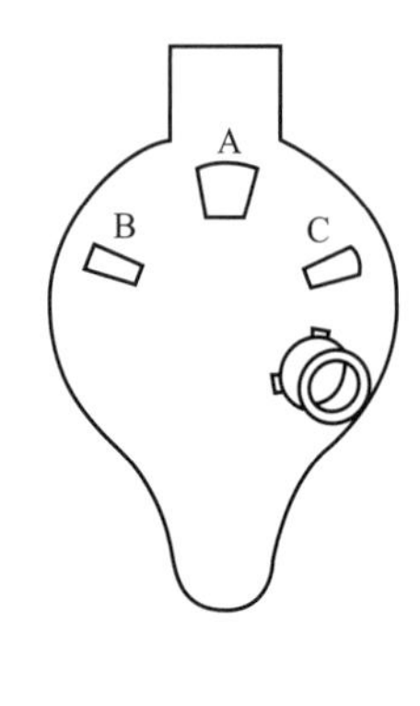

图5-16 试验杯和试验杯盖的装配示意图

1—点火器；2—温度计；3—温度计适配器；4—试验杯盖；5—滑板；6—试验杯；7—搅拌器

测定时，观察气压计，记录试验期间的大气压力。将试样注入试验杯中至标线处，盖上清洁干燥的杯盖，并将试验杯放入浴套中，确保试验杯就位后插入温度计。点燃点火器，调整火焰为球形，直径为3～4mm。开启加热器，控制升温速度每分钟1.0～

1.5℃，搅拌速度约为250r/min。对于闪点低于110℃的试样，当温度达到预计闪点前约20℃时开始点火，每升高1℃点火一次；对于闪点超过110℃的试样，当温度达到预计闪点前约20℃时开始点火，每升高2℃点火一次。当第一次在液面上方出现明显的蓝色火焰时，记录温度。

观察的闭口闪点按式(5-20) 修正为标准大气压（101.3kPa）下温度值。

$$T_c = T_0 + 0.25 \times (101.3 - p) \tag{5-20}$$

式中 T_c——标准压力下的闪点或燃点，℃；

T_0——观察的闪点或燃点，℃；

p——测定时记录的大气压力，kPa。

注意事项：

（1）对于室温下为固体或半固体的样品，将装有试样的容器放入加热浴或烘箱中，在低于预期闪点28℃的温度下加热，使样品全部成为液体，然后按试验步骤进行操作。

（2）在试验期间，若控制升温速度每分钟1.0～1.5℃，搅拌速度为250r/min时，适应于残渣燃料油、稀释沥青、用过的润滑油、表面趋于成膜的液体、带悬浮颗粒的液体及高黏稠材料的测定；若控制升温速度每分钟5～6℃，搅拌速度为90～120r/min时，适用于表面不成膜的油漆和清漆、未用过的润滑油及其他石油产品。

ZHK301开口闪点全自动测定仪

ZHK301开口闪点全自动测定仪（见图5-17），按照GB/T 267方法规定的升温曲线，由CPU控制加热器对样品进行加热，通过LCD显示测定的状态、温度和设定值。当样品温度接近闪点时，CPU控制气路系统自动打开气阀，自动点火，自动划扫。当出现闪点时仪器自动锁定闪点值，并在LCD上显示，同时打印出测定结果。

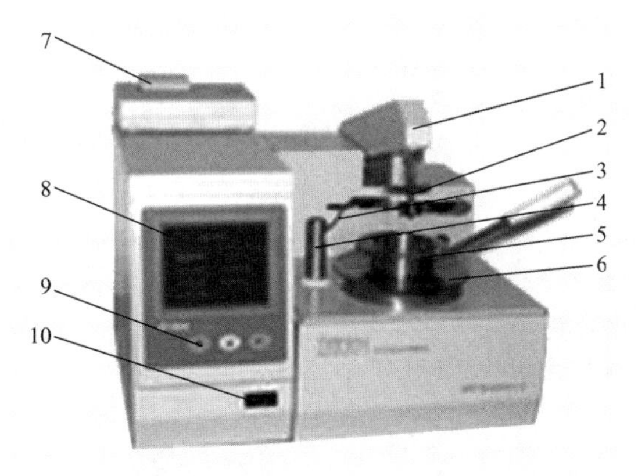

图5-17 ZHK301开口闪点全自动测定仪

1—测试头；2—温度传感器；3—点火杆；4—点火器；5—样品杯；
6—加热器；7—打印装置；8—LCD；9—按键；10—电源开关

打开仪器电源开关，通过仪器LCD依次进行方法选择（选择GB/T 267)→预置温度→测试闪点→设定日期→气压修正→仪器校验→样品测试。

ZHB201A 型闭口闪点全自动测定仪

ZHB201A 型闭口闪点全自动测定仪（见图 5-18），按照 GB/T 261 方法规定的升温曲线加热，气点火时在温度接近闪点时微计算机控制气路系统自动打开气阀，自动点火，当出现闪点时仪器自动锁定结果，显示的同时打印出测定结果。该仪器还配置了电点火装置，采用电点火时无需使用气源。仪器出厂前安装为电点火方式，若改用气点火方式，需要更换点火器。

将气源接好后打开，在主菜单中选择“仪器校验”，再选择“气阀”，按“确认”键，气阀打开，30s 后再选择“点火器”，按“确认”键（点火器加热丝亮），调节气阀，使点火杆的气体能被点火器点燃，然后调节火焰符合标准方法要求（直径 4mm 左右）。

将样品杯用石油醚或汽油清洗干净，将样品倒入样品杯至刻度线。然后将样品杯放在加热器上。选择主菜单“测试闪点”，按“确认”键后，测试头自动降落到样品杯中并开始加热，当温度达到预设温度前 10℃ 时，微计算机控制气路系统自动打开气阀，自动点火，温度每升高 2℃ 点火一次，当出现闪点时仪器自动记录结果。

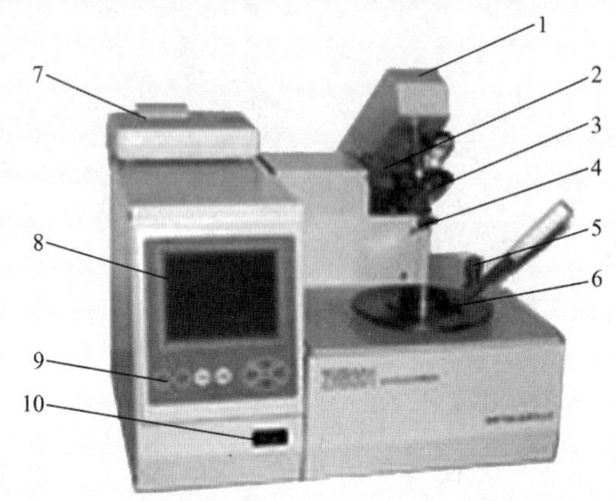

图 5-18 ZHB201A 型闭口闪点全自动测定仪

1—测试头；2—自动点火器；3—杯盖；4—温度传感器；5—燃气调节阀；6—样品杯；7—打印装置；8—显示屏；9—按键；10—电源开关

第五节 元素和化合物的测定

石油主要由碳、氢、氧、氮和硫五种元素组成，其中最重要的是碳和氢，两者含量之和可达 95%～99%。同时还含有微量的金属元素镍、钒、锰、铁、钙等。石油中的化合物分为烃类化合物和非烃类化合物，烃类化合物包括烷烃、芳香烃、烯烃等，非烃类化合物包括含氧化合物、含氮化合物和含硫化合物。

一、硫的测定

硫是石油中的有害元素，根据硫含量的高低将原油分为高硫原油（大于 2%）、含硫原油（0.5%～2%）和低硫原油（低于 0.5%）。石油中的硫主要以硫化氢、硫醇、硫醚、环硫醚、噻吩等形式存在。石油中的含硫化合物对石油加工和石油产品的使用均会产生不利影响，如造成金属管道和设备腐蚀，造成环境污染，使催化剂中毒等。我国标准规定车用汽油中硫含量不大于 0.015%，普通柴油中硫含量不大于 0.035%，炉用燃料油中硫含量最高不大于 2.5%。

石油中硫含量的测定方法主要有燃灯法、管式炉燃烧-酸碱滴定法、波长色散X射线荧光光谱法、能量色散X射线荧光光谱法等。

1. 燃灯法

燃灯法的基本原理是将试样燃烧后生成的二氧化硫用一定量的碳酸钠稀溶液吸收，剩余的碳酸钠用盐酸标准溶液滴定，根据盐酸标准溶液的用量计算试样中硫的含量。

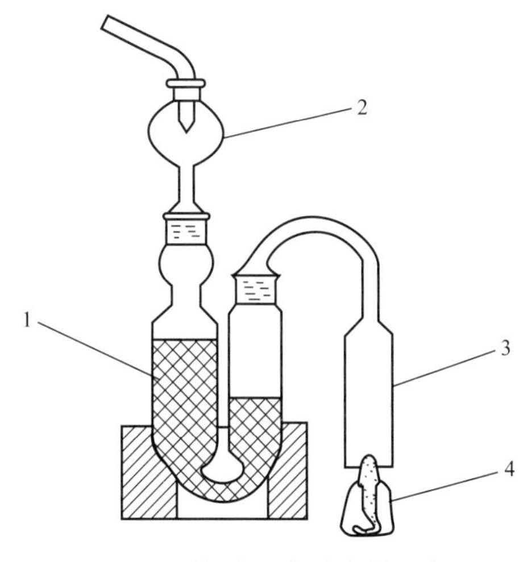

图5-19　燃灯法测定硫含量示意图

1—吸收器；2—液滴收集器；3—烟道；4—带有灯芯的燃灯

测定时在吸收器中加入一定量浓度为3%的碳酸钠水溶液作为吸收液，按如图5-19所示连接好测定器，开动抽气泵，使空气均匀缓慢地通过吸收器。准确称量装有试样的燃灯的质量，然后取下灯罩，点燃燃灯，放在烟道下面，使灯芯管的边缘部高于烟道下边缘8mm，火焰6～8mm，且不带黑烟。燃烧过程中，试样中的硫生成二氧化硫，被碳酸钠溶液吸收。当燃烧完毕后，再次称量燃灯的质量，两次质量的差值即为试样的燃烧量。用蒸馏水洗涤烟道、液滴收集器和吸收器，并将洗涤液全部收集在吸收器中，以甲基红-溴甲酚绿为指示剂，用盐酸标准溶液滴定至淡粉红色为终点。以同样的步骤做空白试验，根据消耗盐酸标准溶液的体积计算样品中硫的含量。

【注意】（1）试验前灯及灯芯要用石油醚洗涤。

（2）若试样需要稀释时，应分别称量加入试样前后灯的质量，二者之差即为试样的质量。然后加入正庚烷或95%的乙醇，并混合均匀。当混合溶液完全燃尽后，再向灯中加入1～2mL正庚烷或95%的乙醇，再次使其燃尽。然后盖上灯盖，过3～5min关闭抽气泵。

2. 管式炉燃烧-酸碱滴定法

管式炉法的基本原理是使试样在空气流中燃烧，将生成的二氧化硫用过氧化氢和硫酸溶液吸收，用氢氧化钠标准溶液滴定反应生成的硫酸，根据氢氧化钠标准溶液的用量计算试样中硫的含量。

管式炉燃烧装置主要由洗气瓶、石英管、瓷舟、管式电阻炉和接收器等组成。在三只洗气瓶中分别加入0.1mol/L高锰酸钾溶液、40%氢氧化钠溶液和干燥剂。在接收器中注入150mL蒸馏水、5mL 30%过氧化氢和7mL 0.02mol/L硫酸溶液。在瓷舟中准确称取一定量的试样，使其均匀分布于瓷舟的底部，试样上面用煅烧过的细砂覆盖。将装有试样的瓷舟放入石英管的高温区，塞好塞子，送入空气，空气流量控制500mL/min，在900～950℃下燃烧30～40min。燃烧完毕后，取下接收器，并用蒸馏水冲洗玻璃弯管，加入适量甲基红-亚甲基蓝混合指示剂，用0.02mol/L氢氧化钠标准溶液进行滴定，滴至紫红色变为亮绿色为终点。以同样的步骤做空白实验，根据消耗氢氧化钠标准溶液的体积计算样品中硫的含量。

3. 波长色散X射线荧光光谱法

X射线荧光（X-ray fluorescence，XRF）光谱分析是介于原子发射光谱（AES）和原子吸收光谱（AAS）之间的光谱分析技术。试样受X射线照射后，其中各元素原子的内壳层（K、L或M）电子被激发逐出原子而引起电子跃迁，并发射出该元素的特征X射线荧光。每种元素都有其特定波长的特征X射线。通过测定试样中特征X射线的波长，便可确定存在何种元素，即X射线荧光光谱定性分析。元素特征X射线的强度与该元素在试样中的含量（原子数量）成比例，通过测定试样中某元素特征X射线的强度，便可求出该元素在试样中的含量，即X射线荧光光谱定量分析。

X射线荧光光谱分析分为波长色散X射线荧光（WD-XRF）光谱分析和能量色散X射线荧光（ED-XRF）分析。

波长色散X射线荧光光谱仪的工作原理如图5-20所示。由X射线发射的原级X射线入射到样品上，样品元素受激发射出荧光X射线，并与原级X射线的散射线一起通过初级准直器，以平行方式投射到分光晶体表面，衍射的X射线与晶体散射线一起通过次级准直器进行光电转换，通过多道脉冲分析器和脉高分析器的测量，实现对各种元素含量的测定。

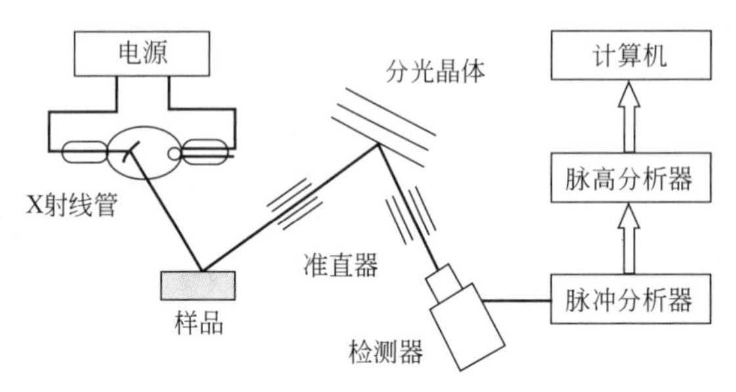

图5-20 波长色散X射线荧光光谱仪原理示意图

4. 能量色散X射线荧光光谱法

能量色散X射线荧光光谱仪的工作原理如图5-21所示。该仪器与波长色散X射线荧光光谱仪的主要区别是不需要复杂的分光系统。X射线管所产生的一次X射线在通过滤光片后直接照射到样品上，产生的X射线荧光直接进入探测器，经放大器放大后进入多道脉冲幅度分析器，将不同能量的脉冲分开并处理，就可以对能量范围很宽的X射线谱同时进行定性和定量分析。

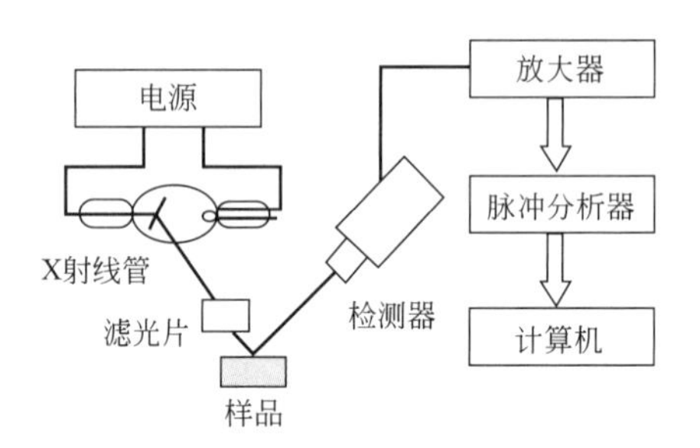

图5-21 能量色散X射线荧光光谱仪原理示意图

用优级纯的正丁基硫醚（硫含量21.91%）为基准物质，以白油（硫含量小于0.002%）或与样品组成相近的溶剂（异辛烷-甲苯混合物）为稀释剂，配制与待测样品中硫含量相近的标准系列。测定能量为2.3keV的硫的特征谱线强度，绘制分析线强度与硫含量的标准曲线。在相同的条件下测定试样中硫元素的特征谱线强度，通过标准曲线求出试样中硫的含量。

二、原油中有机氯的测定

通过原油蒸馏获得204℃前石脑油馏分，用碱和水充分洗脱，除去所含硫化氢和无机氯化物。

1. 联苯钠还原电位滴定法

将经洗脱后的石脑油馏分转移至装有溶于甲苯的联苯钠的分液漏斗中。联苯钠可将有机卤化物转化成无机卤化物，将水相蒸发浓缩，加入丙酮进行电位滴定，从而计算出原油中有机氯含量。该法适用于测定有机氯含量大于 1μg/g 的原油。原油中有机溴化物和有机碘化物对该方法有干扰。

2. 燃烧氧化微库仑计法

将经洗脱后的石脑油馏分注入含有约 80%的氧气和 20%的惰性气体（如氮气、氦气或氩气）的气流中，经过温度为 800℃的裂解管，有机氯转变为氯化物和氯氧化物，在滴定池中与银离子反应。消耗的银离子由库仑计的电解作用进行补充，根据补充银离子所消耗的总电量计算原油中的有机氯含量。该法不适用于总硫含量大于有机氯含量 10000 倍的原油。原油中有机溴化物和有机碘化物对该方法有干扰。

三、原油中硫化氢、甲基硫醇和乙基硫醇的测定

用色谱柱将试样的组分分离，通过火焰光度检测器（FPD）或其他硫检测器测定硫化氢、甲基硫醇和乙基硫醇的响应值，再用外标法定量计算。

气相色谱仪需配有火焰光度检测器（FPD）或脉冲火焰光度检测器（PFPD）、硫化学发光检测器（SCD）等硫专项检测器，硫检测限不大于 5×10^{-10}g/s；柱箱温度范围 30～200℃，控温精度±0.1℃，具有程序升温功能；具有对峰面积自动积分的数据采集处理系统；色谱柱应能保证含硫化合物的分离及硫化物与 C_1～C_7 的分离，并且硫化氢-甲基硫醇和甲基硫醇-乙基硫醇、C_1～C_7 和硫化合物的分离度（R）应不小于 1。宜采用商品柱 HP-PLOT Q 柱（由二乙烯基苯和乙基苯乙烯合成的多孔聚合物颗粒涂渍，柱长 30m，柱内径 0.53mm，膜厚 40pm），也宜使用分离度符合要求的其他色谱柱。为了测定色谱柱的分离度，还应配备氢火焰离子化检测器（FID）或热导检测器（TCD）。

四、液体石油产品烃类的测定（荧光指示剂吸附法）

测定石油馏分中饱和烃、烯烃和芳香烃的体积分数对表征如汽油调和组分和催化重整进料等石油馏分的质量特性十分重要。

烃类指饱和烃、烯烃和芳香烃。饱和烃包括烷烃和环烷烃，烯烃包括烯烃、环烯烃和某些二烯烃，芳香烃包括单环和多环芳烃、芳烯烃等。

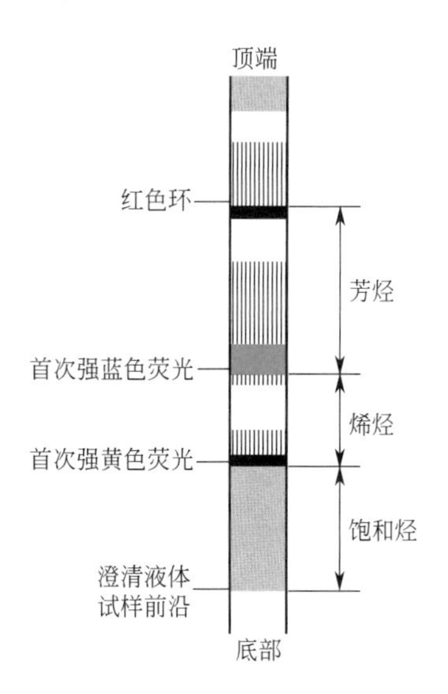

图 5-22 色层界面辨别示意图

取约 0.75mL 试样注入装有活化过的硅胶的玻璃吸附柱中，在吸附柱的分离段装有一薄层含有荧光染料混合物的硅胶。当试样全部被吸附在硅胶上以后，用醇脱附试样，加压使试样顺柱而下。试样中各种烃类根据其吸附能力强弱分离成芳烃、烯烃和饱和烃。荧光染料也与烃类仪器选择性分离，在紫外灯光下各种烃类区域界面清晰可见，如图 5-22 所示。测量吸附柱中各种烃类色带区域的长度，则某烃类区域长度与烃类区域总长度的比值即为该烃类的体积分数。

第六节 其他项目的测定

一、苯胺点的测定

苯胺点（aniline point）是指石油产品与等体积的苯胺互相溶解成为单一溶液所需要的最低温度。将规定体积的苯胺和试样置于试管（或U形管）中，机械搅拌使其混合。以一定的速度加热使两相完全混合，然后将混合物在速度控制下冷却，当两相出现分离时的温度即为苯胺点。

1. 试管测定法

用两支吸量管分别吸取5mL苯胺和5mL试样，注入清洁、干燥的试管［直径（25±1）mm，长度（150±3）mm］中，然后用软木塞将温度计和搅拌丝（下端绕成环形的金属丝）安装在试管内。

【注意】 温度计的水银球中部要放在苯胺层与试样层的分界线处，搅拌丝的金属环应浸到苯胺层。

用软木塞将试管固定在玻璃套管［直径（40±2)mm，长度（150±3)mm］中央。把玻璃套管浸入油浴60～70mm，套管的上部用支持夹固定在支架上。加热油浴时，不时搅拌试管中的混合物和油浴。

当混合物的温度达到预期苯胺点前3～4℃时，控制温度缓慢上升，并不断搅拌，当混合物呈现透明时，将试管从油浴中提起，搅拌，冷却，使混合物的冷却速度每分钟不超过1℃。当透明的混合溶液开始呈现浑浊时，也就是试管中的水银球刚刚模糊不清的一瞬间，立即记录混合物的温度，准确到0.1℃。

2. U形管测试法

用两支吸量管分别吸取10mL苯胺和10mL试样，注入清洁、干燥的U形管中。U形管上要套上金属罩（罩上设有焊着一条垂直金属丝的孔口），使罩上的孔口对准扁圆形连通管中央。在U形管一边的管臂中插入清洁、干燥的玻璃搅拌棒，U形管的下部浸在油浴中，U形管的上部用支持夹固定在支架上。在U形管的另一管臂中，用软木塞安装温度计，温度计的水银球中部要放在苯胺层与试样层的分界线。在金属罩背面安装好一个6W小灯珠，加热油浴，经常搅拌U形管中的混合物和油浴。

当混合物的温度达到预期苯胺点前3～4℃时，控制温度缓慢上升，并不断搅拌，当混合物呈现透明时，将U形管从油浴中提起，搅拌，冷却，使混合物的冷却速度每分钟不超过1℃。当透明的混合溶液开始呈现浑浊时，也就是U形管中的水银球或扁圆形连通管背后的金属丝刚刚模糊不清的一瞬间，立即记录混合物的温度，准确到0.1℃。

【注意】 若苯胺不符合试样要求，可先在苯胺中加入固体氢氧化钾或氢氧化钠脱水。过滤后，再进行蒸馏，收集10%～90%的馏分，保存在棕色试剂瓶中，并加入固体氢氧化钾或氢氧化钠，以防止苯胺吸水。使用时采用倾注法取出澄清的苯胺。

二、水分的测定

测定石油产品中水分的方法主要是卡尔·费休法和有机溶剂蒸馏法。

1. 卡尔·费休法

卡尔·费休法是一种非水溶液氧化还原测定水分的化学分析方法，其测定原理是以合适的溶剂（一般选甲醇）溶解样品，用卡尔·费休试剂（碘、二氧化硫、吡啶、甲醇组成的溶液）滴定，水与 I_2、SO_2、C_5H_5N 进行定量反应，根据消耗卡尔·费休试剂量计算样品中水分的含量。反应式如下：

$$I_2+SO_2+3C_5H_5N+CH_3OH+H_2O \longrightarrow 2C_5H_5N \cdot HI+C_5H_5N \cdot HSO_4CH_3$$

确定滴定终点的方法常采用“永停”法，其原理是在浸入溶液中的两组电极间加一电压，若溶液中有水分存在时，两极之间无电流通过，当水分反应完后，溶液中有过量的碘及碘化物存在，电流突然增加至一最大值并稳定 1min 即为滴定终点。

2. 有机溶剂蒸馏法

有机溶剂蒸馏法是根据两种互不相溶的液体混合物的沸点低于其中易挥发组分的沸点的原理，在试样加入这种有机溶剂并进行蒸馏时，可使试样中的水分全部分离出来。由蒸馏出水的量，即可计算出水分的含量。

称取试样 100g 置于圆底烧瓶中，加入溶剂 80～100mL 和数粒沸石，混匀。按图 5-23 安装好蒸馏装置。安装时，冷凝管下端斜口面应正对接收器支管口，冷凝管上端应连接一支干燥管以防止空气中的水分进入。接通冷却水，开启电炉，缓缓加热圆底烧瓶。控制至冷凝管下端斜口每秒钟滴出 2～4 滴液体，直至馏出液澄清并在 5min 内无细小气泡出现时为止。待接收器冷却至室温后，测量水的体积。

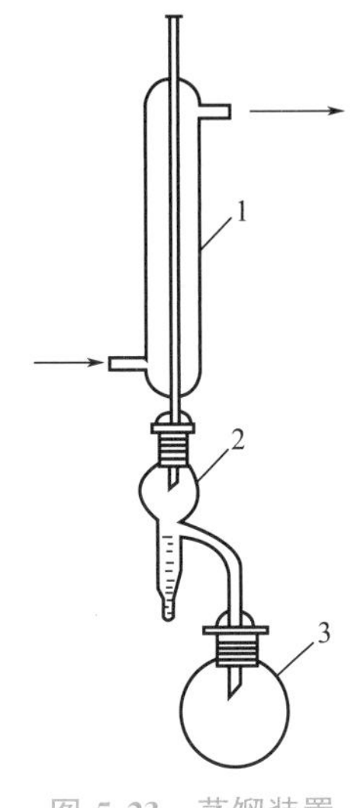

图 5-23　蒸馏装置
1—冷凝管；2—接收器；3—圆底烧瓶

试样中水分的质量分数按式(5-21) 计算。

$$w(H_2O)=\frac{\rho V}{m} \tag{5-21}$$

式中　ρ——水在室温时的密度，g/mL；
V——接收器中收集的水的体积，mL；
m——试样的质量，g。

试样中水分的体积分数按式(5-22) 计算。

$$\varphi(H_2O)=\frac{V}{\frac{m}{\rho}} \tag{5-22}$$

式中　V——接收器中收集的水的体积，mL；
ρ——加入烧瓶时试样的密度，g/mL；
m——试样的质量，g。

三、碘值的测定

在规定条件下，100g 试样所吸取碘的质量（g）称为碘值（iodine value），它表示石油产品的不饱和程度。碘值可判断油品质量，石油产品不饱和脂肪酸含量很少，几乎为零，故碘值也很小，碘值超过一定指标，即认为不合格。不同产品的碘值有不同要求，如航空汽油碘值不大于 10，航空煤油碘值不大于 3.5。常要求测定碘值的有轻馏分石油产品（如航空汽油、煤油）和有机烃类（如蜡）。

测定碘值的原理是过量氯化碘溶液和不饱和化合物中的双键进行定量加成反应，反应完成后，加入碘化钾与剩余的氯化碘作用析出碘，以淀粉作指示剂，用硫代硫酸钠标准溶液滴定，由滴定时消耗的体积，计算出石油产品的碘值。反应式如下：

$$ICl+KI = I_2+KCl$$

$$I_2+2Na_2S_2O_3 \longrightarrow 2NaI+Na_2S_4O_6$$

按式(5-23) 计算石油产品的碘值。

$$碘值(g/100g)=\frac{c(V_0-V)\times 126.9\times 10^{-3}}{m}\times 100 \qquad (5\text{-}23)$$

式中 V_0——空白试验消耗硫代硫酸钠标准溶液的体积，mL；

V——试样消耗硫代硫酸钠标准溶液的体积，mL；

c——硫代硫酸钠标准溶液的浓度，mol/L；

m——试样的质量，g；

126.9——碘的摩尔质量，g/mol。

四、车用汽油辛烷值的测定

车用汽油主要成分是 C_5H_{12}～$C_{12}H_{26}$ 的烃类混合物，当汽油蒸气在汽缸内燃烧时，常因燃烧急速而发生引擎不正常燃爆现象，产生类如金属的敲击声，称为爆震或震爆（knocking）。引擎内产生震爆时容易造成机件伤害，连续的震爆容易烧坏气门、活塞等机件。

辛烷值（octane number）是表示汽油在汽油机中燃烧时的抗震性指标，常将异辛烷（2,2,4-三甲基戊烷）的辛烷值规定为 100，正庚烷的辛烷值规定为零，将这两种标准燃料以不同的体积比混合起来，可得到各种不同的抗震性等级的混合液。在发动机工作相同条件下，与待测燃料进行对比，抗震性与样品相等的混合液中所含异辛烷百分数，即为该样品的辛烷值。如当某种汽油的震爆性与 90%异辛烷和 10%正庚烷的混合物的震爆性相当时，其辛烷值定为 90。平常所说的 90 号、93 号 和 97 号三个牌号的车用汽油（等级Ⅳ），是指其辛烷值分别为 90、93 和 97。而 89 号、92 号、95 号 和 98 号四个牌号的车用汽油（等级为Ⅴ、ⅥA、ⅥB），是指其辛烷值分别为 89、92、95 和 98。

测定辛烷值的方法可分为马达法和研究法两种。

1. 马达法

马达法是采用一部可调整压缩比的单缸发动机，随着压缩比的逐渐提高，测试燃料从燃烧顺畅的状况，逐渐调整到开始出现爆震。当爆震开始出现的时候，就与异辛烷和正庚烷混合物的状况进行比较，如果出现爆震的状况时正好与 97 份异辛烷和 3 份正庚烷的测试状况相同，那么这个测试油料的辛烷值就是 97。

2. 研究法

研究法是通过测定车用汽油的介电常数来确定车用汽油的辛烷值，用研究法辛烷值（RON）表示，因此又称为介电常数法。测定仪器由主机仪表和传感器组成，具有扫描测定挡和依据车用汽油牌号划分的分段测定挡。测定前应使用标定试剂（环己烷和甲苯）对仪器的扫描测定进行标定，环己烷的标准值为 85.0/RON±0.5/RON，甲苯的标准值为 115.0/RON±1.5/RON。

测定时取不少于 80mL 样品，置于 100mL 烧杯中，将仪器的传感器插入烧杯中，保证杯中液面略高于传感器上平面。对已知牌号的待测试样，选择与该牌号相应的测定挡进行测定；对未知牌号的试样，先进行扫描测定，再根据扫描值选择相应挡进行测定。若扫描值≤92.0/RON，应选择 90 挡；若扫描值为 92.1/RON～94.0/RON，应选择 93 挡；若扫描值为 94.1/RON～96.0/RON，应选择 95 挡。

【注意】 测定时还要使用标准物质对仪器进行校准，选择相应的标准物质分别校准仪器的分段测定挡。

习 题

1. 填空题

（1）液体密度的测定方法有________、________、________、________和________。

（2）馏程是指________点与________点之间的温度间隔。

（3）黏度通常分为________、________和________三种。其中动力黏度的测定常采用________，运动黏度的测定常采用________。

（4）恩氏黏度是指试样在规定温度下从恩氏黏度计中流出________ mL 所需的时间与 20℃时从同一黏度计中流出相同体积水所需的时间之比；赛氏黏度是指试样在规定温度下，从赛氏黏度计中流出________ mL 所需的时间（s）；雷氏黏度是指试样在规定温度下，从雷氏黏度计中流出________ mL 所需的时间（s）。测定恩氏黏度时，要求测定水值为________。

（5）闪点的测定有________和________两种，测定同一样品时，开口闪点比闭口闪点________。

（6）平时所说的牌号为 95 号汽油的“95”是指汽油的________。

2. 选择题

（1）适用于高黏度样品密度测定的密度瓶是（　　）。

A. 广口密度瓶　　B. 盖-卢塞克型密度瓶

C. 具有磨口防护帽的普通型密度瓶　　D. 标准型密度瓶

（2）适用于挥发性比较高样品密度测定的密度瓶是（　　）。

A. 广口密度瓶　　B. 盖-卢塞克型密度瓶

C. 具有磨口防护帽的普通型密度瓶　　D. 标准型密度瓶

（3）测定液体密度的方法中，（　　）未利用阿基米德定律。

A. 普通玻璃密度计　　B. 韦氏天平

C. 电子密度天平　　D. 振动密度计

（4）若黏度计常数为 $0.4780mm^2/s$，在 50℃的条件下，测定三次试样的流动时间分别为 321.0s、322.4s、322.6s。该试样在该温度下的运动黏度（　　）。

A. $154.2mm^2/s$　B. $154.1mm^2/s$　C. $154.0mm^2/s$，D. $153.4mm^2/s$

（5）在 20℃的条件下，轻质柴油样品的密度为 $850kg/m^3$，测定其运动黏度为 $5.0mm^2/s$，则该柴油样品的动力黏度为（　　）。

A. 4250mPa·s　B. 4.25mPa·s　C. 4250Pa·s　D. 4.25Pa·s

（6）50℃时，测定某石油产品的运动黏度为 $130.0mm^2/s$，该石油产品的恩氏黏度为（　　）条件度。

A. 18.2　B. 17.9　C. 17.7　D. 17.6

（7）水在 20℃时的运动黏度是（　　）。

A. $1.002\times10^{-3}Pa\cdot s$　B. $1.002mPa\cdot s$　C. $1.0038\times10^{-3}m^2/s$　D. $1.0038mm^2/s$

（8）测定馏程时，水银球在蒸馏瓶和支管中的位置放置不正确的是（　　）。

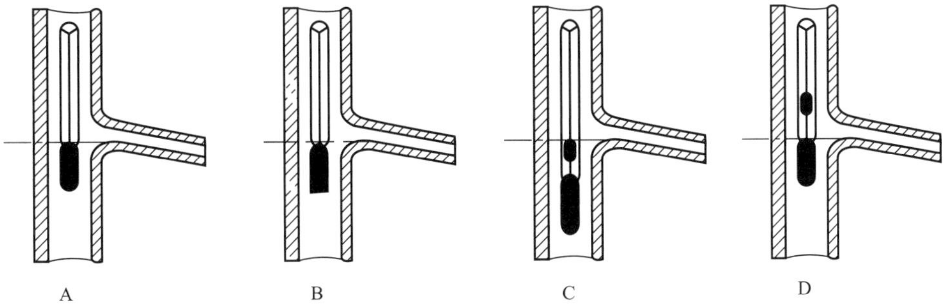

A　　B　　C　　D

3. 测定某石油产品的馏程时，数据如下：室温 20.0℃，测定期间仪器附近的大气压 101.8kPa，温度计校正值为 0.1℃，观察的初馏点温度为 256.0℃，观察的终馏点温度为 277.0℃。试计算该石油产品的馏程。

4. 在20℃时运动黏度为39.0mm^2/s的标准样品，在毛细管黏度计中的流动时间为372.8s。在50℃时，测得某试样在同一毛细管中的流动时间为139.2s，求该试样的运动黏度。

5. 在80℃时测得某石油产品从恩氏黏度计中流出200mL所需要的时间为462.8s，20℃时测定该黏度计的水值为51.1s，计算该石油产品的黏度。

6. 在50℃时，测得某试样在毛细管黏度计中的流动时间是135.0s，若使用的毛细管黏度计常数为2.00mm^2/s，则该试样的运动黏度是多少?

7. 用闭口杯法测定某石油产品的闪点，出现闪火现象时仪器记录的温度是256℃，当时的大气压力是100.3kPa，求标准状态下该石油产品的闪点。

8. 采用荧光指示剂吸附法测定液体石油产品烃类。若吸附柱中芳烃、烯烃和饱和烃色带区域的长度分别为31mm、22mm和47mm。试分别计算芳烃、烯烃和饱和烃的体积分数。

实验探究

毛细管黏度计有多种，如平开微奇黏度计、坎农-芬斯克常规黏度计、蔡特富克斯黏度计、BS/U形黏度计、坎农-曼宁半微量黏度计、乌别洛德黏度计、菲茨西蒙斯黏度计、艾特兰泰克黏度计、坎农-芬斯克逆流黏度计。根据如图所示的四种黏度计回答下列问题：

(1) 四种毛细管黏度计的特点是什么?

(2) 简述四种毛细管黏度计的使用方法。

(3) 哪种黏度计可以用来测定不透明液体的黏度? 说明理由。

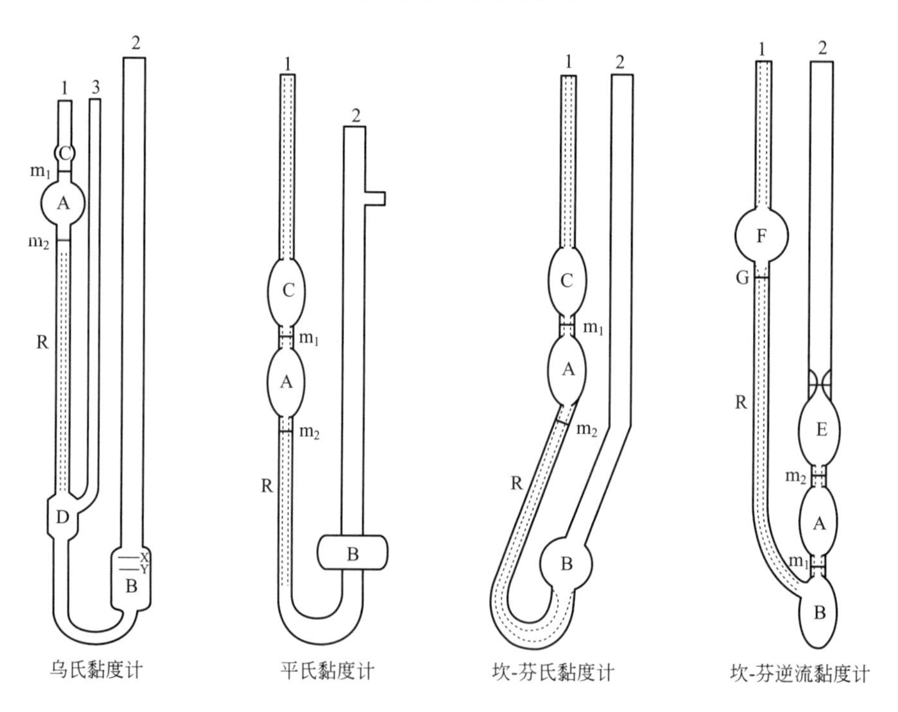

乌氏黏度计　　平氏黏度计　　坎-芬氏黏度计　　坎-芬逆流黏度计

第六章　化工生产分析

第一节　概　　述

根据《国民经济行业分类》（GB/T 4754），化工产品包括基础化学原料及化学制品。基础化学原料主要包括无机化学原料和有机化学原料；化学制品包括肥料、农药、涂料、合成材料、专用化学产品和日用化学产品等。本章主要介绍化学原料生产的有关分析，有关化学制品分析在其他章节里介绍。

一、基础化学原料

基础化学原料主要包括无机酸、碱、盐、单质和氧化物及有机化学原料，常见的无机化学原料见表 6-1，常见的有机化学原料见表 6-2。

表 6-1　常见的无机化学原料一览表

无机酸	强酸	工业硫酸、工业硝酸、工业合成盐酸、工业磷酸(中强酸)
	弱酸	工业硼酸、工业氢氟酸
无机碱	强碱	工业氢氧化钠、工业氢氧化钾、工业用氢氧化钠
	弱碱	工业碳酸钠、氨水
无机盐		工业硫化物及硫酸盐类、工业硝酸盐、工业氯化物及氯酸盐类、工业磷酸盐类、工业碳酸盐类、工业碳酸氢盐
单质	固体	工业黄磷、工业赤磷、工业金属钠、工业金属镁、工业硫黄
	气体	工业氢、工业氧、工业氮、工业氯、工业氨、电子工业用气
氧化物	金属氧化物	工业氧化镁、氧化锌、氧化铜、氧化镍、工业用二氧化钛
	非金属氧化物	三氧化二砷、五氧化二磷、工业过氧化氢

表 6-2　常见的有机化学原料一览表

烃类	脂肪烃及取代物	工业用二氯甲烷、工业用三氯甲烷、工业用四氯化碳 工业用乙烯、工业用丙烯、工业用丁二烯、三氯乙烯
	芳烃及取代物	苯、乙苯、工业用对氯甲苯、工业用苯乙烯
醇类		工业用甲醇、工业用乙醇、工业用乙二醇、工业用正醇
酚类		工业苯酚、工业用对苯二酚、工业用邻苯二酚、工业双酚 A
醚		乙醚、石油醚
醛		工业用甲醛、工业糠醛
酮		工业用丙酮、工业用环己酮、乙酰丙酮
羧酸及衍生物	羧酸	工业用甲酸、工业用冰乙酸、工业用丁二酸、工业用苯二甲酸
	酸酐	工业乙酸酐、工业用顺丁烯二酸酐、工业偏苯酸酐
	酯	工业用甲酸甲酯、工业用乙酸乙酯、工业用碳酸二甲酯
胺和腈	胺	工业用甲胺、工业用己内酰胺、工业用三聚氰胺、工业用二乙胺
	腈	工业用丙烯腈

二、化学原料生产分析

在化工生产的各个环节，其生产的任务不同，分析的目的也各不相同。化学原料生产分析一般包括原材料分析、中间产品分析和产品质量分析。

1. 原材料分析

原材料是指企业生产加工的对象，可以是原始的矿产物，也可以是其他企业的产品。原材料分析的主要项目为主成分及杂质分析，以检验主成分是否符合生产工艺要求，所含的杂质对生产工艺产生的影响等。

2. 中间产品分析

中间产品的分析又称中控分析，要求快速，以便及时调节生产工艺条件，保证生产的正常进行。现代化的化工企业更多是采用在线自动分析，即通过网络系统和计算机处理系统，将各分析控制点获得的数据汇集到控制中心，由控制中心将处理结果及时反馈到各个生产控制点，自动调整工艺条件，完成自动化生产。

3. 产品质量分析

产品质量分析是对产品中相关技术指标进行分析测定，一般包括两大任务：一是对主成分进行测定，二是对杂质含量、外观和物理指标进行检验。常见的杂质分析项目主要有水分、氯化物、硫酸盐、铁、砷及水不溶物等；常见的物理指标主要有浊度、色度、熔点、沸点、密度等。

第二节　硫酸生产分析

硫酸生产主要以硫铁矿为原料，在沸腾炉焙烧，生成二氧化硫。气体经过除尘、水洗等净化和干燥后，混合气进入转化炉，通过钒触媒接触将二氧化硫氧化为三氧化硫，最后用98%的硫酸吸收，得到硫酸产品。

硫酸生产分析的主要对象是原料矿石、矿渣、中间气体及成品硫酸。主要项目有：矿石中有效硫、总硫、砷、氟含量等；矿渣中有效硫含量；净化前后和转化前后气体中二氧化硫、三氧化硫含量；成品硫酸的质量分析等。

一、矿石中硫的测定

矿石中的硫主要以 FeS_2 形态和 $Fe_2(SO_4)_3$ 形态存在，前者经焙烧能转化为二氧化硫，因此称为有效硫，而后者不能转化为二氧化硫，二者之和称为总硫。由于在焙烧过程中，会有少量的有效硫转化为硫酸根，这部分转化在进行物料恒算时应该考虑，因此有必要对有效硫和总硫分别进行测定。

（一）矿石中有效硫的测定（燃烧吸收滴定法）

1. 方法原理

试样在850℃空气流中燃烧，使硫转变为二氧化硫气体逸出，用过氧化氢溶液吸收并将二氧化硫氧化为硫酸，以甲基红-亚甲基蓝作指示剂，用氢氧化钠标准溶液滴定，根据消耗的氢氧化钠标准溶液的量计算出试样中硫的含量。反应式如下：

$$4FeS_2+11O_2 = 2Fe_2O_3+8SO_2\uparrow$$

$$SO_2+H_2O_2 = H_2SO_4$$

$$H_2SO_4+2NaOH = Na_2SO_4+2H_2O$$

2. 测定步骤

（1）装置试漏　图6-1所示为有效硫含量测定装置。在抽气的情况下，从分液漏斗加入

60～70mL 水，关闭漏斗旋塞，将空气流量调节至 0.8L/min 左右，然后封闭干燥塔进气口，此时从洗涤器逸出的气泡逐渐减少至停止，说明装置不漏气。

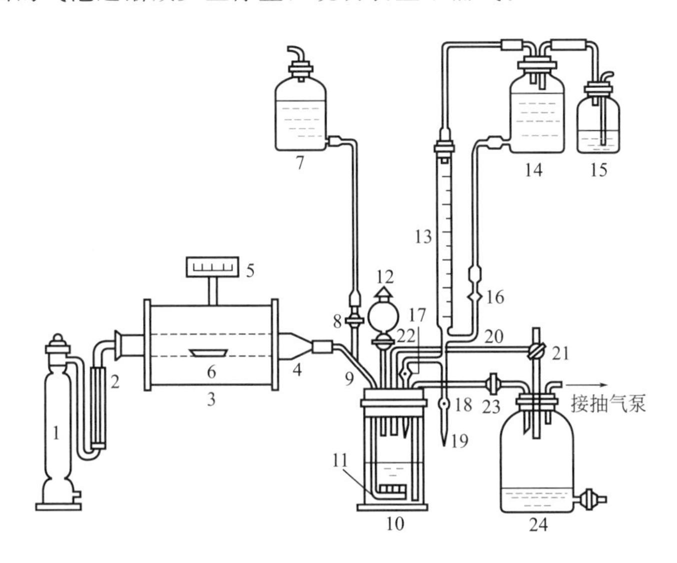

图 6-1 有效硫含量测定装置

1—气体干燥塔；2—转子流量计；3—管式电炉；4—燃烧管；5—温度控制器；6—瓷舟；7—去离子水贮瓶；8,21,22,23—二通旋塞；9—冲洗支管；10—吸收瓶；11—气体洗涤器；12—分液漏斗；13—碱式滴定管；14—氢氧化钠标准溶液贮瓶；15—气体净化瓶；16,17,18—玻璃珠滴液开关；19—碱液排放管；20—抽气管；24—缓冲瓶（废液贮瓶）

(2) 吸收液准备 关闭二通旋塞 23，打开二通旋塞 8，使二氧化硫吸收器与缓冲瓶 24 连通。将炉升温，在抽气的情况下由分液漏斗注入 20mL 过氧化氢溶液（3%）、5～6 滴甲基红-亚甲基蓝混合指示剂和 80mL 水，当炉温升至 850℃时，滴加氢氧化钠溶液以中和过氧化氢吸收液，至溶液恰好变为亮绿色。

(3) 试样的测定 称取分析试样硫铁矿 0.2g（精确至 0.001g），平铺于瓷舟中。调节空气流量为 0.8L/min，在炉温升至 400℃时，将盛有样品的瓷舟送入燃烧管中部，立即塞上塞子，使其在 450℃条件下燃烧 10min。在燃烧过程中随时用氢氧化钠标准溶液(0.1mol/L) 滴定。然后逐渐升温至 850℃，并在此温度下保持 5min。试样燃烧完全后，用水冲洗 3 次（每次 5mL），继续以氢氧化钠标准溶液滴定至溶液由紫红色恰好变为亮绿色为终点。

(4) 废液的抽取 关闭二通旋塞 8，打开二通旋塞 23，抽出吸收器内废液，使其进入缓冲瓶 24 中，用水洗涤 3 次，然后将二通旋塞 8 和二通旋塞 23 恢复到原来的状态，以备下次测定。

3. 结果计算

有效硫的质量分数按式(6-1) 计算。

$$w(\mathrm{S})=\frac{\frac{1}{2}cVM_{\mathrm{S}}\times 10^{-3}}{m}\times 100\% \tag{6-1}$$

式中 c——氢氧化钠标准溶液的浓度，mol/L；

V——消耗氢氧化钠标准溶液的体积，mL；

M_{S}——硫的摩尔质量，32.07g/mol；

m——试样的质量，g。

（二）矿石中总硫的测定（硫酸钡重量法）

1. 方法原理

试样与烧结剂混合，经烧结后生成硫酸盐，用水浸取。在碱性溶液中，用中速滤纸滤除大部分氢氧化物和碳酸盐。然后在酸性溶液中加入氯化钡溶液，生成硫酸钡沉淀，经过滤、洗涤、灼烧后，称量硫酸钡的质量，计算出试样中总硫的含量。

2. 测定步骤

称取 0.2g 硫铁矿试样（精确至 0.0001g），置于瓷坩埚中，加入 3～6g 烧结剂（3 份 Na_2CO_3+2 份 ZnO），混匀，表面再覆盖一薄层烧结剂。于高温炉中逐渐升温至 700～750℃，灼烧 1.5h。取出，冷却后放入 300mL 烧杯中，用热水浸取熔块，洗净坩埚，使液体总体积约 150mL。煮沸 5min，用中速滤纸过滤。用 Na_2CO_3 溶液（50g/L）洗涤 3～4 次（每次约 10mL），再用热水洗涤至无 SO_4^{2-}，此时溶液的总体积约为 270～300mL。加入甲基橙指示剂（1g/L），用盐酸溶液（1+1）调到溶液变成橙色后再过量 5～6mL，煮沸 5min 至出现大气泡。趁热缓慢滴加 10～15mL 氯化钡溶液（100g/L），边滴加边搅拌，然后盖上表面皿陈化 4h 或静置过夜。

用中速滤纸过滤，用热水洗涤至无 Cl^-。用恒重过的瓷坩埚进行灰化，然后于高温炉中在 850℃的条件下灼烧至恒重。

试样中总硫的质量分数用式(6-2) 计算。

$$w(\mathrm{S})=\frac{m_1\times\dfrac{M_{\mathrm{S}}}{M(\mathrm{BaSO_4})}}{m}\times100\% \tag{6-2}$$

式中　m_1——灼烧后硫酸钡的质量，g；

M_S——硫的摩尔质量，32.07g/mol；

$M(BaSO_4)$——硫酸钡的摩尔质量，233.4g/mol；

m——试样的质量，g。

3. 讨论

分解试样时可以采用逆王水溶解法。经逆王水溶解，试样中硫化物被氧化为硫酸，反应式如下：

$$FeS_2+5HNO_3+3HCl = 2H_2SO_4+FeCl_3+5NO\uparrow+2H_2O$$

为了防止单质硫的析出，溶解时加入一定量的氯酸钾，使单质硫也被氧化为硫酸。

二、净化气和转化气分析

测定焙烧炉气中二氧化硫的含量可以检查焙烧炉运行情况。测定转化炉出口气体中的二氧化硫和三氧化硫含量，可以计算出二氧化硫的转化率，检查转化炉的运转情况，同时也可以衡量硫酸生产水平、设备和工艺的先进程度。

（一）净化气或转化气中 SO_2 的测定（碘淀粉溶液吸收法）

1. 方法原理

气体中的二氧化硫通过定量的含有淀粉指示剂的碘标准溶液时被氧化为硫酸，反应式为：

$$SO_2+I_2+2H_2O = H_2SO_4+2HI$$

当碘液作用完毕时，淀粉指示剂的蓝色刚刚消失，同时将余下的气体收集于量气管中，根据消耗碘标准溶液的用量和余气的体积，可以计算被测气体中二氧化硫的含量。

2. 测定步骤

图 6-2 所示为测定气体中二氧化硫装置示意图。集气瓶中加入饱和氯化钠封闭液（含有少量硫酸及甲基橙指示剂而呈红色）。在反应管中加入 10mL 碘标准溶液（0.1mol/L 或 0.01mol/L），并加水至反应管容积的 3/4 处，加 2mL 淀粉溶液（5g/L），塞紧胶塞。

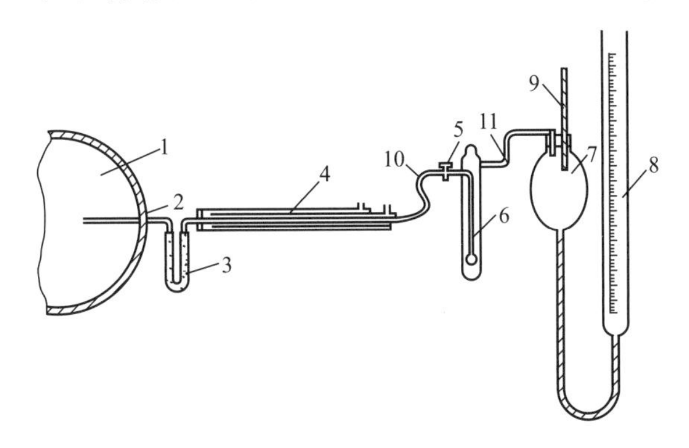

图 6-2 二氧化硫测定装置

1—气体管道；2—采样管；3—过滤管；4—水冷器；5—旋塞；
6—反应管；7—集气瓶；8—量气管；9—温度计；10,11—导气管

关闭旋塞 5，使量气管的液面与集气瓶中的液面水平，读取量气管的刻度，记为 V_1。然后开启旋塞 5，同时缓缓降低量气管，使气流呈连续气泡冒出，直至溶液蓝色刚刚消失，立即关闭旋塞 5，再次使量气管中的水位与集气瓶中的水位成水平，读取量气管刻度 V_2。

3. 结果计算

试样中二氧化硫的体积分数按下式计算：

$$\varphi(SO_2)=\frac{V_{SO_2}}{V_{SO_2}+V} \tag{6-3}$$

式中 V_{SO_2}——试样中 SO_2 在标准状态下的体积［用式(6-4) 计算］，L；

V——吸收完 SO_2 后剩余气体的标况体积［用式(6-5) 计算］，L。

$$V_{SO_2}=\frac{n_{SO_2}RT_0}{p_0}=\frac{c_{I_2}\times V_{I_2}\times 8.314\times 273\times 10^{-3}}{101.3} \tag{6-4}$$

$$V=\frac{(p-p_W)\times(V_2-V_1)\times 10^{-3}}{273+t}\times\frac{273}{101.3} \tag{6-5}$$

式中 c_{I_2}——碘标准溶液的浓度，mol/L；

V_{I_2}——碘标准溶液的体积，mL；

8.314——气体普适常数，$kPa\cdot dm^3/(mol\cdot K)$；

p——测定时当地的大气压力，kPa；

p_W——在温度为 t 时饱和氯化钠溶液的饱和蒸气压（可查表 6-3），kPa；

V_1——吸收前量气管的读数，mL；

V_2——吸收后量气管的读数，mL；

t——测定时的温度，℃。

表 6-3 不同温度时氯化钠饱和溶液的饱和蒸气压

温度/℃	饱和蒸气压/kPa	温度/℃	饱和蒸气压/kPa	温度/℃	饱和蒸气压/kPa
5	0.635	15	1.293	25	2.386
6	0.707	16	1.373	26	2.533
7	0.760	17	1.467	27	2.693
8	0.813	18	1.560	28	2.853
9	0.867	19	1.653	29	3.026
10	0.920	20	1.760	30	3.200
11	0.987	21	1.880	31	3.373
12	1.053	22	2.000	32	3.573
13	1.133	23	2.120	33	3.786
14	1.213	24	2.253	34	4.000

（二）转化气中 SO_3 的测定

1. 方法原理

炉气通过润湿的脱脂棉球，三氧化硫和二氧化硫均生成酸雾而被捕集，用水溶解被捕集的酸雾，用碘标准溶液滴定亚硫酸，再用氢氧化钠标准溶液滴定溶液中的总酸量，从而计算出三氧化硫的含量。

$$SO_2 + H_2O \longrightarrow H_2SO_3$$
$$SO_3 + H_2O \longrightarrow H_2SO_4$$
$$H_2SO_3 + I_2 + H_2O \longrightarrow H_2SO_4 + 2HI$$
$$HI + NaOH \longrightarrow NaI + H_2O$$
$$H_2SO_4 + 2NaOH \longrightarrow Na_2SO_4 + 2H_2O$$

2. 测定步骤

按如图 6-3 所示连接好装置。称取 3g 中性脱脂棉均匀放入六连球管中，加入 2mL 中性水，使均匀润湿。将采样管插入气体管道的 1/3 处，通过排水取气瓶抽气，控制气体流量为 0.5～0.6L/min，抽取气样 5L。停止采气，取出采样管，并记录采样时间、温度、压力和采样体积。

将六连球管内的棉花移入 400mL 烧杯中，用中性水洗涤采样管及六连球管，洗涤液全部移入烧杯中，使烧杯中洗涤液和棉花的体积约为 250mL。加入 2mL 淀粉指示剂（5g/L），用碘标准溶液（0.01mol/L）滴定至淡蓝色。然后用硫代硫酸钠溶液（0.01mol/L）滴定至蓝色刚刚褪去，加入 2～3 滴甲基红-亚甲基蓝混合指示剂，用氢氧化钠标准溶液（0.1mol/L）滴定至灰绿色即为终点，同时做空白试验。

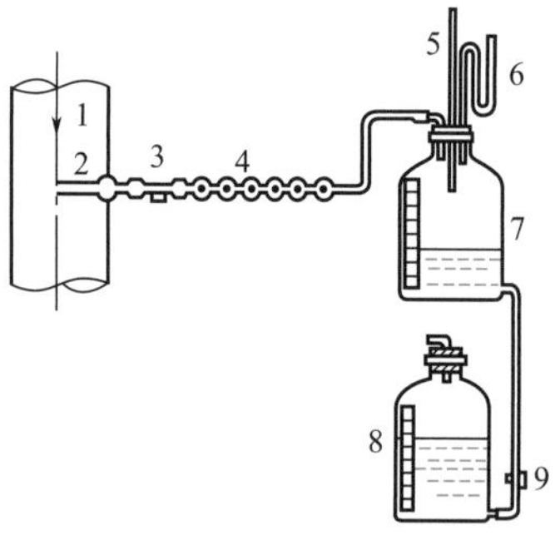

图 6-3 三氧化硫采样装置示意图

1—气体管道；2—采样管；3，9—弹簧夹；4—六连球管；5—温度计；6—压力；7—贮气瓶；8—封闭液贮瓶

3. 结果计算

试样中三氧化硫的体积分数用下式计算：

$$\varphi(SO_3) = \frac{V_{SO_3}}{V_0 + V_{SO_2} + V_{SO_3}} \tag{6-6}$$

式中 V_{SO_2}——试样中 SO_2 在标准状态下的体积［用式(6-7)计算］，L；

V_{SO_3}——试样中 SO_3 在标准状态下的体积［用式(6-8)计算］，L；

V_0——吸收完 SO_2 后剩余气体的标况体积［用式(6-9)计算］，L。

$$V_{SO_2}=\frac{n_{SO_2}RT_0}{p_0}=\frac{c_{I_2}(V_1-V_1')\times 8.314\times 273\times 10^{-3}}{101.3} \tag{6-7}$$

$$V_{SO_3}=\frac{\left[\frac{1}{2}c_{(NaOH)}(V_2-V_2')-2c_{I_2}(V_1-V_1')\right]\times 8.314\times 273\times 10^{-3}}{101.3} \tag{6-8}$$

$$V_0=\frac{(p-p_W)V\times 10^{-3}}{273+t}\times\frac{273}{101.3} \tag{6-9}$$

式中 c_{I_2}——碘标准溶液的浓度，mol/L；

V_1——消耗碘标准溶液的体积，mL；

V_1'——空白试验消耗碘标准溶液的体积，mL；

V_2——消耗氢氧化钠标准溶液的体积，mL；

V_2'——空白试验消耗氢氧化钠标准溶液的体积，mL；

8.314——气体普适常数，$kPa\cdot dm^3/(mol\cdot K)$；

p——测定时当地的大气压力，kPa；

p_W——在温度为 t 时饱和氯化钠溶液的饱和蒸气压（可查表 6-3），kPa；

V——量气管量出剩余气体的体积，mL；

t——测定时的温度，℃。

三、工业硫酸分析

工业硫酸的技术要求见表 6-4。

表 6-4 工业硫酸的技术要求

指标名称		浓硫酸			发烟硫酸		
		优等品	一等品	合格品	优等品	一等品	合格品
H_2SO_4 含量/%	≥	98.0	98.0	98.0	—	—	—
游离 SO_3 含量/%	≥	—	—	—	20.0	20.0	20.0
灰分/%	≤	0.02	0.03	0.10	0.02	0.03	0.10
铁(Fe)含量/%	≤	0.005	0.010	—	0.005	0.010	0.030
砷(As)含量/%	≤	0.0001	0.001	0.01	0.0001	0.0001	—
铅(Pb)含量/%	≤	0.005	0.02	—	0.005	—	—
汞(Hg)含量/%	≤	0.001	0.01	—	—	—	—
透明度/mm	≥	80	50	—	—	—	—
色度/mL		不深于标准色度	不深于标准色度	—	—	—	—

注：1. 硫酸的含量也可以≥92.5%，发烟固硫酸中游离 SO_3 含量也可以≥25.0%。

2. 供纺织或人造纤维工业用浓硫酸中的 Fe 含量≤0.015%；供皮革或人造纤维工业用浓硫酸中的氮氧化物含量≤0.0001%；供食品或药用的浓硫酸中砷含量≤0.0001%。

（一）硫酸含量的测定

1. 方法原理

以甲基红-亚甲基蓝为指示剂，用氢氧化钠标准溶液滴定，即可计算出硫酸含量。反应式如下：

$$H_2SO_4+2NaOH = Na_2SO_4+2H_2O$$

2. 测定步骤

用已称量的带磨口塞的50mL称量瓶称取0.5g试样（精确至0.0001g），小心转移至盛有50mL水的250mL锥形瓶中，冷却至室温。加入2～3滴甲基红-亚甲基蓝混合指示剂，用氢氧化钠标准溶液（0.5mol/L）滴定至溶液呈灰绿色。硫酸的质量分数按式(6-10)计算。

$$w(H_2SO_4)=\frac{\frac{1}{2}cVM(H_2SO_4)\times10^{-3}}{m}\times100\% \tag{6-10}$$

式中 c——氢氧化钠标准溶液的浓度，mol/L；

V——消耗氢氧化钠标准溶液的体积，mL；

$M(H_2SO_4)$——硫酸的摩尔质量，98.08g/mol；

m——试料的质量，g。

（二）发烟硫酸中游离 SO_3 的测定

1. 方法原理

将样品溶于水后，以甲基红-亚甲基蓝为指示剂，用氢氧化钠标准溶液滴定，求出硫酸的总量。然后通过计算求出发烟硫酸中游离的 SO_3 的质量分数。反应式如下：

$$SO_3+H_2O=\!=\!=H_2SO_4$$

$$H_2SO_4+2NaOH=\!=\!=Na_2SO_4+2H_2O$$

2. 测定步骤

称量安瓿球（精确至0.0001g），然后在微火上烤热球部，迅速将安瓿球的毛细管插入试样中，吸入约0.5mL试样，用火焰将毛细管顶端烧结封闭，擦干毛细管外壁所沾上的酸，再准确称量。

将已称好的安瓿球放入盛有100mL水的具磨口塞的500mL锥形瓶中，塞紧瓶塞，用力振摇使安瓿球破碎，继续振摇直至雾状三氧化硫气体消失。打开瓶塞，用玻璃棒轻轻压碎安瓿球的毛细管，用水冲洗瓶塞、瓶颈及玻璃棒。

滴加2～3滴甲基红-亚甲基蓝指示剂，用氢氧化钠标准溶液（0.5mol/L）滴定至溶液呈灰绿色为终点。

3. 结果计算

发烟硫酸中，游离三氧化硫的质量分数为 $w(SO_3)$，于是：

$$\frac{w(SO_3)m}{M(SO_3)}+\frac{w(H_2SO_4)m}{M(H_2SO_4)}=\frac{1}{2}cV \tag{6-11}$$

若不考虑其他杂质，则有：

$$w(SO_3)+w(H_2SO_4)=1 \tag{6-12}$$

联立式(6-11)和式(6-12)解方程组，就可以求出发烟硫酸中 SO_3 的质量分数：

$$w(SO_3)=\frac{\frac{1}{2}cVM(H_2SO_4)M(SO_3)\times10^{-3}-M(SO_3)}{m[M(H_2SO_4)-M(SO_3)]}\times100\% \tag{6-13}$$

式中 c——氢氧化钠标准溶液的浓度，mol/L；

V——消耗氢氧化钠标准溶液的体积，mL；

$M(SO_3)$——三氧化硫的摩尔质量，80.07g/mol；

$M(H_2SO_4)$——硫酸的摩尔质量，98.08g/mol；

m——试料的质量，g。

（三）灰分的测定（重量法）

灰分是指溶解在硫酸中的金属盐类经蒸发灼烧后而留下来的残渣。测定时称量25～50g试样于已灼烧至恒重并称重的瓷坩埚中，在沙浴上小心加热蒸发至干，移入高温炉中，在(800±50)℃温度下灼烧15min。稍冷，取出放在干燥器中，冷却至室温，称量（精确至0.0001g)。灰分的质量分数按式(6-14）计算。

$$w(\text{灰分})=\frac{m_1}{m}\times 100\% \tag{6-14}$$

式中 m_1——灼烧后灰分的质量，g；

m——试料的质量，g。

（四）铁含量的测定（邻菲啰啉分光光度法）

《工业硫酸》(GB/T 534）规定的测定硫酸中铁含量的两种方法：一是邻菲啰啉分光光度法（仲裁法)；二是原子吸收分光光度法。这里只介绍邻菲啰啉分光光度法。

1. 方法原理

将试样蒸干后的残渣用盐酸溶解，用盐酸羟胺还原溶液中的三价铁，在pH为2～9的范围内，二价铁离子与邻菲啰啉反应生成红色配合物，在510nm波长处测定吸光度。

2. 测定步骤

(1) 标准曲线的绘制 在10个50mL容量瓶中，按表6-5中的要求分别加入铁标准溶液（10μg/mL)。然后分别加入25mL水、2.5mL盐酸羟胺溶液（10g/L)、5.0mL乙酸-乙酸钠缓冲溶液（pH=4.5)、5.0mL邻菲啰啉溶液（1g/L)，用水稀释至刻度，摇匀。显色后在510nm处，用1cm吸收池，以试剂空白为参比，测定溶液的吸光度。然后以吸光度A为纵坐标，以铁的质量为横坐标绘制标准曲线，或者求出线性回归方程。

表6-5 铁标准系列溶液的配制

铁溶液的体积/mL	0	2.50	5.00	7.50	10.00	12.50	15.00	17.50	20.00	22.50
铁的质量/μg	0	25.0	50.0	75	100	125	150	175	200	225

(2) 试液的配制 称取10～20g试样（精确至0.01g)，置于50mL烧杯中，在沙浴上蒸发至干，冷却，加入2mL盐酸（1+10)、25mL水，加热使其溶解，移入100mL容量瓶中，用水稀释至刻度，摇匀。

(3) 吸光度的测定 移取一定量的试液于50mL容量瓶中，加水至约25mL。然后按照标准曲线绘制的步骤测定吸光度。

铁的质量分数按式(6-15）计算：

$$w(\text{Fe})=\frac{m_1\times 10^{-6}}{m\times\frac{V}{100}}\times 100\% \tag{6-15}$$

式中 m_1——用线性回归方程计算出体积为V的溶液中铁的质量，μg；

m——试料的质量，g。

（五）砷含量的测定（原子荧光光度法和砷斑法）

硫酸中的砷是由原料矿石引入的，大部分已经在生产过程中除去，因此成品硫酸中砷的含量很低。由于砷剧毒，因此用于食品或医药生产的硫酸要求含砷量不得高于0.00001%。

GB/T 534 规定的工业硫酸中砷的测定方法有原子荧光光度法和砷斑法，其中原子荧光光度法为仲裁法。

1. 原子荧光光度法

在硫脲-抗坏血酸存在下，试液中的五价砷被部分还原为三价砷。在酸性介质中，硼氢化钾将砷还原生成砷化氢，由氢气作载气将其导入原子化器中分解为原子态砷。以空心阴极灯作激发光源，基态砷原子被激发至高能态，在去活化回到基态时，发射出特征波长的荧光，其荧光强度在一定范围内与被测溶液中的砷浓度成正比，与标准系列比较可测出样品中含砷量。

(1) 工作曲线绘制　在 5 只 50mL 容量瓶中，分别加入砷标准溶液（0.100μg/mL）0.50mL、1.00mL、2.00mL、4.00mL、5.00mL，再依次加入 2.5mL 盐酸、10mL 硫脲-抗坏血酸溶液（50g/L），用水稀释至标线，摇匀。

【注意】 若硫酸中砷含量较高，应采用浓度为 1.00μg/mL 的砷标准溶液。

将原子荧光光度计调至最佳工作条件，用盐酸溶液（5＋95）作载流液，用硼氢化钾溶液（15g/L）作还原剂，以载流溶液为空白，测定标准溶液的荧光强度，绘制工作曲线，求出线性回归方程。

(2) 样品测定　称取 2～5g 浓硫酸试样（精确到 0.001g），小心移入盛有少量水的 50mL 烧杯中，冷却后转移至 50mL 容量瓶中，加入 10mL 硫脲-抗坏血酸溶液（50g/L），用水稀释至刻度，摇匀，放置 30min 以上。

【注意】 对于发烟硫酸试样，应先将烧杯中的样品在沙浴（或可调温电炉）上缓慢蒸发至干，冷却，加入 2.5mL 盐酸和 25mL 水，加热溶解残渣，再移入 50mL 容量瓶中。

在与标准溶液系列相同的测定条件下，用原子荧光光度计测定试液的荧光强度。根据试液和空白试验溶液的荧光强度值用线性回归方程计算出砷的浓度。

试样中砷的质量分数按式(6-16) 计算：

$$w(\mathrm{As})=\frac{m_1\times10^{-6}}{m}\times100\% \tag{6-16}$$

式中　m_1——扣除空白值后 50mL 试液中砷的质量，μg；

m——试样的质量，g。

2. 砷斑法

在硫酸介质中，用氯化亚锡将 As(Ⅴ) 还原为 As(Ⅲ)，金属锌与酸作用产生新生态的氢，将 As(Ⅲ) 还原为砷化氢，砷化氢与溴化汞反应生成棕色砷斑，与标准色斑比较，可获得样品中的含砷量。

(1) 标准色斑的制作　取 7 个定砷瓶，分别加入砷标准溶液（2μg/mL）0、0.25mL、0.50mL、0.75mL、1.00mL、1.50mL、2.00mL，加入 10mL 硫酸溶液（2＋3）和一定量的水，使体积约为 50mL，再分别加入 2mL 碘化钾溶液（150g/L）和 2mL 氯化亚锡盐酸溶液（400g/L），摇匀，静置 15min 。加入 5g 无砷金属锌（粒径小于 5mm），立即按如图 6-4 所示的定砷装置图连接好仪器，使反应进行 45min，取出溴化汞试纸并注明相应的砷质量，用熔融石蜡浸透，贮于干燥器中。

【注意】 测定前将溴化汞试纸夹在玻璃管上端口与玻璃帽之间，并用橡胶圈固定。

(2) 样品测定　称取 20～30g 试样（精确到 0.001g）（可根据试样中的含砷量酌情增减称样量，每份试液含砷量应不大于 4μg），置于 50mL 烧杯中，在沙浴（或可调温电炉）上缓慢加热，蒸发至约 5mL，冷却后，将其转移至盛有适量水的定砷瓶中，加水使体积约为

50mL，用标准色斑制作相同方法获取样品色斑，并与标准色斑比较，获取试样中的砷含量。

试样中砷的质量分数按式(6-17) 计算：

$$w(\mathrm{As})=\frac{m_1\times10^{-6}}{m}\times100\% \tag{6-17}$$

式中 m_1——由标准色斑获取的砷的质量，μg；

m——试样的质量，g。

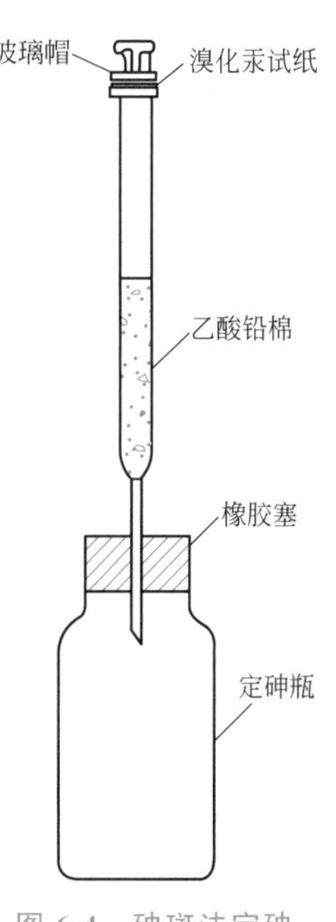

图 6-4 砷斑法定砷装置示意图

（六）铅含量的测定（原子吸收分光光度法）

1. 方法原理

试料蒸干后，将残渣溶解于稀硝酸中，在原子吸收分光光度计上，于波长 283.3nm 处，用空气-乙炔火焰测定含铅溶液的吸光度，用标准曲线法计算铅的质量分数。

2. 测定步骤

（1）工作曲线的绘制 取 5 只 50mL 容量瓶，分别加入铅标准溶液（0.100mg/mL）0、1.00mL、2.00mL、3.00mL、4.00mL，各加入 25mL 硝酸溶液（1+2），用水稀释至刻度，摇匀。在原子吸收分光光度计上，按仪器工作条件，用空气-乙炔火焰，以不加入铅标准溶液的空白溶液为参比，在 283.3nm 波长处测定溶液的吸光度。绘制工作曲线，求出线性回归方程。

（2）样品测定 用装满试样的滴瓶，以差减法称取约 10～30g 试样（精确到 0.001g），置于 50mL 烧杯中，在沙浴（或可调温电炉）上缓慢蒸发至干，冷却，加 5mL 硝酸溶液（1+2）和 25mL 水，加热溶解残渣，再蒸发至干，冷却，加 5mL 硝酸溶液低温加热溶解残渣，冷却后移入 50mL 容量瓶中，用水稀释至刻度，摇匀。在原子吸收分光光度计上，以不加入铅标准溶液的空白溶液为参比，按仪器工作条件测定溶液的吸光度。根据试液的吸光度值计算出被测溶液中铅的质量。

试样中铅的质量分数按式(6-18) 计算：

$$w(\mathrm{Pb})=\frac{m_1\times10^{-6}}{m}\times100\% \tag{6-18}$$

式中 m_1——通过线性回归方程计算得到的 50mL 试液中铅的质量，μg；

m——试样的质量，g。

（七）汞含量的测定（双硫腙分光光度法和冷原子吸收分光光度法）

GB/T 534 规定的工业硫酸中汞的测定方法有双硫腙分光光度法和冷原子吸收分光光度法，其中双硫腙分光光度法为仲裁法。

1. 双硫腙分光光度法

试料中的汞，用高锰酸钾氧化成二价汞离子。用盐酸羟胺还原过量的氧化剂，加入盐酸羟胺和乙二胺四乙酸二钠消除铜和铁的干扰。在 pH 值为 0～2 范围内，双硫腙与汞离子反应生成橙色螯合物，用三氯甲烷溶液萃取后，在 490nm 波长处测定萃取溶液的吸光度。

（1）工作曲线绘制 取 5 个 500mL 分液漏斗，用棉花或滤纸擦干其颈部，并塞入一小团脱脂棉，向漏斗中分别加入汞标准溶液（1.00μg/mL）0、2.00mL、4.00mL、6.00mL、8.00mL。向每一分液漏斗中加入 20mL 硫酸溶液（1+4），用水稀释至约 200mL，依次加入 1mL 盐酸轻胺溶液（100g/L）、10mL 乙酸溶液（1+3）、10mL 乙二胺四乙酸二钠溶液（7.45g/L）和 20.0mL 双硫腙三氯甲烷溶液（3mg/L），剧烈振荡 1min，静置 10min，使两相分层。放出部分有机相，置于 3cm 的比色皿中，在分光光度计 490nm 波长处，以不加汞标准溶液的空白溶液作参比，测定溶液的吸光度。绘制工作曲线，求出线性回归方程。

（2）样品测定　称取约 10g 试样（精确至 0.001g），小心缓慢移入盛有 15mL 水的 100mL 烧杯中，冷却至室温。滴加高锰酸钾溶液（40g/L）使溶液呈紫红色。盖上表面皿，在 60℃水浴中放置 30min 。冷却至室温，逐滴加入盐酸羟胺溶液使紫红色褪尽。将试液移入颈部已预先擦干，并塞入一小团脱脂棉的 500mL 分液漏斗中，加水至约 200mL，然后按工作曲线绘制步骤测定试液的吸光度。

试样中汞的质量分数按式(6-19) 计算：

$$w(\mathrm{Hg})=\frac{m_1\times10^{-6}}{m}\times100\% \tag{6-19}$$

式中　m_1——通过线性回归方程计算得到的试液中汞的质量，μg；

m——试样的质量，g。

2. 冷原子吸收分光光度法

用高锰酸钾将试料中的汞氧化成二价汞离子，过量的氧化剂用盐酸羟胺还原，二价汞离子由氯化亚锡还原成汞，用空气或氮气作载气携带汞蒸气通过测汞池，用原子吸收分光光度计或紫外吸收式测汞仪，在 253.7nm 波长处测定其吸光度。

（八）色度的测定

向 50mL 比色管中依次加入 10mL 水、3mL 明胶溶液（10g/L）、2～3 滴氨水、3mL 硫化钠溶液（20g/L）及 2.0mL 铅标准溶液（0.1mg/mL），再用水稀释至 20mL，摇匀。

向另一支 50mL 比色管中加入 20mL 试样，目视比较试样和标准溶液比色管的色度，试样色度不深于标准色度即为合格。

第三节　碳酸钠生产分析

碳酸钠俗称纯碱，是重要的基础化工原料，在国民经济中占有重要的地位。主要用于化工、玻璃、冶金、造纸、印染、合成洗涤剂、石油化工、食品工业等。

生产纯碱的方法主要有氨碱法、联合制碱法等。联合制碱法即侯氏制碱法，是以合成氨生产的氨和二氧化碳及原盐为原材料，生产碳酸钠并联产氯化铵的方法。联碱法的工艺过程主要包括原盐精制、氯化铵结晶、湿铵干燥、氨吸收、氨母液碳酸化、重碱过滤和重碱煅烧等。氨碱法是将石灰石煅烧得到二氧化碳，用盐水吸收氨后，再进行碳酸化得到 $NaHCO_3$，煅烧 $NaHCO_3$ 后便得到纯碱（Na_2CO_3）。主要反应式如下：

$$CaCO_3 = CaO + CO_2\uparrow$$

$$NaCl + NH_3 + CO_2 + H_2O = NaHCO_3\downarrow + NH_4Cl$$

$$2NaHCO_3 = Na_2CO_3 + CO_2\uparrow + H_2O\uparrow$$

氨碱法的工艺过程主要包括盐水精制、石灰石煅烧、氨的盐水吸收、氨盐水碳酸化、重碱过滤、母液蒸馏、重碱煅烧等。

在氨碱法生产的分析中，除了对原料和产品进行分析外，还要对生产过程中各种母液、盐水等进行分析。分析项目主要有全氨、游离氨、全氯、二氧化碳，以及铁、钙、镁、硫酸根和硫化物等。

一、母液分析

（一）母液中氨的测定

1. 方法原理

母液中的氨包括游离氨和结合氨，二者之和为总氨。游离氨主要是以 $NH_3 \cdot H_2O$ 形态存在的，可以采用甲基橙为指示剂，用硫酸标准溶液滴定。在试样中加入氢氧化钠溶液，结合氨与氢氧化钠作用形成游离氨，在加热煮沸后，与本来含有的游离氨一起随水蒸气蒸出。将蒸出的氨用硫酸标准溶液吸收，然后用氢氧化钠标准溶液滴定过剩的硫酸，根据所消耗的硫酸的量计算出总氨含量。总氨含量与游离氨含量的差值即为结合氨的含量。主要反应式如下：

$$(NH_4)_2SO_4 + 2NaOH \longrightarrow Na_2SO_4 + 2NH_3\uparrow + 2H_2O$$

$$2NH_3 + H_2SO_4 \longrightarrow (NH_4)_2SO_4$$

$$2NaOH + H_2SO_4 \longrightarrow Na_2SO_4 + 2H_2O$$

2. 游离氨的测定

用移液管移取一定体积的母液清液，加入 250mL 锥形瓶中，加 2 滴甲基橙指示剂（1g/L），用硫酸标准溶液滴定至溶液由黄色变为橙色即为终点。以质量浓度表示的游离氨含量用式(6-20) 计算。

$$\rho(NH_3) = \frac{2cV_1M(NH_3)}{V} \tag{6-20}$$

式中 $\rho(NH_3)$ ——以质量浓度表示的游离氨含量，g/L；

c——硫酸标准溶液的浓度，mol/L；

V_1——滴定时消耗硫酸标准溶液的体积，mL；

V——试样的体积，mL；

$M(NH_3)$ ——氨的摩尔质量，17.03g/mol。

3. 总氨的测定

移取一定体积的母液清液，放入盛有 250mL 水的 500mL 蒸馏瓶中，加入 10mL 氢氧化钠溶液（200g/L），在吸收瓶中加入 20mL 硫酸标准溶液（0.05mol/L）及 2 滴甲基橙。待蒸馏瓶内的液体蒸出 2/3 后，取下蒸馏瓶，用水冲洗冷凝器的内壁，取下吸收瓶，用氢氧化钠标准溶液（0.1mol/L）滴定至溶液由红色变为橙色为终点。以质量浓度表示的总氨含量用式(6-21) 计算。

$$\rho(NH_3) = \frac{(c_1V_1 - c_2V_2)M(NH_3)}{V} \tag{6-21}$$

式中 $\rho(NH_3)$——以质量浓度表示的总氨含量，g/L；

c_1——硫酸标准溶液的浓度，mol/L；

V_1——加入的硫酸标准溶液的体积，mL；

c_2——氢氧化钠标准溶液的浓度，mol/L；

V_2——消耗氢氧化钠标准溶液的体积，mL；

V——试样的体积，mL；

$M(NH_3)$ ——氨的摩尔质量，17.03g/mol。

（二）母液中二氧化碳的测定

1. 方法原理

用过量的硫酸分解试样，将碳酸盐和碳酸氢盐释放出的二氧化碳气体导入量气管中，测量生成二氧化碳的体积，计算出二氧化碳的含量。

2. 测定步骤

测定二氧化碳的装置如图 6-5 所示。旋转三通旋塞使量气管与大气相通，将封闭液调制零位。吸取试样清液 10.00mL，注入二氧化碳发生瓶中。吸取 3～30mL 硫酸溶液（3mol/L）注入发生器的内瓶中（勿与试样接触），塞紧瓶塞。旋转三通旋塞，使量气管与发生器相通，测定量气管内气体的体积。轻轻摇动发生瓶，使硫酸与试样充分混合至反应完全，待量气管内液面稳定后，再次测定量气管内气体的体积。同时记录温度和大气压力。

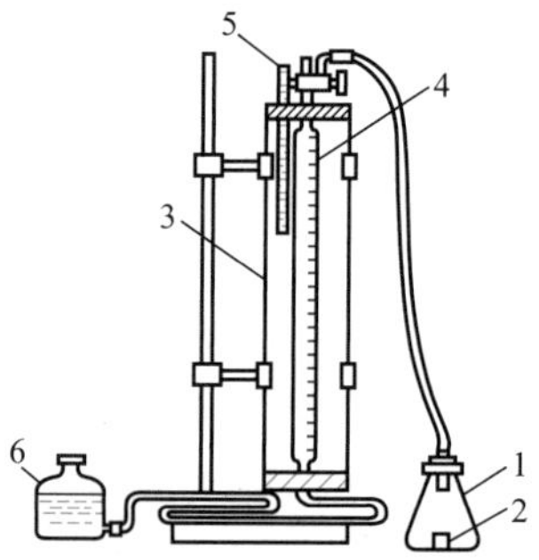

图 6-5 二氧化碳测定装置

1—二氧化碳发生器；2—内瓶；3—水套管；4—具三通旋塞的量气管；5—温度计；6—水准瓶

3. 结果计算

以质量浓度表示的二氧化碳的含量，按下式计算：

$$\rho(CO_2)=\frac{m}{V\times10^{-3}}=\frac{(p-p_W)V_1M(CO_2)}{8.314\times(273+t)\times V\times10^{-3}} \tag{6-22}$$

式中 $\rho(CO_2)$——以质量浓度表示的二氧化碳含量，g/L；

m——生成的二氧化碳的质量，g；

V——试样的体积，mL；

p——测量时的大气压，kPa；

p_W——饱和氯化钠水溶液的饱和蒸气压，kPa；

t——测量时气体的温度，℃；

V_1——生成二氧化碳气体的体积，L；

$M(CO_2)$——二氧化碳的摩尔质量，44.01g/mol；

8.314——气体通用常数，kPa·dm^3/(mol·K)。

二、工业碳酸钠分析

以工业盐或天然碱为原料，由氨碱法、联碱法或其他方法生产的工业碳酸钠按用途分为两类，Ⅰ类为适用于制造显像管和光学玻璃等工业用的重质碳酸钠，Ⅱ类为一般工业用的轻质碳酸钠和重质碳酸钠。轻质碳酸钠为白色粉末，重质碳酸钠为白色细小颗粒，主要技术指标要求见表 6-6。

表 6-6 工业碳酸钠的技术指标要求

指标项目	Ⅰ类	Ⅱ类		
	优等品	优等品	一等品	合格品
总碱量(以干基 Na_2CO_3 计)/% ≥	99.4	99.2	98.8	98.0
总碱量(以湿基 Na_2CO_3 计)/% ≥	98.1	97.9	97.5	96.7
氯化物(以 NaCl 计)含量 % ≤	0.30	0.70	0.90	1.20
铁(Fe)的质量分数/% ≤	0.003	0.0035	0.006	0.010
硫酸盐(以 SO_4^{2-} 计)含量/% ≤	0.03	0.03	—	—
水不溶物的质量分数/% ≤	0.02	0.02	0.10	0.15
堆积密度/(g/mL) ≥	0.85	0.90	0.90	0.90

（一）总碱量的测定

1. 方法原理

以溴甲酚绿-甲基红混合液为指示剂，用盐酸标准溶液滴定至溶液由绿色变为暗红色为终点。根据滴定所消耗盐酸标准溶液的量求得工业碳酸钠中的总碱量。

2. 测定步骤

称取试样 1.7g（精确至 0.0001g），置于 250mL 锥形瓶中，用 50mL 蒸馏水溶解，加入 10 滴溴甲酚绿-甲基红指示剂，用盐酸标准溶液（1mol/L）滴定至溶液刚刚变色时，煮沸 2min，冷却后继续滴定至溶液呈暗红色为终点。同时做空白试验。

试样中的总碱量（以 Na_2CO_3 计）的质量分数可按式(6-23) 计算。

$$w(Na_2CO_3)=\frac{\frac{1}{2}c(V-V_0)M(Na_2CO_3)\times 10^{-3}}{m}\times 100\% \tag{6-23}$$

式中 c——盐酸标准溶液的物质的量浓度，mol/L；

V——滴定试样消耗盐酸标准溶液的体积，mL；

V_0——空白试验消耗盐酸标准溶液的体积，mL；

m——试样的质量，g；

$M(Na_2CO_3)$——碳酸钠的摩尔质量，105.99g/mol。

3. 讨论

（1）溴甲酚绿-甲基红指示剂是一种常用的混合指示剂，其变色点在 pH=5.1，颜色为灰色，其酸式色为酒红色，碱式色为绿色，变色范围很窄。配制方法是将溴甲酚绿乙醇溶液（1g/L）与甲基红乙醇溶液（2g/L）按 3∶1 体积比混合，摇匀。

（2）若测定结果以干基计，则称量的样品须在 250～270℃的温度下烘干至恒重，否则测定的结果以湿基计。

（3）滴定至近终点时须煮沸溶液后再继续滴定，否则会影响测定结果。

（二）氯化物含量的测定（汞量法）

纯碱的生产是以食盐水为主要原料，虽然在工艺过程中对食盐水进行了精制，除去了钙离子和镁离子等杂质，但氯离子作为杂质之一，对纯碱的质量具有较大的影响。对于常量组分氯化物含量的测定一般采用莫尔法，GB/T 210.2 推荐使用汞量法；对于低含量氯离子的测定可采用电位滴定法。

1. 方法原理

在微酸性的水或乙醇-水溶液中，用强电离的硝酸汞标准溶液将氯离子转化为弱电离的氯化汞，用二苯偶氮碳酰肼指示剂与过量的 Hg^{2+} 生成紫红色配合物来判断终点。反应式如下：

$$Hg^{2+}+2Cl^{-}=\!=\!=HgCl_2$$

2. 测定步骤

（1）硝酸汞标准溶液（0.05mol/L）的配制和标定　称取 17.13g 硝酸汞 [$Hg(NO_3)_2\cdot H_2O$]，置于 250mL 烧杯中，加入 7mL 硝酸溶液（1+1），加入少量水溶解，必要时过滤，移入 1000mL 容量瓶中，加水至刻度，摇匀。

【注意】 若配制浓度为 0.025mol/L 的硝酸汞标准溶液时，称取 8.57g 硝酸汞，其他试剂用量也减半。含汞废液按 GB/T 3051 附录 D 的规定处理。

标定时，用移液管移取 25mL 氯化钠标准溶液（0.1mol/L），置于锥形瓶中，加 100mL 水和 2～3 滴溴酚蓝指示液（1g/L），滴加硝酸溶液（1+7）至溶液由蓝变黄，再过量 2～6 滴，加 1mL 二苯偶氮碳酰肼指示液（5g/L），用相应浓度的硝酸汞标准溶液滴定至溶液颜色由黄色变为紫红色。同时做空白试验。

硝酸汞标准溶液的浓度按式(6-24) 计算：

$$c=\frac{\frac{1}{2}c(\mathrm{NaCl})V_1}{V-V_0} \tag{6-24}$$

式中 c——硝酸汞标准溶液的浓度，mol/L；

$c(\mathrm{NaCl})$——氯化钠标准溶液的浓度，mol/L；

V_1——移取氯化钠标准溶液的体积，mL；

V——滴定所消耗的硝酸汞标准溶液的体积，mL；

V_0——滴定空白试验溶液所消耗的硝酸汞标准溶液的体积，mL。

（2）试样的测定　称取约 2g 试样（精确至 0.01g），置于 250mL 锥形瓶中。加 40mL 水溶解试料，加入 2 滴溴酚蓝指示液（1g/L），滴加硝酸溶液（1+1）中和至溶液变黄后，滴加氢氧化钠溶液至试验溶液变蓝，再用硝酸溶液（1+7）调至溶液恰呈黄色，再过量加入 2～3 滴。加入 1mL 二苯偶氮碳酰肼指示液（5g/L），用硝酸汞标准溶液滴定至溶液由黄色变为与参比溶液相同的紫红色即为终点。

氯化物（以 NaCl 计）的质量分数可用式(6-25）计算。

$$w(\mathrm{NaCl})=\frac{2c(V-V_0)M(\mathrm{NaCl})\times10^{-3}}{m(1-w_0)}\times100\% \tag{6-25}$$

式中 c——硝酸汞标准滴定溶液的浓度，mol/L；

V——滴定中消耗硝酸汞标准溶液的体积，mL；

V_0——参比溶液制备中所消耗硝酸汞标准滴定溶液的体积，mL；

m——试料的质量，g；

w_0——烧失量的质量分数；

$M(\mathrm{NaCl})$——氯化钠的摩尔质量，58.44g/mol。

3. 讨论

（1）配制硝酸汞标准溶液时，称取 10.85g 氧化汞，置于 250mL 烧杯中，加入 20mL 硝酸溶液（1+1），加少量水溶解，必要时过滤，移入 1000mL 容量瓶中，加水至刻度，摇匀。

（2）实际测定时应根据试样中 Cl^- 的含量来确定合适的硝酸汞标准溶液的浓度。一般当试样中 Cl^- 含量为 0.01～2mg 时，硝酸汞标准溶液的浓度应为 0.001～0.02mol/L；当试样中 Cl^- 含量为 2～25mg 时，硝酸汞标准溶液的浓度应为 0.02～0.03mol/L；当试样中 Cl^- 含量为 25～80mg 时，硝酸汞标准溶液的浓度应为 0.03～0.1mol/L。

（3）试样中 100g/L $NaNO_3$、100g/L KNO_3、70g/L NO_3^-、100g/L Pb^{2+}、30g/L Na^+、40g/L K^+、70g/L CO_3^{2-}（以 CO_2 计）不干扰测定。

（4）常见干扰物质及消除方法见表 6-7。

表 6-7　常见干扰物质及消除方法

干扰物	不产生干扰的限量/(mg/L)	原因	干扰消除方法
SO_3^{2-}	1	酸性溶液中，与 Hg^{2+} 反应	在碱性介质中用过氧化氢将 SO_3^{2-} 氧化为 SO_4^{2-}
S^{2-}	1	与 Hg^{2+} 生成 HgS 沉淀	在碱性介质中用过氧化氢将 S^{2-} 氧化为 SO_4^{2-}
CrO_4^{2-}	1	在酸性介质中氧化二苯偶氮碳酰肼	加入适量硝酸钡可生成 $BaCrO_4$ 沉淀，建议采用电位滴定法
CN^-	1	与 Hg^{2+} 生成 $Hg(CN)_2$ 沉淀	加入 2 倍于 CN^- 含量的甲醛，放置
$[Fe(CN)_6]^{2-}$	1	与 Hg^{2+} 生成沉淀	加入 2～3 倍于试样量的硝酸锌，过滤
SCN^-	1	与 Hg^{2+} 生成 $Hg(SCN)_2$ 沉淀	滴加适量 30%过氧化氢溶液

续表

干扰物	不产生干扰的限量/(mg/L)	原因	干扰消除方法
$S_2O_3^{2-}$	1	与 Hg^{2+} 生成配合物	加入 2 滴 2mol/L 氢氧化钠溶液，适量的 30%过氧化氢溶液
Br^-	1	与 Hg^{2+} 反应	
I^-	1	与 Hg^{2+} 反应	
PO_4^{3-}	3.5	缓冲作用	控制 pH 值，建议采用电位滴定法
Ag^+	0.5	生成 AgCl 沉淀	
NO_2^-	10		滴加 100g/L 的氨基磺酸溶液
Cr^{3+}	200	影响溴酚蓝指示剂不能指示终点	滴加 1mol/L 氢氧化钠溶液直到试液呈黄绿色，再滴加 1mol/L 硝酸溶液
Al^{3+}	1000	产生有吸附作用的沉淀	每升加入 5g $Na_4P_2O_7 \cdot 10H_2O$（在此条件下，溶液有轻微浑浊，仅引起轻微干扰）
Zn^{2+}	1000		
Mg^{2+}	1000		

（三）铁含量的测定（邻二氮菲分光光度法）

1. 方法原理

将试样溶解，用盐酸羟胺还原溶液中的三价铁离子，在 pH 为 2～9 的范围内，二价铁离子与邻二氮菲反应生成红色配合物，在 510nm 波长处测定吸光度。

2. 测定步骤

（1）标准曲线的绘制　在 10 个 50mL 容量瓶中，按表 6-8 中的要求分别加入铁标准溶液（10μg/mL）。然后分别加入 25mL 水、2.5mL 盐酸羟胺溶液（10g/L）、5.0mL 乙酸-乙酸钠缓冲溶液（pH=4.5）、5.0mL 邻二氮菲溶液（1g/L），用水稀释至刻度，摇匀。显色后在 510nm 处，用 1cm 吸收池，以试剂空白为参比，测定溶液的吸光度。然后以吸光度 A 为纵坐标，以铁的质量为横坐标绘制标准曲线，或者求出线性回归方程。

表 6-8　铁标准系列溶液的配制

铁溶液的体积/mL	0	2.50	5.00	7.50	10.00	12.50	15.00	17.50	20.00	22.50
铁的质量/μg	0	25.0	50.0	75	100	125	150	175	200	225

（2）试液的配制　称取 10g 试样（精确至 0.01g），置于烧杯中，加少量水润湿，滴加 35mL 盐酸溶液（1+1），煮沸 3～5min，冷却（必要时过滤），移入 250mL 容量瓶中，加水至刻度，摇匀。

用移液管移取 50mL 试液，置于 100mL 烧杯中；另取 7mL 盐酸溶液（1+1）于另一烧杯中，用氨水（2+3）中和后，与试液一并用氨水（1+9）和盐酸溶液（1+3）调节 pH 值为 2（用精密 pH 试纸检验）。分别移入 100mL 容量瓶中，用水稀释至刻度，摇匀。

（3）测定　移取一定量的试液于 50mL 容量瓶中，加水至约 25mL，加 2.5mL 盐酸羟胺溶液（10g/L）、5.0mL 乙酸-乙酸钠缓冲溶液（pH=4.5）、5.0mL 邻二氮菲溶液（1g/L），用水稀释至刻度，摇匀。选用 1cm 吸收池，以水为参比，测定试验溶液和空白溶液的吸光度。用试液的吸光度减去空白溶液的吸光度，从工作曲线上查出相应的铁的质量。

（四）硫酸盐含量的测定（硫酸钡重量法）

1. 方法原理

溶解试样并分离不溶物，在稀盐酸介质中加入过量的氯化钡溶液使硫酸盐沉淀为硫酸钡，将得到的沉淀进行过滤、洗涤、灰化，在（800±25）℃下灼烧至恒重后称量。计算出

SO_4^{2-} 的含量。

2. 测定步骤

称取约 20g 试样（精确至 0.01g），置于烧杯中，加 50mL 水，搅拌，滴加 70mL 盐酸（1+1）中和试样并使之酸化，用中速定量滤纸过滤并洗涤。滤液和洗涤液收集于烧杯中，控制溶液体积约为 250mL。滴加 3 滴甲基橙指示液（1g/L），用氨水中和后再加 6mL 盐酸溶液（1+1）酸化，煮沸，在不断搅拌下滴加 25mL 氯化钡溶液（100g/L）（约 90s 加完），在不断搅拌下继续煮沸 2min。在沸水浴上放置 2h，停止加热，静置 4h，用慢速定量滤纸过滤，用热水洗涤沉淀，直至取 10mL 滤液与 1mL 的硝酸银溶液（5g/L）混合，5min 后仍保持透明为止。

将滤纸连同沉淀一起移入预先在（800±25)℃下恒重的瓷坩埚中，灰化后移入高温炉中，在（800±25)℃下灼烧至恒重。

硫酸盐含量以 SO_4^{2-} 的质量分数表示，可按下式计算：

$$w(SO_4^{2-})=\frac{m_1\times\dfrac{M(SO_4^{2-})}{M(BaSO_4)}}{m(1-w_0)}\times 100\% \tag{6-26}$$

式中 m_1——灼烧后硫酸钡的质量，g；

m——试样的质量，g；

w_0——按烧失量测定方法测得的烧失量的质量分数，%；

$M(SO_4^{2-})$——硫酸根离子的摩尔质量，96.08g/mol；

$M(BaSO_4)$——硫酸钡的摩尔质量，233.37g/mol。

（五）水不溶物含量的测定

1. 方法原理

水不溶物的测定方法是将试样溶于（50±5)℃的水中，将不溶物采用古氏坩埚抽滤，过滤、洗涤、干燥并称量。

2. 坩埚的铺制方法

(1) 酸洗石棉法 取适量酸洗石棉，浸泡于盐酸溶液（1+3）中，煮沸 20min，用布氏漏斗过滤并洗涤至中性。再用无水碳酸钠溶液（100g/L）浸泡并煮沸 20min，后用布氏漏斗过滤并洗涤至中性（用酚酞指示液检查）。然后用水调成糊状，备用。

将古氏坩埚置于抽滤瓶上，在筛板上下均匀地各铺一层酸洗石棉，边抽滤边用平头玻璃棒压紧，每层厚约 3mm。用（50+5)℃水洗涤至滤液中不含石棉毛。将坩埚移入干燥箱内，于（110±5)℃下烘干后称量。重复洗涤、干燥至恒重。

(2) 滤纸法 将古氏坩埚置于抽滤瓶上，在筛板下铺一层石棉滤纸，在筛板上铺两层石棉滤纸，边抽滤边用平头玻璃棒压紧。用（50±5)℃水洗涤滤纸。将坩埚移入干燥箱内，于(110±5)℃下烘干后称量。重复洗涤、干燥至恒重。

3. 测定步骤

称取 20～40g 试样（精确至 0.01g），加入 200～400mL 约 40℃的水溶解，维持试液温度在（50±5)℃。用已恒重的古氏坩埚过滤，以（50±5)℃的水洗涤不溶物，直至在 20mL 洗涤液中加 2 滴酚酞指示剂后所呈现的颜色与 20mL 水中加 2 滴酚酞指示剂后所呈现的颜色一致为止，将古氏坩埚连同不溶物一并移入干燥箱中，在（110 ± 5)℃下干燥至恒重。

水不溶物含量的质量分数可按下式计算：

$$w=\frac{m_1}{m(1-w_0)}\times 100\% \tag{6-27}$$

式中 w_0——按烧失量测定方法测得的烧失量；

m_1——水不溶物的质量，g；

m——试料的质量，g。

第四节 工业乙醇分析

乙醇俗称酒精，是易挥发易燃烧的无色液体。乙醇主要用于制造染料、涂料、医药、人造橡胶、洗涤剂等。以谷物、薯类、糖蜜为原料，经发酵、蒸馏而制成的工业用乙醇技术指标见表 6-9。

表 6-9 工业用乙醇技术指标

项目		95.0%乙醇			99.5%乙醇	
		优等品	一等品	合格品	优等品	一等品
乙醇的体积分数/%(20℃,体积比)	≥	96.0	95.0	95.0	99.9	99.5
水分的质量分数/%	≤	—	—	—	0.10	0.50
酸含量(以乙酸计)/(mg/L)	≤	10	20	30	10	20
醛含量(以乙醛计)/(mg/L)	≤	10	15	20	10	15
甲醇含量/(mg/L)	≤	100	150	200	50	50
异丙醇含量/(mg/L)	≤	50	100	150	200	200
正丙醇含量/(mg/L)	≤	100	150	200	50	50
乙酸酯类含量/(mg/L)	≤	100	200	—	200	200
C4+C5 醇含量/(mg/L)	≤	20	50	50	20	50
高锰酸钾氧化时间/min	≥	25	20	15	20	15
蒸发残渣/(mg/L)	≤	20	25	30	20	25
硫酸试验色度/号	≤	10	30	80	20	30
水混溶试验		通过实验(1+9)	通过实验(1+19)	—	通过实验(1+9)	通过实验(1+9)

一、乙醇含量的测定

乙醇体积浓度，是指在 20℃时，乙醇水溶液中所含乙醇的体积与在同温度下该溶液总体积的百分比，以%（体积分数）表示。根据乙醇浓度与密度呈反比关系，利用酒精计进行测定。

选择 **90%～100%**（体积分数），分度值为 **0.1%**（体积分数）的酒精计。同时备有分度值为 0.20℃的温度计。

将试样注入洁净、干燥的量筒中，在室温下静置几分钟，放入洗净、擦干的酒精计，同时插入温度计，平衡 5min，水平观测酒精计，读取酒精计与液体弯月面相切处的刻度示值，同时记录温度。根据测得的酒精计示值和温度，查表 6-10 校正成 20℃时的乙醇浓度（酒精度）。所得结果精确至一位小数。

表 6-10 酒精计示值换算成 20℃ 时的乙醇浓度（酒精度）

温度/℃	酒精计示值							
	91	92	93	94	95	96	97	98
	20℃时的乙醇浓度/%(体积分数)							
5	94.5	95.4	96.3	97.1	98.0	98.9	99.7	—
6	94.3	95.2	96.1	97.0	97.8	98.7	99.5	—
7	94.1	95.0	95.9	96.8	97.6	98.5	99.4	—
8	93.9	94.8	95.7	96.6	97.5	98.3	99.2	—
9	93.6	94.5	95.5	96.4	97.3	98.2	99.0	99.9
10	93.4	94.3	95.2	96.2	97.1	98.0	98.9	99.7
11	93.2	94.1	95.0	96.0	96.9	97.8	98.7	99.6
12	92.9	93.9	94.8	95.7	96.7	97.6	98.5	99.4
13	92.7	93.6	94.6	95.5	96.5	97.4	98.3	99.2
14	92.5	93.4	94.4	95.3	96.3	97.2	98.1	99.1
15	92.2	93.2	94.2	95.1	96.1	97.0	98.0	98.9
16	92.0	93.0	93.9	94.9	95.9	96.8	97.8	98.7
17	91.7	92.7	93.7	94.7	95.6	96.6	97.6	98.6
18	91.5	92.5	93.5	94.4	95.4	96.4	97.4	98.4
19	91.2	92.2	93.2	94.2	95.2	96.2	97.2	98.2
20	91.0	92.0	93.0	94.0	95.0	96.0	97.0	98.0
21	90.7	91.8	92.8	93.8	94.8	95.8	96.8	97.8
22	90.5	91.5	92.5	93.5	94.6	95.6	96.6	97.6
23	90.2	91.3	92.3	93.3	94.3	95.4	96.4	97.4
24	90.0	91.0	92.0	93.1	94.1	95.1	96.2	97.2
25	89.7	90.7	91.8	92.8	93.9	94.9	96.0	97.0
26	89.4	90.5	91.5	92.6	93.6	94.7	95.8	96.8
27	89.2	90.2	91.3	92.3	93.4	94.5	95.5	96.6
28	88.9	90.0	91.0	92.1	93.1	94.2	95.3	96.4
29	88.6	89.7	90.8	91.8	92.9	94.0	95.1	96.2
30	88.4	89.4	90.5	91.6	92.7	93.8	94.8	96.0
31	88.1	89.1	90.2	91.4	92.5	93.6	94.6	95.8
32	87.9	88.9	90.0	91.1	92.2	93.4	94.4	95.5

二、硫酸试验色度

浓硫酸为强氧化剂，具有强烈的吸水性及氧化性，与分子结构稳定性较差的有机化合物混合，在加热情况下，会使其氧化、分解、炭化、缩合，产生颜色。可与铂-钴色标溶液比较，确定试样硫酸试验的色度，判定是否合格。

1. 色标溶液的配制和检查

(1) 500 号色标溶液　准确称取 1.000g 氯化钴（$CoCl_2 \cdot 6H_2O$）、1.2455g 氯铂酸钾（K_2PtCl_6），加入 100mL 浓盐酸和适量水溶解，用水稀释至 1000mL，摇匀。然后用 1cm 比色皿，以水作参比进行分光光度测定，如溶液的吸光度在表 6-11 范围内，即得 500 号色标溶液。用棕色瓶贮于冰箱中，有效期为一年。若超过有效期，但溶液的吸光度仍在表 6-11 所列范围内，仍可继续使用。

表 6-11 不同波长下的吸光度范围

波长/nm	430	455	480	510
吸光度	0.110～0.120	0.130～0.145	0.105～0.120	0.055～0.065

(2) n 号稀铂-钴色标系列溶液的配制　移取 $n/5$mL 的 500 号色标溶液，用水稀释至

100mL，即得所需的 n 号稀铂-钴色标溶。按此方法配成 10 号、15 号、20 号、30 号、40 号、50 号、60 号、70 号、80 号、100 号铂-钴色标系列溶液。

【注意】 对于测定色度大于 100 号的试样，需按下面方法配制 500 号铂-钴色标溶液。

准确称取 0.300g 氯化钴（$CoCl_2 \cdot 6H_2O$）、1.500g 氯铂酸钾（K_2PtCl_6），加入 100mL 浓盐酸和适量水溶解，用水稀释至 1000mL，摇匀。然后配成 110 号、130 号、150 号、200 号、300 号铂-钴色标系列溶液。

2. 分析步骤

吸取 10.00mL 试样于 70mL 平底烧瓶中，在不断摇动下，用量筒或快速吸管均匀加入 10mL 硫酸（15s 内），充分混匀。立即将烧瓶置于沸水浴中计时，准确煮沸 5min，取出，自然冷却。移入 25mL 比色管，与铂-钴色标系列溶液进行目视比色。

三、氧化时间

高锰酸钾为强氧化剂，在一定条件下试样中可以还原高锰酸钾的物质，与高锰酸钾反应使高锰酸钾颜色消退。当加入一定浓度和体积的高锰酸钾标准溶液时，在（15.0±0.1）℃下反应，与标准比较，确定样品颜色达到色标时，所反应的时间即为氧化时间。氧化时间的长短，可衡量酒精中含还原性物质的多少。

1. 三氯化铁-氯化钴色标溶液的制备

（1）三氯化铁溶液（0.0450g/mL）的配制和标定　称取 4.7g 三氯化铁，用盐酸溶液（1+40）溶解，并定容成 100mL。用 G_4 砂芯漏斗过滤，收集滤液，贮于冰箱中备用。标定时，吸取三氯化铁滤液 10.00mL 于 250mL 碘量瓶中，加 50mL 水，3mL 密度为 1.19g/mL 的盐酸及 3g 碘化钾，摇匀，置于暗处 30min。然后加水 50mL，用 0.1mol/L 硫代硫酸钠标准溶液滴定，近终点时，加 1mL 淀粉指示液（10g/L），继续滴定至蓝色刚好消失为终点。

根据计算的结果，用盐酸溶液（1+40）稀释至每毫升溶液中含三氯化铁 0.0450g。

（2）氯化钴溶液（0.0500g/mL）的配制　称取 5.000g 氯化钴（$CoCl_2 \cdot 6H_2O$），用盐酸溶液（1+40）溶解，并定容至 100mL。

（3）色标溶液　吸取 0.50mL 三氯化铁溶液（0.0450g/mL）和 1.60mL 氯化钴溶液（0.0500g/mL）于 50mL 比色管中，用盐酸溶液（1+4）稀释至刻度。

2. 分析步骤

取试样 50.0mL 于 50mL 磨口比色管，置于（15.0±0.1）℃水浴中平衡 10min，然后用快速吸管加 1.00mL 高锰酸钾标准溶液（0.005mol/L），立即加塞颠倒摇匀并计时，重新快速置于水浴中，与色标比较，直至试样颜色与色标一致，记录时间。

对于两次测定值之差，若氧化时间在 30min 以上（含 30min），不得超过 1.5min；若氧化时间在 30min 以下、10min 以上（含 10min），不得超过 1.0min；若氧化时间在 10min 以下，不得超过 0.5min。

四、醛的测定

（一）碘量法

1. 方法原理

试样中加入过量的亚硫酸氢钠，与醛发生加成反应，生成 α-羟基磺酸钠，剩余的亚硫酸氢钠用碘氧化。加过量的 $NaHCO_3$，使加成物分解，醛和亚硫酸氢钠重新游离出来，再用碘标准溶液滴定分解释放出来的亚硫酸氢钠，即可计算出醛的含量。反应式如下：

$$RCHO + NaHSO_3 \longrightarrow RCH(OH)SO_3Na$$

$$NaHSO_3 + I_2 + H_2O \longrightarrow NaHSO_4 + 2HI$$

$$RCH(OH)SO_3Na + 2NaHCO_3 \longrightarrow RCHO + NaHSO_3 + Na_2CO_3 + CO_2\uparrow + H_2O$$

2. 分析步骤

吸取试样15.0mL于250mL碘量瓶中，加15mL水、15mL亚硫酸氢钠溶液（12g/L）、7mL盐酸溶液（0.1mol/L），摇匀，于暗处放置1h。取出，用50mL水冲洗瓶塞，以0.1mol/L碘标准溶液滴定，接近终点时，加0.5mL淀粉指示液，改用0.01mol/L碘标准溶液滴定至淡蓝色出现（不计数）。然后加20mL碳酸氢钠溶液（1mol/L），微开瓶塞，摇荡0.5min（呈无色），用0.01mol/L碘标准使用溶液继续滴定至蓝紫色为终点。

试样中醛（以乙醛计）的质量浓度用式(6-28)计算。

$$\rho(CH_3CHO)=\frac{c(V_1-V_2)M}{V}\times 10^3 \tag{6-28}$$

式中 $\rho(CH_3CHO)$——试样中的醛含量（以乙醛计），mg/L；

c——碘标准溶液的浓度，mol/L；

V_1——滴定试样消耗碘标准溶液的体积，mL；

V_2——空白试验消耗碘标准溶液的体积，mL；

V——试样的体积，mL；

M——乙醛的摩尔质量，g/mol。

（二）碱性品红-亚硫酸分光光度法

1. 方法原理

醛和亚硫酸品红作用时，发生加成反应，经分子重排后，失去亚硫酸，生成具有醌或结构的紫红色物质，其颜色的深浅与醛含量成正比。

2. 分析步骤

（1）醛标准溶液　按乙醛：乙醛氨＝1：1.386的比值，称取乙醛氨0.1386g迅速溶于10℃左右的基准乙醇（不含醛）中，并定容至100mL，配制成1g/L的醛标准溶液。移入棕色试剂瓶内，贮存于冰箱中。

吸取醛标准溶液（1g/L）0.30mL、0.50mL、0.80mL、1.00mL、1.50mL、2.00mL、2.50mL、3.00mL，分别置于已有部分基准乙醇的100mL容量瓶中，并用基准乙醇稀释至刻度。醛含量分别为3mg/L、5mg/L、8mg/L、10mg/L、15mg/L、20mg/L、25mg/L、30mg/L。

（2）测定　吸取与试样含量相近的限量指标的醛标准溶液及试样各2.00mL，分别注入25mL比色管中，各加5mL水、2.00mL碱性品红-亚硫酸显色剂，加塞摇匀，放置20min（室温低于20℃时，需放入20℃水浴中显色）。用2cm比色皿于555nm波长处，以水为参比，分别测定其吸光度。

试样中的醛（以乙醛计）含量可用式(6-29)计算。

$$\rho(CH_3CHO)=\frac{A_1}{A}\times\rho \tag{6-29}$$

式中 $\rho(CH_3CHO)$——试样中的醛含量（以乙醛计），mg/L；

A_1——试样的吸光度；

A——醛标准溶液的吸光度；

ρ——醛标准溶液中的醛含量，mg/L。

3. 方法讨论

① 碱性品红-亚硫酸显色剂的配制：称取 0.075g 碱性品红溶于少量 80℃水中，冷却，加水稀释至 75mL，移入 1L 棕色细口瓶内，加 50mL 新配制的亚硫酸氢钠溶液（53.0g $NaHSO_3$ 溶于 100mL 水中）、500mL 水和 7.5mL 密度为 1.84g/mL 的硫酸，摇匀，放置 10～12h，至溶液褪色并具有强烈的二氧化硫气味，置于冰箱中保存。

② 对于工业酒精，所得结果精确至整数，而食用酒精的测定结果精确至四位小数。

五、高级醇的测定

（一）气相色谱法

1. 方法原理

试样被汽化后，随同载气同时进入色谱柱，利用被测定的各组分与固定相之间进行的气液两相间的溶解、解析等物化性质的差异，在柱内形成组分迁移速度的差异而得到分离。分离后的组分先后流出色谱柱，进入检测器，根据色谱图上各组分的保留值与标样对照定性；用峰面积，以内标法定量。

2. 仪器操作条件

采用氢火焰离子化检测器，配有毛细管色谱柱的气相色谱仪。

（1）PEG 20M 交联石英毛细管柱，用前应在 200℃下充分老化。柱内径 0.25mm，柱长 25～30m。

（2）采用高纯氮载气，流速为 0.5～1.0mL/min，分流比为（20∶1）～（100∶1），尾吹气约 30mL/min。

（3）氢气流速 30mL/min；空气流速 300mL/min。

（4）柱温的设定。随仪器而异，以选择仪器最佳灵敏度的流速为准，起始柱温为 70℃，保持 3min，然后以 5℃/min 程序升温至 100℃，直至异戊醇峰流出，以使甲醇、乙醇、正丙醇、异丁醇、正丁醇和异戊醇获得完全分离为准。为使异戊醇的检出达到足够灵敏度，应设法使其保留时间不超过 10min。

（5）检测器和进样口温度均为 200℃。

（6）进样量与分流比的确定。应以使甲醇、正丙醇、异丁醇、异戊醇等组分在含量 1mg/L 时，仍能获得供测定的色谱峰为准。

3. 分析步骤

（1）校正因子 f 值的测定　吸取 1g/L 的正丙醇、异丁醇、异戊醇标准溶液各 0.20mL 及 1g/L 甲醇标准溶液 1.00mL 于 10mL 容量瓶中，准确加入 1g/L 的正丁醇内标溶液 0.20mL，然后用基准乙醇稀释至刻度，混匀后进样 1μL，色谱峰流出顺序依次为甲醇、乙醇、正丙醇、异丁醇、正丁醇（内标）、异戊醇。记录各组分峰的保留时间，并根据峰面积和添加的内标量，计算出各组分的相对质量校正因子 f 值。

（2）试样的测定　取少量待测试样于 10mL 容量瓶中，准确加入 1g/L 的正丁醇内标溶液 0.20mL，然后用待测试样稀释至刻度，混匀后，进样 1μL。

根据组分峰与内标峰的保留时间定性，根据峰面积之比计算出各组分的含量。

4. 结果计算

组分的相对质量校正因子 f 值可用式(6-30）计算。

$$f=\frac{A_1}{A_2}\times\frac{m_1}{m_2} \tag{6-30}$$

试样中组分的含量用式(6-31) 计算。

$$\rho=f\times\frac{A_3}{A_4}\times0.020\times10^3 \tag{6-31}$$

式中 f——组分的相对校正因子；

ρ——试样中组分的含量，mg/L；

A_1——标样 f 值测定时内标的峰面积；

A_2——标样 f 值测定时各组分的峰面积；

m_1——标样 f 值测定时各组分的含量，g/L；

m_2——标样 f 值测定时内标的含量，g/L；

A_3——试样中各组分相应的峰的面积；

A_4——添加于试样中的内标峰的面积；

0.020——试样中添加内标的浓度，g/L。

试样中高级醇的含量以异丁醇与异戊醇之和表示。

（二）对二甲氨基苯甲醛分光光度法

1. 方法原理

除正丙醇外的高级醇，在浓硫酸作用下脱水，生成不饱和烃（如异丁醇变成丁烯，异戊醇变成戊烯）。而不饱和烃与对二甲氨基苯甲醛反应生成橙红色化合物，与标准系列比较定量。

2. 分析步骤

(1) 高级醇标准溶液的配制　吸取密度为 0.8020g/mL 的异丁醇 1.25mL 及密度为 0.8092g/mL 的异戊醇 1.24mL，分别置于已有部分基准乙醇（无杂醇油酒精）的 100mL 容量瓶中，以基准乙醇稀释至刻度。再分别以基准乙醇稀释 10 倍，即得 1g/L 异丁醇溶液及 1g/L 异戊醇溶液。

分别按异丁醇溶液（1g/L）：异戊醇溶液（1g/L）＝1：4 的比例混合，即得 1 号高级醇标准溶液（1g/L）；按 3：1 比例混合即得 2 号高级醇标准溶液（1g/L）。

取 1 号 1g/L 高级醇标准溶液 0.20mL、0.50mL、1.00mL、1.50mL、2.00mL 及 2 号高级醇标准溶液 2.00mL、4.00mL、6.00mL、8.00mL、10.00mL、20.00mL、30.00mL、40.00mL，分别注入 100mL 容量瓶中，以基准乙醇稀释至刻度。高级醇含量分别为 2mg/L、5mg/L、10mg/L、15mg/L、20mg/L 及 20mg/L、40mg/L、60mg/L、80mg/L、100mg/L、200mg/L、300mg/L、400mg/L。

【注意】 高级醇标准溶液 1 号适用于食用酒精和工业酒精的（优等品），2 号适用于食用酒精的普通级和工业酒精的一等品及合格品。

(2) 工作曲线的绘制　根据样品中高级醇的含量，吸取相近的 4 个以上不同浓度的高级醇标准使用溶液各 0.50mL，分别注入 25mL 比色管中，外用冰水浴冷却，沿管壁加 10mL 对二甲氨基苯甲醛显色剂，加塞后充分摇匀，同时置于沸水浴中，20min 后取出，立即用水冷却。立即用 0.5cm 或 1cm 比色皿，在波长 425nm 处，以水为参比，测定其吸光度。以标准溶液中高级醇含量为横坐标，相应的吸光度为纵坐标，绘制工作曲线，求出线性回归方程。

(3) 试样的测定　吸取试样 0.50mL，按工作曲线绘制同样的操作测定吸光度。根据试样的吸光度在工作曲线上查出试样中的高级醇含量，或用回归方程计算。

六、甲醇的测定

（一）变色酸分光光度法

1. 方法原理

甲醇在磷酸溶液中，被高锰酸钾氧化成甲醛，用偏重亚硫酸钠除去过量的高锰酸钾，甲醛与变色酸在浓硫酸存在下，先缩合，然后被氧化，生成对醌结构的蓝紫色化合物。与标准系列比较定量。

2. 分析步骤

（1）甲醇标准溶液　吸取 1.26mL 密度为 0.7913g/mL 的甲醇，置于已有部分基准乙醇（无甲醇酒精）的 100mL 容量瓶中，并以基准乙醇稀释至刻度，配制成 10g/L 的甲醇标准溶液。

吸取 10g/L 甲醇标准溶液 0、1.00mL、2.00mL、4.00mL、6.00mL、8.00mL、10.00mL、15.00mL、20.00mL 及 25.00mL，分别注入 100mL 容量瓶中，并以基准乙醇稀释至刻度。则甲醇含量分别为 0、100mg/L、200mg/L、400mg/L、600mg/L、800mg/L、1000mg/L、1500mg/L、2000mg/L 及 2500mg/L。

（2）工作曲线的绘制　吸取甲醇标准溶液和试剂空白各 5.00mL，分别注入 100mL 容量瓶中，加水稀释至刻度。根据样品中甲醇的含量，吸取相近的 4 个以上不同浓度的甲醇标准液各 2.00mL，分别注入 25mL 比色管中，各加 1mL 高锰酸钾（30g/L)-磷酸（150mL/L）溶液，放置 15min。加 0.6mL 偏重亚硫酸钠（$Na_2S_2O_5$）溶液（100g/L），使其脱色。在外加冰水冷却情况下，沿管壁加 10mL 变色酸（$C_{10}H_6O_6S_2Na_2$）显色剂，加塞摇匀，置于(70±1)℃水浴中，20min 后取出，用水冷却 10min。立即用 1cm 比色皿，在波长 570nm 处，以试剂空白为参比，测定其吸光度。

以标准液中甲醇含量为横坐标，相应的吸光度值为纵坐标，绘制工作曲线，或求出线性回归方程。

（3）试样的测定　取试样 5.00mL，注入 100mL 容量瓶中，加水稀释至刻线。吸取试样和试剂空白各 2.00mL 按工作曲线绘制的相同操作测定吸光度。根据标准曲线或线形回归方程计算试样中甲醇的含量。

也可以吸取与试样含量相近的限量指标的甲醇标准液及试样各 2.00mL，按工作曲线绘制的相同操作测定吸光度。然后按式(6-32) 计算甲醇的含量。

$$\rho(CH_3OH)=\frac{A_1}{A}\times\rho \qquad (6\text{-}32)$$

式中　$\rho(CH_3OH)$ ——试样中的甲醇含量，mg/L；

A_1——试样的吸光度；

A——甲醇标准溶液的吸光度；

ρ——甲醇标准溶液中的甲醇含量，mg/L。

（二）气相色谱法

吸取 1.00mL 甲醇溶液（1g/L）于 10mL 容量瓶中，准确加入 0.20mL 的正丁醇内标溶液（1g/L），用基准乙醇稀释至刻度，混匀后进样 1μL，色谱峰流出顺序为甲醇、正丁醇（内标）。记录各组分峰的保留时间，并根据峰面积和添加的内标量，计算甲醇的相对质量校正因子 f 值。

取少量待测试样于10mL容量瓶中，准确加入0.20mL正丁醇内标溶液（1g/L），然后用待测试样稀释至刻度，混匀后，进样1μL。根据峰面积之比计算出甲醇的含量。

七、酯的测定

（一）皂化法

1. 方法原理

酯的碱性水解反应称为皂化。试样用碱中和游离酸后，加过量的氢氧化钠标准溶液加热回流，使酯皂化，剩余的碱用标准酸中和，以酚酞作指示液用氢氧化钠标准溶液回滴过量的酸。反应式如下：

$$RCOOCH_2CH_3 + NaOH \longrightarrow RCOONa + CH_3CH_2OH$$

$$2NaOH + H_2SO_4 = Na_2SO_4 + 2H_2O$$

2. 分析步骤

取试样100.0mL于磨口锥形烧瓶中加100mL水，装上冷凝管，于沸水浴上加热回流10min。在冷凝管上顶部装上钠石灰管，用水冷却，取下锥形烧瓶，加5滴酚酞指示液，用0.1mol/L氢氧化钠标准溶液小心滴定至微红色（切勿过量），并保持15s内不消退。

准确加入10.00mL氢氧化钠标准溶液（0.1mol/L），放几粒沸石，安上冷凝管，于沸水浴上加热回流1h。在冷凝管顶部装上钠石灰管，用水冷却锥形烧瓶，取下钠石灰管，用两份10mL水洗涤冷凝管内壁，合并洗液于锥形烧瓶中。

准确加入10.00mL硫酸标准溶液$\left[c\left(\frac{1}{2}H_2SO_4\right)=0.1mol/L\right]$。用0.05mol/L氢氧化钠标准溶液滴定至微红色并保持15s内不消退为终点。同时用100mL水做空白试验。

试样中的酯（以乙酸乙酯计）含量可用式(6-33)计算。

$$\rho(\text{乙酸乙酯})=\frac{c(V_1-V_2)M\times10^3}{V} \tag{6-33}$$

式中 ρ(乙酸乙酯)——试样中的酯含量（以乙酸乙酯计），mg/L；

V_1——滴定试样时消耗0.05mol/L氢氧化钠标准溶液的体积，mL；

V_2——滴定空白时消耗0.05mol/L氢氧化钠标准溶液的体积，mL；

c——氢氧化钠标准溶液的浓度，mol/L；

M——乙酸乙酯的摩尔质量，g/mol；

V——取样量，mL。

（二）分光光度法

1. 方法原理

在碱性溶液条件下，试样中的酯与羟胺生成异羟肟酸盐，酸化后，与铁离子形成黄色的配合物，与标准比较定量。

2. 分析步骤

（1）酯标准溶液　吸取1.11mL乙酸乙酯（密度为0.9002g/mL），置于已有部分95.0%基准乙醇（无酯酒精）的1000mL容量瓶中，并以基准乙醇稀释至刻度，配制成1g/L的酯标准溶液。

吸取1g/L酯标准溶液1.00mL、2.00mL、3.00mL、4.00mL，分别注入100mL容量瓶中，并以基准乙醇稀释至刻度，则酯含量分别为10mg/L、20mg/L、30mg/L、40mg/L。

（2）测定　吸取与试样含量相近的酯标准溶液及试样各2.00mL，分别注入25mL比色管中，各加4.00mL反应液，摇匀，放置2min。加2.00mL盐酸溶液（4mol/L）、2.00mL三氯化铁显色剂（100g/L），摇匀。在测得的吸收波长处，以水作参比溶液，测定其吸光度。

$$\rho(\text{乙酸乙酯})=\frac{A_1}{A}\times\rho \tag{6-34}$$

式中　ρ(乙酸乙酯)——试样中的酯含量（以乙酸乙酯计），mg/L；

A_1——试样的吸光度；

A——酯标准溶液的吸光度；

ρ——酯标准溶液中的酯含量，mg/L。

【注意】

（1）反应液的制备方法是将氢氧化钠溶液（3.5mol/L）与盐酸羟胺（$NH_2OH\cdot HCl$）溶液（2mol/L）等体积混合，必须当天混合当天使用。

（2）三氯化铁显色剂的配制方法是称取50g三氯化铁（$FeCl_3\cdot 6H_2O$）溶于约400mL水中，加12.5mL盐酸溶液（4mol/L），用水稀释至500mL。

八、酸含量的测定

取试样50.00mL于250mL锥形瓶中，先置于沸腾的水浴中保持2min，取出，立即塞以钠石灰管并用水冷却。加入无二氧化碳水50mL，滴加2滴酚酞指示剂，用氢氧化钠标准滴定液滴定至为红色，30s不褪色为终点。

试样中酸（以乙酸计）含量按式(6-35）计算：

$$\rho(CH_3COOH)=\frac{cVM}{50.00\times10^{-3}} \tag{6-35}$$

式中　$\rho(CH_3COOH)$——试样中酸（以乙酸计）含量，mg/L；

c——氢氧化钠标准滴定溶液的浓度，mol/L；

V——消耗氢氧化钠标准滴定溶液的体积，mL；

M——乙酸的摩尔质量，60.05g/mol。

习　题

1. 填空题

（1）工业硫酸的必测项目有________________。

（2）联合制碱法即侯氏制碱法，采用的原料有______、______以及______，生产碳酸钠同时又联产______。

（3）一般工业用碳酸钠的分析项目主要有________________。

（4）工业用乙醇中乙醇含量可用________进行测定。

（5）气相色谱法测定工业用乙醇中高级醇含量，结果用______和______之和表示。

2. 选择题

（1）矿石中总硫的测定方法是（　　）。

A. 燃烧后用过氧化氢溶液吸收氢氧化钠溶液滴定法　　B. 碘淀粉溶液吸收法

C. 硫酸钡重量法　　D. 以上方法均可以

（2）称量发烟硫酸时，下列操作正确的是（　　）。

A. 用滴管吸取样品在干燥的小烧杯中称量，然后加水稀释

B. 用称量瓶称量，然后转移至盛有水的小烧杯中

C. 用安瓿球称量，放入盛有100mL水的具塞锥形瓶中，然后打碎安瓿球

D. 用安瓿球称量后放入具塞锥形瓶中，打碎安瓿球，加100mL稀释水

(3) 用氢氧化钠溶液滴定硫酸溶液时，常用的指示剂是（　　）。

A. 甲基红　　B. 亚甲基蓝　　C. 酚酞　　D. 甲基红-亚甲基蓝

(4) 测定工业碳酸钠中的总碱量时，使用的指示剂为（　　）。

A. 甲基橙　　B. 甲基红　　C. 溴甲酚氯-甲基红　　D. 甲基红-亚甲基蓝

3. 某试样仅含有NaOH和Na_2CO_3，称量0.3515g试样需要35.00mL浓度为0.1982mol/L的HCl标准溶液滴定到酚酞变色。试计算试样中NaOH和Na_2CO_3的质量分数。

4. 称取可溶性氯化物样品0.2266g，加入30.00mL浓度为0.1120mol/L的$AgNO_3$标准溶液，过量的$AgNO_3$用0.1185mol/L NH_4SCN标准溶液滴定，消耗6.50mL。试计算试样中氯的质量分数。

5. 用亚硫酸钠法测定工业甲醛含量，甲醛的浓度是37%，密度为1.1g/mL。若用0.5mol/L盐酸溶液滴定，消耗盐酸体积在25～30mL，试计算应取试样的体积范围。

6. 移取工业乙醇试样100mL，以酚酞为指示剂，用0.100mol/L NaOH标准溶液滴定，消耗0.20mL。然后加入10mL 0.100mol/L NaOH溶液回流水解后，用0.0500mol/L HCl标准溶液回滴，消耗体积为10.74mL，空白试验消耗盐酸标准溶液18.60mL。试计算试样中游离酸的含量及酯的含量。

7. 以DNP为固定液分析苯、甲苯、乙苯和二甲苯混合物中各组分的含量，在同一色谱条件下得色谱图，各组分的峰高和峰高校正因子见下表，试计算试样中各组分的质量分数。

组　分	苯	甲苯	乙苯	二甲苯
峰高/mm	103.8	119.0	66.8	44.0
峰高校正因子	1.00	1.99	4.16	5.21

8. 下表中列出了某些工业产品的分析项目，根据所学的知识，提出合适的分析方法。

工业产品	测定项目	分析方法
工业碳酸氢铵	总碱度	
	氯化物	
	灰分	
	铁	
	砷	
工业三聚磷酸钠	pH值	
	颗粒度	
	总五氧化二磷	
工业盐酸	HCl	
	铁	
	硫酸盐	
工业氢氧化钠	氢氧化钠	
	碳酸钠	
	氯化钠	
	三氧化二铁	

实验探究

自制透明度计（如下图）测定工业硫酸的透明度。在40mm×40mm×3mm的毛玻璃片上，用黑色贴纸

制成 4mm×4mm 黑白相间的方格色板，如下图(a) 所示。在 160mm×160mm 的木匣内装一只 60W 的灯泡，上盖有开一方孔，将方格板装在方孔上，使色板与灯泡的距离约为 10mm，如下图(b) 所示。

将盛满试样的玻璃透视管［见下图(c)］置于光源的方格色板上，从液面上方观察方格的轮廓，并从排液口小心放出试样，直至能清晰辨别方格黑白分明，停止排放，记录试样的液面高度值，即为透明度的测定结果。

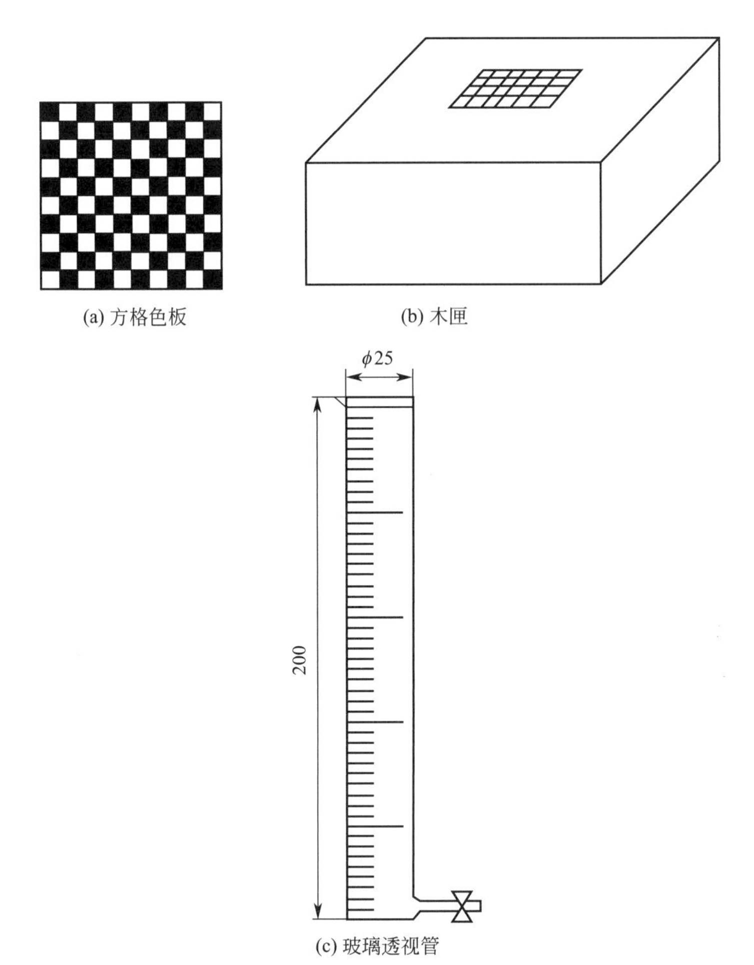

自制透明度计

第七章　化学肥料分析

肥料按其来源、存在状态、营养元素的性质等有多种分类方法。按照来源可分为自然肥料与化学肥料；根据存在状态可分为固体肥料与液体肥料；从组成可分为无机肥料与有机肥料；从性质可分为酸性肥料、碱性肥料与中性肥料；根据所含营养元素可分为氮肥、磷肥、钾肥；从所含营养元素的种类上可分为单元肥料与复合肥料；从发挥肥效速度方面可分为速效肥与缓效肥。另外，近年还迅速开发出部分新型肥料，如含氨基酸叶面肥（fliar fertilizer with amino acid）、微量元素叶面肥（foliar microelement fertilizer）。微生物肥料又分为根瘤菌肥料、固氮菌肥料、磷细菌肥料、硅酸盐细菌肥料、复合微生物肥料等。本章根据肥料所含有效元素分类法，介绍氮肥、磷肥和复混肥料的分析项目和分析方法。

第一节　氮肥分析

化学氮肥主要是指工业生产的含氮肥料，主要有：铵盐（如硫酸铵、硝酸铵、氯化铵、碳酸氢铵等），硝酸盐（如硝酸钠、硝酸钙等），尿素，氨水等。其中尿素是目前使用最广泛的一种化学氮肥。

肥料中的氮通常以氨态（NH_4^+ 或 NH_3）、硝酸态（NO_3^-）、有机态（$—CONH_2$）形式存在，因为三种状态的性质不同，所以分析方法也不同。

一、氮含量的测定

（一）蒸馏后滴定法（定氮仪法）

1. 方法原理

在酸性介质中，用还原剂将硝态氮还原为铵盐；在混合催化剂的存在下，用浓硫酸消化，将酰胺态氮转变为铵盐。从碱性溶液中蒸馏出氨，用硼酸吸收氨，以溴甲酚绿-甲基红混合指示液为指示剂，用硫酸标准溶液滴定至溶液颜色由蓝色转变为紫红色为终点。

2. 样品处理

（1）只含铵态氮样品的处理　称取适量试样（含氮约 100mg，精确至 0.0002g）置于消化管中，用适量水溶解。

（2）含铵态氮和硝态氮样品的处理　称取适量试样（含氮总量约 100mg、硝态氮小于 25mg，精确至 0.0002g）置于消化管中，加入 0.5g 铬粉，5mL 盐酸，置于 300℃的消化炉中沸腾 2min。

（3）含铵态氮和酰胺态氮样品的处理　称取适量试样（含氮总量约 100mg、硝态氮小于 25mg，精确至 0.0002g）置于消化管中，加入 10mL 硫酸和 0.5g 硫酸钾-硫酸铜混合催化剂，置于 340℃的消化炉中加热 1h。

（4）含硝态氮和酰胺态氮样品的处理　称取适量试样（含氮总量约 100mg、硝态氮小于 25mg，精确至 0.0002g）置于消化管中，加入 0.5g 铬粉，5mL 盐酸，置于 300℃的消化炉中沸腾 2min。冷却，加入 10mL 硫酸和 0.5g 硫酸钾-硫酸铜混合催化剂，重新置于 340℃的消化炉中加热至溶液变为紫红色。

3. 蒸馏和滴定

蒸馏样品处理（1）、（2）时加30mL氢氧化钠溶液（350g/L）；蒸馏样品处理（3）时加60mL氢氧化钠溶液（350g/L）；蒸馏样品处理（4）时加90mL氢氧化钠溶液（350g/L）。

在吸收瓶中加入40mL硼酸吸收液（20g/L），将消化管置于定氮仪上进行蒸馏、滴定。同时进行空白试验。

样品中氮的质量分数用式(7-1)计算。

$$w(\mathrm{N})=\frac{c(V_1-V_0)M(\mathrm{N})\times10^{-3}}{m}\times100\% \tag{7-1}$$

式中　c——硫酸标准溶液的浓度，mol/L；

V_1——消耗硫酸标准溶液的体积，mL；

V_0——空白试验消耗硫酸标准溶液的体积，mL；

$M(\mathrm{N})$——氮的摩尔质量，14.01g/mol；

m——试料的质量，g。

4. 方法讨论

（1）GB/T 3595规定，用过量硫酸标准溶液吸收蒸馏出的氨，以甲基红-亚甲基蓝混合指示液为指示剂，用氢氧化钠标准溶液滴定过量的硫酸，滴定至溶液呈灰绿色为终点。

（2）硝态氮的还原方法还有铁粉还原法和德瓦达合金还原法。在酸性溶液中铁粉置换出的新生态氢使硝态氮还原为铵态氮。在碱性溶液中德瓦达合金（铜：锌：铝 = 50：5：45）释出新生态的氢，使硝态氮还原为铵态氮。

（3）在硫酸铜存在下，在浓硫酸中加热使试样中酰胺态氮转化为铵态氮。以水杨酸固定，再用硫代硫酸钠将酰胺态氮还原成氨基化合物。在硝酸铜等催化剂存在下，用浓硫酸进行消化，使有机物分解，将酰胺态氮转化为铵态氮。

（二）流动分析仪法

1. 铵态氮与酰胺态氮的测定

（1）方法原理　先将酰胺态氮水解成铵态氮，采用空气片段连续流动分析技术，将试样溶液和试剂在一个连续流动的系统中均匀混合。在硝普钠｛$Na_2[Fe(CN)_5NO]\cdot2H_2O$｝的催化作用下，试样中的铵离子与水杨酸钠和二氯异氰酸盐反应生成蓝色配合物，在波长660nm处测定其吸光度。

（2）样品处理

① 仅含铵态氮样品的处理　称取适量试样（含氮约100mg，精确至0.0002g）置于250mL锥形瓶中，加100mL水和5mL硫酸，加热煮沸15min，冷却，转移至250mL容量瓶中，稀释至刻度，摇匀。干过滤，弃去最初部分滤液。

② 含铵态氮和酰胺态氮样品的处理　称取适量试样（含氮总量约100mg，精确至0.0002g）置于消化管中，加入5mL硫酸，置于340℃的消化炉中加热1h。转移至250mL容量瓶中，稀释至刻度，摇匀。干过滤，弃去最初部分滤液。

（3）工作曲线绘制　吸取铵态氮（NH_4^+-N）标准溶液0、0.50mL、1.00mL、2.00mL、3.00mL、4.00mL，分别置于100mL容量瓶中，稀释至刻度，摇匀。标准系列溶液中氮的浓度分别为0、0.050mg/mL、0.10mg/mL、0.20mg/mL、0.30mg/mL、0.40mg/mL。

将流动分析仪的溶液吸管分别置于柠檬酸三钠缓冲溶液、水杨酸盐和二氯异氰酸盐溶液中，在波长660nm处测定各标准溶液的吸光度。绘制工作曲线或计算线性回归方程。

（4）样品测定　在与标准曲线绘制相同的条件下，测定试样溶液的吸光度。样品中氮的质量分数用式(7-2) 计算。

$$w(N)=\frac{\rho\times250\times10^{-3}}{m}\times100\% \tag{7-2}$$

式中 ρ——通过工作曲线求出的样品溶液中氮浓度，mg/mL；

m——试料的质量，g。

2. 硝态氮的测定

(1) 方法原理 采用空气片段连续流动分析技术，将试样溶液和试剂在一个连续流动的系统中均匀混合。在硫酸铜作催化剂的碱性溶液中，用联胺将硝酸盐还原为亚硝酸盐，亚硝酸盐与磺胺和 *N*-(1-萘基)乙二胺盐酸盐（NEDD）反应，生成红色的配合物，在波长 550nm 处测定其吸光度。

(2) 样品处理 称取适量试样（含硝态氮约 50mg，精确至 0.0002g）置于 250mL 锥形瓶中，加 100mL 水，加热煮沸 15min，冷却，转移至 250mL 容量瓶中，稀释至刻度，摇匀。干过滤，弃去最初部分滤液。

(3) 工作曲线绘制 吸取硝态氮（NO_3^--N）标准溶液 0、1.00mL、2.00mL、4.00mL、8.00mL，分别置于 100mL 容量瓶中，稀释至刻度，摇匀。标准系列溶液中氮的浓度分别为 0、0.025mg/mL、0.050mg/mL、0.10mg/mL、0.20mg/mL。

将流动分析仪的溶液吸管分别置于氢氧化钠溶液、硫酸联胺溶液和显色剂中，在波长 550nm 处测定各标准溶液的吸光度。绘制工作曲线或计算线性回归方程。

(4) 样品测定 在与标准曲线绘制相同的条件下，测定试样溶液的吸光度。样品中氮的质量分数用式(7-3) 计算。

$$w(N)=\frac{\rho\times250\times10^{-3}}{m}\times100\% \tag{7-3}$$

式中 ρ——通过工作曲线求出的样品溶液中氮浓度，mg/mL；

m——试料的质量，g。

（三）甲醛法

化学氮肥中的 NH_4^+ 在水中显酸性，由于其酸性太弱（$K_a=5.6\times10^{-10}$），因此不能直接用氢氧化钠溶液滴定。实验室中广泛采用甲醛法，反应式如下：

$$4NH_4^+ + 6HCHO \longrightarrow (CH_2)_6N_4H^+ + 3H^+ + 6H_2O$$

反应生成的 H^+ 和 $(CH_2)_6N_4H^+$（$K_a=7.1\times10^{-6}$）可以用氢氧化钠溶液直接滴定。化学计量点时产物 $(CH_2)_6N_4$ 的水溶液显碱性，可以选择酚酞为指示剂，根据氢氧化钠标准溶液消耗的量，计算氮的含量。

此方法适用于硫酸铵、氯化铵等氮肥中铵态氮含量的测定。

（四）酸量法

试液与过量的硫酸标准溶液作用，以甲基红或甲基红-亚甲基蓝乙醇溶液为指示剂，用氢氧化钠标准溶液滴定剩余的硫酸，根据氢氧化钠标准溶液和硫酸标准溶液的用量，计算氮的含量，反应如下：

$$2NH_4HCO_3 + H_2SO_4 = (NH_4)_2SO_4 + 2CO_2\uparrow + 2H_2O$$

$$2NH_3 + H_2SO_4 = (NH_4)_2SO_4$$

$$2NaOH + H_2SO_4(\text{剩余}) = Na_2SO_4 + 2H_2O$$

此方法适用于碳酸氢铵、氨水中氮的测定。

二、尿素的质量分析

尿素（urea）外观为白色圆状颗粒，易溶于水，水溶液呈中性。尿素是碳酸的酰二胺，由于氮原子为酰胺状态，因此不能被植物直接吸收，必须经过土壤中微生物分解，使它转化为氨态氮或硝态氮后，才能被植物吸收。GB 2440 规定了工业用尿素和农用尿素的质量要求（见表 7-1）。从表 7-1 可知，比工业用尿素的分析项目少，通常不测铁、碱度、硫酸盐和水不溶物，但需要测定亚甲基二脲。

表 7-1 尿素的质量要求

项目			工业用		农业用	
			优等品	合格品	优等品	合格品
总氮(N)/%		≥	46.4	46.0	46.0	45.0
缩二脲/%		≤	0.5	1.0	0.9	1.5
水分(H_2O)/%		≤	0.3	0.7	0.5	1.0
铁(以 Fe 计)/%		≤	0.0005	0.0010	—	—
碱度(以 NH_3 计)/%		≤	0.01	0.03	—	—
硫酸盐(以 SO_4^{2-} 计)/%		≤	0.005	0.020	—	—
水不溶物/%		≤	0.005	0.040	—	—
亚甲基二脲(以 HCHO 计)/%		≤	—	—	0.6	0.6
粒度/%	*d* 0.85～2.80mm	≥	—	—	93	90
	d 1.18～3.35mm	≥				
	d 2.00～4.75mm	≥				
	d 4.00～8.00mm	≥				

（一）总氮的测定（蒸馏后滴定法）

1. 方法原理

在催化剂硫酸铜存在时，尿素与过量的浓硫酸共同加热，使尿素中的酰胺态氮、缩二脲、游离氨等转化为硫酸铵，然后用蒸馏后滴定法测定总氮含量，反应式如下：

$$(NH_2)_2CO + H_2SO_4(\text{浓}) + H_2O \longrightarrow (NH_4)_2SO_4 + CO_2\uparrow$$

$$2(NH_2CO)_2NH + 3H_2SO_4 + 4H_2O \longrightarrow 3(NH_4)_2SO_4 + 4CO_2\uparrow$$

$$2NH_3 \cdot H_2O + H_2SO_4 \longrightarrow (NH_4)_2SO_4 + H_2O$$

2. 氨蒸馏装置

氨蒸馏装置如图 7-1 所示。圆底烧瓶容积为 1L；单球防溅球管容积约 50mL；接收器是容积为 500mL 的锥形瓶，瓶侧连接双连球；直形冷凝管的有效长度约 400mm。

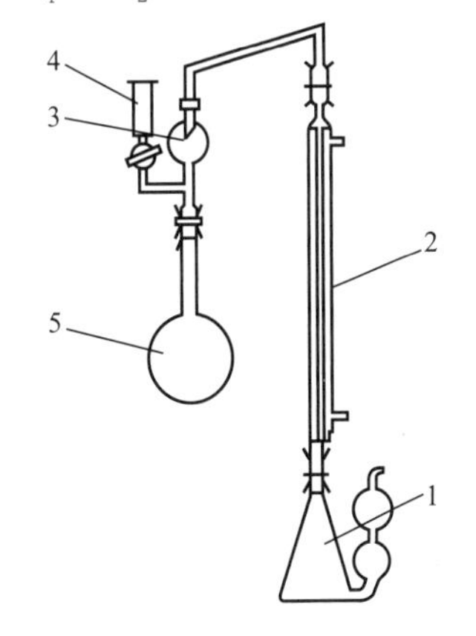

图 7-1 氨蒸馏装置

1—带双连球锥形瓶；2—冷凝管；3—防溅球管；4—滴液漏斗；5—蒸馏瓶

3. 测定步骤

（1）溶液制备　称量约 0.5g 试样（精确到 0.001g），于蒸馏烧瓶中。加 15mL 硫酸、0.2g 硫酸铜，插上梨形玻璃漏斗，在通风橱内缓慢加热，使二氧化碳逸尽，然后逐步提高加热温度，直至冒白烟，再继续加热 20min。

（2）蒸馏　待冷却后，小心加入 300mL 水，加几滴混合指示液和少许沸石。移取 40.0mL 硫酸标准溶液于接收器中，加水，使接收器的双连球瓶颈浸没在溶液中，加 4～5 滴甲基红-亚甲基蓝混合指示液。

连接好蒸馏装置，并保证仪器所有连接部分密封。通过滴液漏斗往蒸馏烧瓶中加入足够量的氢氧化钠溶液（450g/L），以中和溶液并过量 25mL（注意：滴液漏斗上至少存留几毫升溶液）。

加热蒸馏，直到接收器中的收集量达到 200mL 时停止加热，移开接收器，用 pH 试纸检查冷凝管出口的液滴，若不呈碱性则结束蒸馏。

（3）滴定　将接收器中的溶液混匀，加 4～5 滴甲基红-亚甲基蓝混合指示液，用氢氧化钠标准溶液滴定过量的酸，直至指示液呈灰绿色为终点。同时进行空白试验。

试样中总氮含量以氮的质量分数表示，按式(7-4) 计算。

$$w(\mathrm{N})=\frac{c(V_2-V_1)M(\mathrm{N})\times 10^{-3}}{m}\times 100\% \tag{7-4}$$

式中　V_1——测定时消耗氢氧化钠标准溶液的体积，mL；

V_2——空白试验时消耗氢氧化钠标准溶液的体积，mL；

c——氢氧化钠标准溶液的浓度，mol/L；

$M(\mathrm{N})$——氮的摩尔质量，14.01g/mol；

m——试样的质量，g。

（二）缩二脲的测定（分光光度法）

缩二脲（biuret）是尿素受热至 150～160℃时分解的产物，两个尿素分子脱去一个氨分子后生成缩二脲。反应式如下：

$$H_2N—CO—NH_2 + H_2N—CO—NH_2 \longrightarrow H_2NCONHCONH_2 + NH_3$$

在尿素的生产过程中，加热浓缩尿素溶液时，不可避免会生成少量缩二脲。由于缩二脲会抑制幼小作物的正常发育，特别对柑橘的生长不利。因此，缩二脲是尿素化肥中的有害杂质，在生产中应控制缩二脲的含量。

1. 方法原理

在酒石酸钾钠存在的碱性溶液中，缩二脲与硫酸铜作用生成紫红色的配合物，反应式如下：

$$2(NH_2CO)_2NH + CuSO_4 \xlongequal{} Cu[(NH_2CO)_2NH]_2SO_4$$

溶液颜色的深浅与缩二脲的浓度成正比，在 550nm 波长处测定吸光度，从而求出缩二脲的含量。

2. 测定步骤

（1）标准曲线的绘制　配制浓度为 2.00g/L 的缩二脲标准溶液，然后在 8 个 100mL 容量瓶中按表 7-2 所列分别配制缩二脲标准系列溶液。

表 7-2　缩二脲标准系列溶液的配制

缩二脲溶液体积/mL	0.00	2.50	5.00	10.0	15.0	20.0	25.0	30.0
缩二脲质量/mg	0.00	5.00	10.0	20.0	30.0	40.0	50.0	60.0

每个容量瓶用水稀释至 50mL，然后依次加入 20.0mL 酒石酸钾钠碱性溶液（50g/L）、20.0mL 硫酸铜溶液（15g/L），稀释至刻度，摇匀。把容量瓶浸入 30℃的水浴中约 20min，不时摇动。在 30min 内，以缩二脲为零的溶液作参比液，在 550nm 波长处分别测定标准系列溶液的吸光度。然后以吸光度 A 为纵坐标，以缩二脲的质量为横坐标，绘制工作曲线，或求出线性回归方程。

（2）样品称量　根据尿素中缩二脲的不同含量，按表 7-3 所列确定称样量后称样，准确至 0.002g。

表 7-3 不同缩二脲含量应称取试样的质量

缩二脲(w)/%	$w \leqslant 0.3$	$0.3 < w \leqslant 0.4$	$0.4 < w \leqslant 1.0$	$w > 1.0$
称取试料量/g	10	7	5	3

(3) 光度测定 将称取的试样溶解，转移至100mL容量瓶中，放置至室温，依次加入20.0mL酒石酸钾钠碱性溶液（50g/L）、20.0mL硫酸铜溶液（5g/L），稀释至刻度，摇匀，把容量瓶浸入（30±5)℃的水浴中约20min，不时摇动。按照绘制标准曲线的操作测定溶液的吸光度。同时做空白试验。

用式(7-5）计算样品中缩二脲的含量。

$$w=\frac{(m_1-m_2)\times 10^{-3}}{m}\times 100\% \tag{7-5}$$

式中 w——样品中缩二脲的质量分数，%；

m_1——试样中测得缩二脲的质量，mg；

m_2——空白试验测得缩二脲的质量，mg；

m——尿素的质量，g。

3. 讨论

(1) 酒石酸钾钠的作用是与过量的铜离子以及试样中的铁离子等生成配合物，以防止它们水解生成氢氧化物沉淀。如果试样中有较多的游离氨或铵盐存在，在测定条件下会生成深蓝色的铜氨配合物，使测定结果偏高。

(2) 如果试液有色或浑浊，另于两个100mL容量瓶中，各加入20.0mL酒石酸钾钠碱性溶液，其中一个加入与显色时相同体积的试液，将溶液用水稀释至刻度，摇匀。以不含试液的溶液作为参比溶液，用测定时的同样条件测定另一份溶液的吸光度，在计算时进行扣除。如果试液只是浑浊，则加入3mL盐酸溶液（1mol/L）剧烈摇动，用中速滤纸过滤，用少量水洗涤，将滤液和洗涤液定量收集于容量瓶中，然后按试液的制备进行操作。

（三）水分的测定（卡尔·费休法）

1. 方法原理

卡尔·费休法测定水分的原理是基于水存在时碘与二氧化硫能发生氧化还原反应。

$$SO_2+I_2+2H_2O = H_2SO_4+2HI$$

此反应具有可逆性，当硫酸浓度达到0.05%以上时，即发生逆反应。要使反应顺利进行，需要加入适量的碱性物质，一般加入吡啶作溶剂可以满足要求。

$$\underset{\text{碘吡啶}}{C_5H_5N\cdot I_2}+\underset{\text{亚硫酸吡啶}}{C_5H_5N\cdot SO_2}+C_5H_5N+H_2O \longrightarrow \underset{\text{氢碘酸吡啶}}{2C_5H_5N\cdot HI}+\underset{\text{硫酸吡啶}}{C_5H_5N\cdot SO_3}$$

由于生成的硫酸吡啶很不稳定，与水发生副反应而干扰测定。

$$C_5H_5N\cdot SO_3+H_2O \longrightarrow C_5H_5N\cdot HHSO_4$$

若有甲醇存在，硫酸吡啶可以生成稳定的甲基硫酸氢吡啶。

$$C_5H_5N\cdot SO_3+CH_3OH \longrightarrow C_5H_5N\cdot HSO_3\cdot CH_3$$

由此可见，滴定操作的标准溶液是含有I_2、SO_2、C_5H_5N及CH_3OH的混合溶液，此溶液称为卡尔·费休试剂（Karl-Fisher reagent）。

总反应为：$I_2+SO_2+3C_5H_5N+CH_3OH+H_2O \longrightarrow 2C_5H_5N\cdot HI+C_5H_5N\cdot HSO_4CH_3$

用卡尔·费休试剂滴定试样中的水，以“永停”电位法确定终点。

2. 试剂与仪器

(1) 卡尔·费休试剂　称取85g碘于干燥的1L具塞棕色玻璃试剂瓶中，加入670mL无水甲醇，盖上瓶塞，摇动至碘全部溶解后，加入270mL吡啶混匀，然后置于冰水浴中冷却，通入干燥的二氧化硫气体60～70min，通气完毕后塞上瓶塞，放置暗处至少24h后使用。

(2) 测定装置　卡尔·费休法测定水分装置示意图如图7-2所示。

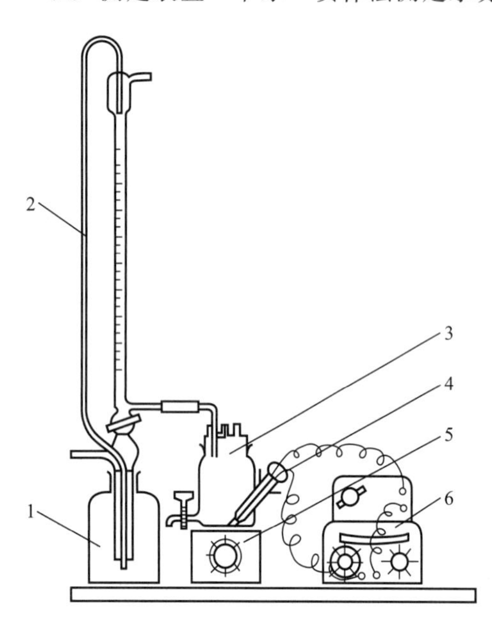

图7-2　卡尔·费休法测定水分装置

1—卡尔·费休试剂瓶；2—自动滴定管；3—反应瓶；4—电极；5—电磁搅拌器；6—检流计

3. 测定步骤

(1) 仪器准备　玻璃仪器洗净、烘干，按图7-2所示将各部件连接好。向反应瓶中加入约50mL无水甲醇，放搅拌子一颗，接通电源，打开搅拌器，调节好转速。关闭排废液的进气阀，打开贮液瓶的进气阀，然后充气，使滴定管中充满卡尔·费休试剂。

将校正开关扳到“校正”的位置，调节校正旋钮，使检流计指针在稍有过量的卡尔·费休试剂存在时，就会向右偏转一个相当大的角度。

(2) 卡尔·费休试剂的标定　准确称取约20～25mg的蒸馏水，加入已经滴定到终点的含有50mL无水甲醇的反应瓶中，记录滴定管中卡尔·费休试剂的初始读数。打开搅拌器进行滴定，当指针达到与校正时同样大的偏转，且稳定1min为滴定终点。按式(7-6)计算卡尔·费休试剂对水的滴定度。

$$T=\frac{m_1}{V_1} \tag{7-6}$$

式中　T——卡尔·费休试剂对水的滴定度，mg/mL；

m_1——所用水-甲醇标准溶液中水的质量，mg；

V_1——标定消耗卡尔·费休试剂体积，mL。

(3) 样品测定　用称量管称取1～5g试样（使试样消耗的卡尔·费休试剂不超过20mL，精确至0.001g)。加50mL甲醇于反应容器中，甲醇用量必须没过电极，打开电磁搅拌器，用卡尔·费休试剂滴定至电流计指针达到与标定时同样的偏转，并保持稳定1min。

打开加料口橡皮塞，迅速将称量管中的试样加入滴定器中，立即盖好橡皮塞，搅拌使试样溶解，用卡尔·费休试剂滴定至终点。试样中水分的质量分数用式(7-7)计算。

$$w(H_2O)=\frac{TV\times10^{-3}}{m}\times100\% \tag{7-7}$$

式中　T——卡尔·费休试剂对水的滴定度，mg/mL；

V——滴定消耗卡尔·费休试剂的体积，mL；

m——试样质量，g。

4. 注意事项

(1) 卡尔·费休试剂配制起来比较麻烦，有市售的卡尔·费休试剂可以买来直接使用。

(2) 卡尔·费休法中所用的玻璃器皿必须充分干燥，外界空气也不允许进入反应室中。

(3) 反应瓶中测定完的混合液可以继续使用，排出的废液收集后进行处理，不能排到下水道。

(4) 吡啶有臭味，也有毒，不要接触到皮肤上。

CBS-1A 全自动卡氏微量水分测定仪

CBS-1A 全自动卡氏微量水分测定仪（如图 7-3 所示），依据卡尔·费休容量法采用柱塞式滴定方法，由单片机控制柱塞的滴定过程，采集电极的动态信号，自动判断停止点，并计算测定结果。

采用中文界面操作，在滴定中只要按照操作说明输入参数，即可完成测试试验，一个样品的测试时间在几分钟之内即可完成。可以测出 0.15～500mg 的微量水分值，保证了测量结果的准确性和可靠性。

系统采用全封闭方式的一体化设计，只要按下相关的参数键就可以自动更换溶剂（包括排出废液、吸进溶液），避免了化学试剂与人体的接触。

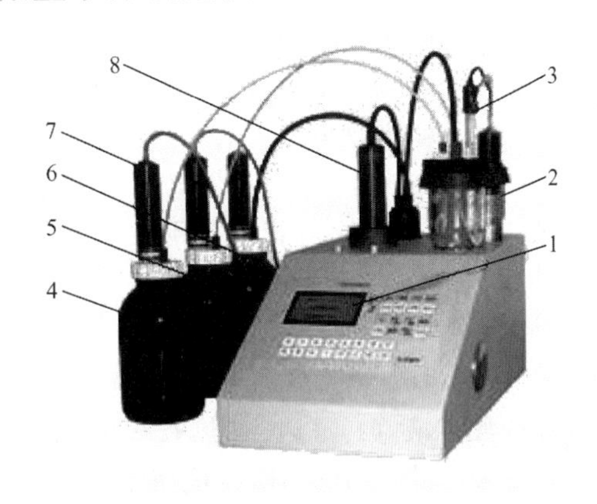

图 7-3　CBS-1A 全自动卡氏微量水分测定仪

1—显示屏；2—反应器；3—电极；4—废液瓶；5—甲醇贮存瓶；6—卡尔·费休试剂贮存瓶；7—干燥剂；8—计量泵

(四) 铁含量的测定（邻菲啰啉分光光度法）

在 7 个 100mL 容量瓶中，分别加入 0、1.00mL、2.00mL、4.00mL、6.00mL、8.00mL、10.00mL 铁标准溶液（10.0μg/mL），加水至 40mL，用盐酸溶液（1+1）调节 pH 接近 2，加入 2.5mL 抗坏血酸溶液（20g/L）、10mL 乙酸-乙酸钠溶液（pH 4.5）、5mL 邻菲啰啉溶液（2g/L），用水稀释至刻度，摇匀。以加入铁标液的溶液作为参比液，在波长 510nm 处分别测定各标准溶液的吸光度。以 100mL 溶液中的铁含量（μg）为横坐标，以吸光度为纵坐标绘制标准曲线，求线性回归方程。

称取样品 10g（精确至 0.01g），置于 100mL 烧杯中，加少量水溶解试样，加入 10mL 盐酸溶液（1+1），加热煮沸并保持 3min，冷却后将溶液定量过滤于另一个 100mL 烧杯中，洗涤原烧杯几次，使溶液体积约为 40mL。用氨水溶液（1+1）调节溶液 pH 值约为 2，将溶液转移至 100mL 容量瓶中，加入 2.5mL 抗坏血酸溶液（20g/L）、10mL 乙酸-乙酸钠溶液（pH 4.5）、5mL 邻菲啰啉溶液（2g/L），用水稀释至刻度，摇匀。测定溶液的吸光度，同时进行空白试验。

试样中铁的质量分数用式(7-8) 计算：

$$w(\mathrm{Fe})=\frac{m_1\times10^{-6}}{m}\times100\% \tag{7-8}$$

式中　m_1——通过线性回归方程计算得到的 100mL 试液中铁的含量，μg；

　　m——试料的质量，g。

(五) 碱度的测定（酸碱滴定法）

称取样品 50g（精确至 0.01g），置于 500mL 锥形瓶中，加 350mL 水溶解试样，加 3～5

滴甲基红-亚甲基蓝混合指示剂，用 0.1mol/L 盐酸标准溶液滴定至溶液呈灰绿色为终点。

试样中碱度（以 NH_3 计）的质量分数用式(7-9) 计算：

$$w(NH_3)=\frac{cVM\times10^{-3}}{m}\times100\% \tag{7-9}$$

式中 c——盐酸标准溶液的浓度，mol/L；

V——消耗盐酸标准溶液的体积，mL；

M——氨的摩尔质量，17g/mol；

m——试料的质量，g。

（六）硫酸盐的测定（目视比浊法）

在 8 只 50mL 比色管中分别加入 0、0.50mL、1.00mL、1.50mL、2.00mL、2.50mL、3.00mL、3.50mL 硫酸盐标准溶液（SO_4^{2-}，0.1mg/mL），加 5mL 盐酸溶液（1+3），加水至 40mL。

称取 10g 试样（精确至 0.1g）于 100mL 烧杯中，加入 25～30mL 热水溶解，加入 20mL 盐酸溶液（1+3），加热煮沸 1～2min，若溶液浑浊用慢速滤纸过滤，用热水洗涤 3～4 次，滤液收集于 100mL 容量瓶中，冷却至室温，用水稀释至刻度，摇匀。吸取 25.0mL 溶液于 50mL 比色管中，加水至 40mL。

分别向 9 只比色管中滴加 5mL 氯化钡溶液（50g/L），边滴加边摇动，用水稀释至刻度，放置 20min，将样品管与标准溶液管进行比较。

试样中硫酸盐（以 SO_4^{2-} 计）的质量分数用式(7-10) 计算：

$$w(SO_4^{2-})=\frac{\rho V\times10^{-3}}{m\times\frac{25}{100}}\times100\% \tag{7-10}$$

式中 ρ——硫酸盐标准溶液（以 SO_4^{2-} 计）的浓度，mg/mL；

V——与标准溶液系列浑浊度最接近的比色管中标准溶液的体积，mL；

m——试料的质量，g。

（七）水不溶物的测定

称取 50g 试样（精确至 0.05g）于 400mL 烧杯中，加入 150～200mL 水溶解，将烧杯于 90℃的水浴中保温 30min，立即用已恒重的 4 号玻璃坩埚式滤器抽滤，每次用 15mL 的热水洗涤滤渣 3～5 次，取下过滤器，于 105～110℃恒温干燥箱中干燥至恒重。

试样中水不溶物的质量分数用式(7-11) 计算。

$$w=\frac{m_2-m_1}{m}\times100\% \tag{7-11}$$

式中 m_1——玻璃坩埚式滤器质量，g；

m_2——残渣与玻璃坩埚式滤器的质量，g；

m——试料的质量，g。

（八）亚甲基二脲的测定（分光光度法）

在浓硫酸的作用下，尿素中的亚甲基二脲分解生成甲醛和尿素，甲醛与萘二磺酸二钠盐（变色酸）反应，生成紫红色的配合物，在波长 570nm 处测定吸光度。吸光度大小与尿素中的亚甲基二脲含量成正比。

（九）粒度的测定（筛分法）

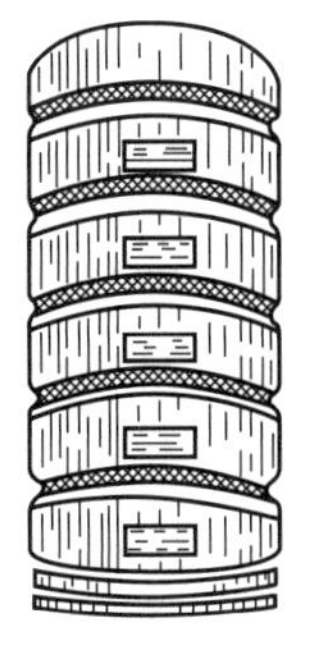
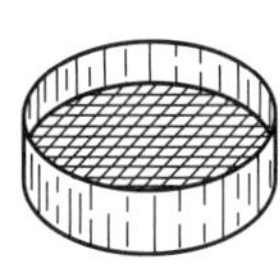
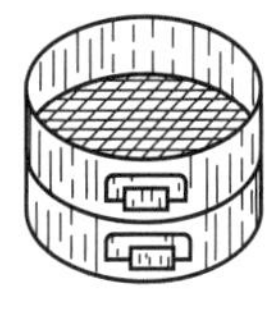

图 7-4　筛子

根据被测物料选取一套相应范围的筛子（0.85mm 和 2.80mm；1.18mm 和 3.350mm；2.00mm 和 4.75mm；4.00mm 和 8.00mm），将筛子按孔径大小依次叠好（孔径大的放在上面，小的放在下面，如图 7-4 所示），将筛子放在振荡器上。称量约 100g 试样（精确到 0.5g），置于较大孔径的筛子上，振荡 3min，将通过大孔径筛子及未通过小孔径筛子的物料进行称量，以质量分数表示试样中某孔径范围的粒度。夹在筛孔中的颗粒按不通过计。

$$d=\frac{m_1}{m}\times 100\% \tag{7-12}$$

式中　d——尿素在某孔径范围粒度，%；

m_1——通过一套大孔径筛子而未通过小孔径筛子的试样质量，g；

m——试样质量，g。

第二节　磷肥分析

化学磷肥主要是以天然矿石为原料，经过化学加工处理的含磷肥料。化学加工生产磷肥，一般有两种途经。一种是用无机酸处理磷矿石制造磷肥，称酸法磷肥，如过磷酸钙（普钙）、重过磷酸钙（重钙）等。另一种是将磷矿石和其他配料（如蛇纹石、滑石、橄榄石、白云石）或不加配料，经过高温煅烧分解磷矿石制造的磷肥，称为热法磷肥，如钙镁磷肥。

根据溶解性的不同，可将磷肥分为水溶性磷肥、酸溶性磷肥和难溶性磷肥。

水溶性磷肥是指可以溶解于水的含磷化合物，如磷酸二氢钙（磷酸一钙）、过磷酸钙、重过磷酸钙等。水溶性磷肥易被植物吸收利用，故称为速效磷肥。

酸溶性磷肥是指能被植物根部分泌出的酸性物质溶解后吸收利用的含磷化合物，如结晶磷酸氢钙（磷酸二钙）、磷酸四钙（$4CaO \cdot P_2O_5$）。钙镁磷肥和钢渣磷肥中主要含有柠檬酸溶性磷化合物，故称为柠檬酸溶性磷肥。过磷酸钙、重过磷酸钙中也常含有少量结晶磷酸二钙。

难溶性磷肥是指难溶于水也难溶于有机弱酸的磷化合物，如磷酸三钙、磷酸铁、磷酸铝等。磷矿石几乎全部是难溶性磷化合物，化学磷肥中也常含有未转化的难溶性磷化合物。

一、过磷酸钙质量分析

过磷酸钙是用硫酸与磷矿粉反应生成的以磷酸一钙和硫酸钙为主要成分的磷肥。过磷酸钙的指标要求见表 7-4。

表 7-4　过磷酸钙的指标要求

项目	疏松状过磷酸钙				粒状过磷酸钙			
	优等品	一等品	合格品		优等品	一等品	合格品	
			Ⅰ	Ⅱ			Ⅰ	Ⅱ
有效磷（以 P_2O_5 计）的质量分数/%　≥	18.0	16.0	14.0	12.0	18.0	16.0	14.0	12.0

续表

项目	疏松状过磷酸钙				粒状过磷酸钙			
	优等品	一等品	合格品		优等品	一等品	合格品	
			Ⅰ	Ⅱ			Ⅰ	Ⅱ
水溶性磷(以 P_2O_5 计)的质量分数/% ≥	13.0	11.0	9.0	7.0	13.0	11.0	9.0	7.0
硫(以S计)的质量分数/% ≥	8.0				8.0			
游离酸(以 P_2O_5 计)的质量分数/% ≤	5.5				5.5			
游离水的质量分数/% ≤	12.0	14.0	15.0	15.0	10.0			
三氯乙醛的质量分数/% ≤	0.0005				0.0005			
粒度(1.00～4.75mm)或(3.35～5.60mm)的质量分数/% ≥	—				80			

(一) 水溶性磷和有效磷含量的测定(磷钼酸喹啉重量法)

磷肥分析中磷含量的测定方法有磷钼酸喹啉重量法、磷钼酸铵容量法和钒钼酸铵分光光度法。磷钼酸喹啉重量法准确度高，是国家标准规定的仲裁分析法。

1. 方法原理

用水提取水溶性磷，用乙二胺四乙酸二钠溶液提取有效磷，提取液中正磷酸根离子在酸性介质中与喹钼柠酮试剂生成黄色的磷钼酸喹啉沉淀，反应式为：

$$H_3PO_4+12MoO_4^{2-}+3C_9H_7N+24H^+ = (C_9H_7N)_3H_3(PO_4\cdot 12MoO_3)\cdot H_2O\downarrow+11H_2O$$

2. 有效磷测定

称取约1g试样(使含 P_2O_5 100～180mg，精确至0.0002g)，置于250mL容量瓶中，加入150mL乙二胺四乙酸二钠溶液(37.5g/L)，盖上瓶塞，摇动容量瓶使试料分散于溶液中(若用滤纸包裹试料需使滤纸碎成纤维状态为止)。将容量瓶置于(60±2)℃恒温水浴振荡器中，保温振荡1h。取出容量瓶，冷却至室温，用水稀释至刻度，摇匀。干过滤，弃去最初几毫升滤液，所得滤液用于测定有效磷。

移取25.00mL试液放于400mL烧杯中，加入10mL硝酸(1+1)，用水稀释至100mL，盖上表面皿，预热近沸，加入35mL喹钼柠酮试剂，微沸1min或置于近沸水浴中保温至沉淀分层，取出烧杯，冷却至室温。用预先在(180±2)℃恒温干燥箱内干燥至恒重的4号玻璃砂芯漏斗抽滤，先将上层清液滤完，用倾泻法洗涤沉淀1～2次(每次约用水25mL)，然后将沉淀移入滤器中，再用水继续洗涤，所用水共约125～150mL，将带有沉淀的滤器置于(180±2)℃恒温干燥箱内，待温度达到180℃后干燥45min，取出移入干燥器中冷却至室温，称重。同时做空白试验。

3. 水溶性磷测定

称取约1g试样(含 P_2O_5 100～180mg，精确至0.0002g)，置于75mL蒸发皿中，加25mL水研磨，将上层清液倾注过滤于预先加入5mL硝酸溶液(1+1)的250mL容量瓶中，继续用水研磨三次(每次用25mL水)，然后将水不溶物转移到滤纸上，并用水洗涤水不溶物至容量瓶中溶液体积约为200mL左右，用水稀释至刻度，混匀。此溶液用于测定水溶性磷。接下来的操作同有效磷测定。

试样中有效磷(以 P_2O_5 计)的质量分数按式(7-13)计算，水溶性磷(以 P_2O_5 计)的质量分数按式(7-14)计算。

$$w(P_2O_5)=\frac{m_1\times 0.03207}{m_0\times\frac{25}{250}}\times 100\% \quad (7\text{-}13)$$

$$w(P_2O_5)=\frac{m_2\times 0.03207}{m\times\frac{25}{250}}\times 100\% \quad (7\text{-}14)$$

式中 m_1——测定有效磷时扣除空白值后磷钼酸喹啉的质量，g；

m_0——测定有效磷称取试样质量，g；

m_2——测定水溶性磷时扣除空白值后磷钼酸喹啉的质量，g；

m——测定水溶性磷称取试样质量，g；

0.03207——磷钼酸喹啉质量换算为五氧化二磷质量的系数。

4. 方法讨论

(1) 水溶性磷可以采用加水研磨或超声提取，有效磷采用 EDTA 溶液振荡提取。

(2) 喹钼柠酮试剂配制方法。溶解 70g 二水合钼酸钠于 150mL 水中（溶液 A）。溶解 60g 一水合柠檬酸于 150mL 水和 85mL 硝酸的混合液中（溶液 B）。在搅拌下，将溶液 A 加入溶液 B 中（溶液 C）。溶解 5mL 喹啉于 35mL 硝酸和 100mL 水的混合液中（溶液 D）。将溶液 D 缓慢注入溶液 C 中并混匀。在聚乙烯瓶中于暗处放置 24h，用玻璃过滤坩埚过滤。量取 280mL 丙酮注入滤液中，加水稀释至 1000mL，混匀，贮存于另一洁净的聚乙烯瓶中。

柠檬酸有三方面的作用。首先，柠檬酸能与钼酸盐生成电离度较小的配合物，以使电离生成的钼酸根离子浓度较小，仅能满足磷钼酸喹啉沉淀形成的需要，不会使硅形成硅钼酸喹啉沉淀，以排除硅的干扰。但柠檬酸的用量也不宜过多，以免钼酸根离子浓度过低而造成磷钼酸喹啉沉淀不完全；其次，在柠檬酸溶液中，磷钼酸铵的溶解度比磷钼酸喹啉的溶解度大，进而排除铵盐的干扰；第三，柠檬酸还可阻止钼酸盐在加热至沸时水解而析出三氧化钼沉淀。丙酮的作用，一是为了进一步消除铵盐的干扰，二是改善沉淀的物理性能，使沉淀颗粒粗大、疏松，便于过滤和洗涤。

（二）硫含量的测定（重量灼烧法）

称取约 2～2.5g 试样（精确至 0.0002g），加入 100mL 盐酸溶液（1+5），加热煮沸 10min，冷却后移入 250mL 容量瓶中，稀释至刻度，摇匀，干过滤，弃掉最初滤液。

移取适量体积溶液（使含硫 40～240mg）于 400mL 烧杯中，加入 2 滴甲基红指示液（10g/L），用氨水溶液（1+1）调至溶液呈橙黄色，加入 4mL 盐酸溶液（1+1）、EDTA 溶液（5mL），用水稀释至 200mL，盖上表面皿，在电炉上加热至近沸，逐滴加入 20mL 氯化钡溶液（0.5mol/L），沸腾 5min，60℃保温 1h，陈化，冷却至室温。

用长颈玻璃漏斗和定量滤纸过滤，洗涤沉淀，将沉淀和滤纸一起放在瓷坩埚中，于 800℃±50℃下灼烧至恒重，冷却，称量。根据硫酸钡的质量计算试样中硫的质量分数。

该方法在 GB/T 20413 中为仲裁法。

（三）游离酸含量的测定（容量法）

称取 5g 试样（精确至 0.001g）于 250mL 容量瓶中，加入 100mL 水，振荡 15min，稀释至刻度，混匀，干过滤，弃掉最初滤液。

用移液管吸取 50mL 滤液于 250mL 烧杯中，用水稀释至 150mL，置于磁力搅拌器上，用酸度计指示终点，用 0.1mol/L 氢氧化钠溶液滴定至 pH 值 4.5 为终点。

也可以采用溴甲酚绿指示液（2g/L）指示终点，GB/T 20413 规定酸度计指示终点法为仲裁法。

（四）游离水含量的测定（干燥法）

称取10g试样（精确至0.01g），均匀分散在预先干燥过的直径50mm、高30mm的称量瓶中，置于100℃±2℃的恒温干燥箱中干燥3h。取出放在干燥器中冷却30min后称量。根据失去的质量计算游离水的质量分数。

（五）三氯乙醛含量的测定（气相色谱法）

样品中的三氯乙醛用异丙醇提取，采用带ECD检测器的气相色谱仪进行检测。

（六）粒度测定（筛分法）

用孔径为1.00mm和4.75mm（或3.35mm和5.60mm）的试验筛，将实验室样品筛分出粒径在1.00～4.75mm之间的质量或3.35～5.60mm之间的质量，计算其质量分数。

二、钙镁磷肥质量分析

钙镁磷肥的技术指标见表7-5。

表7-5 钙镁磷肥的技术指标

项目		优等品	一等品	合格品
有效磷（以 P_2O_5 计）的质量分数/%	≥	18.0	15.0	12.0
水分（以 H_2O 计）的质量分数/%	≤	0.5	0.5	0.5
碱分（以CaO计）的质量分数/%	≥	45.0	—	—
可溶性硅（SiO_2）的质量分数/%	≥	20.0	—	—
有效镁（MgO）的质量分数/%	≥	12.0	—	—
粒度（通过0.25mm试验筛）/%	≥	80	80	80

（一）有效磷的测定（磷钼酸喹啉容量法）

1. 方法原理

用柠檬酸溶液（pH约2.1）提取过磷酸钙中的有效磷，提取液中正磷酸根离子在酸性介质中与喹钼柠酮试剂生成黄色磷钼酸喹啉沉淀，过滤、洗涤所吸附的酸液后将沉淀溶于过量的碱标准溶液中，再用酸标准溶液返滴定。根据所用酸、碱溶液的体积计算有效磷（以P_2O_5计）的含量。反应式如下：

$$H_3PO_4+12MoO_4^{2-}+3C_9H_7N+24H^+ \longrightarrow (C_9H_7N)_3H_3(PO_4\cdot 12MoO_3)\cdot H_2O\downarrow+11H_2O$$

$$(C_9H_7N)_3H_3(PO_4\cdot 12MoO_3)\cdot H_2O+26NaOH \longrightarrow Na_2HPO_4+12Na_2MoO_4+3C_9H_7N+15H_2O$$

$$NaOH(剩余)+HCl \longrightarrow NaCl+H_2O$$

2. 测定步骤

称取1g试样（精确至0.001g），用滤纸包裹试料，放入干燥的250mL容量瓶中，加入150mL温热的柠檬酸溶液（20g/L，pH 2.1），盖上瓶塞，摇动容量瓶使滤纸破碎，试料分散于溶液中。将容量瓶置于28～30℃的恒温水浴振荡器中，保温振荡1h。取出容量瓶，冷却至室温，用水稀释至刻度，摇匀。干过滤，弃去最初几毫升滤液，所得滤液用于测定有效磷和镁。

移取25.00mL试液于400mL烧杯中，加入10mL硝酸溶液（1+1），用水稀释至100mL，盖上表面皿，预热近沸，加入35mL喹钼柠酮试剂，微沸1min或置于近沸水浴中保温至沉淀分层，取出烧杯，冷却至室温。

用中速滤纸或脱脂棉先将上层清液滤完，然后用倾泻法洗涤沉淀3～4次，每次用水约

25mL。将沉淀移入滤器中，再用水洗至无酸性（检验方法：取滤液约 20mL，加一滴百里香酚蓝-酚酞混合指示液和 2～3 滴浓度为 4g/L 的氢氧化钠溶液至滤液颜色与处理同体积蒸馏水所呈的颜色相近）。将沉淀连同滤纸或脱脂棉移入原烧杯中，加入氢氧化钠标准溶液（0.5mol/L），充分搅拌溶解，再过量 10mL，加入 100mL 无二氧化碳的水，搅匀溶液，加入 1mL 百里香酚蓝-酚酞混合指示液，用 0.25mol/L 盐酸标准溶液滴定至溶液从紫色经灰蓝色转变为黄色即为终点。同时做空白试验。

试样中有效磷（以 P_2O_5 计）的质量分数按式(7-15) 计算。

$$w(P_2O_5)=\frac{[c_1(V_1-V_3)-c_2(V_2-V_4)]M(P_2O_5)\times 10^{-3}}{52\times m\times \frac{25}{250}}\times 100\% \tag{7-15}$$

式中 c_1——氢氧化钠标准溶液浓度，mol/L；

c_2——盐酸标准滴定溶液浓度，mol/L；

V_1——消耗氢氧化钠标准溶液的体积，mL；

V_2——消耗盐酸标准溶液的体积，mL；

V_3——空白试验消耗氢氧化钠标准溶液的体积，mL；

V_4——空白试验消耗盐酸标准滴定溶液的体积，mL；

$M(P_2O_5)$——五氧化二磷的摩尔质量，141.95g/mol；

m——试样的质量，g。

（二）水分的测定（重量法）

称取 10g 试样（精确至 0.01g），均匀分散在预先干燥过的直径 50mm、高 30mm 的称量瓶中，置于 130℃±2℃的恒温干燥箱中干燥 20min。取出放在干燥器中冷却 30min 后称量。根据失去的质量计算游离水的质量分数。

（三）碱分含量的测定（EDTA 滴定法）

称取 1g 试样（精确至 0.001g），置于 300mL 烧杯中，加入 100mL 盐酸溶液（0.5mol/L），搅拌，盖上表面皿，煮沸 5min 使其溶解。冷却后转移至 250mL 容量瓶中，用水稀释至刻度，摇匀。干过滤，弃去最初几毫升滤液，所得滤液用于测定碱分含量。

在 pH 为 10 的溶液中，加入三乙醇胺掩蔽铝，氰化钾掩蔽铁、锰等金属离子，柠檬酸消除硅、磷的干扰，抗坏血酸用于防止铬黑 T 指示剂被氧化。用 EDTA 标准溶液滴定钙与镁，则两者的总量（以 CaO 计）即为碱分含量。

【注意】 氰化钾为剧毒品，使用时应特别小心，废液必须处理后才能排放。处理方法是在废液中加入氢氧化钠溶液使溶液 pH 达到 10，加入 100mL 次氯酸钠溶液（有效氯大于 10%），放置 1h 后，用大量水排出。

（四）可溶性硅含量的测定（氟硅酸钾容量法）

在酸性溶液中，可溶性硅与氟化钾生成氟硅酸钾沉淀，沉淀在沸水中水解释放出 HF，用氢氧化钠标准溶液滴定。

（五）有效镁含量的测定（EDTA 滴定法）

在含有柠檬酸的溶液中，用乙二醇-双(α-氨基乙基醚)-四乙酸（EGTA）与钙离子形成配合物。在 pH>12 的碱性溶液中，用三乙醇胺掩蔽铁、铝、锰，用快速滤纸过滤分离氢氧化镁沉淀。用盐酸溶液溶解后，用氨水调节溶液 pH 约为 6，加入 0.1g 抗坏血酸、5mL 三乙醇胺溶液、10mL 氨-氯化铵溶液、5 滴铬黑 T 指示剂，用 EDTA 标准溶液滴定至纯蓝色为终点。

第三节 复混肥料分析

通常说的复混肥料分为复合肥、复混肥和掺混肥。仅由化学方法制成，且氮、磷、钾三种养分中至少有两种养分标明量的肥料称为复合肥（complex fertilizer），如磷酸一铵、磷酸二铵、磷酸二氢钾。由化学方法与（或）掺混方法制成，且氮、磷、钾三种养分中至少有两种养分标明量的肥料称为复混肥。由干混方法制成，且氮、磷、钾三种养分中至少有两种养分标明量的颗粒状肥料称为掺混肥，如尿素-过磷酸钙、尿素-粉状磷酸一铵。

复混肥料主要分析项目与分析方法见表 7-6。

表 7-6 复混肥料主要分析项目和分析方法

序号	分析项目	分析方法
1	总氮含量	蒸馏后滴定法(定氮仪法);流动分析仪法
2	有效磷含量	磷钼酸喹啉重量法;流动分析仪法;等离子体发射光谱法
3	钾含量	四苯基合硼酸钾重量法;流动分析仪法
4	游离水含量	卡尔・费休法;真空烘箱法
5	氯离子含量	沉淀滴定法
6	缩二脲含量	高效液相色谱法;分光光度法
7	粒度	筛分法
8	钙、镁含量	EDTA 滴定法
9	铜、铁、锰、锌、硼、钼	湿灰化-原子吸收光谱法

一、有效磷含量的测定（流动分析仪法）

1. 方法原理

用水提取水溶性磷，用乙二胺四乙酸二钠溶液提取有效磷。采用空气片段连续流动分析技术，将试样溶液和试剂在一个连续流动的系统中均匀混合。在加热条件下，用高氯酸溶液使试样溶液中的磷变为正磷酸盐，正磷酸根与钒钼酸铵试剂反应生成黄色的配合物，在波长 420nm 处测定溶液吸光度。

2. 有效磷的提取

（1）EDTA 振荡提取法　称取适量试样（含 P_2O_5 100～180mg，精确至 0.0002g），用滤纸包裹试料，放入干燥的 250mL 容量瓶中，加入 150mL 乙二胺四乙酸二钠溶液（37.5g/L），盖上瓶塞，摇动容量瓶使滤纸破碎，试料分散于溶液中。将容量瓶置于（60±2）℃恒温水浴振荡器中，保温振荡 1h。取出容量瓶，冷却至室温，用水稀释至刻度，摇匀。干过滤，弃去最初几毫升滤液，所得滤液用于测定有效磷。

（2）柠檬酸超声提取　称取适量试样（含 P_2O_5 100～180mg，精确至 0.0002g），置于 250mL 容量瓶中，加入 150mL 柠檬酸溶液（20g/L），将容量瓶置于超声波清洗仪中提取 6～8min，用水稀释至刻度，摇匀。干过滤，弃去最初几毫升滤液，所得滤液用于测定有效磷。

3. 工作曲线绘制

吸取五氧化二磷标准溶液 0、2.00mL、4.00mL、6.00mL、8.00mL，分别置于 100mL 容量瓶中，稀释至刻度，摇匀。标准系列溶液中 P_2O_5 的浓度分别为 0、0.10mg/mL、0.20mg/mL、0.30mg/mL、0.40mg/mL。

将流动分析仪的溶液吸管分别置于十二烷基硫酸钠溶液（2g/L）、高氯酸溶液和钒钼酸铵试剂中，在波长 420nm 处测定各标准溶液的吸光度。绘制工作曲线或计算线性回归方程。

4. 样品测定

在与测定标准溶液相同条件下，测定试样溶液的吸光度。试样中有效磷（以 P_2O_5 计）

的质量分数用式(7-16)计算。

$$w(P_2O_5)=\frac{\rho\times250\times10^{-3}}{m}\times100\% \tag{7-16}$$

式中　ρ——通过工作曲线求出的样品溶液中有效磷的浓度，mg/mL；

m——试料的质量，g。

二、钾含量的测定（四苯硼酸钠重量法）

1. 方法原理

试样用稀酸溶解，加入甲醛溶液，使存在的铵离子转变成六次甲基四胺；加入 EDTA 消除其他金属离子的干扰。在弱碱性介质中，用四苯硼酸钠沉淀钾，然后过滤，干燥，称量。反应式如下：

$$KCl+Na[B(C_6H_5)_4]=\!=\!=K[B(C_6H_5)_4]\downarrow(白色)+NaCl$$

该法适用于氯化钾、硫酸钾和复混肥等肥料中钾含量的测定。

2. 测定步骤

称取试样 2～5g 试样（含 K_2O 约 400mg，精确至 0.0002g），置于 400mL 烧杯中，加入 150mL 水，煮沸 30min。冷却，转移至 250mL 容量瓶中，用水稀释至刻度，混匀后过滤。

准确吸取上述试液 25mL 于 200mL 烧杯中，加入 20mL EDTA 溶液（100g/L），2 滴酚酞指示剂（5g/L），搅匀，逐滴加入氢氧化钠溶液（200g/L）直至溶液的颜色变红为止，然后再过量 1mL。加入 5mL 甲醛溶液（37%），搅匀（此时溶液的体积以约 40mL 为宜），加热煮沸 15min。在剧烈搅拌下，逐滴加入比理论需要量（10mg K_2O 需 3mL 四苯硼酸钠溶液）多 4mL 的四苯硼酸钠溶液（20g/L），静置 30min。用预先在 120℃烘至恒重的 4 号玻璃坩埚抽滤沉淀，将沉淀全部转入坩埚内，再用四苯硼酸钠饱和溶液洗涤五次，每次用 5mL，最后用水洗涤两次，每次用 2mL。将坩埚连同沉淀置于 120℃烘箱内，干燥 1h，取出，放入干燥器中冷却至室温，称重，直至恒重。

以质量分数表示的氧化钾（K_2O）含量按式(7-17)计算。

$$w(K_2O)=\frac{(m_2-m_1)\times0.1314}{m\times\frac{25}{250}}\times100\% \tag{7-17}$$

式中　m_1——空坩埚质量，g；

m_2——坩埚和四苯硼酸钾沉淀的质量，g；

m——样品的质量，g；

0.1314——四苯硼钾的质量换算为氧化钾质量的系数。

3. 讨论

（1）四苯硼酸钠重量法和滴定法简便、准确、快速，适用于含量较高的钾肥含钾量测定。

（2）在微酸性溶液中，铵离子与四苯硼酸钠反应也能生成沉淀，故测定过程中应注意避免铵盐及氨的影响。如试样中有铵离子，可以在沉淀前加碱，并加热驱除氨，然后重新调节酸度进行测定。

（3）由于四苯硼酸钾易形成过饱和溶液，在加入四苯硼酸钠沉淀剂时速度应慢，同时要剧烈搅拌以促使其凝聚析出。洗涤沉淀时，应采用预先配制的四苯硼酸钠饱和溶液。

三、游离水分的测定（真空烘箱法）

1. 方法原理

在一定温度下，试样在电热恒温真空干燥箱中减压干燥，减少的质量表示为游离水分。

本法不适用于在干燥过程中能产生非水分的挥发性物质的复混肥料。

2. 测定步骤

在预先干燥并恒重的称量瓶中，称取实验室样品 2g（称准至 0.0001g），置于 (50±2)℃，通干燥空气调节真空度为 64.0～70.6kPa 的电热恒温真空干燥箱中干燥 2h，取出，在干燥器中冷却至室温，称量。

3. 结果计算

游离水分的质量分数用式(7-18) 计算：

$$w(H_2O)=\frac{m-m_1}{m}\times100\% \tag{7-18}$$

式中 m——干燥前试样的质量，g；

m_1——干燥后试样的质量，g。

四、缩二脲的测定（高效液相色谱法）

1. 高效液相色谱条件

可耐纯水相的色谱柱，具有 C_{18} 填料（粒度 5μm），柱长 250mm，内径 4.6mm。流动相流速 1.2mL/L，进样量 5μL，柱温为室温，紫外检测器检测波长为 200nm。

2. 标准曲线绘制

在 6 个 25mL 容量瓶中按下表配制缩二脲标准溶液系列，用甲醇稀释至刻度，摇匀。用 0.45μm 水相微孔滤膜的针头过滤器过滤。

序号	1	2	3	4	5	6
缩二脲标准溶液体积/mL	0	0.50	1.00	3.00	5.00	10.00
缩二脲的浓度/(mg/25mL)	0	0.25	0.50	1.50	2.50	5.00

将液相色谱仪调至最佳工作状态，分别进样 5μL 缩二脲标准溶液。以测得的峰高或峰面积与对应的 25mL 溶液中缩二脲的质量绘制标准曲线或求得线性回归方程。

3. 试样测定

称取适量试样（含缩二脲 1～2mg，精确至 0.0002g），置于 25mL 烧杯中，加入 10mL 甲醇，在超声波清洗器中超声 10min，转移至 25mL 容量瓶中，用流动相稀释至刻度，摇匀，静置，用孔径为 0.45μm 水相微孔滤膜的针头过滤器过滤，制得试样溶液。

用测试标准溶液同样的条件测定样品溶液，测得样品峰高或峰面积后，用式(7-19) 计算试样中缩二脲的质量分数。

$$w=\frac{m_1\times10^{-3}}{m}\times100\% \tag{7-19}$$

式中 m_1——通过工作曲线求出的 25mL 样品溶液中缩二脲的质量，mg；

m——试料的质量，g。

连续流动分析法（CFA）测定肥料中的氮、磷、钾

连续流动分析技术是通过蠕动泵将样品和试剂吸入管道，在管道中把连续流动的试样用空气按一定的间隔有规律地分割开，再按反应顺序按一定比例混入试剂，通过反应模块的管道完成反应过程，消除气泡后进入检测器检测，从而测定待测组分含量，如图 7-5 所示。连续流动分析仪主要由自动进样器、高精度蠕动泵、化学分析单元、光度计和数据处理单元等组成。

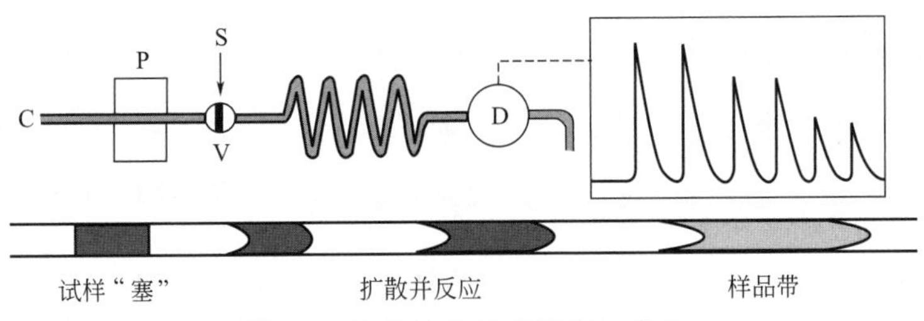

图 7-5 连续流动分析原理示意图

C—载流；P—蠕动泵；S—试样；V—进样阀；D—检测器

(1) 铵态氮及酰胺态氮含量的测定　使连续流动分析仪处在最佳工作参数状态，将流动分析仪的溶液吸管分别置于缓冲溶液（柠檬酸三钠和聚氧乙烯月桂醚混合溶液）、水杨酸钠溶液、二氯异氰酸溶液和铵态氮的标准溶液中，将标准溶液和试剂在一个连续流动的系统中均匀混合。在亚硝基铁氰化钠的催化作用下，试样溶液中的铵离子与水杨酸盐和二氯异氰酸盐反应生成蓝色配合物，在波长660nm处测定其吸光度。在与测定标准溶液相同的条件下，测定处理好的试样溶液，根据试样溶液吸光度的大小，计算试样中铵态氮的含量。

(2) 硝态氮含量的测定　使连续流动分析仪处在最佳工作参数状态，将流动分析仪的溶液吸管分别置于氢氧化钠溶液、硫酸联氨溶液（硫酸铜、硫酸锌和硫酸联氨的混合溶液）、显色剂［磺胺、*N*-(1-萘基)乙二胺盐酸盐和磷酸的混合溶液］和硝态氮的标准溶液中，将标准溶液和试剂在一个连续流动的系统中均匀混合。在硫酸铜的催化作用下，联氨将硝酸盐还原成亚硝酸盐，亚硝酸盐与显色剂反应生成粉红色配合物，在波长550nm处测定其吸光度。在与测定标准溶液相同的条件下，测定处理好的试样溶液，根据试样溶液吸光度的大小，计算试样中硝态氮的含量。

(3) 磷含量的测定　用水提取肥料中的水溶性磷，用EDTA溶液提取肥料中的有效磷，采用空气片段连续流动分析技术，将试样溶液和试剂在一个连续流动的系统中均匀混合，在加热条件下，用高氯酸使试样溶液正磷酸盐化，正磷酸根与钒钼酸铵试剂反应生成黄色配合物，在波长420nm处测定其吸光度。

(4) 钾含量的测定　用水提取样品中的水溶性钾，采用空气片段连续流动分析技术，将试样溶液和氧化镧试剂在一个连续流动的系统中均匀混合，用火焰光度法测定试样溶液中的钾离子含量。

习　题

1. 填空题

(1) 卡尔·费休试剂是由__________、__________、__________和__________组成的。

(2) 喹钼柠酮试剂是由__________、__________、__________和__________组成的。

(3) 用蒸馏后滴定法（定氮仪法）测定肥料中氮含量，在酸性介质中，加入铬粉的作用是____________________；加入硫酸钾-硫酸铜的作用是______________；在340℃的消化炉中用浓硫酸消化的目的是______________________________。

(4) 用流动分析仪法测定肥料中的氮含量时，利用与水杨酸钠和二氯异氰酸盐反应生成蓝色配合物测定的是______________；利用与磺胺和*N*-(1-萘基)乙二胺盐酸盐（NEDD）反应生成分红色的配合物测定的是______________。

(5) 磷肥中有效磷的提取可以采用__________或__________。

2. 选择题

(1) 可以用甲醛法测定氮含量的氮肥是（　　）。

A. NH_4HCO_3　　B. NH_4NO_3　　C. $(NH_4)_2SO_4$　　D. $(NH_2)_2CO$

(2) 氮含量最高的氮肥是（　　）。

A. NH_4HCO_3　　B. NH_4NO_3　　C. $(NH_4)_2SO_4$　　D. $(NH_2)_2CO$

(3) 用流动分析仪法测定肥料中的氮含量时，为了将硝酸盐还原为亚硝酸盐，在硫酸铜作催化剂的碱性溶液中，应选用的还原剂是（　　）。

A. 联胺　　B. 铬粉　　C. 铁粉　　D. 德瓦达合金

(4) 磷肥中有效磷的测定方法中，仲裁方法是（　　）。

A. 磷钼酸喹啉重量法　　B. 磷钼酸喹啉容量法

C. 等离子体发射光谱法　　D. 流动分析仪法

(5) 用磷钼酸喹啉重量法测定磷肥中有效磷时，下列关于柠檬酸作用的叙述，不正确的是（　　）。

A. 防止硅形成硅钼酸喹啉沉淀，以消除硅的干扰

B. 可以防止铵盐的干扰

C. 防止钼酸盐在加热至沸时水解而析出三氧化钼沉淀

D. 使沉淀颗粒粗大、疏松，便于过滤和洗涤

(6) 关于卡尔·费休法测定尿素中水分的叙述，（　　）不正确。

A. 加入吡啶的作用是中和生成的酸使反应顺利进行

B. 滴定过程中不能让外界空气进入反应室

C. 确定滴定终点的方法是“永停”电位法

D. 测定完的废液直接排入下水道

3. 分析一批氨水试样时，吸取 2.00mL 试样注入已盛有 25.00mL 0.5000mol/L 硫酸标准溶液的锥形瓶中，加入指示剂后，用同浓度的氢氧化钠标准溶液滴定，至终点时耗去 10.86mL。已知该氨水的密度为 0.932g/mL，试求该氨水中的氮含量和氨含量。

4. 称取 0.5021g 工业用尿素试样于蒸馏烧瓶中，经消化后加入氢氧化钠溶液蒸馏。在接收器中加入 40.0mL 硫酸标准溶液吸收蒸馏出的氨，以甲基红-亚甲基蓝为指示剂，用 0.5112mol/L 氢氧化钠标准溶液滴定过量的酸至溶液呈灰绿色，消耗氢氧化钠溶液 6.12mL，空白试验消耗氢氧化钠溶液 39.02mL。(1) 计算尿素样品中总氮的含量；(2) 判断该产品是否合格？

5. 称取 1.0250g 过磷酸钙试样置于 250mL 容量瓶中，用 EDTA 溶液振荡提取有效磷，用水稀释至刻度。移取干过滤的滤液 25.00mL 进行沉淀反应，最后得到 0.8030g 无水磷钼酸喹啉。空白试验时得到无水磷钼酸喹啉 0.0016g。(1) 求该产品的有效磷含量；(2) 判断该产品的质量等级。

6. 准确称取磷肥样品 1.0000g，溶解后定容至 250mL，吸取 25.00mL 于 400mL 烧杯中加热，加入喹钼柠酮试剂至沉淀完全后，过滤，洗涤沉淀至中性，用 0.5000mol/L NaOH 溶液 30.00mL 溶解沉淀，过量的 NaOH 用 0.2500mol/L HNO_3 标准溶液滴定，消耗 25.00mL。试计算磷肥中有效磷含量。

7. 称取氯化钾化肥试样 2.4132g，溶解于水，过滤后制成 500mL 溶液。移取 25.00mL，再稀释至 500mL。吸取其中 15.00mL 与过量的四苯硼酸钠溶液反应，得到 0.1451g 无水四苯硼酸钾，求该批产品中氧化钾的含量。

实验探究

GB/T 20412 规定用柠檬酸溶液（pH 约 2.1）提取钙镁磷肥中的有效磷，GB/T 20413 规定用乙二胺四乙酸二钠溶液提取过磷酸钙中的有效磷，GB/T 8573 规定复混肥有效磷的提取可采用 EDTA 振荡提取法和柠檬酸超声提取法。试设计实验方案测定钙镁磷肥、过磷酸钙以及复混肥中有效磷的含量，并比较 EDTA 振荡提取法和柠檬酸超声提取法的测定结果。

第八章　气体分析

工业气体种类很多，根据它们在工业上的用途大致可分为气体燃料、化工原料气、气体产品、废气及车间环境空气等。

气体燃料主要有天然气、焦炉煤气、石油气、水煤气等；化工原料气除天然气、焦炉煤气、石油气、水煤气外还有黄铁矿焙烧炉气（主要成分是二氧化硫，用于合成硫酸）、石灰焙烧窑气（主要成分是二氧化碳，用于制碱工业），以及氢气、氯气、乙炔等；常见的气体产品主要氢气、氮气、氧气、乙炔气、氦气等。废气是指各种工业用炉的烟道气，主要成分为 N_2、O_2、CO、CO_2、水蒸气及少量的其他气体，以及在化工生产中排放出来的大量尾气。

气体分析的目的在于了解气体的组成及含量，了解生产是否正常；根据燃料气的成分计算出燃料的发热量；根据烟道气的成分，了解燃料的组成，计算燃料的发热量；根据烟道气的成分，了解燃烧是否正常。另外，通过对车间环境空气质量的分析，对安全生产、保护环境和工人的身体健康都是很必要的。

气体分析方法可分为化学分析法、物理分析法及物理化学分析法。化学分析法是根据气体的某一化学特性进行测定的，如吸收法、燃烧法；物理分析法是根据气体的物理特性如密度、热导率、折射率、热值等来进行测定的；物理化学分析方法是根据气体的物理化学特性来进行测定的，如电导法、色谱法、红外光谱法等。

第一节　化学分析法

一、吸收法

（一）吸收体积法

吸收体积法是利用气体的化学特性，使气体混合物和特定的吸收剂接触，吸收剂对混合气体中所测定的气体定量地发生化学吸收作用（而不与其他组分发生任何作用）。如果在吸收前、后的温度及压力保持一致，则吸收前、后的气体体积之差，即为待测气体的体积。例如 CO_2、O_2、N_2 的混合气体，当与氢氧化钾溶液接触时，CO_2 被吸收，而吸收产物为 K_2CO_3，其他组分不被吸收。

1. 常见的气体吸收剂

用来吸收气体的化学试剂称为气体吸收剂。由于各种气体具有不同的化学特性，所选用的吸收剂也不相同。吸收剂可分为液态和固态两种，在大多数情况下，都以液态吸收剂为主。下面简单介绍几种常见的气体吸收剂。

（1）氢氧化钾溶液　是 CO_2 和 NO_2 气体的吸收剂，反应式如下：

$$CO_2 + 2KOH \xlongequal{} K_2CO_3 + H_2O$$

$$2NO_2 + 2KOH \xlongequal{} KNO_3 + KNO_2 + H_2O$$

一般使用33%的 KOH 溶液。1mL 此溶液能吸收 40mL 的 CO_2，适用于中等浓度及高浓度（2%～3%）的 CO_2 测定。另外，氢氧化钾溶液也能吸收 H_2S、SO_2 和 NO_2 等酸性气体，在测定时必须预先除去。

【注意】 吸收 CO_2 时常用 KOH 而不用 NaOH，因为浓的 NaOH 溶液易起泡沫，且产生的 Na_2CO_3 容易堵塞管路。

(2) 焦性没食子酸碱溶液 焦性没食子酸（1,2,3-三羟基苯）的碱溶液是 O_2 的吸收剂。焦性没食子酸与氢氧化钾作用生成焦性没食子酸钾，反应式如下：

$$C_6H_3(OH)_3+3KOH \xlongequal{} C_6H_3(OK)_3+3H_2O$$

焦性没食子酸钾与 O_2 反应被氧化生成六氧基联苯钾，反应式如下：

$$2C_6H_3(OK)_3+\frac{1}{2}O_2 \xlongequal{} (KO)_3H_2C_6\text{-}C_6H_2(OK)_3+H_2O$$

用它来测定氧时，温度最好不要低于 15℃。因为吸收剂是碱性溶液，酸性气体和氧化性气体对测定有干扰，在测定前应除去。

(3) 亚铜盐溶液 亚铜盐的盐酸溶液或亚铜盐的氨溶液是 CO 的吸收剂。CO 与氯化亚铜作用生成不稳定的配合物 $Cu_2Cl_2 \cdot 2CO$。反应式如下：

$$Cu_2Cl_2+2CO \xlongequal{} Cu_2Cl_2 \cdot 2CO$$

若在氨性溶液中，则进一步发生反应。

$$Cu_2Cl_2 \cdot 2CO+4NH_3+2H_2O \xlongequal{} Cu_2(COONH_4)_2+2NH_4Cl$$

因氨水的挥发性较大，用亚铜盐氨溶液吸收 CO 后的剩余气体中常混有氨气，影响气体的体积，故在测量剩余气体体积之前，应将剩余气体通过硫酸溶液以除去氨（即进行第二次吸收）。亚铜盐氨溶液也能吸收氧、乙炔、乙烯及酸性气体。故在测定 CO 之前均应加以去除。

(4) 饱和溴水 不饱和烃的吸收剂，溴能和不饱和烃（乙烯、丙烯、丁烯、乙炔等）发生加成反应并生成液态的饱和溴化物。反应式如下：

$$CH_2{=}CH_2+Br_2 \xlongequal{} CH_2Br{-}CH_2Br$$

$$CH{\equiv}CH+2Br_2 \xlongequal{} CHBr_2{-}CHBr_2$$

在实验条件下，苯不能与溴反应，但能缓慢地溶解于溴水中，所以苯也可以一起被测定出来。

(5) 硫酸汞、硫酸银的硫酸溶液 硫酸在有硫酸银（或硫酸汞）作为催化剂时，能与不饱和烃作用生成烃基磺酸、亚烃基磺酸、芳烃磺酸等。反应式如下：

$$CH_2{=}CH_2+H_2SO_4 \xlongequal{} CH_3CH_2OSO_2OH$$

$$CH{\equiv}CH+H_2SO_4 \xlongequal{} CH_3CH(OSO_2OH)_2$$

$$C_6H_6+H_2SO_4 \xlongequal{} C_6H_5SO_3H+H_2O$$

(6) 硫酸-高锰酸钾溶液 二氧化氮的吸收剂，反应式如下：

$$2NO_2+H_2SO_4 \xlongequal{} OH(ONO)SO_2+HNO_3$$

$$10NO_2+2KMnO_4+H_2SO_4+H_2O \xlongequal{} 10HNO_3+K_2SO_4+MnSO_4$$

(7) 碘溶液 SO_2 的常用吸收剂，由于碘能氧化还原性气体，因此分析前应将试样中的还原性气体如 H_2S 除去。

2. 混合气体的吸收顺序

在混合气体中，每一种成分并没有一种专一的吸收剂。因此，在吸收过程中，必须根据实际情况，合理安排吸收顺序，才能消除气体组分间的相互干扰，得到准确的结果。

例如，煤气中的主要成分是 CO_2、O_2、CO、CH_4、H_2 等，根据所选用的吸收剂性质，在进行煤气分析时，应按如下吸收顺序进行：氢氧化钾溶液→焦性没食子酸的碱性溶液→氯化亚铜的氨性溶液。

由于氢氧化钾溶液只吸收组分中的 CO_2，因此应排在第一。焦性没食子酸的碱性溶液只吸收 O_2，但因为是碱性溶液，也能吸收 CO_2 气体。因此，应排在氢氧化钾吸收液之后。氯化亚铜的氨性溶液不但能吸收 CO，同时还能吸收 CO_2、O_2 等。因此，只能把这些干扰组分除去之后才能使用。而 CH_4 和 H_2 须用燃烧法测定，剩余气体为 N_2。

3. 常见的气体分析仪

常见的气体吸收仪有奥氏（QF）气体分析仪和苏式(BTИ）气体分析仪两种。

(1) 奥氏气体分析仪　图 8-1 所示为改良式奥氏 QF-190 型气体分析仪，它主要由一支量气管、四个吸收瓶和一个爆炸瓶组成。它可进行 CO_2、O_2、CH_4、H_2、N_2 混合气体的分析测定。其特点是构造简单，轻便、易操作，分析速度快，但精度不高，不能适应更复杂的混合气体分析。

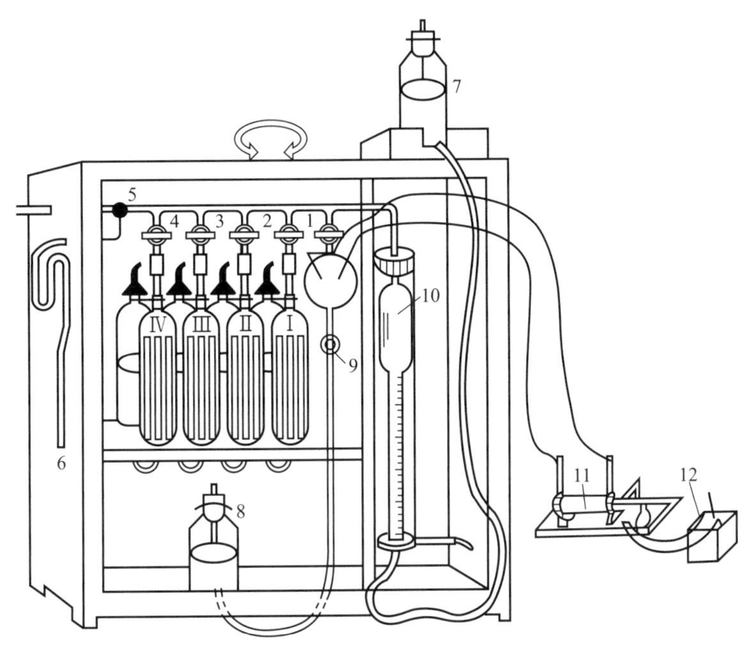

图 8-1　改良式奥氏 QF-190 型气体分析仪

1,2,3,4,9—旋塞；5—三通旋塞；6—进样口；7,8—水准瓶；10—量气管；11—点火器；12—电源；Ⅰ,Ⅱ,Ⅲ,Ⅳ—吸收瓶

① 量气管　该仪器使用的是单臂直式量气管，该量气管为 100mL 有刻度的玻璃管，分度值为 0.2mL，可读出在 100mL 体积范围内的所示体积，如图 8-2 所示。量气管的末端用胶管与水准瓶相连，顶端是引入气体与赶出气体的出口，可与取样管相通。

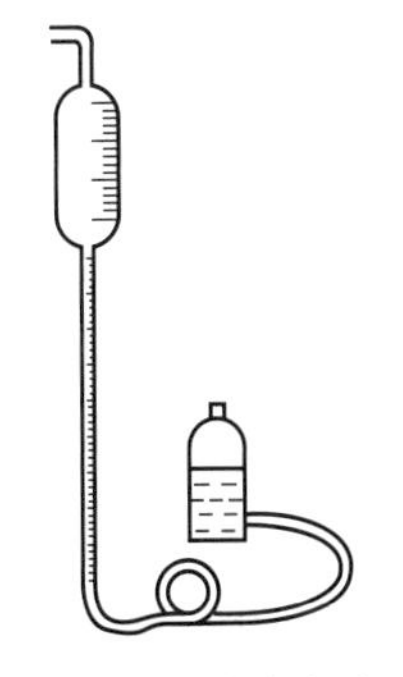

图 8-2　单臂直式量气管

当水准瓶升高时，液面上升，可将量气管中的气体赶出；当水准瓶放低时液面下降，将气体吸入量气管。与进气管、排气管配合使用，可完成排气和吸入样品的操作。当收集足够的气体以后，关闭气体分析器上的进样旋塞，将量气管的液面与水准瓶的液面处在同一个水平面上，读出量气管上的读数，即为气体的体积。

② 吸收瓶　吸收瓶是供气体进行吸收作用的容器，分为两部分：一

部分是作用部分；另一部分是承受部分。每部分的体积应比量气管大，约为120～150mL，二者并列排列。作用部分经旋塞与梳形管相连，承受部分与大气相通。使用时，将吸收液吸至作用部分的顶端，当气体由量气管进入吸收瓶中时，吸收液由作用部分流入承受部分，气体与吸收液发生吸收作用。为了增大气体与吸收剂的接触面积以提高吸收效率，在吸收瓶的吸收部分装有许多直立的玻璃管，这种吸收瓶称为接触式吸收瓶（见图8-3）。

③ 爆炸瓶　图8-4所示为爆炸瓶示意图，它是一个球形厚壁的玻璃容器，在球的上端熔封两条铂金丝，铂丝的外端经导线与电源连接。球的下端管口用胶管连接水准瓶。使用前用封闭液充满到球的顶端，引入气体后封闭液至水准瓶中，用感应线圈在铂丝间产生电火花以点燃混合气体。

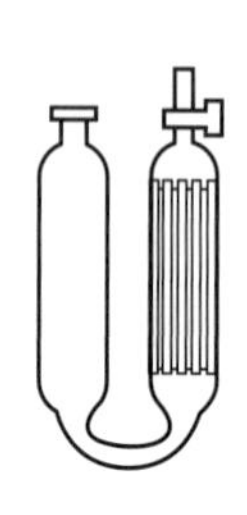

图8-3　接触式吸收瓶

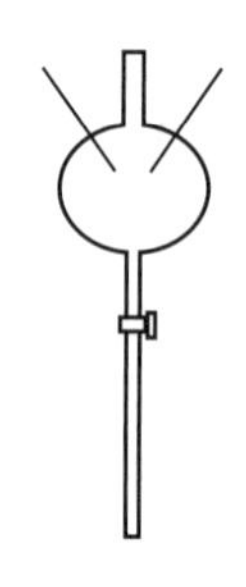

图8-4　爆炸瓶

【注意】目前使用较为方便的是压电陶瓷火花发生器，其原理是借助两只圆柱形特殊陶瓷受到相对冲击后产生10000V以上高压脉冲电压，火花发生率高，可达100%，安全可靠，发火次数可达50000次以上。

④ 梳形管　用来连接量器管、吸气瓶和燃烧管，是气体流动的通路，如图8-5所示。

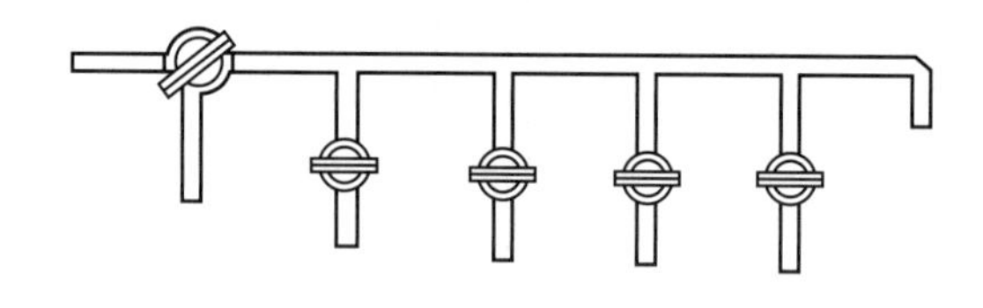

图8-5　梳形管

（2）苏式气体分析仪　图8-6所示为苏式(BTИ)气体分析仪，它由一支双臂式量气管、七个吸收瓶、一个氧化铜燃烧管、一个缓燃管等组成。它可进行煤气全分析或更复杂的混合气体分析。仪器构造较为复杂，分析速度较慢，但精度较高。

① 双臂式量气管　图8-7是双臂式量气管示意图，总体积是100mL，左臂由四个20mL的玻璃球组成，右臂是分度值为0.05mL，体积为20mL的细管。量气管顶端通过旋塞与取样器、吸收瓶相连，下端有旋塞用以分别量取气体体积，末端用胶管与水准瓶相连。

② 吸收瓶　苏式(BTИ)气体分析仪使用的吸收瓶也是接触式吸收瓶，但其作用部分和承受部分是上下排列的，如图8-8所示。

另外，还有一种吸收瓶，其作用部分中有一支几乎插到瓶底的气泡发生细管，气体经喷头喷出，被分散成许多细小的气泡，并不断地经过吸收液上升，然后集中在作用部分的上部，这种吸收瓶称为鼓泡式吸收瓶（见图8-9），适用于黏度较小的吸收剂。

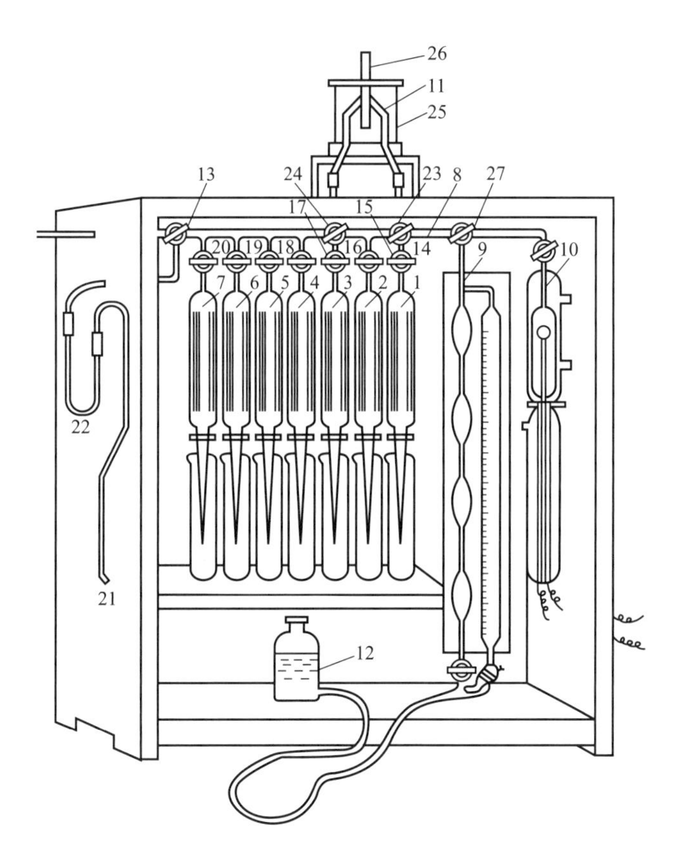

图 8-6　苏式(ВТИ) 气体分析仪

1～7—吸收瓶；8—梳形管；9—量气管；10—缓燃管；

11—氧化铜燃烧管；12—水准瓶；13,24,27—三通旋塞；14～20,23—旋塞；

21—进样口；22—过滤管；25—加热器；26—热电偶

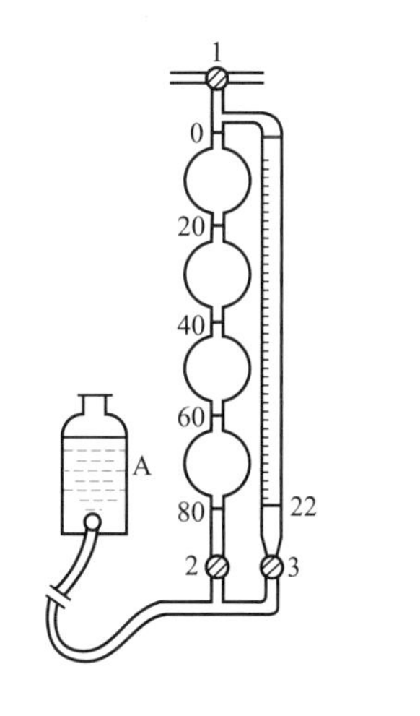

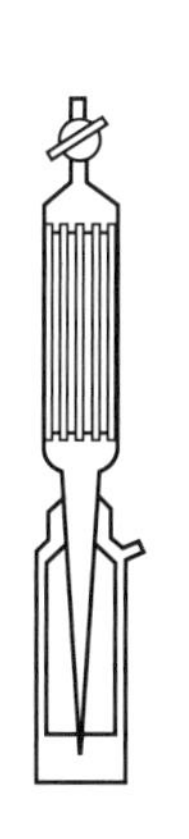

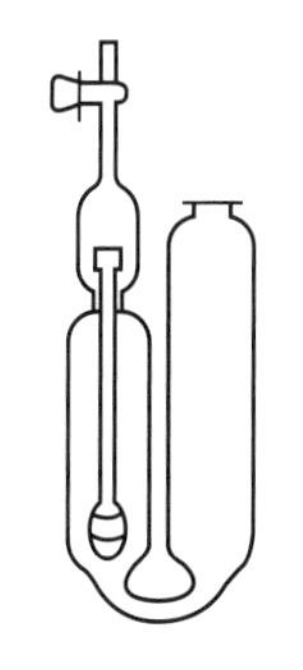

图 8-7　双臂式量气管　　图 8-8　接触式吸收瓶　　图 8-9　鼓泡式吸收瓶

③ 燃烧管　苏式（ВТИ）气体分析仪使用缓慢燃烧管和氧化铜燃烧管。缓燃管通常为上下排列的两支优质玻璃管（见图 8-10），上部为作用部分，下部为承受部分。由承受部分底部直至作用部分上部，贯穿一支玻璃管，玻璃管的上端口外熔封处有一段螺旋状铂丝，管

内为钢丝导线，通过变压器及滑动电阻与电源连接。通入 6V 的低压电源，使铂丝炽热，则可使气体缓慢燃烧。

氧化铜燃烧管为 U 形石英管（见图 8-11），低温燃烧时，也可以用石英玻璃管。在管的中部长约 10cm，直径约 6mm 的一段填有棒状或粒状氧化铜。燃烧管用电炉加热，可燃性气体在管内与氧化铜发生缓慢燃烧反应。

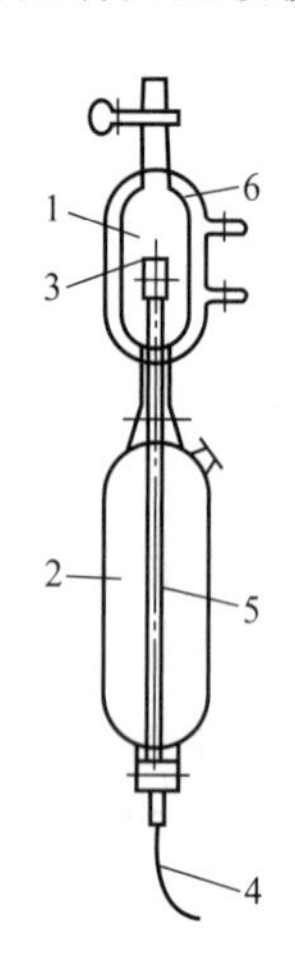

图 8-10 缓燃管

1—作用部分；2—承受部分；3—螺旋状铂丝；4—导丝；5—玻璃管；6—水套

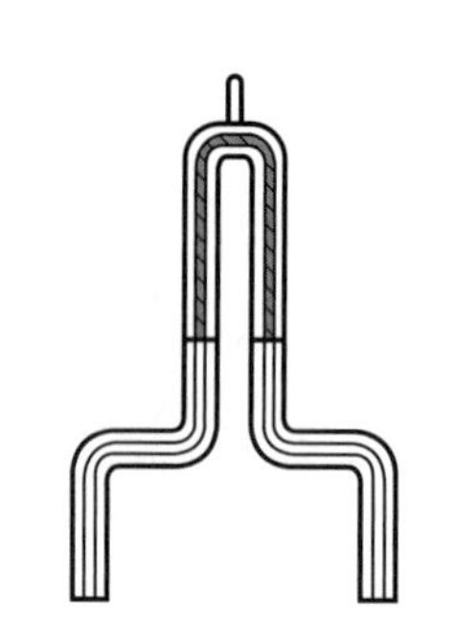

图 8-11 氧化铜燃烧管

（二）吸收滴定法

吸收滴定法的原理是使混合气体通过特定的吸收剂，待测组分与吸收剂发生反应而被吸收，然后在一定的条件下，用特定的标准溶液滴定，根据消耗标准溶液的体积，计算出待测气体的含量。

例如，焦炉煤气中少量硫化氢的测定，就是使一定量的气体试样通过醋酸镉溶液。硫化氢被吸收生成黄色的硫化镉沉淀，然后将溶液酸化，加入过量的碘标准溶液，S^{2-} 被氧化为 S，剩余的碘用硫代硫酸钠标准溶液滴定，由碘的消耗量计算出硫化氢的含量。反应式如下：

$$H_2S + Cd(CH_3COO)_2 = CdS\downarrow + 2CH_3COOH$$

$$CdS + 2HCl + I_2 = 2HI + CdCl_2 + S\downarrow$$

$$I_2 + 2Na_2S_2O_3 = Na_2S_4O_6 + 2NaI$$

（三）吸收重量法

吸收重量法的原理是将混合气体通过吸收剂，被测气体与吸收剂发生化学反应（或物理吸附），使吸收剂增加一定的质量，根据吸收剂增加的质量，计算出待测气体的含量。

例如，测定混合气体中微量的二氧化碳时，使混合气体通过固体的碱石灰（一份氢氧化钠和两份氧化钙的混合物，常加一点酚酞而呈粉红色）或碱石棉（50%氢氧化钠溶液中加入石棉，搅拌成糊状，在 150～160℃烘干，冷却研磨成小块），二氧化碳被吸收。精确称量吸收剂吸收气体前、后的质量，根据吸收剂前、后质量之差，即可计算出二氧化碳的含量。

吸收重量法还常用于有机化合物中碳、氢等元素含量的测定。将有机物在管式炉内燃烧后，氢燃烧后生成水蒸气，碳则生成二氧化碳。将生成的气体导入已准确称重的装有高氯酸镁的吸收管中，水蒸气被高氯酸镁吸收，质量增加，称取高氯酸镁吸收管的质量，可计算出氢的含量。将从高氯酸镁吸收管流出的剩余气体导入装有碱石棉的吸收管中，吸收二氧化碳后称取质量，可计算出碳的含量。实际实验过程中，将装有高氯酸镁的吸收管和装有碱石棉的吸收管串联，高氯酸镁吸收管在前，碱石棉吸收管在后。

（四）吸收比色法

吸收比色法的原理是使混合气体通过吸收剂，待测气体被吸收后与吸收剂作用产生不同的颜色，或吸收后再进行显色反应，其颜色的深浅与待测气体的含量成正比。用分光光度计测定溶液的吸光度，根据标准曲线或线性回归方程求出待测气体的含量。

例如，测定混合气体中微量的乙炔时，使混合气体通过亚铜盐的氨溶液，乙炔被吸收，生成紫红色的乙炔亚铜胶体溶液。反应式如下：

$$2C_2H_2+Cu_2Cl_2 = 2CH\equiv CCu+2HCl$$

由于生成的紫红色的乙炔亚铜胶体溶液颜色的深浅与乙炔的含量成正比，因此可进行比色测定，从而得出乙炔的含量。

另外，废气中的二氧化硫、氮氧化物等均可采用吸收比色法进行测定。

二、燃烧法

燃烧法的主要理论依据是当可燃性气体燃烧时，其体积发生缩减，并消耗一定体积的氧气，产生一定体积的二氧化碳。它们都与原来的可燃性气体有一定的比例关系，可根据它们之间的这种定量关系，分别计算出各种可燃性气体组分的含量。

（一）燃烧方法

使可燃性气体燃烧，常用爆炸法、缓燃法和氧化铜燃烧法。

1. 爆炸法

可燃性气体与空气或氧气混合，当其比例达到一定限度时，受热（或遇火花）能引起爆炸性的燃烧。气体爆炸有上限与下限两个极限。上限是指可燃气体能引起爆炸的最高含量；下限指可燃性气体能引起爆炸的最低含量。如 H_2 在空气中的爆炸上限是 74.2%（体积），爆炸下限是 4.1%，即当 H_2 的体积在空气中所占比例在 4.1%～74.2%之间时，具有爆炸性。常压下，可燃气体或蒸气在空气中的爆炸极限见表 8-1。

表 8-1　常压下，可燃气体或蒸气在空气中的爆炸极限（体积分数）/%

气体名称	化学式	下限	上限	气体名称	化学式	下限	上限
甲烷	CH_4	5.0	15.0	丁烯	C_4H_8	1.7	9.0
一氧化碳	CO	12.5	74.2	戊烷	C_5H_{12}	1.4	8.0
甲醇	CH_3OH	6.0	37.0	戊烯	C_5H_{10}	1.6	—
二硫化碳	CS_2	1.0	—	己烷	C_6H_{14}	1.3	—
乙烷	C_2H_6	3.2	12.5	苯	C_6H_6	1.4	8.0
乙烯	C_2H_4	2.8	28.6	庚烷	C_7H_{16}	1.1	—
乙炔	C_2H_2	2.6	80.5	甲苯	C_7H_8	1.2	7.0
乙醇	C_2H_5OH	3.5	19.0	辛烷	C_8H_{18}	1.0	—
丙烷	C_3H_8	2.4	9.5	氢气	H_2	4.1	74.2
丙烯	C_3H_6	2.0	11.1	硫化氢	H_2S	4.3	45.5
丁烷	C_4H_{10}	1.9	8.5				

爆炸法的特点是分析所需的时间最短。

2. 缓燃法

可燃性气体与空气或氧气混合，经过炽热的铂质螺旋丝而引起缓慢燃烧，所以称为缓燃法。可燃性气体与空气或氧气的混合比例应在可燃性气体的爆炸极限以下，故可避免爆炸危险。如在上限以上，则氧气量不足，可燃性气体不能完全燃烧。缓燃法所需时间较长。

3. 氧化铜燃烧法

氧化铜燃烧法的特点在于被分析的气体中不必加入燃烧所需的氧气，所用的氧可自氧化铜被还原放出。因此，测定后的计算也因不加入氧气而简化。

例如，氢在280℃左右可在氧化铜上燃烧，甲烷在此温度下不能燃烧，高于290℃时才开始燃烧，一般浓度的甲烷在600℃以上时在氧化铜上可以燃烧完全。反应如下：

$$H_2+CuO \xlongequal{} Cu+H_2O$$

$$CH_4+4CuO \xlongequal{} 4Cu+CO_2+2H_2O$$

氧化铜使用后，可在400℃的条件下通入空气使之氧化即可再生。

（二）可燃性气体燃烧后的计算

在某一可燃气体内通入氧气，使之燃烧，测量其体积的缩减数、消耗氧气的体积数及在燃烧反应中所生成的二氧化碳体积数，就可以计算出原可燃性气体的体积，并可进一步计算出所在混合气体中的体积分数。

1. 一元可燃性气体燃烧后的计算

如果气体混合物中只含有一种可燃性气体时，测定过程和计算都比较简单。先用吸收法除去其他组分（如二氧化碳、氧），再取一定量的剩余气体（或全部），加入一定量的空气使之进行燃烧。经燃烧后，测出其体积的缩减量及生成的二氧化碳体积。根据燃烧法的原理，计算出可燃性气体的含量。常见可燃性气体的燃烧反应和各种气体的体积之间的关系见表8-2。

表8-2 常见可燃性气体燃烧反应与各种气体体积关系

气体名称	燃烧反应	可燃气体体积	消耗 O_2 体积	缩减体积	生成 CO_2 体积
氢气	$2H_2+O_2 \xlongequal{} 2H_2O$	V_{H_2}	$\frac{1}{2}V_{H}$	$\frac{3}{2}V_{H_2}$	0
一氧化碳	$2CO+O_2 \xlongequal{} 2CO_2$	V_{CO}	$\frac{1}{2}V_{CO}$	$\frac{1}{2}V_{CO}$	V_{CO}
甲烷	$CH_4+2O_2 \xlongequal{} CO_2+2H_2O$	V_{CH_4}	$2V_{CH_4}$	$2V_{CH_4}$	V_{CH_4}
乙烷	$2C_2H_6+7O_2 \xlongequal{} 4CO_2+6H_2O$	$V_{C_2H_6}$	$\frac{7}{2}V_{C_2H_6}$	$\frac{5}{2}V_{C_2H_6}$	$2V_{C_2H_6}$
乙烯	$C_2H_4+3O_2 \xlongequal{} 2CO_2+2H_2O$	$V_{C_2H_4}$	$3V_{C_2H_4}$	$2V_{C_2H_4}$	$2V_{C_2H_4}$

【例8-1】 有 O_2、CO_2、CH_4、N_2 的混合气体80.0mL，向用吸收法测定 O_2、CO_2 后的剩余气体中加入空气，使之燃烧，经燃烧后的气体用氢氧化钾溶液吸收，测得生成的 CO_2 的体积为40.0mL，计算混合气体中甲烷的体积百分含量。

解：

$$CH_4+2O_2 \xlongequal{} CO_2+2H_2O$$

甲烷燃烧时所生成的 CO_2 体积等于混合气体中甲烷的体积。

$$V_{CH_4}=V_{CO_2}=40.0mL$$

$$\varphi(CH_4)=\frac{40.0}{80.0}\times 100\%=50.0\%$$

【例 8-2】 有 H_2 和 N_2 的混合气体 40.0mL，加空气经燃烧后，测得其总体积减小 18.0mL，求 H_2 在混合气体中的体积分数。

解：

$$2H_2+O_2 = 2H_2O$$

当 H_2 燃烧时，体积的缩减量为 H_2 体积的$\frac{3}{2}$。

$$V_{缩}=\frac{3}{2}V_{H_2}，V_{H_2}=\frac{2}{3}V_{缩}=\frac{2}{3}\times 18.0=12.0(mL)$$

$$\varphi(H_2)=\frac{12.0}{40.0}\times 100\%=30.0\%$$

2. 二元可燃性气体混合物燃烧后的计算

如果气体混合物中含有两种可燃性气体组分，先用吸收法除去干扰组分，向剩余气体中加入过量的空气，使之进行燃烧。经燃烧后，测量其体积缩减量、生成二氧化碳的体积、消耗氧的体积等，列出二元一次方程组，即可求出可燃性气体的体积，并计算出混合气体中可燃性气体的体积百分含量。

【例 8-3】 有 CO、CH_4、N_2 的混合气体 40.0mL，加入过量的空气，经燃烧后，测得其体积缩减 42.0mL，生成 CO_2 36.0mL。计算混合气体中各组分的体积分数。

解：根据可燃性气体的体积与缩减体积和生成 CO_2 体积的关系，得到：

$$\begin{cases} V_{缩}=\frac{1}{2}V_{CO}+2V_{CH_4}=42.0mL \\ V_{CO_2}=V_{CO}+V_{CH_4}=36.0mL \end{cases}$$

解方程组得：

$$V_{CH_4}=16.0mL$$

$$V_{CO}=20.0mL$$

$$V_{N_2}=40.0-(16.0+20.0)=4.0(mL)$$

于是混合气体中的各组分的体积分数为：

$$\varphi(CO)=\frac{20.0}{40.0}\times 100\%=50.0\%$$

$$\varphi(CH_4)=\frac{16.0}{40.0}\times 100\%=40.0\%$$

$$\varphi(N_2)=\frac{4.0}{40.0}\times 100\%=10.0\%$$

【例 8-4】 由 H_2、CH_4、N_2 组成的气体混合物 20.0mL，加入空气 80.0mL，混合燃烧后，测量体积为 90.0mL，经氢氧化钾溶液吸收后，测量体积为 86.0mL，求各种气体在原混合气体中的体积分数。

解：混合气体的总体积应为：80.0+20.0=100.0(mL)

总体积缩减量应为：100.0−90.0=10.0(mL)

生成 CO_2 的体积应为：90.0−86.0=4.0(mL)

根据可燃性气体的体积与缩减体积和生成CO_2体积的关系，得：

$$\begin{cases} V_{缩}=\frac{3}{2}V_{H_2}+2V_{CH_4}=10.0\text{mL} \\ V_{CO_2}=V_{CH_4}=4.0\text{mL} \end{cases}$$

解方程组得：

$$V_{CH_4}=4.0\text{mL}$$

$$V_{H_2}=1.33\text{mL}$$

$$V_{N_2}=20.0-(4.0+1.33)=14.67(\text{mL})$$

于是原混合气体中各气体的体积分数为：

$$\varphi(CH_4)=\frac{4.0}{20.0}\times 100\%=20.0\%$$

$$\varphi(H_2)=\frac{1.33}{20.0}\times 100\%=6.60\%$$

$$\varphi(N_2)=\frac{14.67}{20.0}\times 100\%=73.4\%$$

3. 三元可燃性气体混合物燃烧后的计算

如果气体混合物中含有三种可燃性气体组分，先用吸收法除去干扰组分，再取一定量的剩余气体（或全部），加入过量的空气，进行燃烧。经燃烧后，测量其体积的缩减量、耗氧量及生成二氧化碳的体积。列出三元一次方程组，解方程组可求得可燃性气体的体积，并计算出混合气体中可燃性气体的体积分数。

【例 8-5】 有CO_2、O_2、CH_4、CO、H_2、N_2的混合气体100.0mL。用吸收法测得CO_2为6.0mL，O_2为4.0mL，用吸收后的剩余气体20.0mL，加入氧气75.0mL进行燃烧，燃烧后其体积缩减量为10.11mL，后用吸收法测得CO_2为6.22mL，O_2为65.31mL。求混合气体中各组分的体积分数。

解： 混合气体CO_2、O_2、CH_4、CO、H_2、N_2中的CO_2和O_2被吸收后，混合气体的组成为CH_4、CO、H_2、N_2，其中CH_4、CO、H_2为可燃性组分。

由吸收法测得：

$$\varphi(CO_2)=\frac{6.0}{100.0}\times 100\%=6.00\%$$

$$\varphi(O_2)=\frac{4.0}{100.0}\times 100\%=4.00\%$$

燃烧后所消耗的体积为：75.00−65.31=9.69(mL)，根据可燃性气体的体积与缩减体积、生成CO_2体积、耗氧体积的关系，得：

$$\begin{cases} V_{缩}=\frac{1}{2}V_{CO}+2V_{CH_4}+\frac{3}{2}V_{H_2}=10.11\text{mL} \\ V_{CO_2}=V_{CO}+V_{CH_4}=6.22\text{mL} \\ V_{耗氧}=\frac{1}{2}V_{CO}+2V_{CH_4}+\frac{1}{2}V_{H_2}=9.69\text{mL} \end{cases}$$

吸收法吸收 CO_2 和 O_2 后的剩余气体体积为：100.0－6.0－4.0＝90.0(mL)

燃烧法是取其中的 20.0mL 进行测定的，于是在 90.0mL 的剩余气体中的体积应为：

$$V_{CH_4}=\frac{3\times 9.69-6.22-10.11}{3}\times\frac{90.0}{20.0}=19.1(mL)$$

$$V_{CO}=\frac{4\times 6.22-3\times 9.69+10.11}{3}\times\frac{90.0}{20.0}=8.90(mL)$$

$$V_{H_2}=(10.11-9.69)\times\frac{90.0}{20.0}=1.90(mL)$$

于是混合气体中可燃性气体的体积分数为：

$$\varphi(CH_4)=\frac{19.1}{100.0}\times 100\%=19.1\%$$

$$\varphi(CO)=\frac{8.90}{100.0}\times 100\%=8.90\%$$

$$\varphi(H_2)=\frac{1.90}{100.0}\times 100\%=1.90\%$$

第二节　仪器分析法简介

一、气相色谱法

气相色谱法可以应用于分析气体试样，不仅可以分析有机物（如甲烷、乙烷、乙烯、丙烯等），而且可以分析无机物（如氮气、氧气、一氧化碳、二氧化碳等）。测定有机物时可以使用氢火焰离子化检测器（FID）或热导池检测器（TCD），而测定无机物通常选择热导池检测器（TCD）。大气中微量一氧化碳的分析、半水煤气组分分析、金属热处理中的一氧化碳、二氧化碳、甲烷、氢气和氮气组分的分析以及石油气的组分分析等都采用气相色谱法。

使用氦离子化检测器的气相色谱法被称为氦离子化气相色谱法。氦离子化检测器是利用β粒子、高压放电或光子等能量使氦原子从基态跃迁至激发态，各种能级的激发态氦和其他粒子将能量转移给氦气中其他原子和分子并使之离子化。该检测器是一种高灵敏度、通用型的气相色谱检测器。

常规色谱流程的氦离子化气相色谱法用于氦气中组分的测定，脱氧色谱流程的氦离子化气相色谱法用于氧气中组分的测定，脱氢色谱流程的氦离子化气相色谱法用于氢气中组分的测定，切割色谱流程的氦离子化气相色谱法用于除氦气以外的气体中组分的测定。

二、电化学分析法

1. 电导法

测定电解质溶液导电能力的方法，称为电导法。当溶液的组成发生变化时，溶液的电导率也发生相应的变化，利用电导率与物质含量之间的关系，可测定物质的含量。如合成氨生产中微量一氧化碳和二氧化碳的测定。环境分析中的二氧化碳、一氧化碳、二氧化硫、硫化氢、氧气、盐酸蒸气等，都可以用电导法进行测定。

2. 电位法

电位法是指以指示电极和参比电极以及试液组成化学电池，通过测量电极电位来测定物质含量的分析方法。电位分析法分为直接电位法和电位滴定法。如电位滴定法测定天然气中的含硫化合物，氧化锆浓差电池电位法测定气体中微量氧气含量。

氧化锆浓差电池电位法采用的传感器由氧化锆固体电解质与内外两侧的铂电极构成化学电池，当电极两侧的氧含量不同时，两电极间产生浓差电动势，电动势的大小与氧含量的关系遵循能斯特方程。

3. 电流法

将待测气体通入化学电池中，通过测量与待测组分含量有确定函数关系的化学电池的电流大小，实现对待测组分含量的测定。如用原电池法、燃料电池法、赫兹电池法测定气体中微量氧气含量。

燃料电池法采用的传感器的阴极为惰性金属，阳极为金属铅。酸性或碱性电解液通过阴极上的众多圆孔外溢在阴极表面形成电解质薄层，电解质薄层上面覆盖一层可以渗透气体的聚四氟乙烯膜，气体样品经过渗透膜进入电池，氧在阴极被还原，铅在阳极被氧化。电极反应所产生的电流大小与气体中的氧含量成正比，通过测量电流大小即可得到气体样品中的氧含量。

4. 库仑法

以测量通过电解池的电量为基础而建立起来的分析方法，称为库仑法。库仑滴定是通过测量电量的方法来确定反应终点，它被用于痕量组分的分析中。如金属中碳、硫和环境空气中的二氧化硫、臭氧、二氧化氮等都可以用库仑滴定法来进行测定。再如采用卡尔·费休法-库仑法测定天然气中微量水分。

5. 电解式传感器法

由两只镀有五氧化二磷涂层的金属电极以及电极吸收的水分组成电解池。加在电极间的电压使五氧化二磷涂层吸收的水发生电解，从而在电极间产生电流，电流的大小与水蒸气的浓度成正比。如天然气中微量水分可采用这种方法进行测定。

三、光谱分析法

在气体分析中常用的光谱分析法有紫外可见分光光度法、红外吸收光谱法、激光吸收光谱法、紫外荧光光度法、化学发光法以及光腔衰荡光谱法等。如采用亚甲基蓝分光光度法测定天然气中的硫化氢，纳试剂分光光度法测定人工煤气中的氨；采用傅里叶变换红外光谱仪测定红外透过率间接表征光纤用四氯化硅中的杂质含量；采用激光吸收光谱法测定天然气中硫化氢的含量；采用紫外荧光光度法测定天然气中的总硫；采用化学发光法测定气体中一氧化氮的含量；采用光腔衰荡光谱法测定电子工业用氧气中微量的水分以及气体中的一氧化氮、二氧化氮等。

第三节 天然气分析

天然气（natural gas）是古生物遗骸长期沉积地下，经慢慢转化及裂解而产生的气态碳氢化合物，主要成分是甲烷，还含有少量乙烷、丙烷、丁烷、戊烷等烷烃以及氮、氧、氢、二氧化碳、硫化氢等。天然气的分析项目主要有：组成分析、含硫化合物、汞含量、砷含量、水含量、水露点、烃露点、氦浓度、颗粒物等。

一、组成分析（气相色谱法）

气相色谱法分析天然气的组成是将具有代表性的气样和已知组成的标准混合气，在同样的操作条件下，用气相色谱法进行分离。样品中许多重尾组分可以在某个时间通过改变流过柱子载气的方向，获得一组不规则的峰，这组重尾组分可以是 C_5、C_6、C_7 和更重组分。由标准气的组成值，通过对比峰高、峰面积或者两者均作对比，计算获得样品的相应组成。

1. 仪器与设备

（1）检测器　选用热导检测器，要求对正丁烷摩尔分数为 1% 的气样，进样 0.25mL 时，至少应产生 0.5mV 的信号。

（2）色谱柱　柱的材料对气样中的组分必须呈惰性和无吸附性，应优先选用不锈钢管。柱内填充物对被检测的组分的分离应能达到规定的要求。

2. 操作步骤

（1）仪器准备　按照分析要求，安装好色谱柱。调整操作条件，并使仪器稳定。当仪器稳定后，两次或两次以上连续进标准气检查，每个组分响应值相差必须在 1% 以内。

（2）气样的准备　在实验室，样品必须在比取样时气源温度高 10～25℃ 的温度下达到平衡。温度越高，平衡所需时间就越短（300mL 或更小的样品容器，约需 2h）。

如果气源温度高于实验室温度，那么气样在进入色谱仪之前需预先加热。如果已知气样的烃露点低于环境最低温度，就不需加热了。

（3）进样　为了获得检测器对各组分，特别是对甲烷的线性响应，进样量不应超过 0.5mL。测定摩尔分数不高于 5% 的组分时，进样量允许增加到 5mL。

【注意】　样品瓶到仪器进样口之间的连接管线应选用不锈钢管或聚四氟乙烯管，不得使用铜管、聚乙烯管、聚氯乙烯管或橡胶管。

① 吹扫法　打开样品瓶的出口阀，用气样吹扫包括定量管在内的进样系统。对于每台仪器必须确定和验证所需的吹扫量。定量管进样压力应接近大气压，关闭样品瓶阀，使定量管中的气样压力稳定。然后立即将定量管中的气样导入色谱柱中，以避免渗入污染物。

② 真空法　抽空进样系统，使绝对压力低于 100Pa，关闭与真空系统相连的阀，将气样从样品瓶充入定量管至所要求的压力，随后将气样导入色谱柱。

3. 色谱图

不同的色谱条件其分离度不同，图 8-12～图 8-14 所示分别是不同条件下天然气的色谱图。

图 8-12 所示色谱图的色谱条件是：色谱柱是 25%BMEE Chromosorb. P，柱长 7m；柱温 25℃；载气为氦气，流量 40mL/min；进样量 0.25mL。

图 8-13 所示色谱图的色谱条件是：色谱柱是 Silicone 200/500 Chromosorb. P AW，柱长 10m；载气为氦气，流量 40mL/min；进样量 0.25mL。

图 8-14 所示色谱图的色谱条件是：色谱柱是 3m DIDP＋6m DMS；载气为氦气，流量 75mL/min；进样量 0.50mL。

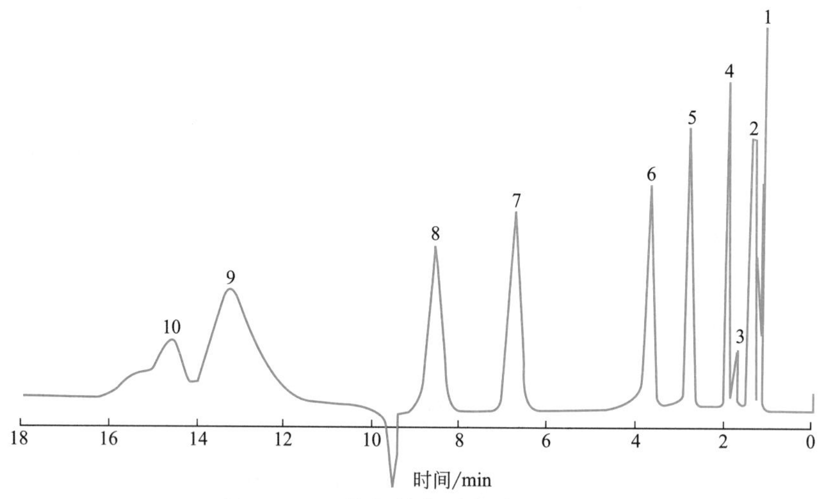

图 8-12 天然气的典型色谱图（一）

1—甲烷和空气；2—乙烷；3—二氧化碳；4—丙烷；5—异丁烷；
6—正丁烷；7—异戊烷；8—正戊烷；9—庚烷及更重组分；10—己烷

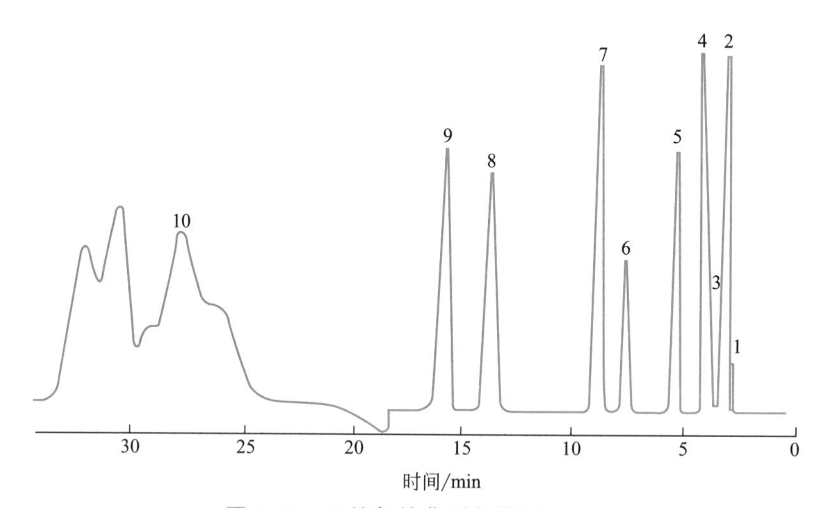

图 8-13 天然气的典型色谱图（二）

1—空气；2—甲烷；3—二氧化碳；4—乙烷；5—丙烷；
6—异丁烷；7—正丁烷；8—异戊烷；9—正戊烷；10—己烷及更重组分

4. 计算

（1）采用外标法

① 对于戊烷和更轻组分　测量每个组分的峰高或峰面积，将气样和标准气中相应组分的响应换算到同一衰减，气样中 i 组分的摩尔分数 y_i 按式(8-1) 计算。

$$y_i = y_{si} \times \frac{H_i}{H_{si}} \tag{8-1}$$

式中　y_{si}——标准气中 i 组分的摩尔分数，%；

H_i——气样中 i 组分的峰高或峰面积；

H_{si}——标准气中 i 组分的峰高或峰面积。

如果是在一定真空压力下导入空气作氧或氮的标准气，应按式(8-2) 进行压力修正。

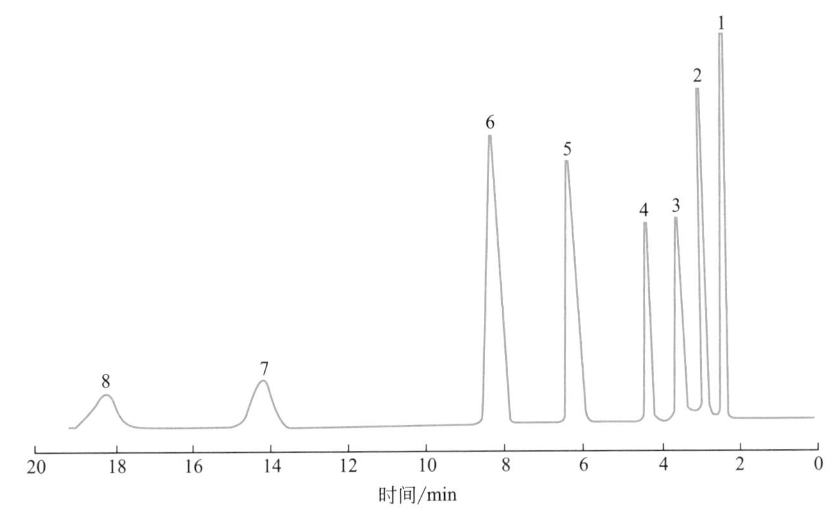

图 8-14　天然气的典型色谱图（三）

1—甲烷和空气；2—乙烷；3—二氧化碳；4—丙烷；5—异丁烷；6—正丁烷；7—异戊烷；8—正戊烷

$$y_i = y_{si} \times \frac{H_i}{H_{si}} \times \frac{p_a}{p_b} \tag{8-2}$$

式中　p_a——空气进样时的绝对压力，kPa；

p_b——空气进样时，实际的大气压力，kPa。

② 对于己烷和更重组分　测量反吹的己烷、庚烷及更重组分的峰面积，并在同一色谱图上测量正戊烷、异戊烷的峰面积，将所有的测量峰面积换算到同一衰减。气样中己烷（C_6）和碳七加（C_7^+）的浓度按式(8-3)计算。

$$y(C_n) = \frac{y(C_5)A(C_n)M(C_5)}{A(C_5)M(C_n)} \tag{8-3}$$

式中　$y(C_n)$——气样中碳原子数为 n 的组分的摩尔分数，%；

$y(C_5)$——气样中异戊烷与正戊烷摩尔分数之和，%；

$A(C_n)$——气样中碳数为 n 的组分的峰面积；

$A(C_5)$——气样中异戊烷和正戊烷的峰面积之和；

$M(C_5)$——戊烷的相对分子质量，取值为 72；

$M(C_n)$——碳数为 n 的组分的相对分子质量，对于 C_6，取值为 86，对于 C_7^+，取值为平均相对分子质量。

如果异戊烷和正戊烷的浓度已通过较小的进样量单独进行了测定，那么就不需重新测定了。

(2) 采用归一化法　将每个组分的原始含量值乘以 100，再除以所有组分原始含量值的总和，即为每个组分归一的摩尔分数，所有组分原始含量值的总和与 100.0%的差值不应超过 1.0%。

5. 讨论

(1) 脱除硫化氢　当气样中的硫化氢质量分数大于 3×10^{-4} 时，取样或进样时在取样瓶前连接一根装有氢氧化钠吸收剂（碱石棉）的不锈钢管子，以脱除硫化氢。此过程也将二氧化碳脱除，这样获得的分析结果是无酸气基的结果。若将一根浸渍了硫酸铜的浮石管连接在色谱仪和干燥管的上游，也可脱除硫化氢。此过程适用于硫化氢含量少的气样，对二氧化碳影响极小。

(2) 封液置换法进样　如果气样是用封液置换法获得的，那么可用封液置换瓶中气样吹扫包括定量管在内的进样系统。某些组分，如二氧化碳、硫化氢、已烷和更重组分可能被水或其他封液部分脱除或全部脱除，当精密测定时，不得采用封液置换法。

二、硫化氢的测定

天然气中硫化氢的测定方法有碘量法、亚甲基蓝分光光度法、乙酸铅反应速率双光路检测法、电位滴定法和激光吸收光谱法。

(一) 碘量法

1. 方法原理

用过量的乙酸锌溶液吸收气体中的硫化氢，生成硫化锌沉淀。用盐酸溶解后，加入过量的碘溶液以氧化生成的硫化氢，剩余的碘用硫代硫酸钠标准溶液滴定。

2. 测定步骤

(1) 硫化氢含量低于0.5%气体的测定

在吸收器中加入50mL乙酸锌溶液（5g/L），用洗耳球在吸收器入口轻轻鼓动使一部分溶液进入玻璃孔板下部的空间，按如图8-15所示连接好吸收装置。打开螺旋夹，缓缓打开取样阀，用待分析气体经排空管置换取样导管内的气体。调节螺旋夹使气体以300～500mL/min的流量通过吸收器，待通过一定量的气量后，关闭取样阀。记录取样体积、气体平均温度和大气压力。取下吸收器，用吸量管加入10mL碘溶液（2.5g/L），再加入10mL盐酸溶液（1+11），装上吸收器头，用洗耳球在吸收器入口轻轻鼓动溶液，使其混合均匀。待反应2～3min后，将溶液转移进250mL碘量瓶中，用硫代硫酸钠标准溶液（0.01mol/L）滴定，滴定至淡黄色时，加入1～2mL淀粉溶液，继续滴定至溶液蓝色刚刚消失，同时做空白试验。

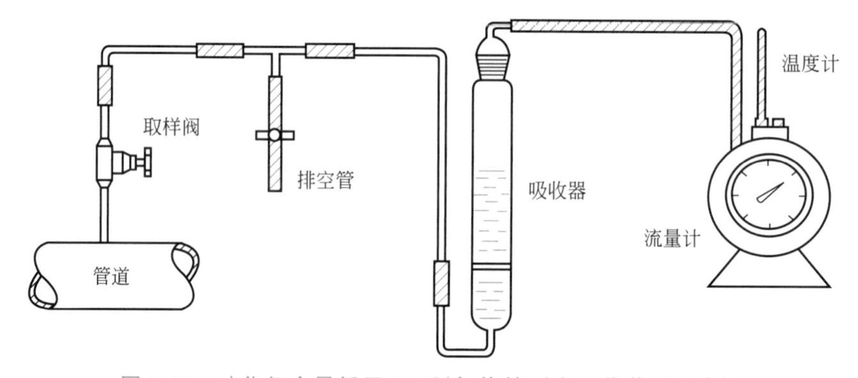

图8-15　硫化氢含量低于0.5%气体的测定吸收装置示意图

(2) 硫化氢含量高于0.5%气体的测定

① 样品采集：用胶管依次连接取样阀、定量管、转子流量计和碱液洗瓶，打开定量管旋塞，缓缓打开采样阀，使气体以1～2L/min的流量通过定量管，当通过的气量达到15～20倍定量管的容积后，关闭采样阀和定量管旋塞。记录采样点的环境温度和大气压力。

② 硫化氢的吸收：在吸收器中加入50mL乙酸锌溶液（5g/L），用洗耳球在吸收器入口轻轻鼓动使一部分溶液进入玻璃孔板下部的空间。用洗耳球吹出定量管两端玻璃管中可能存在的硫化氢，用胶管按如图8-16所示连接好吸收装置。打开定量管旋塞，缓缓打开针形阀，

以 300～500mL/min 的流量通氮气 20min。

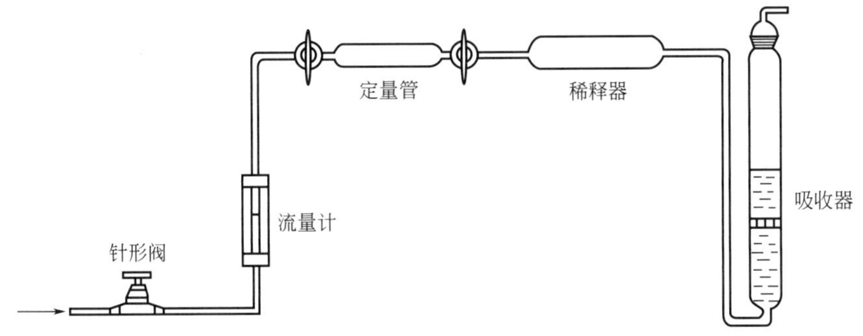

图 8-16　硫化氢含量高于 0.5%气体的测定吸收装置示意图

③ 滴定：取下吸收器，用吸量管加入 10mL 碘溶液（5g/L），再加入 10mL 盐酸溶液（1+11），装上吸收器头，用洗耳球在吸收器入口轻轻鼓动溶液，使其混合均匀。待反应 2～3min 后，将溶液转移至 250mL 碘量瓶中，用硫代硫酸钠标准溶液（0.01mol/L）滴定，滴定至淡黄色时，加入 1～2mL 淀粉溶液，继续滴定至溶液蓝色刚刚消失，同时做空白试验。

3. 结果计算

试样中硫化氢的质量浓度按式(8-4) 计算，体积分数按式(8-5) 计算。

$$\rho_{(H_2S)}=\frac{c(V_1-V_2)M(H_2S)}{2V_n} \tag{8-4}$$

$$\varphi(H_2S)=\frac{c(V_1-V_2)\times 22.4}{2V_n} \tag{8-5}$$

式中　c——硫代硫酸钠标准溶液的浓度，mol/L；

V_1——空白滴定时消耗硫代硫酸钠标准溶液的体积，mL；

V_2——滴定时消耗硫代硫酸钠标准溶液的体积，mL；

$M(H_2S)$——H_2S 的摩尔质量，34.08g/mol；

V_n——样品在标准状态下的体积，mL。

采用定量管计量的气体校正体积 V_n 按式(8-6) 计算：

$$V_n=\frac{pV}{101.3}\times\frac{273.2}{273.2+t} \tag{8-6}$$

式中　V——定量管的容积，mL；

p——取样点的大气压力，kPa；

t——取样点的环境温度，℃。

采用流量计计量的气体校正体积 V_n 按式(8-7) 计算。

$$V_n=\frac{V(p-p_w)}{101.3}\times\frac{273.2}{273.2+t} \tag{8-7}$$

式中　V——取样的容积，mL；

p——取样时的大气压力，kPa；

p_w——温度 t 时水的饱和蒸气压，kPa；

t——气体平均温度，℃。

（二）亚甲基蓝分光光度法

用乙酸锌溶液吸收气样中的硫化氢，生成硫化锌。在酸性介质中和三价铁离子存在下，硫化锌与 N,N-二甲基对苯二胺反应，生成亚甲基蓝。在波长 670nm 处用分光光度计测定溶液的吸光度。

（三）乙酸铅反应速率双光路检测法

图 8-17 所示为测定硫化氢装置示意图。气体样品以一恒定流量被润湿器加湿后，流经乙酸铅纸带，硫化氢与乙酸铅反应生成硫化铅，纸带上产生棕黑色色斑。反应速率及产生的颜色变化速率与样品中硫化氢的浓度成正比。采用光电检测器检测反应生成的硫化铅黑斑，产生的电信号经采集和一阶导数处理后得到响应值，通过与已知硫化氢标准气的响应值进行比较，确定待测样品中硫化氢的含量。

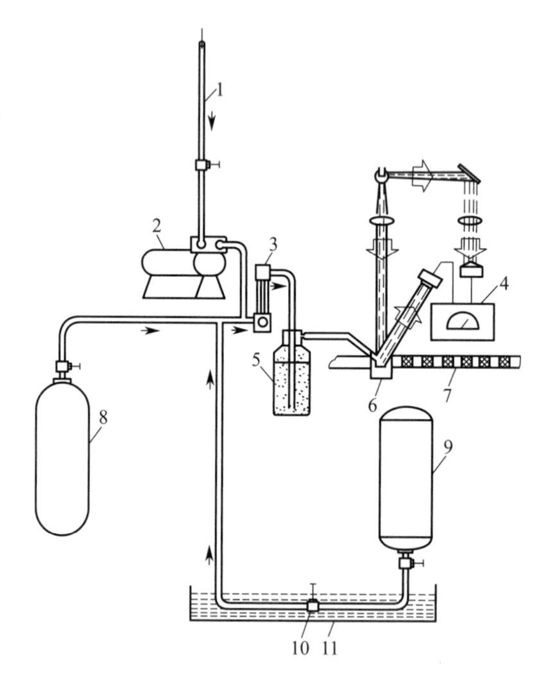

图 8-17 测定硫化氢装置示意图

1—不带压气体样品；2—样品泵；3—流量控制装置；4—比色速率计；5—润湿器；6—样品室；7—乙酸铅纸带；8—带压气体样品；9—带压液体样品；10—汽化泵；11—热水浴

（四）激光吸收光谱法

图 8-18 所示的是激光法硫化氢分析仪检测原理示意图。含硫化氢的天然气通过样品预先处理单元减压调节后，由仪器入口进入样品室（仪器出口的气体流量应与标定的流量一致）。半导体激光器发射出的经过调谐的激光束穿过被测气体，激光束能量因被测定气体分子吸收而发生衰减，由接受单元的光电传感器进行检测。接受单元检测的吸光度与被测气体含量符合朗伯-比尔定律。

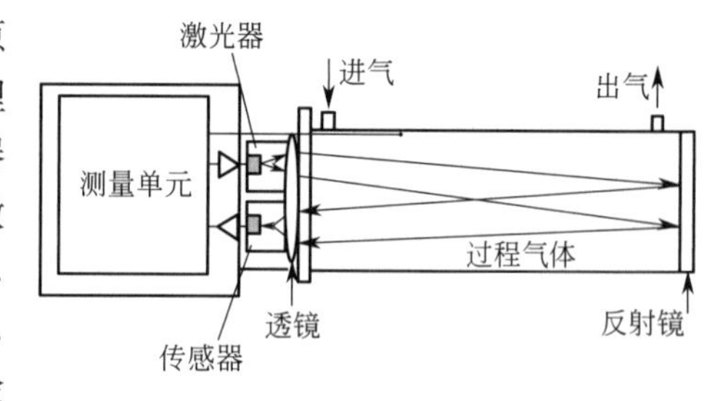

图 8-18 激光法硫化氢分析仪检测原理示意图

三、总硫的测定

天然气中总硫的测定方法有：氧化微库伦法、氢解-速率计比色法、紫外荧光光度法、气相色谱法等。

（一）氧化微库仑法

含硫天然气在石英转化管中与氧气混合燃烧，硫转化为二氧化硫，随氮气进入滴定池与碘反应，消耗的碘由电解碘化钾得到补充（如图 8-19 所示）。根据法拉第电解定律，由电解所消耗的电量计算样品中硫的含量。

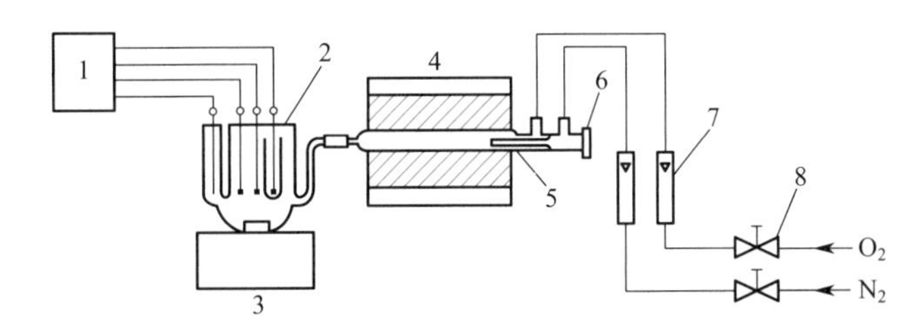

图 8-19 氧化微库仑法测定总硫装置图

1—微库仑计；2—滴定池；3—电磁搅拌器；4—转化炉；
5—石英转化管；6—进样口；7—流量控制器；8—针形阀

（二）氢解-速率计比色法

试样与氢气混合后以一定的流量进入热解炉，在 1000℃或更高温度的石英反应管中试样和氢气被热解，含硫化合物转化为硫化氢（如图 8-20 所示）。按乙酸铅反应速率双光路检测法测定硫化氢的方法进行。

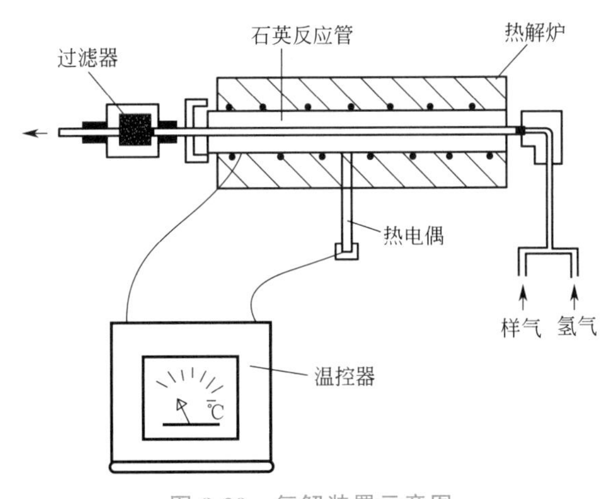

图 8-20 氢解装置示意图

（三）紫外荧光光度法

气样通过进样系统进入温度为 1075℃±25℃的高温燃烧管中，在富氧的条件下，样品中的硫被氧化为二氧化硫。除去燃烧过程中的水分，将燃烧后的气体暴露在紫外线下，二氧化硫分子因吸收紫外线的能量成为激发态的二氧化硫。当二氧化硫分子从激发态回到基态时释放出荧光，荧光强度与二氧化硫浓度成正比，根据获得的信号可以检测出样品中的硫含量。

第四节　人工煤气组分的化学分析

人工煤气是指以煤或油、液化石油气、天然气等为原料转化制取的可燃气体。人工煤气的组分主要有氢气、甲烷、不饱和烃等，还含有氧（<2%）、一氧化碳（<10%）、氮气、二氧化碳、硫化氢、氨和萘等成分。

化学分析法可以测定人工煤气中的氢气、甲烷、不饱和烃、氧气、一氧化碳、二氧化碳的含量，氮气含量可以通过差减法求得。

1. 方法原理

用氢氧化钾溶液吸收二氧化碳及酸性气体，邻苯三酚（焦性没食子酸）碱性溶液吸收氧，发烟硫酸吸收不饱和烃，氨性氯化亚铜溶液吸收一氧化碳，甲烷和氢气与氧点燃。相关反应式如下：

$$CO_2 + 2KOH = K_2CO_3 + H_2O$$

$$C_6H_3(OH)_3 + 3KOH \longrightarrow C_6H_3(OK)_3 + 3H_2O$$

$$4C_6H_3(OK)_3 + O_2 \longrightarrow 2C_{12}H_4(OK)_3 + 2H_2O$$

$$C_2H_4 + H_2SO_4 \cdot SO_3 \longrightarrow C_2H_2S_2O_7\text{（乙烯磺酸）}$$

$$C_6H_6 + H_2SO_4 \cdot SO_3 \longrightarrow C_6H_6SO_3\text{（苯磺酸）} + H_2SO_4$$

$$Cu_2Cl_2 + 2CO + 4NH_3 + 2H_2O \longrightarrow 2NH_4Cl + Cu_2 \cdot COONH_4$$

$$CH_4 + 2O_2 \xrightarrow{\text{点燃}} CO_2 + 2H_2O$$

$$2H_2 + O_2 \xrightarrow{\text{点燃}} 2H_2O$$

2. 测定步骤

（1）仪器准备　将洗净并干燥过的奥氏气体分析仪各部件按图 8-21 所示用硅胶管连接好。依照分析顺序，接触式吸收管 1 中注入氢氧化钾溶液（30%），接触式吸收管 2 中注入发烟硫酸，接触式吸收管 3 中注入焦性没食子酸碱性溶液（100g/L），鼓泡式吸收管 4、5 中注入氨性氯化亚铜溶液，接触式吸收管 6 中注入硫酸溶液（10%）。在水准瓶中注入封闭液，封闭液的制备方法为在煤气饱和的蒸馏水中加入氯化钠至饱和，加入硫酸使溶液中硫酸含量为 1.5%±0.5%。

（2）进样　先将量气管中的气体排出，使量气管的液面升至零点，关闭进样直通旋塞。将取样袋或取样瓶的硅胶管与分析仪接通，打开硅橡胶管上的夹子，打开分析仪进样直通旋塞。使样气进入量气管约 20～30mL，关闭进样直通旋塞。旋转中心三通旋塞，将水准瓶升高，排出量气管内气体，直至量气管液面升至零点，如此洗涤量气管不少于 3 次。打开进样口旋塞，旋转三通旋塞至与进样口连接，放低水准瓶，将气体试样吸入量气管中，取准 100mL（V_0）样气，使压力与大气压相同后，关闭进样直通旋塞。

（3）吸收法测定　打开氢氧化钾溶液吸收管旋塞，与量气管相通，升高水准瓶将量气管内气体压入吸收管中，直至量气管内的液面接近标线。然后放低水准瓶，将气体试样吸回量气管中，如此往返多次，最后一次将气体自吸收管中全部吸回，使吸收管内的液面升至顶端标线时，关闭吸收管上的旋塞。使量气管内压力与大气压相同时，读取体积（V_1）。则吸收前后体积之差（V_0-V_1）即为气体试样中所含二氧化碳的体积。

【注意】　在读取体积后，应检查吸收是否完全，为此再重复上述操作一次，如果体积相差不大于 0.1mL 即认为已吸收完全。

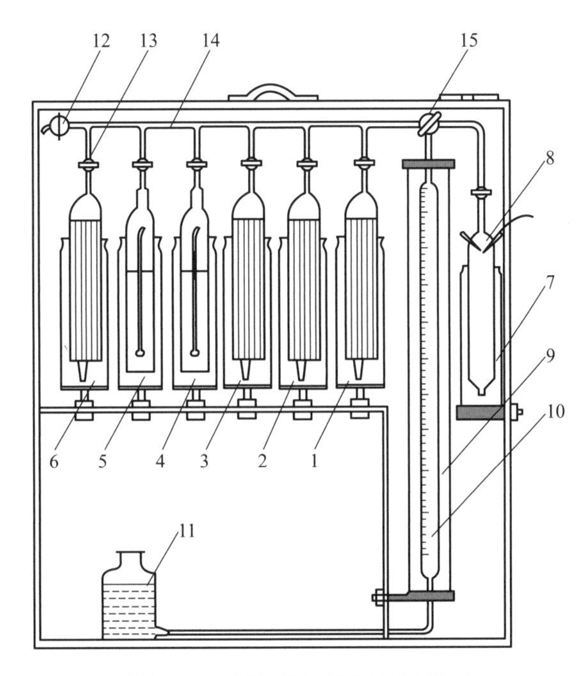

图 8-21 奥氏气体分析仪示意图

1,2,3,6—接触式吸收管；4,5—鼓泡式吸收管；7—爆炸管；8—铂丝极；9—水冷夹套管；10—量气管；11—封气水准瓶；12—进样直通旋塞；13—吸收管旋塞；14—梳形管；15—三通塞

按同样的操作方法依次吸收不饱和烃、氧气、一氧化碳气体，体积依次记为 V_2、V_3 和 V_4。

(4) 燃烧法测定甲烷和氢气　打开三通旋塞和排空旋塞，使量气管和排气口相通。上升水准瓶，将量气管内的剩余气体排至 25.0mL 刻度线，关闭排空口旋塞，打开氧气或空气进口旋塞，吸入纯氧气或新鲜无二氧化碳的空气至量气管的体积到 100.0mL，记为爆炸前体积 V_5，关闭氧气进气口旋塞。打开爆炸管的旋塞，上升水准瓶，将量气管内约 10mL 气体送至爆炸管中，关闭爆炸管上的旋塞。用高频火花发生器点燃，使混合气体爆炸。第一次爆炸后，打开爆炸管的旋塞，再放入 20mL 气体进行第二次爆炸，放入 30mL 气体进行第三次爆炸，放入 40mL 气体进行第四次爆炸。把燃烧后的剩余气体压回量气管中并来回冷却，量取体积，记为爆炸后体积 V_6。再将气体压入氢氧化钾吸收管中，吸收生成的二氧化碳，再读取量气管剩余体积 V_7。每次测量体积时记下温度与压力，以便在计算中进行校正。

【注意】 为防止爆炸过于剧烈，要分次爆炸，使混合气体的浓度略高于爆炸下限，每次加入氧气的量不可接近化学计量时的需氧量。

(5) 结果计算

试样中二氧化碳、不饱和烃、氧气、一氧化碳的体积分数分别用式(8-8)～式(8-11)计算。

$$\varphi(CO_2)=\frac{V_0-V_1}{V_0}\times100\% \tag{8-8}$$

$$\varphi(C_nH_m)=\frac{V_1-V_2}{V_0}\times100\% \tag{8-9}$$

$$\varphi(O_2)=\frac{V_2-V_3}{V_0}\times100\% \tag{8-10}$$

$$\varphi(CO)=\frac{V_3-V_4}{V_0}\times100\% \tag{8-11}$$

试样中甲烷和氢气的体积分数分别用式(8-12）和式(8-13）计算。

$$\varphi(CH_4)=\frac{V_6-V_7}{V_0}\times100\% \tag{8-12}$$

$$\varphi(H_2)=\frac{2[(V_5-V_6)-2(V_6-V_7)]}{3V_0}\times100\% \tag{8-13}$$

试样中氮气的体积分数用式(8-14）计算。

$$\varphi(N_2)=100\%-\Sigma\varphi_i \tag{8-14}$$

式中 $\Sigma\varphi_i$——二氧化碳、不饱和烃、氧气、一氧化碳、甲烷和氢气的体积分数之和，%。

第五节 几种常见工业气体分析

一、工业氮气与电子工业用氮气纯度分析

1. 工业氮气纯度分析

工业上采用深冷法分离空气和电化学法制取氮气。工业氮的技术指标要求氮气（N_2）体积分数≥99.2%。工业氮的主要杂质是氧气，要求氧气的体积分数≤0.8%。采用焦性没食子酸碱性溶液吸收法测定氧的含量 $\varphi(O_2)$，氮气的纯度（以 N_2 的体积分数表示）用式(8-15）计算。

$$\varphi(N_2)=100\%-\varphi(O_2) \tag{8-15}$$

2. 电子工业用氮气纯度分析

电子工业用氮合格品的技术指标要求氮气（N_2）体积分数≥99.9996%，其主要杂质为氧气、氢气、一氧化碳、二氧化碳、总烃、水分等。

氧、氢含量采用配备氧化锆检测器的气相色谱仪测定。氧化锆检测器是氧化锆固体电解质氧浓差电池，在一定温度下，当电解质两侧氧浓度不同时，高浓度一侧的氧分子被吸附在铂电极上与电子结合形成氧离子（O^{2-}），使电极带正电荷。氧离子（O^{2-}）通过电解质中的氧离子空位迁移至低氧浓度侧的电极上并释放电子，从而使该电极带负电荷。这样便在电池的两极产生电动势，电动势的大小与氧浓度的关系遵循能斯特方程。

一氧化碳、二氧化碳含量采用配备甲烷转化器火焰离子化检测器的气相色谱仪进行测定。样气中的一氧化碳、二氧化碳在镍的催化作用下，于350～380℃的条件下被转化为甲烷，用火焰离子化检测器进行测定。

总烃采用配备氢火焰离子化检测器的气相色谱仪进行测定。

电子工业用氮气的纯度（以 N_2 的体积分数表示）用式(8-16）计算。

$$\varphi(N_2)=100\%-\Sigma\varphi_i \tag{8-16}$$

式中 $\varphi(N_2)$——氮气的体积分数，%；

$\Sigma\varphi_i$——样气中氧、氢、一氧化碳、二氧化碳、总烃等杂质的体积分数之和，%。

二、工业氧气与电子工业用氧气纯度分析

1. 工业氧气纯度分析

工业上采用深冷法分离空气和电解水等方法制取氧气。工业氧气合格品的技术指标要求氧气（O_2）体积分数≥99.2%。

氧含量分析仪的工作原理分为铜氨溶液吸收法、燃料电池法、氧化锆浓差电位法、顺磁法以及激光法等。

（1）铜氨溶液吸收法 用铜丝圈装满吸收瓶，加入由氯化铵饱和溶液与氨水以1∶1比例配制的吸收液。当将含有氧气的气体样品通入吸收瓶时，铜被样品中的氧气氧化，生成氧化铜（CuO）和氧化亚铜（Cu_2O）。生成的铜氧化物与氨-氯化铵溶液作用，生成可溶性的高价铜配合物 $Cu(NH_3)_2Cl_2$ 和低价铜配合物 $Cu_2(NH_3)_2Cl_2$。低价铜配合物可被氧气氧化为高价铜配合物，直到气体中的氧气被耗完为止。根据气体体积的减少量即可得到气体中的氧含量。

该方法是经典的氧含量测量方法，成本较低，但手续烦琐，常被用作仲裁分析法。

（2）顺磁法 顺磁法测量氧含量是基于氧气是顺磁性物质，与其他顺磁性气体（NO除外）相比，氧气的体积磁化率要大得多。磁力机械式氧分析仪的氧传感器是一对充满氮气的石英玻璃哑铃球，哑铃球上缠有铂丝，形成电反馈回路，哑铃球悬挂在磁场中，中间装有一个小反射镜，仪器内置的光源发射光束，经反射镜反射后被光敏检测器接收。当哑铃球周围存在氧气分子时，在磁场作用下氧气分子发生迁移，推动哑铃球体发生偏转，偏转带动反射镜，使射向光检测器的光路也发生偏转，氧浓度越高，偏转角度越大。由此产生的电流信号与氧含量成正比。

该方法基本不受气体样品中其他组分的影响（除一氧化氮、氙外），可用于氧含量较高的气体样品的测量，且响应速度较快，稳定性好。

2. 电子工业用氧气纯度分析

电子工业用氧气经过纯化方法得到，主要用于二氧化硅化学气相沉淀、氧化源、生产高纯水、等离子体蚀刻以及光导纤维等。

电子工业用氧气合格品的技术指标要求氧气（O_2）的体积分数≥99.5%，优等品则要求氧气（O_2）的体积分数≥99.9998%，主要杂质有氢、氮、氩、氪、一氧化碳、二氧化碳、一氧化氮、氧化亚氮、总烃（以甲烷计）等。

氢、氮、氩、氪、一氧化碳、二氧化碳、氧化亚氮的测定采用气相色谱法。基于电子与稀有气体碰撞形成亚稳态原子的潘宁效应（Panning effect），该亚稳态原子的激发能传递到样品分子或原子，若样品分子或原子的电离电位小于亚稳态原子的激发电位，样品被电离而使离子流增大，采用配备氦放电离子化检测器的气相色谱仪检测。

一氧化氮的测定采用化学发光法。利用臭氧发生器产生的臭氧将一氧化氮氧化为激发态的二氧化氮（NO_2^*），当激发态的二氧化氮回到基态时，产生发光现象，发光强度与样气中一氧化氮浓度成正比。

总烃采用配备氢火焰离子化检测器的气相色谱仪进行测定。

氧气的纯度（以 O_2 的体积分数表示）用式(8-17)计算。

$$\varphi(O_2)=100\%-\sum\varphi_i \tag{8-17}$$

式中 $\varphi(O_2)$——氧的体积分数，%；

$\sum\varphi_i$——氢、氮、氩、氪、一氧化碳、二氧化碳、一氧化氮、氧化亚氮、总烃等杂质的体积分数之和，%。

三、工业氢气与电子工业用氢气纯度分析

1. 工业氢气纯度分析

工业氢气合格品的技术指标要求氢气（H_2）的体积分数≥99.0%，优等品则要求氢气（H_2）的体积分数≥99.95%，主要杂质有氧气、氮气和氩气。

工业氢气中的氧气、氮气和氩气可采用配备脱氧柱和切换阀的热导检测器气相色谱仪实行两次进样测定。第一次进样时样品气不通过脱氧柱，测定样品气中的氧、氩总量及氮气含量。第二次进样后样品气通过脱氧柱，测定样品中的氩含量，用差减法计算出样品气的氧含量。

工业氢气中的氧含量测定的仲裁方法为电化学法。采用化学电池作为测定微量氧的传感器，将待测气体通入化学电池，根据氧气在化学电池中的电化学特性，通过测定与氧含量有确定函数关系的化学电池的物理量（电位或电流），从而实现对气体中氧含量的测定。

氢气的纯度（以 H_2 的体积分数表示）用式(8-18）计算。

$$\varphi(H_2)=100\%-[\varphi(O_2)+\varphi(N_2)+\varphi(Ar)] \tag{8-18}$$

2. 电子工业用氢气纯度分析

以工业氢气为原料净化后得到电子工业用氢气，主要用于还原性气氛，作为外延工艺的载气以及等离子蚀刻剂的配气原料。

电子工业用氢气合格品的技术指标要求氢气（H_2）的体积分数≥99.9995%，优等品则要求氢气（H_2）的体积分数≥99.9999%，主要杂质有氮、氧、一氧化碳、二氧化碳、总烃以及水分等。

水分的测定采用光腔衰荡光谱法（cavity ring down spectroscopy）。光腔衰荡光谱法水分仪的主要部件有激光源、一对高反射性镜面形成的光共振腔和光探测器。气体样品进入谐振腔内，当激光的模式和腔的模式匹配，共振信号达到一定强度时，切断入射光。光在两个高反射镜之间来回多次反射，每次反射都会从出射镜输出一部分光而被探测器接收，采集到的光信号成 e 指数衰减。通过 e 指数拟合光信号，可以得到衰荡时间常数。若光腔是空的，衰荡时间取决于镜面的反射率。与通常的吸收光谱技术不同，光腔衰荡光谱法不直接测量吸光度，而是测量通过吸收后的衰荡时间。首先测量无吸收频率位置的衰荡时间，然后再测量分子高吸收频率位置的衰荡时间。这两个测量位置的激光频率都处于镜面高反射区，反射率基本恒定。分子密度与两个不同吸收频率位置的衰荡时间成函数关系，将分子密度再转换成浓度。

氮、一氧化碳、二氧化碳的测定采用带氢分离器的氦放电离子化检测器的气相色谱仪检测。氧的测定采用化学电池法，通过测量与氧含量有确定函数关系的化学电池的电位、电流或电导等物理量，实现对待测气体中氧含量的测定。总烃采用配备氢火焰离子化检测器的气相色谱仪进行测定。

氢气的纯度（以 H_2 的体积分数表示）用式(8-19）计算。

$$\varphi(H_2)=100\%-\sum\varphi_i \tag{8-19}$$

式中　$\varphi(H_2)$——氢的体积分数，%；

$\sum\varphi_i$——氧、氮、一氧化碳、二氧化碳、总烃及水分等杂质的体积分数之和，%。

四、工业氦气纯度分析

工业氦合格品的技术指标要求氦气（He）的体积分数≥99.0%，其主要杂质有氖、氩、氢、氧、氮和甲烷等。样品气的氖、氩、氢、氧、氮和甲烷等杂质采用气相色谱法进行测定。气相色谱仪的色谱条件：柱长为2m长不锈钢柱，内径2mm，内装0.25～0.40mm的13X或5A分子筛，柱温50℃，热导池检测器。

氦气的纯度（以He的体积分数表示）用式(8-20）计算。

$$\varphi(\mathrm{He})=100\%-\sum\varphi_i \tag{8-20}$$

式中 $\varphi(\mathrm{He})$——氦的体积分数，%；

$\sum\varphi_i$——氖、氩、氢、氧、氮和甲烷等杂质的体积分数之和，%。

五、电子工业用四氯化硅分析

光纤用四氯化硅的技术指标要求四氯化硅（$SiCl_4$）的体积分数≥99.9%，半导体用则要求四氯化硅（$SiCl_4$）的体积分数≥99.99%。主要杂质为三氯氢硅、二氯硅烷和甲基二氯硅烷。分析项目主要是四氯化硅纯度分析、多种金属元素及几种非金属元素分析，光纤用四氯化硅还要求测定相对透过率（≥98%）。

1. 四氯化硅纯度分析

样品中三氯氢硅、二氯硅烷和甲基二氯硅烷杂质组分的测定采用切割进样色谱流程的氦离子化气相色谱法。预分离柱为长度3m、内径3mm的不锈钢柱。色谱柱为长约50m、内径0.53mm、内涂聚甲基硅氧烷的毛细管柱。

四氯化硅的纯度（以$SiCl_4$的体积分数表示）用式(8-21）计算。

$$\varphi(\mathrm{SiCl_4})=100\%-\sum\varphi_i \tag{8-21}$$

式中 $\varphi(\mathrm{SiCl_4})$——$SiCl_4$的体积分数，%；

$\sum\varphi_i$——三氯氢硅、二氯硅烷和甲基二氯硅烷杂质的体积分数之和，%。

2. 元素分析

样品聚四氟乙烯烧杯中加热使四氯化硅挥发，金属杂质残留在烧杯中，用硝酸溶液（2%）溶解，采用电感耦合等离子体质谱仪测定铝、钾、钙、钒、铬、锰、铁、钴、镍、铜、锌等金属元素以及硼、磷、砷等非金属元素。

3. 透过率的测定

四氯化硅中含有氢的物质或原子团等杂质在4000～1000$\mathrm{cm^{-1}}$的红外波段内产生明显吸收峰，其透过率的高低与杂质的含量成反比。采用傅里叶变换红外光谱仪测定红外透过率间接表征光纤用四氯化硅中的杂质含量。

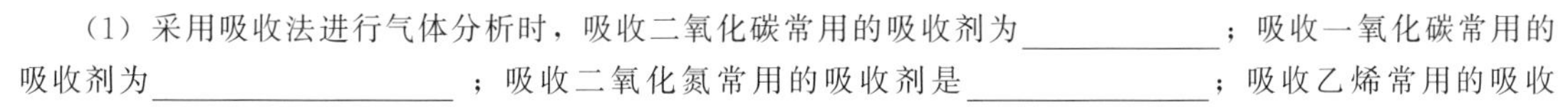
习 题

1. 填空题

（1）采用吸收法进行气体分析时，吸收二氧化碳常用的吸收剂为__________；吸收一氧化碳常用的吸收剂为__________；吸收二氧化氮常用的吸收剂是__________；吸收乙烯常用的吸收剂是________。

(2) GB 17820 规定一类天然气中硫化氢含量≤6mg/m^3，二类天然气中硫化氢含量≤20mg/m^3，测定天然气中硫化氢的常见方法有________。

(3) 用化学分析法测定人工煤气组分含量，用吸收法测定的组分有________，用燃烧法测定的组分是________。

(4) 测定气体中微量水分的方法有________。

(5) 工业氧气合格品的技术指标要求氧气（O_2）体积分数________，电子工业用氧气合格品技术指标要求氧气（O_2）的体积分数________，优等品的技术指标要求氧气（O_2）的体积分数________。

2. 选择题

(1) 煤气中的主要成分是 CO_2、O_2、CO、CH_4、H_2 等，根据吸收剂性质，在进行煤气分析时，正确的吸收顺序是（ ）。

A. 焦性没食子酸的碱性溶液→氯化亚铜的氨性溶液→氢氧化钾溶液

B. 氯化亚铜的氨性溶液→氢氧化钾溶液→焦性没食子酸的碱性溶液

C. 氢氧化钾溶液→氯化亚铜的氨性溶液→焦性没食子酸的碱性溶液

D. 氢氧化钾溶液→焦性没食子酸的碱性溶液→氯化亚铜的氨性溶液

(2) 吸收高浓度（2%～3%）的 CO_2 时，常采用的吸收剂是（ ）。

A. 浓 KOH 溶液　　B. 浓 NaOH 溶液　　C. 硫酸-高锰酸钾溶液　　D. 碘溶液

(3) 不能吸收氧气的溶液是（ ）。

A. 焦性没食子酸碱溶液　B. 铜氨溶液　　C. 亚铜盐氨溶液　　D. 饱和溴水

(4) 关于人工煤气样品采集的表述中，不正确的是（ ）。

A. 取样瓶排水集气法，瓶内装封闭液　　B. 取样瓶排空气集气法

C. 橡皮取样袋，正压采集　　D. 铝箔复合膜取样袋，正压采集

(5) 下列方法中不能用来测定工业氧纯度的是（ ）。

A. 电解法　　B. 铜氨溶液吸收法　　C. 燃料电池法　　D. 顺磁法

3. 含有 CO_2、O_2、CO 的混合气体 98.7mL，依次用氢氧化钾、焦性没食子酸-氢氧化钾、氯化亚铜-氨水吸收液吸收后，其体积读数依次减少至 96.5mL、83.7mL、81.2mL，求以上各组分的体积分数。

4. 某组分中含有一定量的氢气，经加入过量的氧气燃烧后，气体体积由 100.0mL 减少至 87.9mL，求氢气的原体积。

5. 含有 H_2、CH_4 的混合气体 25.0mL，加入过量的氧气燃烧，体积缩减了 35.0mL，生成的 CO_2 体积为 17.0mL。求各组分在原试样中的体积分数。

6. 有 CO_2、O_2、CO、CH_4、H_2、N_2 组分的混合气体 99.6mL，用吸收法吸收 CO_2、O_2、CO 后体积依次减少至 96.3mL、89.4mL、75.8mL；取剩余气体 25.0mL，加入过量的氧气进行燃烧，体积缩减了 12.0mL，生成 5.0mL CO_2，求气体中各组分的体积分数。

7. 取煤气试样 100.6mL，用氢氧化钾溶液吸收后体积为 98.6mL，用饱和溴水吸收后体积 94.2mL，用焦性没食子酸的碱溶液吸收后体积为 93.7mL，用亚铜氨溶液吸收后体积为 85.2mL。自剩余气体中取出 10.3mL，加入空气 87.7mL，燃烧后测得体积是 80.18mL，用氢氧化钾溶液吸收后体积为 74.9mL，求煤气中各成分的体积分数。

实验探究

如下图所示为测定天然气中硫化氢含量的实验装置图。

用手动旋塞泵抽取天然气样品，在控制的流速下通过填充有特别制备的化学物质的检测管，样品中的

硫化氢与检测管内的化学物质反应产生颜色变化，当样品的体积一定时，检测管的着色长度与样品中的硫化氢的含量成正比。通过与检测管标定刻度相比较，计算硫化氢的含量。

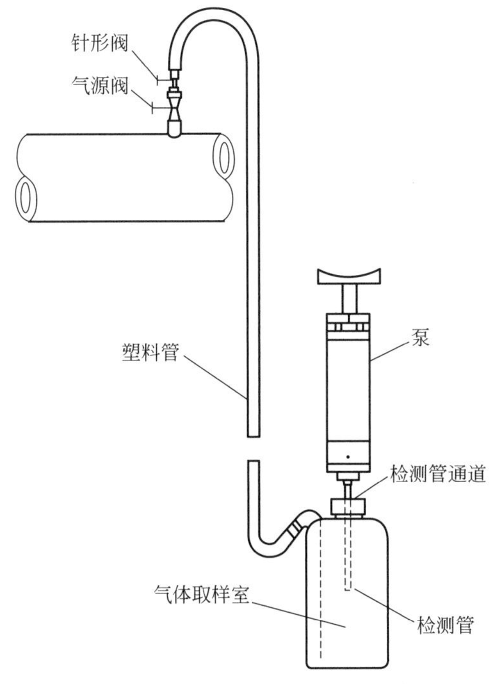

测定天然气中硫化氢含量的实验装置图

第九章　工业用水和工业废水分析

第一节　工业用水分析

根据用途的不同，可以将工业用水分为工艺用水、锅炉用水、冷却用水、洗涤用水、温度和湿度调整用水及其他用水等。不同用途的水，对水质的要求也不同。

对于锅炉用水，应严格限制能导致锅炉、给水系统及其他热力设备腐蚀、结垢的化学组分（如Ca^{2+}、Mg^{2+}等）的含量，同时还要限制易使离子交换树脂中毒的化学组分（如溶解氧、可溶性二氧化硅、铁和氯化物等）的含量。

对于冷却用水的一般要求是：水温要低，浊度要低，不易结垢，对金属设备不易产生腐蚀等。

通过对工业用水水质分析，可以为工业用水是否符合标准提供依据，以便于采取相应措施对水进行预处理，使其符合工业用水水质标准，从而保证生产的安全正常进行。工业用水的分析项目较多，不同用途的水，其分析项目也略有不同。表 9-1 中列出了锅炉用水和工业循环冷却水的常见分析项目。

表 9-1　锅炉用水和工业循环冷却水的常见分析项目

序号	测定项目	测定方法	备注
1	pH 值	电位法	锅炉用水、冷却水
2	电导率	电导率仪法	锅炉用水、冷却水
3	浊度	分光光度法	锅炉用水、冷却水
4	碱度	强酸滴定法	锅炉用水、冷却水
5	硬度	配位滴定法	锅炉用水、冷却水
6	悬浮固形物	重量法	锅炉用水、冷却水
7	溶解固形物	重量法	锅炉用水、冷却水
8	氯化物	沉淀滴定法、离子色谱法	锅炉用水、冷却水
9	磷酸盐	钼酸铵分光光度法	锅炉用水、污垢
10	溶解氧	两瓶法、碘量法	锅炉用水
11	亚硫酸盐	碘量法	锅炉用水
12	硫酸盐	重量法、离子色谱法	工业循环冷却水、污垢
13	氟化物	离子色谱法、氟离子选择电极	工业循环冷却水
14	亚硝酸根、硝酸根	离子色谱法、分光光度法	工业循环冷却水
15	二氧化硅	分光光度法、重量法	工业循环冷却水、污垢
16	铁	邻菲啰啉分光光度法、EDTA 滴定法	锅炉用水、冷却水、污垢
17	铜	原子吸收光谱法、分光光度法	工业循环冷却水、污垢
18	锌	原子吸收光谱法、EDTA 滴定法	工业循环冷却水、污垢
19	钙	原子吸收光谱法、离子色谱法、EDTA 滴定法	工业循环冷却水、污垢
20	镁	原子吸收光谱法、离子色谱法、EDTA 滴定法	工业循环冷却水、污垢
21	钠	原子吸收光谱法、离子色谱法	工业循环冷却水
22	钾	原子吸收光谱法、离子色谱法	工业循环冷却水
23	铵	离子色谱法、离子选择电极	工业循环冷却水
24	铝	EDTA 滴定法、原子吸收光谱法	工业循环冷却水、污垢
25	钼酸盐	重量法	锅炉用水、冷却水
26	硫氰酸盐	分光光度法	工业循环冷却水

一、pH 值的测定

pH 值是工业用水必须考虑的重要因素。为防止金属的腐蚀，要求锅炉用水的 pH 值必须在 7.0～8.5 之间。水的化学混凝、消毒、软化、除盐和腐蚀控制等处理过程也都要考虑水的 pH 值。另外，在排水和废水处理方面，pH 值也是一项重要指标。一般规定，工业废水排入城市市政下水道时，其 pH 值必须在 6～9 之间；废水进入天然水体必须保证混合后的 pH 值在 6.5～8.5 之间，否则就需要对废水进行必要的中和处理。

测定 pH 值有比色法和电位法，如果要粗略地测定水样的 pH 值，可使用 pH 试纸。

比色法基于各种酸碱指示剂在不同 pH 条件下的水溶液中显示不同的颜色，而每种指示剂都有一定的变色范围。在已知 pH 值的缓冲溶液中加入适当的指示剂，并配制成标准系列，测定时在与缓冲溶液量相同的水样中加入相同的指示剂，然后与标准系列进行比较，以确定水样的 pH 值。比色法不适用于有色、浑浊或含较高游离氯、氧化剂、还原剂的水样。

由于电位法准确、快速，受水体色度、浊度、胶体物质、氧化剂、还原剂及含盐量等因素的干扰程度小，因此应用最为广泛。

1. 电位法测定 pH 值的原理

电位法（玻璃电极法）测定 pH 值是以 pH 玻璃电极为指示电极，饱和甘汞电极为参比电极，将二者与被测溶液组成原电池，如图 9-1 所示。

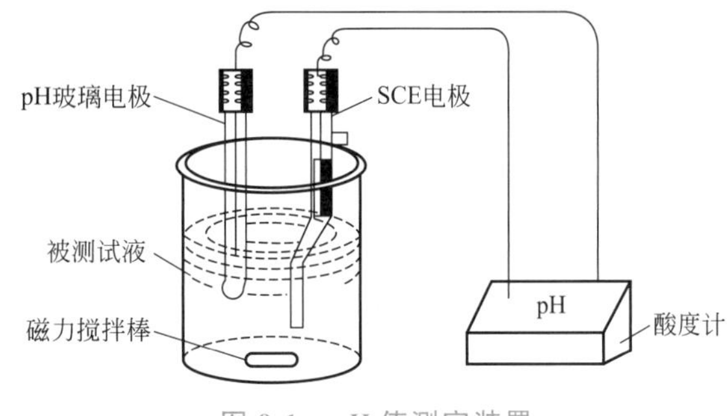

图 9-1 pH 值测定装置

若饱和甘汞电极的电极电位为 $\varphi_{甘汞}$，pH 玻璃电极的电极电位为 $\varphi_{玻璃}$，则原电池的电动势为：

$$E_{电池}=\varphi_{甘汞}-\varphi_{玻璃}$$

$\varphi_{玻璃}$ 可用能斯特方程式表示，25℃时，上式可以表示为：

$$E_{电池}=\varphi_{甘汞}-(\varphi_0+\frac{2.303RT}{F}\lg a_{H^+})=K+\frac{2.303RT}{F}pH \tag{9-1}$$

由此可知，只要知道 $E_{电池}$ 和 K 值，就能求出被测溶液的 pH 值。在实际测定中，要准确求得 K 值比较困难，因此不是采用计算方法来求溶液的 pH 值，而是以已知 pH 值的溶液作标准进行校准，用 pH 计直接测出被测溶液的 pH 值。

若测定已知 pH 值的标准溶液和待测溶液的电动势分别为 E_s 和 E_x，则：

$$E_s=K+\frac{2.303RT}{F}pH_s \tag{9-2}$$

$$E_x=K+\frac{2.303RT}{F}pH_x \tag{9-3}$$

$$pH_x=pH_s+\frac{E_x-E_s}{2.303RT/F} \tag{9-4}$$

这种以标准缓冲溶液的 pH_s 为基准，通过比较电动势 E_x 和 E_s 的值，求出待测试液的 pH_x 的方法，通常又称为 pH 标度法。校准方法均采用两点校准法，即选择两种标准缓冲液：第一种是 pH=7 的（pH=6.8 左右）标准缓冲液，第二种是 pH 为 9 的标准缓冲液或 pH 为 4 的标准缓冲液。

先用 pH 为 7 的标准缓冲液对酸度计进行定位，再根据待测溶液的酸碱性选择第二种标准缓冲液。如果待测溶液呈酸性，则选用 pH 为 4 的标准缓冲液；如果待测溶液呈碱性，则选用 pH 为 9 的标准缓冲液。不同温度时常见标准缓冲溶液的 pH 值见表 9-2。

表 9-2　不同温度时常见标准缓冲溶液的 pH 值

温度/℃	草酸盐标准缓冲溶液	苯二甲酸盐标准溶液	酒石酸盐标准缓冲溶液	磷酸盐标准缓冲溶液	硼酸盐标准缓冲溶液	氢氧化钙标准缓冲溶液
0	1.67	4.00	—	6.98	9.46	13.42
5	1.67	4.00	—	6.95	9.39	13.21
10	1.67	4.00	—	6.92	9.33	13.00
15	1.67	4.00	—	6.90	9.28	12.81
20	1.68	4.00	—	6.88	9.23	12.63
25	1.68	4.01	3.56	6.86	9.18	12.45
30	1.69	4.01	3.55	6.85	9.14	12.29
35	1.69	4.02	3.55	6.84	9.11	12.13
40	1.69	4.04	3.55	6.84	9.07	11.98

2. 酸度计

酸度计又称 pH 计，是一种通过测量电位差的方法来测定溶液 pH 值的仪器。

实验室常用的酸度计有多种型号，如国产的 pH S-25 型数字 pH 计、pH S-2F 型精密 pH 计、pH S-3B 型精密 pH 计、pH S-3C 型精密 pH 计、pH S-3D 型 pH 计、pH S-3E 型数字 pH 计、pH BJ-260 型便携式 pH 计等。进口 pH 计也有多种型号，如意大利 HANNA 公司生产的 pH 211/213 型台式酸度计，美国 EUTECH 公司生产的 pH 500 系列台式酸度计、梅特勒-托利多便携式 pH 计等。

3. 玻璃电极、饱和甘汞电极和复合电极

（1）玻璃电极　pH 玻璃电极是一个对氢离子具有高度选择性响应的膜电极，其敏感膜是用特殊成分的玻璃吹制而成的球状薄膜，膜厚约为 0.1mm，球内一般装有 0.1mol/L HCl 溶液，并以 Ag-AgCl 电极作内参比电极。常见的 pH 玻璃电极有 211 型、221 型、231 型等。

玻璃指示电极在使用前须在水中浸泡 24h 以上，使用后应立即清洗并浸于水中保存。若玻璃电极表面被污染，可先用肥皂或洗涤剂洗。然后用水淋洗几次，再浸入盐酸（1+9）溶液中，以除去污物。最后用水洗净，浸入水中备用。

（2）饱和甘汞电极　饱和甘汞电极是由金属汞、甘汞（Hg_2Cl_2）和饱和氯化钾溶液组成的电极。甘汞电极的电极电位随温度和氯化钾的浓度的变化而变化。

使用时拔出电极上端小孔的橡皮塞，以防止产生扩散电位影响测定结果。电极内氯化钾溶液中不能有气泡，以防止断路。溶液中应保持有少许氯化钾晶体，以保证氯化钾溶液的饱和。

（3）复合电极　将玻璃电极与饱和甘汞电极做成一体就成了 pH 复合电极。复合电极分为塑壳和玻璃两种类型。塑壳 pH 复合电极常见的有 200-C 型、201-C 型；玻璃 pH 复合电极常见的有 2501-C 型、2503-C 型、2511-C 型等。

复合电极在使用前须在水中浸泡 24h 以上，使用后立即清洗并浸入水中保存。

二、电导率的测定

1. 方法原理

溶解于水的酸、碱、盐电解质，在溶液中解离成正离子及负离子，使电解质溶液具有导电能力，其导电能力的大小用 25℃时的电导率表示。电导率的单位为 S/cm，在水质分析中常用它的百万分之一即 μS/cm 表示水的电导率。

2. 仪器和试剂

（1）电导率仪　要求电导率仪的测量范围为 $0\sim10^{4}$ μS/cm。

（2）氯化钾标准溶液　称取一定量的在 105℃干燥 2h 的优级纯氯化钾（或基准试剂），分别配制 1mol/L、0.1mol/L、0.01mol/L、0.001mol/L 的氯化钾标准溶液。氯化钾标准溶液在不同温度下的电导率（已扣除水的电导率）见表 9-3。

表 9-3　氯化钾标准溶液在不同温度下的电导率

氯化钾标准溶液浓度/(mol/L)	温度/℃	电导率/(μS/cm)	氯化钾标准溶液浓度/(mol/L)	温度/℃	电导率/(μS/cm)
1	0 18 25	65176 97838 111342	0.01	0 18 25	773.6 1220.5 1408.8
0.1	0 18 25	7138 11167 12856	0.001	25	146.93

3. 操作步骤

（1）根据水样电导率的大小，参照表 9-4 选用不同电导池常数的电极。将选择好的电极用二级试剂水洗净，再冲洗 2～3 次，浸泡备用。

表 9-4　不同电导池常数的电极的选用

电导池常数/cm^{-1}	电导率/(μS/cm)	电导池常数/cm^{-1}	电导率/(μS/cm)
0.1～1.0 1.0～10	10～100 100～100000	10～50	1000～500000

（2）取 50～100mL 水样，放入塑料杯或硬质玻璃杯中，将铂黑电极和温度计用被测水样冲洗 2～3 次后，浸入水样中进行测定。

（3）电导率仪若带有温度自动补偿，应按仪器的使用说明结合所测水样温度将温度补偿调至相应数值；若电导率仪没有温度自动补偿，水样温度不是 25℃时，测定数值应按式(9-5) 换算为 25℃的电导率值。

$$S(25℃)=\frac{S_{t}K}{1+\beta(t-25)} \tag{9-5}$$

式中　$S(25℃)$——换算成 25℃时水样的电导率，μS/cm；

S_t——水温为 t 时测得的电导，μS；

K——电导池常数，cm^{-1}；

β——温度校正系数（通常情况下近似等于 0.02）；

t——测定时水样温度，℃。

4. 电导池常数校正

用校正电导池常数的电极测定已知电导率的氯化钾标准溶液（温度为 25.0℃±0.1℃）的电导率。按式(9-6) 计算电极的电导池常数。若试验室无条件进行校正电导池常数时，应送有关部门校正。

$$K=\frac{S_0+S_1}{S_2} \tag{9-6}$$

式中 K——电极的电导池常数，cm^{-1}；

S_0——配制氯化钾所用水的电导率，μS/cm；

S_1——氯化钾标准溶液的电导率，μS/cm；

S_2——用校正电导池常数的电极测定氯化钾标准溶液的电导，μS。

常见电导率仪简介

目前常见的电导率仪有国产的 DDS-307A 和 HK-307 型实验室电导率仪、DDS-200 型便携式电导率仪、DDS-308/9 型智能电导率仪、DDG-5205A 型工业电导率仪，以及 HD-DG-9533 型在线电导率仪等。进口的电导率仪有瑞士产的 S-30 型电导率仪和 S-40 型电导率仪、瑞士产的 Delta326 型电导率仪、德国产的 Cond330i 型便携式电导率仪，以及美国产的 E53 型在线电导率仪等。

图 9-2 所示的是瑞士产的 S-30 型电导率仪，采用一点校准（零点固定），并预置三种标准液、两个参比温度（20℃和 25℃），能测量电导率、TDS、盐度和电阻率四项指标，具有自动和手动两种终点方式，对于不同样品可选择最佳的终点方式，可以采用自动和手动两种温度补偿方式，通过 RS232 接口连接电脑和打印机，交流与直流两用。

图 9-3 所示为 Cond330i 型便携式电导率仪。可测试电导率、温度、盐度、TDS 四个项目，可选线性或非线性温度补偿，参考温度可选 20℃或 25℃，通过 RS232 接口可以与电脑连接，电源可选电池或变压器，电池供电可连续工作 3000h。

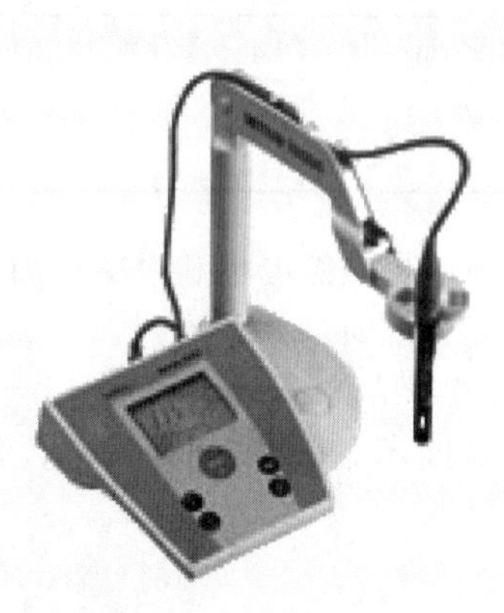

图 9-2 S-30 型电导率仪

图 9-3 Cond330i 型便携式电导率仪

三、浊度的测定（福马肼浊度）

浊度（turbidity）是指水的浑浊程度，是由水中的泥沙、黏土、浮游生物和其他微生物等悬浮物质引起的。

浊度并不是对水中颗粒物的直接量度，而是颗粒物对光的散射情况的量度。美国公共卫生协会将浊度定义为“样品使穿过其中的光发生散射或吸收光线而不是沿直线穿透的光学特性的表征”。

工业用水特别是循环冷却水中含有的悬浮物、胶体、泥沙等，易导致换热器及管道结垢，不仅使换热效率下降，严重时会导致腐蚀，影响换热器的使用寿命。因此应严格控制工业用水的浊度。

1. 方法原理

以福马肼（Formazine）悬浊液作标准，采用分光光度计比较被测水样和标准悬浊液透过光的强度进行测定。

2. 福马肼浊度贮备标准液（400FTU）

（1）硫酸联氨溶液　称取 1.000g 硫酸联氨，用少量无浊度水溶解，移入 100mL 容量瓶中，并稀释至刻度。

（2）六次甲基四胺溶液　称取 10.00g 六亚甲基四胺，用少量无浊度水溶解，移入 100mL 容量瓶中，并稀释至刻度。

（3）福马肼浊度贮备标准液　分别移取硫酸联氨溶液和六亚甲基四胺溶液各 25mL，注入 500mL 容量瓶中，充分摇匀，在（25±3）℃下保温 24h 后，用无浊度水稀释至刻度。

3. 测定步骤

（1）工作曲线的绘制　浊度为（40～400）FTU 的工作曲线，按表 9-5 用移液管吸取浊度贮备标准液分别加入一组 100mL 容量瓶中，用无浊度水稀释至刻度，摇匀，放入 1cm 比色皿中，以无浊度水作参比，在波长为 660nm 处测定透光度，并绘制工作曲线。

表 9-5　浊度标准液配制（一）

储备标准液/mL	0	10.00	15.00	20.00	25.00	50.00	75.00	100.00
水样浊度/FTU	0	40	60	80	100	200	300	400

浊度为（4～40）FTU 的工作曲线，按表 9-6 用移液管吸取浊度贮备标准液分别加入一组 100mL 容量瓶中，用无浊度水稀释至刻度，摇匀，放入 5cm 比色皿中，以无浊度水作参比，在波长为 660nm 处测定透光度，并绘制工作曲线。

表 9-6　浊度标准液配制（二）

储备标准液/mL	0	1.00	1.50	2.00	2.50	5.00	7.50	10.00
水样浊度/FTU	0	4	6	8	10	20	30	40

（2）水样的测定　取充分摇匀的水样，直接注入比色皿中，用绘制工作曲线的相同条件测定透光度，根据工作曲线求出水样浊度。

若水样带有颜色，可用 0.15μm 滤膜过滤器过滤，并以此溶液作为空白。

4. 讨论

（1）GB/T 15893.1 以福马肼聚合物作为浊度标准对照溶液，采用散射浊度仪测定工业循环冷却水的浊度，其测定原理是使光线穿过样品，在与入射光呈 90°的方向上检测被水中的颗粒物所散射的光强度，因此称为散射法。GB/T 12151 则是采用分光光度计测定锅炉用水和冷却水的浊度，即福马肼浊度。

（2）浊度的单位有多种，常见的是 NTU 和 FTU。以福马肼浊度标准液校准散射光浊度仪测定浊度时，所得浊度的单位为 NTU（Nephelomefric Turbidity Unit），若采用透射光测定时，浊度的单位用 FTU（Formazin Turbidity Unit）。

（3）无浊度水的制备方法是将二级试剂水以 3mL/min 流速经 0.15μm 滤膜过滤，弃去 200mL 初始滤液，使用时制备。

（4）实际工作中也常采用浊度计测定水的浊度。

常见浊度计简介

常见的国产浊度计有 ET1180 型浊度计、TURB-2A 型精密浊度仪等。常见的进口浊度计有美国产的 DRT-15CE 型浊度计、2100P 型便携式浊度计、AQ2010 型浊度计，日本产的 TCR-30 型浊度计，德国产的 ET76020 型便携式微电脑快速测定浊度仪等。

图 9-4 所示为德国产的 ET76020 型便携式微电脑快速测定浊度仪。仪器光源采用红外硅光源或钨光源，使用 9V 直流电源。仪器采用 0.2NTU、10NTU、100NTU、1000NTU 四点校正，测量量程为 0.2～2000NTU。

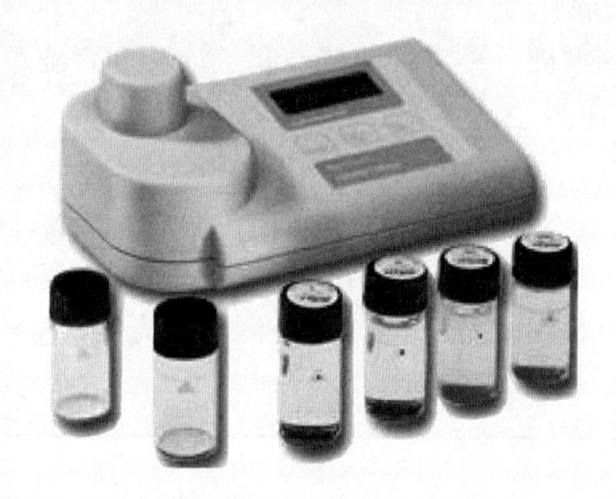

图 9-4 ET76020 型便携式微电脑快速测定浊度仪

四、悬浮固形物和溶解固形物的测定

水样中被某种过滤材料分离出来的固形物称为悬浮固形物，简称悬浮物。在工业用水中，特别是在循环冷却水中，往往存在由泥土、砂粒、腐蚀产物、水垢、微生物黏泥等不溶性物质组成的悬浮物。这些悬浮物或者是从空气中进入，或者是由补充水带入的，也可能是在运行中生成的。当冷却水的流速降低时，悬浮物容易在换热器部件的表面生成疏松的沉积物，引起腐蚀。

1. 悬浮固形物的测定

测定时常采用孔径为 3～4μm 的 G_4 玻璃过滤器或用铺有 5mm 厚的石棉层、容积为 30mL 的古氏坩埚过滤器作为过滤材料。

采用 G_4 玻璃过滤器时，要先用硝酸溶液（1+1）洗涤过滤器，再用蒸馏水洗净，然后置于 105～110℃烘箱中烘干 1h 取出，放入干燥器内冷却至室温，称量至恒重，并记录过滤器的质量。

取水样 500～1000mL，慢慢注入过滤器中，抽滤。将最初 200mL 滤液重新过滤一次。过滤完水样后，用蒸馏水洗涤量水容器和过滤器 2～3 次，将玻璃过滤器置于 105～110℃烘箱中烘 1h。取出后放入干燥器中，冷却至室温后称量，然后再烘干 30min 左右，冷却后称量，直至恒重，记录过滤器的质量。

则水样中以悬浮固形物的质量浓度表示的悬浮固形物的含量可用式(9-7) 计算。

$$\rho=\frac{m_2-m_1}{V}\times10^6 \tag{9-7}$$

式中 ρ——悬浮固形物的质量浓度，mg/L；

m_1——过滤之前过滤器的质量，g；

m_2——过滤之后过滤器与悬浮固形物的总量，g；

V——水样的体积，mL。

【注意】 若采用酸洗石棉层作为过滤材料，可按下述方法进行。

① 把优质的长纤维石棉切成长度为 0.5cm，在研钵中用水捣和，再用浓盐酸在水浴锅上煮 12～18h，然后用热蒸馏水洗涤至洗出液中无氯离子，备用。

② 将酸洗石棉放入烧杯中，加少量蒸馏水并剧烈搅拌。然后加蒸馏水再次搅拌，并把上部浑浊液中含有细小的石棉纤维悬浮液倒入烧杯中，而将沉于烧杯底部较长的石棉纤维悬浮液倒入另一烧杯中。

③ 把干净的古氏坩埚安放在吸滤瓶上，将准备好的较长的石棉纤维悬浮液倒入坩埚中，缓慢地抽滤，直到酸洗石棉层厚达约 4mm。然后倒入细小的酸洗石棉纤维悬浮液抽滤，使覆盖层约 1mm。

④ 用蒸馏水洗涤制备好的酸洗石棉层，直至洗出液透明为止。

⑤ 将制备好铺有酸洗石棉层的古氏坩埚于 105～110℃烘箱内烘 1h，取出放入干燥器冷却，称重，直至恒重。

2. 溶解固形物的测定

溶解固形物是指已被分离悬浮固形物后的滤液经蒸发干燥所得的残渣。

测定时，取一定量已过滤并充分摇匀的澄清水样（水样体积应使蒸干残留物的质量在 100mg 左右)，逐次注入经烘干至恒重的蒸发皿中，在水浴锅上蒸干。

【注意】 为防止蒸干、烘干过程中落入杂物而影响试验结果，必须在蒸发皿上放置玻璃三脚架并加盖表面皿。

将已蒸干的样品连同蒸发皿移入 105～110℃的烘箱中烘 2h。取出蒸发皿放在干燥器内冷却至室温，迅速称重。在相同条件下再烘 30min，冷却后称量，直至恒重。

水样中以溶解固形物的质量浓度表示的溶解固形物含量按式(9-8) 计算。

$$\rho=\frac{m_2-m_1}{V}\times10^6 \tag{9-8}$$

式中 ρ——溶解固形物的质量浓度，mg/L；

m_1——蒸发皿的质量，g；

m_2——蒸发皿与溶解固形物的总量，g；

V——水样的体积，mL。

五、碱度的测定

水中碱度是指水中含有能接受质子（H^+）的物质的总量。

水中能接受质子的物质很多，例如氢氧化物、碳酸盐、碳酸氢盐、磷酸盐、磷酸氢盐、硅酸盐、亚硫酸盐、氨和有机碱等。

碱度的测定有指示剂滴定法和 pH 电位滴定法，常用的是指示剂滴定法。

1. 方法原理

以酚酞为指示剂，用盐酸标准溶液滴定至酚酞变色（pH=8.3），滴定中发生下列反应：

$$OH^- + H^+ = H_2O$$

$$CO_3^{2-} + H^+ = HCO_3^-$$

$$PO_4^{3-} + H^+ = HPO_4^{2-}$$

以甲基橙为指示剂，用盐酸标准溶液继续滴定至甲基橙变色点（pH=4.5），滴定中发生下列反应：

$$HCO_3^- + H^+ = CO_2 + H_2O$$

$$HPO_4^{2-} + H^+ = H_2PO_4^-$$

以酚酞作指示剂测得的碱度称为酚酞碱度，以甲基橙作指示剂滴定至橙色测得的碱度称为甲基橙碱度，也称总碱度。测定甲基橙碱度时，常采用溴甲酚绿-甲基红为指示剂。

2. 测定步骤

取100.00mL透明水样置于250mL锥形瓶中，加入2～3滴1%酚酞指示剂，用0.1mol/L HCl标准溶液滴定至粉红色刚刚褪去，记下盐酸的用量（V_1）。

在刚滴定过的溶液中，加入10滴溴甲酚绿-甲基红指示剂，用0.1mol/L HCl标准溶液继续滴定至溶液由氯色变为暗红色，记下消耗盐酸的体积（V_2）。

酚酞碱度和甲基橙碱度分别用式(9-9)和式(9-10)计算。

$$\text{酚酞碱度} = \frac{c(\text{HCl})V_1}{V} \times 10^3 \quad (\text{mmol/L}) \tag{9-9}$$

$$\text{总碱度} = \frac{c(\text{HCl})(V_1 + V_2)}{V} \times 10^3 \quad (\text{mmol/L}) \tag{9-10}$$

式中 $c(\text{HCl})$——盐酸标准溶液的浓度，mol/L；

V_1——以酚酞为指示剂消耗盐酸标准溶液的体积，mL；

V_2——以甲基橙为指示剂消耗盐酸标准溶液的体积，mL；

V——水样的体积，mL。

3. 讨论

（1）碱度的结果常用 $CaCO_3$ 或 CaO 的量表示：

$$\text{酚酞碱度(以 CaCO}_3\text{ 计，mg/L)} = \frac{c(\text{HCl})V_1 M(\text{CaCO}_3)}{2V} \times 10^3$$

$$\text{总碱度(以 CaCO}_3\text{ 计，mg/L)} = \frac{c(\text{HCl})(V_1 + V_2) M(\text{CaCO}_3)}{2V} \times 10^3$$

（2）水的酸度是水中所有能与强碱相作用的物质的总量。这些物质包括：弱酸（如碳酸和有机酸等）、强酸（如盐酸、硝酸、硫酸等）、强酸弱碱盐（如硫酸亚铁、硫酸铝等可水解的盐类）。

（3）酸度、碱度和pH值都是水的酸碱性质的指标，三者之间既有联系又有区别。pH值表示水中 H^+ 浓度的大小，表示水中酸碱性的强弱；而酸度、碱度是表示水中酸性物质及碱性物质的含量。一般来说，pH值越大，碱度就越高；pH值越小，酸度就越高。

六、硬度的测定

天然水中含有的金属化合物，除碱金属化合物外，还有钙、镁金属的化合物。通常把含有较多钙、镁金属化合物的水称为硬水，而把水中钙、镁金属化合物的含量称为硬度。

若水中的钙、镁主要以 $Ca(HCO_3)_2$ 和 $Mg(HCO_3)_2$ 形式存在的硬水称为暂时硬水；若水中的钙、镁主要是以硫酸盐、硝酸盐、氯化物形式存在的硬水称为永久硬水。

工业用水对钙、镁含量有十分严格的要求，硬度太高的水会对工业生产产生不利的影响。若使用硬水作为锅炉用水，加热时就会在炉壁上形成水垢，水垢不仅会降低锅炉热效率，增大燃料消耗，更为严重的是会使炉壁局部过热、软化、破裂，甚至发生爆炸。在冷却用水系统中，水垢会堵塞设备管路。此外，硬水能妨碍纺织品着色并使纤维变脆，皮革不坚固，糖不容易结晶等。因此硬度的测定是确定水质是否符合工业用水要求的重要指标。

1. 方法原理

钙离子测定是在 pH 值为 12～13 时，以钙指示剂为指示剂，用 EDTA 标准滴定溶液测定水样中的钙离子含量。滴定时 EDTA 与溶液中游离的钙离子反应形成配合物，溶液颜色由紫红色变为亮蓝色时即为终点。

镁离子的测定是在 pH 值为 10 的 NH_3-NH_4Cl 缓冲溶液中，以铬黑 T 为指示剂，用 EDTA 标准溶液滴定溶液中的 Ca^{2+}、Mg^{2+} 的总量，由钙、镁总含量减去 Ca^{2+} 含量即为 Mg^{2+} 含量。反应式如下：

$$\underset{\text{(纯蓝色)}}{Mg^{2+}+EBT} = \underset{\text{(酒红色)}}{Mg^{2+}\text{-}EBT}$$

$$Ca^{2+}+H_2Y^{2-} = CaY^{2-}+2H^+$$

$$Mg^{2+}+H_2Y^{2-} = MgY^{2-}+2H^+$$

$$\underset{\text{(酒红色)}}{Mg^{2+}\text{-}EBT}+H_2Y^{2-} = MgY^{2-}+\underset{\text{(纯蓝色)}}{EBT}+2H^+$$

2. 测定步骤

（1）钙离子的测定　用移液管吸取 50.00mL 水样于 250mL 锥形瓶中，加 1mL 硫酸溶液（1+1）和 5mL 过硫酸钾溶液（40g/L）加热煮沸至近干，取下冷却至室温，加 50mL 水，3mL 三乙醇胺（1+2），7mL 氢氧化钾溶液（200g/L）和约 0.2g 钙指示剂，用 EDTA 标准滴定溶液滴定，近终点时滴加速度要缓慢，当溶液颜色由紫红色变为亮蓝色时即为终点。

（2）镁离子的测定　取 50.00mL 水样于 250mL 锥形瓶中（如果水样浑浊取样前应过滤）。加 1mL 硫酸溶液（1+1）和 5mL 过硫酸钾溶液（40g/L）加热煮沸至近干，取下冷却至室温，加 50mL 水、3mL 三乙醇胺（1+2），用氢氧化钾调节溶液近中性，加 5mL 氨-氯化铵缓冲溶液，加 2～3 滴铬黑 T 指示剂。在不断摇动下，用 EDTA 标准溶液滴定至溶液由酒红色变为纯蓝色即为终点，记下终点读数。

3. 结果计算

水中以钙离子的质量浓度表示的钙的含量用式(9-11) 计算。

$$\rho(Ca^{2+})=\frac{cV_1M(Ca^{2+})}{V}\times 10^3 \tag{9-11}$$

水中以镁离子的质量浓度表示的镁的含量用式(9-12) 计算。

$$\rho(Mg^{2+})=\frac{c(V_2-V_1)M(Mg^{2+})}{V}\times 10^3 \tag{9-12}$$

式中　$\rho(Ca^{2+})$——水中钙离子的质量浓度，mg/L；

$\rho(Mg^{2+})$——水中镁离子的质量浓度，mg/L；

c——EDTA 标准溶液的浓度，mol/L；

V_1——滴定水样中钙离子时消耗 EDTA 标准溶液的体积，mL；

V_2——滴定水样中钙离子与镁离子时共消耗 EDTA 标准溶液的体积，mL；

$M(Ca^{2+})$——钙的摩尔质量，40.08g/mol；

$M(Mg^{2+})$——镁的摩尔质量，24.31g/mol；

V——水样体积，mL。

4. 讨论

(1) 水中的干扰离子可以加入掩蔽剂进行消除，如加入三乙醇胺掩蔽 Fe^{3+}、Al^{3+} 的干扰，加入硫化钠掩蔽 Cu^{2+}、Zn^{2+} 的干扰。

(2) 若水样中锰量超过 1mg/L，在碱性溶液中易被氧化为高价锰，影响指示剂颜色的观察。可以在水样中加入盐酸羟胺予以消除。

(3) 常用水中钙、镁总量（以 CaO 计）表示水的总硬度，单位为 mg/L 或（°）。1°表示 1L 水中含有 10mg CaO。

(4) 测定水中的钙和镁还可采用原子吸收分光光度法。

水样经雾化喷入火焰，钙离子被热解为基态原子，以钙共振线 422.7nm 为分析线，以空气-乙炔火焰测定钙原子的吸光度。用标准曲线法进行钙含量测定。

镁含量测定时，取水样品，经雾化喷入火焰，镁离子被热解为基态原子，以镁共振线 285.2nm 为分析线，以空气-乙炔火焰测定镁原子的吸光度。用标准曲线法进行定量分析。

加入氯化锶或氧化镧可抑制水中各种共存元素及水处理药剂的干扰。

七、氯化物的测定

氯化物是水质分析中常见的测定项目，当氯离子含量大于 10mg/L 时，常用 Mohr 法测定。

1. 方法原理

在 pH=7 左右的溶液中，以铬酸钾为指示剂，用硝酸银标准溶液直接滴定。硝酸银与氯离子作用生成白色氯化银沉淀，过量的硝酸银与铬酸钾作用生成砖红色铬酸银沉淀，使溶液显橙色即为滴定终点。反应式为：

$$Ag^{+} + Cl^{-} = AgCl\downarrow \text{（白色）}$$

$$2Ag^{+} + CrO_4^{2-} = Ag_2CrO_4\downarrow \text{（砖红色）}$$

2. 测定步骤

准确移取 100mL 水样于 250mL 锥形瓶中，加入 2 滴酚酞指示剂（10g/L），用 0.1mol/L 氢氧化钠溶液和 0.1mol/L 盐酸溶液调节溶液的 pH 值，使酚酞由粉红色刚刚变为无色。加入 1mL 铬酸钾溶液（100g/L），用 0.01mol/L 硝酸银标准溶液滴定至溶液变为橙色即为终点，同时做空白试验。

则水样中以氯离子的质量浓度表示的氯化物的含量用式(9-13) 计算。

$$\rho(Cl^{-}) = \frac{c(V-V_0)M(Cl^{-})}{100} \times 10^3 \tag{9-13}$$

式中 $\rho(Cl^{-})$——水样中氯离子的质量浓度，mg/L；

c——$AgNO_3$ 标准溶液的浓度，mol/L；

V——滴定水样时消耗 $AgNO_3$ 标准溶液的体积，mL；

V_0——空白试验时消耗 $AgNO_3$ 标准溶液的体积，mL；

$M(Cl^-)$——Cl^-的摩尔质量，35.45g/mol。

3. 方法讨论

（1）适宜的 pH 范围为 6.5～10.5，因为在酸性介质中使 Ag_2CrO_4 的溶解度增大，而在 pH＞10.5 时会生成 Ag_2O 沉淀。若水中含有 NH_4^+ 且浓度低于 0.05mol/L 时，应在 6.5～7.2 的 pH 范围内滴定。

（2）铬酸钾指示剂的浓度不宜过大或过小。因为过大或过小会造成析出 Ag_2CrO_4 红色沉淀过早或过晚，导致产生较大误差。到达化学计量点时，计算出 CrO_4^{2-} 的浓度为 1.1×10^{-2}mol/L。由于铬酸钾显黄色，影响终点观察，实际测定时浓度应略低些，一般控制终点时 CrO_4^{2-} 的浓度为 5×10^{-3}mol/L 比较合适。

八、硫酸盐的测定

硫酸盐含量的测定有重量法、铬酸钡光度法和电位滴定法。铬酸钡光度法为间接法，其原理是用过量的铬酸钡酸性悬浊液与水样中硫酸根离子作用生成硫酸钡沉淀，过滤后用分光光度法测定由硫酸根定量置换出的黄色铬酸根离子，从而间接求出硫酸根离子的含量。电位滴定法是以铅电极为指示电极，在 pH=4 的条件下，以高氯酸铅标准溶液滴定 75%乙醇体系中硫酸根离子，此时能定量地生成硫酸铅沉淀，过量的铅离子使电位产生突跃，从而求出滴定终点。水样中的重金属、钙、镁等离子可事先用氢型强酸性阳离子交换树脂除去。磷酸盐和聚磷酸盐的干扰可用稀释法或二氧化锰共沉淀法来消除。

重量法即硫酸钡沉淀重量法。测定时先用慢速滤纸过滤试样，然后用移液管移取一定量过滤后的试样，置于 500mL 烧杯中。加 2 滴甲基橙指示液，滴加盐酸溶液（1+1）至红色并过量 2mL，加水至总体积为 200mL，煮沸 5min，搅拌下缓慢加入 10mL 热的（约 80℃）氯化钡溶液，于 80℃水浴中放置 2h。用已于（105±2）℃下干燥恒重的坩埚式过滤器过滤，用水洗涤沉淀，直至滤液中无氯离子为止（用硝酸银溶液检验）。将坩埚式过滤器置于（105±2）℃下干燥至恒重。

硫酸盐含量（以 SO_4^{2-} 计）按式(9-14) 计算。

$$\rho(SO_4^{2-})=\frac{(m-m_0)\times\dfrac{M(SO_4^{2-})}{M(BaSO_4)}}{V}\times10^6 \tag{9-14}$$

式中 $\rho(SO_4^{2-})$——以 SO_4^{2-} 计的硫酸盐的质量浓度，mg/L；

m——坩埚和沉淀的质量，g；

m_0——坩埚的质量，g；

V——试样的体积，mL；

$M(SO_4^{2-})$——SO_4^{2-} 的摩尔质量，96.07g/mol；

$M(BaSO_4)$——$BaSO_4$ 的摩尔质量，233.39g/mol。

九、磷酸盐的测定

用磷酸盐系水质稳定剂处理的循环冷却水中一般含有正磷酸盐（如磷酸钠、磷酸氢二钠和磷酸二氢钠）、聚磷酸盐（如三聚磷酸钠、六偏磷酸钠等）和有机磷酸。通常把正磷酸盐和聚磷酸盐之和称为总无机磷，而把正磷酸盐、聚磷酸盐和有机磷酸三者之和称为总磷。

工业用水中加入一定量的正磷酸盐，不仅可以防止生成坚硬的 $CaSO_4$ 和 $CaSiO_3$，促使水垢疏松脱落，而且还能在金属表面上形成一层保护膜，对防止锅炉腐蚀起到一定的保护作用。由于磷酸钠价格较高，一般不单独使用，通常是用少量的磷酸钠与其他药剂配成复合阻垢剂。为控制磷酸钠的用量，常测定 PO_4^{3-} 的浓度。

磷酸盐的测定方法主要有磷钼蓝分光光度法和磷钒钼黄分光光度法。磷钼蓝分光光度法可测定 **3mg/L** 以下的 PO_4^{3-}，而磷钒钼黄分光光度法适应于测定 **5mg/L** 以上的 PO_4^{3-}。这里只介绍磷钼蓝分光光度法。

1. 方法原理

在酸性介质中，正磷酸盐与钼酸铵反应，在锑盐存在下生成磷钼杂多酸后，立即被抗坏血酸还原，生成蓝色的配合物，在 710nm 波长处，用分光光度计测定其吸光度。

2. 测定步骤

（1）水样消解　取 25mL 试样于锥形瓶中，加数粒玻璃珠，加 2mL 硝酸，在电热板上加热浓缩至 10mL。冷却后加 5mL 硝酸，再加热浓缩至 10mL，放冷。加 3mL 高氯酸，加热至高氯酸冒白烟，此时可在锥形瓶上加小漏斗或调节电热板温度，使消解液在锥形瓶内壁保持回流状态，直至剩下 3～4mL，放冷。

加水 10mL，加 1 滴酚酞指示剂（10g/L），滴加氢氧化钠溶液（6mol/L）至刚呈微红色，再滴加硫酸溶液（1＋36）使微红色刚好褪去，充分混匀。移至 50mL 容量瓶中，用水稀释至标线。

【注意】 用硝酸-高氯酸消解需要在通风橱中进行。高氯酸和有机物的混合物经加热易发生危险，需将试样先用硝酸消解，然后再加入硝酸-高氯酸进行消解。消解时不要蒸干，如消解后有残渣，用滤纸过滤于容量瓶中，并用水充分洗涤锥形瓶及滤纸。

（2）吸光度的测定　向消解液中加入 1mL 抗坏血酸溶液（100g/L），混匀，30s 后加 2mL 钼酸铵-酒石酸锑钾溶液，混匀。在室温下放置 15min 后，在 710nm 波长下，以水作参比，测定吸光度。通过标准曲线求出磷的含量。

（3）工作曲线的绘制　取 7 个 50mL 容量瓶，分别加入 0、0.50mL、1.00mL、3.00mL、5.00mL、10.0mL、15.0mL 磷酸盐标准溶液（2.0μg/mL），加水至 25mL。然后按与吸光度测定同样的方法，以水作参比，测定吸光度。以吸光度 A 为纵坐标，以 PO_4^{3-} 的浓度为横坐标，绘制标准曲线，或者用最小二乘法求出线性回归方程。

3. 方法讨论

（1）钼酸铵-硫酸溶液的配制方法是将 100mL 浓硫酸缓缓加入 500mL 水中，冷却后与 400mL 钼酸铵溶液（130g/L）相混合。

（2）如试样浑浊或有颜色时，需配制一个空白试样，然后从试样的吸光度中扣除空白试样的吸光度。

（3）在测定过程中，若不对水样进行消解处理，测定的即为水样中正磷酸盐的含量；若对水样进行消解处理，水中有机磷酸被转化为 PO_4^{3-}，聚磷酸盐在酸性条件下也水解为正磷酸盐，则测定的就是总磷含量；若在测定时，不对水样进行消解处理，而是采用在沸水浴中煮沸的方法将水样的聚磷酸盐水解为正磷酸盐，测定的就是总无机磷的含量。

（4）砷大于 2mg/L 时干扰测定，用硫代硫酸钠去除。硫化物大于 2mg/L 时干扰测定，通氮气去除。铬大于 50mg/L 时干扰测定，用亚硫酸钠去除。

十、钼酸盐的测定

钼酸盐是一种无机缓蚀剂，常用于循环冷却水中。测定钼酸盐的方法常用硫氰酸盐分光光度法。

1. 方法原理

在酸性条件下，用抗坏血酸将钼酸盐还原成 Mo^{5+}，Mo^{5+} 与硫氰酸盐形成橙色配位化合物，在 460nm 波长处测定吸光度。

2. 测定步骤

分别移取 0、0.50mL、1.00mL、2.00mL、3.00mL、4.00mL、5.00mL 钼酸盐标准溶液（100μg/mL）于 50mL 容量瓶中，依次加入 6.0mL 硫酸（1＋1）、1.0mL 硫酸亚铁铵溶液（5g/L）、10.0mL 硫氰酸铵溶液（100g/L）和 1.0mL 抗坏血酸溶液（100g/L），用水稀释至刻度，摇匀，于室温下放置 15min。以空白溶液作参比，在 460nm 波长处测定吸光度。以吸光度为坐标，以 MoO_4^{2-} 含量为横坐标绘制标准曲线。

移取适量体积的水样于 50mL 容量瓶中，按上述方法测定吸光度。

水样中钼酸盐含量（以 MoO_4^{2-} 计）按式(9-15) 计算。

$$\rho(MoO_4^{2-})=\frac{m}{V} \tag{9-15}$$

式中　$\rho(MoO_4^{2-})$——水样中钼酸盐含量，mg/L；

m——根据标准曲线计算出钼酸盐的含量，μg；

V——水样的体积，mL。

十一、溶解氧的测定

溶解氧（dissolved oxygen）是指溶解于水中的分子状态的氧，简称 DO。研究表明，在一定的温度下，低碳钢的腐蚀速率随溶解氧含量的增加而增加。由于水中的溶解氧和二氧化碳高时，能使铜的腐蚀速率增加。因此，在某些工业用水，特别是动力工业的给水中，对溶解氧含量的要求是极为严格的。如锅炉给水要求溶解氧的含量不得超过 0.05mg/L（有过热器的水管式锅炉）或 0.1mg/L（无过热器的水管式锅炉）。

溶解氧的测定方法有碘量法、比色法和电化学探头法。

（一）碘量法

1. 方法原理

在水样中加入硫酸锰和碱性碘化钾，二价锰生成白色的 $Mn(OH)_2$ 沉淀，但很快被水中的溶解氧氧化为三价或四价的锰，从而将溶解氧固定住。在酸性条件下，高价的锰可以将 I^- 氧化为 I_2，然后用硫代硫酸钠标准溶液滴定生成的 I_2，即可求出水中溶解氧的含量。主要反应方程如下：

$$Mn^{2+}+2OH^- = Mn(OH)_2\downarrow$$

$$4Mn(OH)_2+O_2+2H_2O = 4Mn(OH)_3\downarrow$$

$$2Mn(OH)_2+O_2 = 2MnO(OH)_2\downarrow$$

$$MnO(OH)_2+4H^++2I^- = I_2+3H_2O+Mn^{2+}$$

$$2Mn(OH)_3+6H^++2I^- = 2Mn^{2+}+I_2+6H_2O$$

$$I_2+2S_2O_3^{2-} = 2I^-+S_4O_6^{2-}$$

2. 测定步骤

（1）取样　将洗净的采样瓶置于洗净的取样桶中，取样桶至少要比取样瓶高 15cm 以上。将洗净的聚乙烯塑料管或惰性材质管插到采样瓶底，用虹吸法或其他方法将水样通过导管引入取样瓶，流速最好为 700mL/min 左右，并使水自然从瓶中溢出。

（2）水样的预处理　若水样中含有能固定氧或消耗氧的悬浮物质，可用硫酸铝钾溶液絮凝。用待测水样充满 1000mL 带塞瓶中并使水溢出，移取 20mL 的硫酸铝钾溶液（100g/L）和 4mL 氨水于待测水样中，加塞，混匀，静置沉淀。将上层清液吸至细口瓶中，再按测定步骤进行分析。

（3）溶解氧的固定和酸化　取样后，立即用一根细长的玻璃管吸 1mL 硫酸锰溶液（340g/L），将玻璃管插入采样瓶（A 瓶）的中部，放入硫酸锰溶液。然后再用同样的方法加入 5mL 碱性碘化钾混合液（每升水中含有 30g 氢氧化钠和 20g 碘化钾），2mL 高锰酸钾溶液（0.01mol/L）。小心盖上塞子，避免带入空气泡。将样品瓶上下颠倒几次，混合均匀，并置于取样桶水层下。待该瓶中出现沉淀后，于水下打开瓶塞，再在 A 瓶中加入 5mL 硫酸溶液（1+1），盖紧瓶塞，取出摇匀。

在另一个以同样方法取样的取样瓶（B 瓶）中，先加入 5mL 硫酸溶液（1+1），然后在加入硫酸的同一位置再加入 1mL 左右的硫酸锰溶液，5mL 碱性碘化钾混合液，2.00mL 高锰酸钾标准溶液（注意：此时不得有沉淀产生，否则，应重新测试）。盖紧瓶塞，取出，摇匀，将 B 瓶置于取样桶水层下。

（4）测定　将 A 瓶与 B 瓶中的溶液分别倒入 2 只 600mL 或 1000mL 烧杯中，用硫代硫酸钠标准滴定溶液滴至淡黄色，加入 1mL 淀粉溶液（10g/L）继续滴定，溶液由蓝色变无色，用被滴定溶液冲洗原 A 瓶和 B 瓶，继续滴至无色即为终点。

3. 结果计算

水样中溶解氧的含量（以 O_2 计）按式(9-16) 计算。

$$\rho(O_2)=\frac{1}{4}\left(\frac{V_1}{V_A-V_A{}'}-\frac{V_2}{V_B-V_B{}'}\right)c\times 32.00\times 10^3 \tag{9-16}$$

式中　$\rho(O_2)$——水样中溶解氧的质量浓度，mg/L；

c——硫代硫酸钠标准滴定溶液的浓度，mol/L；

V_1——滴定 A 瓶水样消耗的硫代硫酸钠标准滴定溶液的体积，mL；

V_A——A 瓶中溶液的体积，mL；

$V_A{}'$——A 瓶中所加硫酸锰等溶液的体积之和，mL；

V_2——滴定 B 瓶水样消耗的硫代硫酸钠标准滴定溶液的体积，mL；

V_B——B 瓶中的溶液的体积，mL；

$V_B{}'$——B 瓶中所加硫酸锰等溶液的体积之和，mL。

4. 讨论

（1）如果水样是强酸性或强碱性，可用氢氧化钠或硫酸溶液调至中性后测定。

（2）取样时要注意勿使水中含氧量有变化。在取地表水样时，应充满水样瓶至溢流，小心以避免溶解氧浓度改变；从配水系统管路中取样时，将一惰性材料管的入口与管道连接，将管子出口插入取样瓶底部，用溢流冲洗的方式充入大约 10 倍于取样瓶体积的水，最后注满瓶子，瓶壁上不得留有气泡；对于不同深度的取样，应用一种特别的取样器，内盛取样瓶，瓶上装有橡胶入口管并插入到取样瓶的底部，当溶液充满取样瓶时，将瓶中空气排出。

（3）取出水样后，最好在现场加入硫酸锰和碱性碘化钾溶液，使溶解氧固定在水中，再送至化验室进行测定。

（4）用硫代硫酸钠滴定时，若达到终点后溶液又变为蓝色，说明水中可能含有亚硝酸盐，因为亚硝酸盐可以将 I^- 氧化为 I_2。当水样中的亚硝酸盐浓度高于 0.05mg/L 时，可以用叠氮化钠来消除亚硝酸盐的干扰，即叠氮化钠修正法。反应方程式如下：

$$2NaN_3 + H_2SO_4 = 2HN_3 + Na_2SO_4$$

$$HNO_2 + HN_3 = N_2 + N_2O + H_2O$$

（5）若水样中的 Fe^{2+} 含量大于 1mg/L 时，可采用高锰酸钾修正法。以高锰酸钾将 Fe^{2+} 氧化为 Fe^{3+}，然后用氟化钾掩蔽，过量的高锰酸钾用草酸钠除去。

（6）若水样中游离氯大于 0.1mg/L 时，可先用两个溶解氧瓶，各取一瓶水样，一瓶加入 5mL 硫酸（1+5）和碘化钾溶液，用硫代硫酸钠标准溶液滴定游离出的碘，然后向另一瓶水样中加入与滴定消耗相同量的硫代硫酸钠标准溶液，再进行固定和测定。

（二）电化学探头法

电化学探头法是采用一种用透气薄膜将水样与电化学电池隔开的电极来测定溶解氧的方法。所采用的探头由一小室构成，室内有两个金属电极并充有电解质，用选择性薄膜将小室封闭。水和离子不能透过该薄膜，但氧和一定数量的其他气体可以透过。在外加电压的情况下使电极间产生电位差，使金属离子在阳极进入溶液，而透过膜的氧在阴极还原。由此产生的电流与透过膜和电解质液层的氧的传递速率成正比，也就与一定温度下水样中氧的分压成正比。

根据所采用探头的类型不同，可以测定水中氧的浓度（mg/L），或氧的饱和百分率。该法适用于测定色度高和浑浊的水，还适宜于含铁及能与碘作用的水样的测定。水样中氯、二氧化硫、硫化氢、氨、二氧化碳、溴和碘等能扩散并通过薄膜，对测定产生干扰。另外，水样中若含有油类、硫化物、碳酸盐和藻类等，会造成薄膜堵塞，也会对测定产生影响。

溶解氧测定仪简介

常见国产溶解氧测定仪有 GDY-8 型、SJG-203A 型、JPB-607 型、JYD-1A 型、YSI-58 型、DO600 型溶解氧测定仪、SJG-9435A 型溶解氧分析仪、HK-318 型溶解氧分析仪、DO-1 型高浓度溶氧仪、JPBJ-608 型便携式溶解氧分析仪等。进口仪器有美国产的 YSI 550A 型便携式溶解氧分析仪、德国产的 OXI 197 型便携式溶解氧测定仪和 OXI330i 型便携式溶解氧分析仪等。

图 9-5 所示为 OXI 197 型便携式溶解氧测定仪。仪器能同时显示氧气浓度和温度，氧气浓度的测量范围是 0～19.99mg/L。具有快速校准、自动空气压力补偿及自动温度补偿等功能。仪器配有可以使用 600h 的可充电电池，可以存储 50 对测量数据，并具有 RS232 数字输出接口。

图 9-6 所示为 YSI 550A 型便携式溶解氧分析仪，具有防水、防撞击外壳的特点，使用极谱法技术和热敏电阻法技术，内置校准室，自动温度补偿，盐度补偿，同时显示溶解氧和温度读数。温度的测量范围为 －5～45℃，分辨率为 0.1℃，准确度为 ±0.3℃；溶解氧的测量范围为 0～50mg/L；分辨率为 0.01mg/L 或 0.1mg/L。

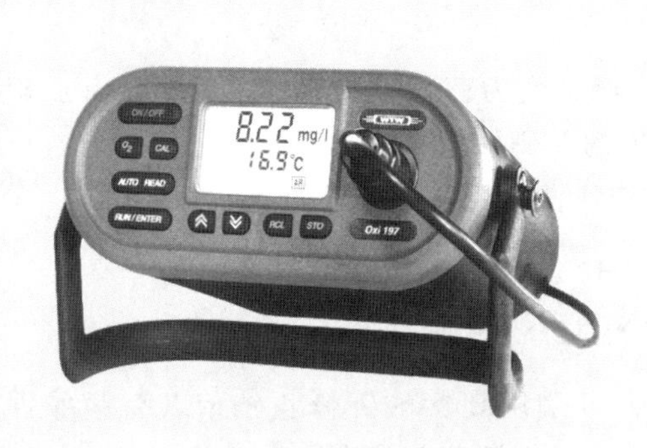

图 9-5 OXI 197 型便携式溶解氧测定仪

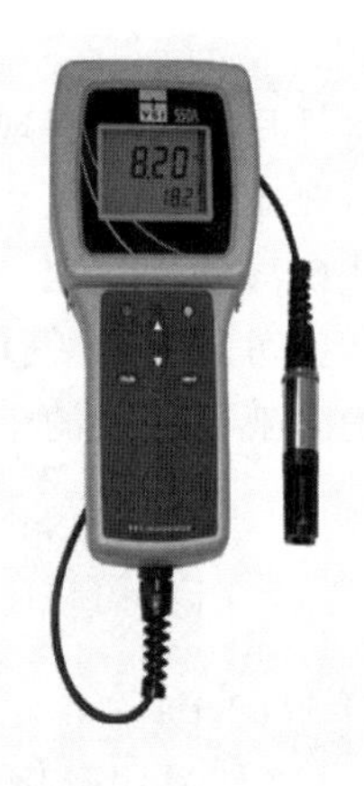

图 9-6 YSI 550A 型便携式溶解氧分析仪

十二、铜的测定

1. 方法原理

在 pH 为 8～9.5 的氨性溶液中，铜与二乙基二硫代氨基甲酸钠作用生成黄棕色配合物，用四氯化碳萃取，在波长 440nm 处测定。该法适用于铜含量为 0.02～2.00mg/L 的工业循环冷却水及其他各种工业用水中铜的测定。

2. 分析步骤

(1) 标准曲线　分别吸取铜标准溶液 (0.00500mg/mL) 0、0.20mL、0.50mL、1.00mL、2.00mL、3.00mL、5.00mL 于分液漏斗中，加水至 50mL，加 5.0mL 乙二胺四乙酸二钠盐-柠檬酸溶液，加 4 滴甲酚红指示液 (0.4g/L)，用氨水 (1+1) 调至溶液由红色经黄色变为浅紫色 (pH 为 8～8.5)，加 5.0mL 二乙基二硫代氨基甲酸钠溶液 (2g/L)，摇匀，静置 5min，加 10mL 四氯化碳，用力振荡 2min，静置分层后，在 1h 内进行测定。吸干漏斗颈管内壁的水分，塞入一小团脱脂棉，弃去最初流出的有机相，然后将有机相转入 1cm 吸收池内，在 440nm 波长处，以四氯化碳为参比测量吸光度。以测得的吸光度为纵坐标，以相对应的铜含量为横坐标绘制工作曲线。

(2) 试样预处理　对含有悬浮物及少量有机物的试样，可取 50.0mL 酸化后的试样于高型烧杯中，加 2mL 硝酸，盖上表面皿，在电炉上加热微沸 10min。对含悬浮物及较多有机物的试样，加 5mL 硝酸，加热至近干，冷却后加水 20mL，加热微沸 3min，冷却。

(3) 试样测定　将处理后的试样溶液移入分液漏斗，用水稀释至 50mL，然后按与绘制标准曲线相同的方法测定吸光度。

以铜离子的质量浓度表示的铜含量可用下式计算。

$$\rho(Cu^{2+})=\frac{m}{V}\times 10^3 \tag{9-17}$$

式中　$\rho(Cu^{2+})$——铜离子的质量浓度，mg/L；

m——由标准曲线得出的铜含量，mg；

V——试样的体积，mL。

第二节 工业废水分析

《污水综合排放标准》(GB 8978)规定了13种第一类污染物排放指标和56种第二类污染物排放指标。第一类污染物主要有总汞、烷基汞、总镉、总铬、六价铬、总砷、总铅、总镍、总铍、总银、苯并[a]芘等，第二类污染物主要有五日生化需氧量(BOD_5)、化学需氧量(COD)、石油类、挥发酚、总氰化合物、硫化物、氨氮、氟化物、磷酸盐、甲醛、苯胺类、硝基苯类、阴离子表面活性剂(LAS)、总铜、总锌、总锰等。这里介绍常见的几种污染物的分析方法。

一、高氯废水中化学需氧量(COD)的测定

高氯废水是指氯离子含量大于1000mg/L的废水。由于高浓度的氯离子可以被重铬酸钾氧化，因此重铬酸钾法不适用于高氯废水中COD的测定。高氯废水中化学需氧量的测定方法有氯气校正法(HJ/T 70)和碘化钾碱性高锰酸钾法。

(一)氯气校正法

1. 方法原理

在水样中加入已知量的重铬酸钾溶液及硫酸汞溶液，并在强酸介质下以硫酸银作催化剂，回流2h后，以1,10-邻菲啰啉为指示剂，用硫酸亚铁铵标准溶液滴定水样中未被还原的重铬酸钾，由消耗的硫酸亚铁铵的量计算出回流过程中消耗的重铬酸钾的量，并换算成消耗氧的质量浓度，即为表观COD。将水样中未与Hg^{2+}配位而被氧化的那部分氯离子所形成的氯气导出，用氢氧化钠溶液吸收后，加入碘化钾，用硫酸调节溶液pH为2～3，以淀粉为指示剂，用硫代硫酸钠标准溶液滴定，由此计算出与氯离子反应消耗的重铬酸钾的量，并换算为消耗氧的质量浓度，即为氯离子校正值。表观COD与氯离子校正值的差即为所测水样的COD。

该方法适用于氯离子含量小于20000mg/L的高氯废水中化学需氧量的测定，主要用于油田、沿海炼油厂、油库、氯碱厂等的废水中COD的测定。

2. 测定步骤

吸取水样20.0mL于500mL具回注管的锥形瓶中，根据水样中氯离子的浓度按照表9-7的要求加入相应的硫酸汞溶液(300g/L)，摇匀，加入10.0mL重铬酸钾标准溶液，沸石数粒。将锥形瓶接到冷凝管下端，接通冷凝水。通过漏斗从冷凝管上端加入合适量的硫酸银-硫酸溶液，不断振动锥形瓶，使溶液混合均匀。在吸收瓶中加入20mL氢氧化钠溶液(20g/L)，并加水至200mL。

表9-7 不同氯离子浓度情况下采用的试剂用量

氯离子浓度/(mg/L)	硫酸溶液加入量/mL	硫酸银-硫酸加入量/mL	回流后加水量/mL
3000	2.0	32	85
5000	3.3	33	89
8000	5.3	35	94
10000	6.7	37	99
12000	8.0	38	101
16000	11.0	41	109
20000	13.3	44	115

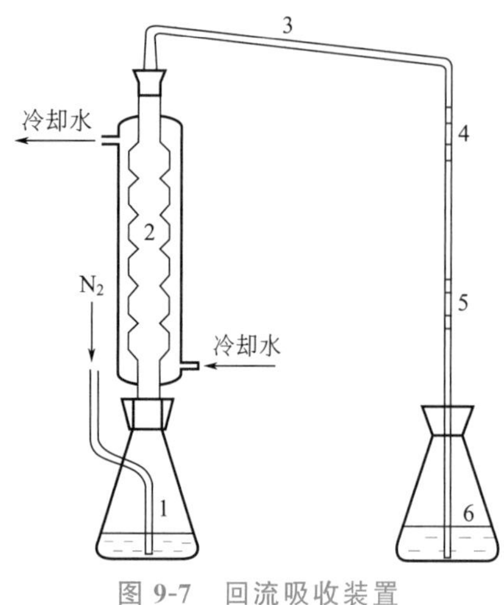

图 9-7 回流吸收装置

1—插管锥形瓶；2—冷凝管；3—导出管；4,5—硅胶管；6—吸收瓶

按图 9-7 所示连接好装置。通入氮气（5～10mL/min），加热，自溶液沸腾起回流 2h。停止加热后，加大气流（30～40mL/min），继续通氮气约 30min。取下吸收瓶，冷却到室温，加入 1.0g 碘化钾，然后加入 7mL 硫酸（2mol/L），调节溶液 pH 为 2～3，放置 10min，用硫代硫酸钠标准溶液滴定至溶液变为淡黄色，加入淀粉指示液，继续滴定至溶液蓝色刚刚消失，记录消耗硫代硫酸钠标准溶液的体积。待锥形瓶冷却后，从冷凝管上端加入一定量的水，取下锥形瓶。待溶液冷却至室温后，加入 3 滴 1,10-邻菲啰啉，用硫酸亚铁铵标准溶液滴定至溶液的颜色由黄色经蓝绿色变为红褐色即为终点。

以 20.0mL 水代替试样做空白试验，按照同样的方法测定消耗硫酸亚铁铵标准溶液的体积。

3. 结果计算

$$\text{表观 COD 值} = \frac{c_1(V_1 - V_2)M(O_2)}{4V_0} \times 10^3 \quad (\text{mg/L}) \tag{9-18}$$

$$\text{氯离子校正值} = \frac{c_2 V_3 M(O_2)}{4V_0} \times 10^3 \quad (\text{mg/L}) \tag{9-19}$$

式中 c_1——硫酸亚铁铵标准溶液的浓度，mol/L；

c_2——硫代硫酸钠标准溶液的浓度，mol/L；

V_1——空白试验消耗硫酸亚铁铵标准溶液的体积，mL；

V_2——试样测定时消耗硫酸亚铁铵标准溶液的体积，mL；

V_3——吸收液测定消耗硫代硫酸钠标准溶液的体积，mL；

V_0——试样的体积，mL；

$M(O_2)$——O_2 的摩尔质量，32.00g/mol。

（二）碘化钾碱性高锰酸钾法

1. 方法原理

在碱性条件下，在水样中加入一定量的高锰酸钾溶液，在沸水浴中反应一定时间，以氧化水中的还原性物质。加入过量的碘化钾，还原剩余的高锰酸钾，以淀粉为指示剂，用硫代硫酸钠滴定释放出来的碘。根据消耗的高锰酸钾的量，换算成相对应的氧的质量浓度，用 COD_{OH-KI} 表示。该方法适用于油气田和炼化企业高氯废水中化学需氧量的测定。

2. 测定步骤

吸取水样 100mL 于 250mL 容量瓶中（若 $COD_{OH-KI} > 12.5$mg/L，水样量应酌情减少，并稀释至 100mL），加入 0.5mL 氢氧化钠溶液（500g/L），摇匀。加入 10.00mL 高锰酸钾溶液（0.05mol/L），摇匀。将碘量瓶立即放入沸水浴中加热 60min。取出碘量瓶，用冷水冷却至室温，加入 0.5mL 叠氮化钠溶液（40g/L），摇匀。加入 1mL 氟化钾溶液（300g/L），加入 10mL 碘化钾溶液（100g/L），摇匀。加入 5mL 硫酸（1+5），加盖摇匀，暗处放置 5min。用硫代硫酸钠标准溶液（0.0250mol/L）滴定至溶液呈淡黄色，加入 1mL 淀粉溶液

(10g/L)，继续滴定至溶液蓝色刚刚消失，记录硫代硫酸钠标准溶液的体积。另取100mL不含有机物的水代替试样，做空白试验。

水样中$COD_{OH\text{-}KI}$按下式计算：

$$COD_{OH\text{-}KI}(O_2)=\frac{c(V_1-V_2)M(O_2)}{4V_0}\times 10^3 \tag{9-20}$$

式中　$COD_{OH\text{-}KI}(O_2)$——水样的化学需氧量，mg/L；

c——硫代硫酸钠标准溶液的浓度，mol/L；

V_1——空白试验消耗硫代硫酸钠标准溶液的体积，mL；

V_2——试样消耗硫代硫酸钠标准溶液的体积，mL；

V_0——试样的体积，mL；

$M(O_2)$——O_2的摩尔质量，32.00g/mol。

3. 注意事项

① 水样采集于玻璃瓶后，应尽快分析。若不能立即分析，应加入硫酸，调节使水样pH<2，4℃冷藏，并在48h内测定。

② 若水样中含有氧化性物质，应预先在水样中加入硫代硫酸钠去除。先移取100mL水样于250mL碘量瓶中，加入0.5mL氢氧化钠溶液（500g/L），摇匀。加入0.5mL叠氮化钠溶液（40g/L）处理后，再进行测定。

③ 对于水样中的Fe^{3+}，可以加入氟化钾溶液（300g/L）以消除干扰；溶液中的亚硝酸根在碱性条件下不被高锰酸钾氧化，但在酸性条件下被氧化，可加入叠氮化钠以消除干扰。

④ 由于碘化钾碱性高锰酸钾法与重铬酸盐法的氧化条件不同，对同一样品的测定值也不同。而我国的污水综合排放标准中COD指标是指重铬酸钾法的测定结果。可按式(9-20)将$COD_{OH\text{-}KI}$指换算为COD_{Cr}。

$$COD_{Cr}=\frac{COD_{OH\text{-}KI}}{K} \tag{9-21}$$

式(9-21)中的K是指碘化钾碱性高锰酸钾法的氧化率与重铬酸盐法的氧化率的比值，可以通过分别用碘化钾碱性高锰酸钾法和重铬酸盐法测定同一有代表性的废水样品的需氧量来确定。若用碘化钾碱性高锰酸钾法和重铬酸盐法测定同一有代表性的废水样品的化学需氧量分别为COD_1和COD_2，则K值可以用式(9-22)计算：

$$K=\frac{COD_1}{COD_2} \tag{9-22}$$

若水中含有几种还原性物质，则取它们的加权平均K值作为水样的K值。

4. 讨论

一般水样COD的测定方法有重铬酸钾氧化硫酸亚铁铵滴定法（GB 11914）和重铬酸钾氧化分光光度法。重铬酸钾氧化分光光度法有专门的测定仪器，如美国HACH公司生产的DR1010型COD快速测定仪。

DR1010 型 COD 快速测定仪

DR1010 型 COD 快速测定仪是哈希公司生产的一种新型由微处理器控制，LED 作光源的 COD 测试仪器（如图 9-8 所示）。该仪器既满足实验室的日常测定要求，又支持现场测定。DRB200 反应器符合快速消解分光光度法 COD 测定标准的要求，同时支持经典的 2h 消解 COD 测定方法。仪器内置四种 COD 测试程序，也支持用户自建曲线。

将瓶口分液器（如图 9-9 所示）与 DR1010 COD 测定仪配合使用，使操作更加方便快速。容量为 0.5～5mL 的瓶口分液器标配 45/38mm 瓶口适配器。将分液器安装好以后，使用调整钮调节好需要的容积刻度，缓慢均匀往上拉动活塞到上部停止位置，将试剂吸入玻璃柱塞缸，然后向下缓慢平稳推动活塞至下部停止位置，便将需要的试剂分配至试管中。

图 9-8 DR1010 型 COD 快速测定仪

图 9-9 瓶口分液器

二、挥发酚的测定

根据酚的沸点、挥发性和能否与水蒸气一起蒸出，分为挥发酚和不挥发酚。通常认为沸点在 230℃以下的为挥发酚，沸点在 230℃以上的为不挥发酚。水中酚类属高毒物质，人体摄入一定量会出现急性中毒症状；长期饮用被酚污染的水，可引起头痛、贫血及各种神经系统症状。酚的主要污染源有煤气洗涤、炼焦、合成氨、造纸、木材防腐和化工排出的污水。

1. 方法原理

用蒸馏法将挥发性酚类化合物蒸馏出来，与干扰物质和固定剂分离。被蒸馏出的酚类化合物，在 pH 为 10.0±0.2 的介质中，在铁氰化钾存在下，与 4-氨基安替比林反应，生成橙红色的安替比林染料。用氯仿将此染料从水溶液中萃取出来，在 460nm 波长处测定吸光度，然后求出水样中挥发酚的含量（以苯酚计，mg/L）。

该方法适合饮用水、地表水、地下水和工业废水中挥发酚的测定，测定范围为 0.002～0.5mg/L。

2. 测定步骤

（1）水样的预蒸馏　量取 250mL 水样于蒸馏烧瓶中，加 2 滴甲基橙溶液（0.5g/L），用磷酸溶液（1＋9）将水样调至橙红色（pH＝4），加入 5mL 硫酸铜溶液（100g/L）

（采样未加时），加入数粒玻璃珠，以250mL量筒收集馏出液，加热蒸馏，待馏出液馏出225mL以上时，停止加热，放冷，加入25mL水，继续蒸馏到馏出液为250mL为止。

水样预蒸馏的目的是分离出挥发酚及消除颜色、浑浊和金属离子的干扰。当水样中含有氧化剂和还原剂、油类等干扰物质时，在蒸馏前去除。

（2）显色　将馏出液移入分液漏斗，加2mL NH_3-NH_4Cl缓冲溶液（pH=10.0）。加入1.5mL 4-氨基安替比林溶液（20g/L），混匀，再加入1.5mL铁氰化钾溶液（80g/L），混匀后放置10min。

（3）萃取　准确加入10.0mL氯仿，密塞，剧摇2min，静置分层。用干脱脂棉拭干分液漏斗颈管内壁，于颈管内塞一小团干脱脂棉，使氯仿层通过干脱脂棉团，弃去最初的几滴萃取液后，收集于2cm比色皿中。

（4）测定　在波长460nm处，以氯仿为参比，测定吸光度。

（5）标准曲线　在8个分液漏斗中，分别加入100mL水，依次加入0、0.50mL、1.00mL、3.00mL、5.00mL、7.00mL、10.00mL、15.00mL酚标准溶液（1.00mg/L）。然后进行显色、萃取，并分别测定其吸光度。以吸光度A为纵坐标，以酚含量（μg）为横坐标作图。

根据试样的吸光度值，求出试样中挥发酚的含量。

3. 讨论

（1）若水样中的挥发酚含量高于0.5mg/L时，可在蒸馏后于510nm波长处直接进行分光光度测定，而不要经过萃取。

（2）对于含高浓度挥发酚的工业废水，还可以用蒸馏后溴化容量法进行测定。

（3）采集样品后应立即用磷酸酸化至pH值约为4，并加适量的硫酸铜（1g/L）以抑制微生物对酚类的氧化作用，5～10℃冷藏，在采集后24h内进行测定。

（4）在预蒸馏时，若加入硫酸铜后产生较多量的黑色硫化铜沉淀，应摇匀后放置片刻，再滴加硫酸铜至不再产生沉淀为止。

（5）在蒸馏过程中，若甲基橙的红色褪去，应在蒸馏结束后，放冷，再加一滴甲基橙指示液。若发现蒸馏后的残液不呈酸性，则应重新取样，并增加磷酸的用量，然后进行蒸馏。

（6）当样品经酸化后滴于碘化钾-淀粉试纸上出现蓝色时，表明有氧化剂存在，可加入过量的硫酸亚铁进行消除；若试样中含有少量硫化物时，在用磷酸酸化后，可以加入一定量的硫酸铜进行消除；若样品中含有甲醛、亚硫酸盐等还原性物质时，可加硫酸使其呈酸性，用乙醚萃取酚，然后再用氢氧化钠进行反萃取，使酚类转入氢氧化钠溶液中，将萃取液转移至烧杯中，置沸水浴上加热，以去除乙醚，然后将碱性萃取液稀释到原分取样品的体积。

（7）芳香胺也可以与4-氨基安替比林反应生成有色物质而干扰测定，在一般条件下通过预蒸馏可与之分离。

（8）苯环上羟基对位的取代基可阻止反应的进行，但卤素、羧基、磺酸基、羟基和甲氧基除外；邻位的硝基阻止反应发生，而间位的硝基不完全地阻止反应发生；氨基安替比林与酚的偶合在对位较邻位多见，当对位被烷基、芳基、酯、硝基、苯酰基、亚硝基或醛基取代，而邻位未被取代时，不呈现颜色反应。

三、铬的测定

铬是生物体所必需的微量元素之一。铬的毒性与其存在的价态有关，六价铬（以CrO_4^{2-}、

$HCrO_4^-$、$HCr_2O_7^-$、$Cr_2O_7^{2-}$ 形式存在）比三价铬毒性高 100 倍，并易被人体吸收且在体内蓄积，三价铬和六价铬可以相互转化。当水中六价铬浓度为 1mg/L 时水呈淡黄色并有涩味；三价铬浓度为 1mg/L 时，水的浊度明显增加，三价铬化合物对鱼的毒性比六价铬大。铬的污染源主要有含铬矿石的加工、金属表面处理、皮革鞣制、印染等排放的污水。

铬的测定方法有原子吸收分光光度法、二苯碳酰二肼分光光度法、硫酸亚铁铵滴定法、极谱法、中子活化法、化学发光法等。下面只介绍二苯碳酰二肼分光光度法。

1. 方法原理

在酸性介质中，六价铬与二苯碳酰二肼（DPC）反应，生成紫红色配合物，于 540nm 波长处测定吸光度，求出水样中六价铬的含量。该方法的最低检出浓度为 0.004mg/L，测定上限为 1mg/L。

2. 样品预处理

（1）若样品中不含悬浮物，是低色度的清洁水样可直接测定。若样品有色但不太深时，应对样品进行色度校正。校正的方法是另取一份试样，以 2mL 丙酮代替显色剂，其他步骤按测定样品同样的步骤测定吸光度，然后将样品吸光度扣除此色度校正吸光度。

（2）对浑浊、色度较深的样品可采用锌盐沉淀分离法。取适量样品（含六价铬少于 100μg）于 150mL 烧杯中，加水至 50mL，滴加氢氧化钠溶液（4g/L），调节溶液 pH 值为 7～8。在不断搅拌下，滴加氢氧化锌共沉淀剂 [80g/L 的硫酸锌（$ZnSO_4 \cdot 7H_2O$）＋氢氧化钠溶液（20g/L）] 至溶液 pH 值为 8～9。将此溶液转移至 100mL 容量瓶中，用水稀释至标线。用慢速滤纸干过滤，弃去 10～20mL 初滤液，取其中 50.0mL 滤液供测定。

3. 测定

（1）水样测定　取适量（含六价铬少于 50μg）无色透明试样，置于 50mL 比色管中，加入 0.5mL 硫酸溶液（1＋1）和 0.5mL 磷酸溶液（1＋1），摇匀。加入 2mL 二苯碳酰二肼显色剂（2g/L），用水稀释至标线。摇匀，放置 5～10min，在 540nm 波长处，以水作参比，用 1cm 或 3cm 比色皿测定吸光度。

（2）标准曲线　向一系列 50mL 比色管中分别加入 0、0.20mL、0.50mL、1.00mL、2.00mL、4.00mL、6.00mL、8.00mL 和 10.0mL 铬标准溶液（1μg/mL 或 5μg/mL）。然后按照测定试样同样的步骤分别测定吸光度。从测得的吸光度减去空白试验的吸光度后，绘制以六价铬的量对吸光度的曲线。

4. 方法讨论

（1）在酸性溶液中，试样中的三价铬用高锰酸钾氧化成六价铬。六价铬与二苯碳酰二肼反应生成紫红色化合物，于波长 540nm 处进行分光光度测定。用亚硝酸钠分解过量的高锰酸钾，而过量的亚硝酸钠可用尿素分解。这种方法测定的是样品中的总铬。若不用高锰酸钾氧化处理水样，测定的是六价铬，总铬量减去六价铬含量即为三价铬含量。

（2）含铁量大于 1mg/L 时显色后呈黄色。六价钼和汞也和显色剂反应，生成有色化合物，但在本方法的显色酸度下，反应不灵敏，钼和汞的浓度达 200mg/L 时不干扰测定。钒含量高于 4mg/L 干扰显色，但钒与显色剂反应 10min 后可自行褪色。

（3）二价铁、亚硫酸盐、硫代硫酸盐等还原性物质干扰测定，可加显色剂，酸化后显色，以消除干扰。

（4）次氯酸盐等氧化性物质干扰测定，可用尿素和亚硝酸钠去除。

（5）显色酸度一般控制 H^+ 浓度在 0.05～0.3mol/L 范围内。

四、铅的测定

铅是可在人体和动植物组织中蓄积的有毒金属，其主要毒性效应是贫血症、神经机能失调和肾损伤。铅对水生生物的安全浓度为 0.16mg/L。用含铅 0.1mg/L 以上的水灌溉水稻和小麦时，作物中铅含量明显增加。铅的主要污染源有蓄电池、五金、冶金、机械、涂料和电镀工业等排放的污水。

铅的测定方法有原子吸收分光光度法、双硫腙分光光度法和阳极溶出伏安法或示波极谱法。下面只介绍双硫腙分光光度法。

1. 方法原理

在 pH 值为 8.5～9.5 的氨性柠檬酸盐-氰化钾的还原介质中，铅离子与双硫腙反应生成红色螯合物，用三氯甲烷（或四氯化碳）萃取后，于 510nm 处测定吸光度，求出水样中的铅含量。

方法的最低检出浓度（取 100mL 水样，用 1cm 比色皿时）为 0.01mg/L，测定上限为 0.3mg/L。

2. 采样和样品

（1）实验室样品　水样采集后，每 1000mL 水样立即加入 2.0mL 硝酸加以酸化（pH 值约为 1.5)，加入 5mL 碘溶液（0.05mol/L）以避免挥发性有机铅化合物在水样处理和消化过程中损失。

（2）试样　若试样中不含悬浮物可直接测定。若试样比较浑浊，每 100mL 试样加入 1mL 硝酸，置于电热板上微沸消解 10min。冷却后用快速滤纸过滤，滤纸用硝酸（1＋9）洗涤数次，然后用硝酸（1＋9）稀释到一定体积，供测试用。对于含悬浮物和有机物较多的废水，每 100mL 试样（含铅量大于 1μg）加入 5mL 硝酸，在电热板上加热消解至 10mL 左右，稍冷却，再加入 5mL 硝酸和 2mL 高氯酸（注意：严禁将高氯酸加到含有还原性有机物的热溶液中，只有预先用硝酸加热处理后才能加入高氯酸，否则会引起强烈爆炸)，继续加热消解，蒸发至近干。冷却后，用硝酸（1＋9）温热溶解残渣，再冷却后，用快速滤纸过滤，滤纸用硝酸（1＋9）洗涤数次，滤液用硝酸（1＋9）稀释定容，供测定用。

3. 测定步骤

（1）显色萃取　向试样（含铅量不超过 30μg，最大体积不大于 100mL）中加入 10mL 硝酸（1＋4）和 50mL 柠檬酸盐-氰化钾还原性溶液，摇匀后冷却到室温，加入 10mL 双硫腙工作溶液，塞紧后，剧烈摇动分液漏斗 30s，然后放置分层。

（2）吸光度的测量　在分液漏斗的颈管内塞入一小团无铅脱脂棉，然后放出下层有机相，弃去 1～2mL 氯仿层，用 1cm 比色皿，在 510nm 波长处测量萃取液的吸光度，由测量所得吸光度扣除空白试验吸光度，再根据校准曲线求出含铅量。

（3）校准曲线　向一系列 250mL 分液漏斗中，分别加入铅标准工作溶液 0、0.50mL、1.00mL、5.00mL、7.50mL、10.00mL、12.50mL、15.00mL，各加适量无铅去离子水至 100mL，然后按上述的步骤进行测定。将测得的吸光度扣除试剂空白的吸光度后，绘制吸光度对含铅量的曲线。

4. 讨论

（1）铋、锡和铊的双硫腙盐与双硫腙铅的最大吸收波长不同，在 510nm 和 465nm 分别测量试样的吸光度，可以检查干扰是否存在。从每个波长位置的试样吸光度中扣除同一波长位置空白试验的吸光度，计算出试样吸光度的校正值。计算 510nm 处吸光度校正值与 465nm 处吸光度校正值的比值。吸光度校正值的比值对双硫腙铅盐为 2.08，而对双硫腙铋盐为 1.07。如果求得的比值明显小于 2.08，即表明存在干扰。另取 100mL 试样，若试样未经消化，加入5mL亚硫酸钠溶液（50g/L）以还原残留的碘，根据需要，用硝酸（1+4）或氨水（1+9）将试样的pH值调为2.5，将试样转入250mL分液漏斗中，用双硫腙专用溶液至少萃取三次，每次用10mL，或者萃取到氯仿层呈明显的绿色为止。然后用氯仿萃取，每次用20mL，以除去双硫腙（绿色消失）。水相备用。

（2）在pH为8～9时，Bi^{3+}、Sn^{2+}等产生干扰，一般先在pH=2～3时用双硫腙三氯甲烷萃取除去，同时除去铜、汞、银等离子。水样中的氧化性物质（如Fe^{3+}）易氧化双硫腙，在氨性介质中加入盐酸羟胺去除。加入氰化钾可掩蔽铜、锌、镍、钴等离子，加入柠檬酸盐配位可掩蔽钙、镁、铝、铬、铁等离子，防止氢氧化物沉淀。

五、镉的测定

镉是人体必需的元素，镉的毒性很大，可在人体蓄积，主要损害肾脏。镉的主要污染源有电镀、采矿、冶炼、染料、电池和化学工业等排放的污水。

镉的测定方法有原子吸收分光光度法、双硫腙分光光度法、阳极溶出伏安法或示波极谱法。这里只介绍原子吸收分光光度法。

1. 方法原理

由镉空心阴极灯发射的特征谱线（锐线光源），穿越被测水样经原子化后产生的镉原子蒸气时，产生选择性吸收，使入射光强度与透射光强度产生差异，通过测定基态原子的吸光度，根据朗伯-比尔定律确定试样中镉的含量。

直接吸入火焰原子吸收分光光度法测定镉是将水样或用硝酸和高氯酸消解处理好的水样直接吸入火焰中测定，适用于地下水、地表水、污水及受污染的水，浓度范围是0.05～1mg/L；萃取或离子交换火焰原子吸收分光光度法测定微量镉是将水样或消解处理好的水样，在磷酸（1+4）介质中与吡咯烷二硫代氨基甲酸铵（APDC）配合后，用甲基异丁基甲酮（MIBK）萃取后吸入火焰进行测定，适用于地下水、清洁地表水，浓度范围是1～50μg/L；石墨炉原子吸收分光光度法测定微量镉是将水样直接注入石墨炉内进行测定，适用于地下水和清洁地表水，浓度范围是0.1～2μg/L。

2. 分析步骤

（1）标准曲线　吸取0、0.50mL、1.00mL、2.00mL、5.00mL、10.00mL镉标准溶液(10.00μg/mL)，分别放入250mL分液漏斗中，加水稀释至50mL。分别加入10mL磷酸、10mL碘化钾溶液（1mol/L），摇匀。分别加入10mL甲基异丁基酮，振动2min，静置分层后弃去水相，将有机相转入10mL干烧杯中。在选定的仪器工作条件下，用水饱和的甲基异丁基酮为参比，分别测定吸光度。然后以经空白校正的各标准溶液吸光度与镉含量绘制标准曲线。

（2）试样测定　取水样100mL于200mL烧杯中，加入5mL硝酸，在电热板上加热消解。蒸至10mL左右，加入5mL硝酸和2mL高氯酸继续加热消解，直至1mL左右。取下冷却，加水溶解残渣，用预先酸洗过的中速滤纸滤入100mL容量瓶中，用水洗涤至刻线，摇匀。吸取试验溶液50.00mL，按标准曲线绘制的步骤进行萃取和测量。测得的试样吸光度经空白校正后，根据标准曲线求出试样中镉的含量。

3. 注意事项

对于直接吸入法，共存离子在常见浓度下不干扰测定，钙离子浓度高于1000mg/L时抑制镉吸收；对于萃取吸收法，铁含量低于5mg/L时不干扰测定，铁含量高时用碘化钾-甲基异丁基酮萃取体系效果好，萃取时避免日光直射及远离热源。样品中存在强氧化剂时，萃取前应除去，否则会破坏吡咯烷二硫代氨基甲酸铵；对于石墨炉法，氯化钠对测定有干扰，每

20μg 水样加入 5%磷酸钠溶液 10μL 消除基体效应的影响。

六、汞的测定

汞及其化合物属于剧毒物质，可在人体内蓄积。进入水体的无机汞离子可以转变为毒性更大的有机汞，由食物链进入人体。汞的主要污染源是仪表厂、食盐电解、贵金属冶炼、军工等的工业废水。

汞的测定常采用冷原子吸收法和冷原子荧光法，也常使用双硫腙分光光度法。这里只介绍双硫腙分光光度法。

1. 方法原理

在 95℃用高锰酸钾和过硫酸钾将试样消解，把所含汞全部转化为二价汞。用盐酸羟胺将过剩的氧化剂还原，在酸性条件下，汞离子与双硫腙生成橙色螯合物，用有机溶剂萃取，再用碱溶液洗去过剩的双硫腙。

取 250mL 水样测定，汞的最低检出浓度为 2μg/L，测定上限为 40μg/L。

2. 采样与样品

（1）实验室样品　每采集 1000mL 水样后立即加入约 7mL 硝酸，调节样品至 pH≤1。若取样后不能立即进行测定，向每升样品中加入 4mL 高锰酸钾溶液（50g/L），必要时再多加一些，使其呈现持久的淡红色。样品贮存于硼硅玻璃瓶中。

【注意】 记录样品的体积和加入的试剂体积，以便在空白试验中进行同样的操作。

（2）试样　向整个样品中加入盐酸羟胺溶液（100g/L），使所有二氧化锰完全溶解，然后立即取两份试样，每份 250mL，取时应得到溶解部分和悬浮部分均具有代表性的试样，然后立即进行测定。

3. 测定步骤

（1）消解　将试样或已经稀释成 250mL 的部分待测试样（含汞不超过 10μg），放入锥形瓶中，小心地加入 10mL 硫酸和 2.5mL 硝酸，混匀。加入 1.5mL 高锰酸钾溶液（50g/L），如果不能在 15min 内维持深紫色，则混合后再加 15mL 高锰酸钾溶液以使颜色能持久，然后加入 8mL 过硫酸钾溶液（50g/L），在 95℃的水浴上加热 2h。冷却至 40℃，加入盐酸羟胺溶液（100g/L）还原过剩的氧化剂，直至溶液的颜色刚好消失和所有锰的氧化物都溶解。打开塞子，放置 5～10min，将溶液转移至 500mL 分液漏斗中，以少量水洗锥形瓶两次，并入分液漏斗中。

（2）萃取　分别向各份消解液中加入 1mL 亚硫酸钠溶液（200g/L），混匀后，再加入 10.0mL 双硫腙氯仿溶液（500nm，1cm 比色皿，透光率 70%），缓缓旋摇并放气，再密塞振摇 1min，静置分层。

将有机相转入已盛有 20mL 双硫腙洗脱液的 60mL 分液漏斗中，振摇 1min，静置分层。必要时再重复洗涤 1～2 次，直至有机相不带绿色。

（3）测定　用滤纸吸去分液漏斗放液管内的水珠，塞入少许脱脂棉，将有机相放入 2cm 比色皿中，在 485nm 波长下，以氯仿作参比，测定吸光度。将试样的吸光度减去空白试验的吸光度后，从校准曲线上查得汞含量。

（4）校准曲线　取 6 个 500mL 锥形瓶，分别加入新配制的汞标准溶液（1.00μg/mL）0、0.50mL、1.00mL、2.50mL、5.00mL、10.00mL，加水至 250mL。然后对每一标准溶液进行处理。最后分别以测定的各吸光度减去试剂空白的吸光度后，与对应的汞含量绘制校准曲线。

4. 讨论

(1) 对于未过滤的水样，经剧烈消解后测得的汞浓度包括无机的、有机结合的、可溶的和悬浮的全部汞，即总汞。

(2) 用双硫腙分光光度法测定汞含量时，在酸性条件下，干扰物主要是铜离子。在双硫腙洗脱液中加入 EDTA-Na_2 溶液 (10g/L)，至少可掩蔽 300μg 铜离子的干扰。

(3) 双硫腙洗脱液：将 8g 氢氧化钠溶于煮沸放冷的水中，加入 10g EDTA-Na_2，稀释至 1000mL，贮存于聚乙烯瓶中。

七、氰化物含量的测定

氰化物属于剧毒物，对人体的毒性主要是与高铁细胞色素氧化酶结合，使细胞色素氧化酶失去传递氧的作用，引起组织缺氧窒息。水体中的氰化物以简单氰化物、配合氰化物和有机氰化物形式存在。其中简单氰化物易溶于水，毒性大，配合氰化物在水体中受 pH 值、水温和光照等的影响，离解为简单氰化物。氰化物的主要污染源有电镀、选矿、焦化、造气、洗印、石油化工、有机玻璃制造、农药制造等工业排出的污水。

氰化物的测定方法有：硝酸银滴定法、异烟酸-吡唑啉酮分光光度法、吡啶-巴比妥酸分光光度法、离子选择电极法。

(一) 硝酸银滴定法

1. 方法原理

向水样中加入磷酸和 EDTA-Na_2，在 $pH<2$ 条件下，加热蒸馏，利用金属离子与 EDTA 配位能力比与氰离子配位能力强的特点，使配合氰化物离解出氰离子，并以氰化氢的形式被蒸馏出来，用氢氧化钠吸收。

调节馏出液至 $pH>11$，用硝酸银标准溶液滴定，以试银灵作指示剂，氰离子与硝酸银作用形成可溶性的银氰配离子 $[Ag(CN)_2]^-$，过量的银离子与试银灵指示剂反应，溶液由黄色变为橙红色即为终点。反应式如下：

$$Ag^+ + 2CN^- \!=\!=\!= [Ag(CN)_2]^-$$

2. 采样和样品

采集水样时，必须立即加氢氧化钠固定。一般每升水样加 0.5g 固体氢氧化钠。当水样酸度较高时，应多加固体氢氧化钠，使样品的 $pH>12$，并将样品存于聚乙烯塑料瓶或硬质玻璃瓶中。

若水样中含有大量硫化物时，应先加碳酸镉 ($CdCO_3$) 或碳酸铅 ($PbCO_3$) 固体粉末，除去硫化物后，再加氢氧化钠固定。否则，在碱性条件下，氰离子和硫离子作用会形成硫氰酸离子而干扰测定。

【注意】 检验硫化物方法，可取 1 滴水样，放在乙酸铅试纸上，若变黑色，说明有硫化物存在。

如果不能及时测定样品，采样后，应在 24h 内分析样品，必须将样品冷藏在冰箱内。

3. 分析步骤

(1) 氰化氢的释放和吸收　量取 200mL 样品，移入 500mL 蒸馏瓶中，加数粒玻璃珠。往接收瓶内加入 10mL 氢氧化钠溶液 (10g/L) 作为吸收液（当样品中存在亚硫酸钠和碳酸钠时，可用 40g/L 的氢氧化钠溶液作为吸收液）。馏出液导管上端接冷凝管的出口，下端插入接受瓶的吸收液中，检查连接部位，使其严密，如图 9-10 所示。将 10mL EDTA 溶液

(100g/L) 加入蒸馏瓶内。迅速加入 10mL 磷酸，当样品碱度大时，可适当多加磷酸，使 pH<2，立即盖好瓶塞，打开冷凝水，打开可调电炉，逐渐升高温度，馏出液以 2～4mL/min 的馏出速度进行加热蒸馏。接受瓶内溶液近 100mL 时，停止蒸馏，用少量水洗馏出液导管，取出接受瓶，用水稀释至标线，待测定总氰化物含量时用。

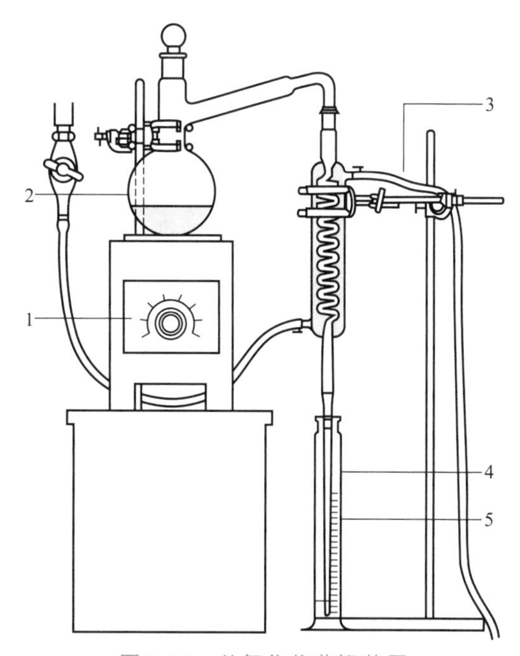

图 9-10 总氰化物蒸馏装置

1—电炉；2—蒸馏瓶；3—冷凝水出水口；4—接受瓶；5—馏出液导管

(2) 测定　取 100mL 馏出液（如试样中氰化物含量高时，可少取试样，用水稀释至 100mL）于具柄瓷皿或锥形瓶中，加入 0.2mL 试银灵指示剂（0.2g/L），摇匀。用硝酸银标准溶液（0.01mol/L）滴定至溶液由黄色变为橙红色即为终点。

(3) 空白试验　用实验用水代替样品，按氰化氢的释放和吸收的操作步骤，得到空白试验馏出液。取 100mL 空白试验馏出液于锥形瓶中，按上述测定步骤进行滴定。

以总氰化物的质量浓度表示的总氰化物含量（以 CN^- 计），用式(9-23) 计算：

$$\rho(\text{氰化物})=\frac{2c(V-V_0)M(CN^-)}{V_s}\times\frac{V_1}{V_2}\times10^{-3} \tag{9-23}$$

式中　ρ(氰化物)——以 CN^- 计的总氰化物的质量浓度，mg/L；

c——硝酸银标准溶液浓度，mol/L；

V——滴定水样消耗硝酸银标准溶液的体积，mL；

V_0——空白消耗硝酸银标准溶液的体积，mL；

V_1——馏出液的体积，mL；

V_2——滴定时所取馏出液的体积，mL；

V_s——蒸馏时所取水样的体积，mL；

$M(CN^-)$——氰离子（CN^-）的摩尔质量，26.02g/mol。

4. 讨论

(1) 在进行水样的预处理时，若向水样中加入酒石酸和硝酸锌，调节 pH=4，加热蒸馏，则简单氰化物和部分配合氰化物以氰化氢的形式被蒸馏出来，用氢氧化钠溶液吸收。取此蒸馏液进行滴定，测得的氰化物为易释放的氰化物；向水样中加入磷酸和 EDTA，在 pH<2 的条件下加热蒸馏，此时可将全部简单氰化物和除钴氰配合物外的绝大部分配合氰化物以氰化氢的形式被蒸馏出来，用氢氧化钠溶液吸收，取该蒸馏液进行滴定，测得的结果为总氰化物含量。

(2) 若样品中存在活性氯等氧化剂，由于蒸馏时，氰化物会被分解，使结果偏低，干扰测定。可量取两份体积相同的样品，向其中一份样品加入碘化钾-淀粉试纸 1～3 片，加硫酸 (1+5) 酸化，用亚硫酸钠溶液（12.6g/L）滴至碘化钾-淀粉试纸由蓝色变为无色为止。另一份样品不加试纸，仅加上述用量的亚硫酸钠溶液，进行蒸馏操作。

(3) 若样品中含有大量亚硝酸根离子，将干扰测定，可加入适量的氨基磺酸分解亚硝酸根离子，一般1mg亚硝酸根离子需要加2.5mg氨基磺酸。

(4) 若样品中有大量硫化物存在，将200mL样品过滤，沉淀物用1%氢氧化钠溶液(10g/L)洗涤，合并滤液和洗涤液。

（二）异烟酸-吡唑啉酮分光光度法

1. 方法原理

在中性条件下，加入氯胺T溶液与水样中的氰化物反应生成氯化氰（CNCl），再加入异烟酸-吡唑啉酮溶液，氯化氰与异烟酸作用，经水解后生成戊烯二醛，最后与吡唑啉酮缩合生成蓝色染料，在638nm波长处测定吸光度，求出水样中氰化物的含量。

该方法的最低检出浓度为0.004mg/L，测定上限为0.25mg/L。

2. 主要试剂

(1) 异烟酸-吡唑啉酮溶液　称取1.5g异烟酸（$C_6H_6NO_2$）溶于24mL氢氧化钠溶液（20g/L）中，加水稀释至100mL。称取0.25g吡唑啉酮（3-甲基-1-苯基-5-吡唑啉酮，$C_{10}H_{10}N_2O$）溶于20mL *N*,*N*-二甲基甲酰胺中。临用前，将吡唑啉酮和异烟酸溶液按1∶5混合。

(2) 氰化钾标准溶液　称取0.25g氰化钾溶于氢氧化钠溶液（10g/L）中，稀释至100mL，摇匀，避光贮存于棕色瓶中作为贮备溶液。

吸取10.00mL氰化钾贮备溶液于锥形瓶中，加入50mL水和1mL氢氧化钠溶液（20g/L），加入0.2mL试银灵指示剂（0.2g/L），用硝酸银标准溶液（0.01mol/L）滴定，溶液由黄色刚变为橙红色即为终点。同时另取10.00mL实验用水代替氰化钾贮备液做空白试验。根据消耗的硝酸银标准溶液的用量计算氰化钾贮备溶液的浓度。

按需要移取一定量的氰化钾溶液，用氢氧化钠将其稀释，配制成氰化钾标准使用溶液（1.00μg/mL）。

3. 分析步骤

(1) 校准曲线　取8支具塞比色管，分别加入氰化钾标准使用溶液（1.00μg/mL）0、0.20mL、0.50mL、1.00mL、2.00mL、3.00mL、4.00mL和5.00mL，各加氢氧化钠溶液（1g/L）至10mL。向各管中加入5mL磷酸盐缓冲溶液（pH=7.0），混匀，迅速加入0.2mL氯胺T溶液（10g/L），立即加塞，混匀，放置3～5min。向各管中加入5mL异烟酸-吡唑啉酮溶液，混匀，加水稀释至标线，摇匀，在35℃的水浴中放置40min。在638nm波长下，用1cm比色皿，以试剂空白（零浓度）作参比，测定吸光度，并绘制校准曲线。

(2) 测定　分别吸取10.00mL馏出液于具塞比色管中，按与绘制校准曲线相同的操作测定吸光度。吸取10.00mL空白试验馏出液于具塞比色管中，按与绘制校准曲线相同的操作测定吸光度。从校准曲线上查出相应的氰化物含量。

4. 结果计算

以总氰化物的质量浓度表示的总氰化物含量（以CN^-计），用式(9-24)计算。

$$\rho(\text{氰化物})=\frac{(m-m_0)\times\frac{V_1}{V_2}}{V} \tag{9-24}$$

式中　ρ(氰化物)——以CN^-计的总氰化物的质量浓度，mg/L；

m——通过校准曲线得到的所取馏出液中氰化物的含量，μg；

m_0——通过校准曲线得到的空白氰化物的含量，μg；

V_1——馏出液体积，mL；

V_2——测定时所取馏出液的体积，mL；

V——蒸馏时所取水样的体积，mL。

5. 讨论

在中性条件下，水样中的氰离子与氯胺 T 反应生成氯化氰，氯化氰与吡啶反应生成戊烯二醛，戊烯二醛再与巴比妥酸发生缩合反应，生成红紫色染料，于 580nm 波长处测定吸光度，求出水样中氰化物的含量。这种方法称为吡啶-巴比妥酸分光光度法。

习 题

1. 填空题

(1) 用电位法测定溶液 pH 值时，使用的指示电极是__________，常用的参比电极是__________。

(2) 用碘量法测定水中的溶解氧时，若水样中含有氧化性物质，应先加入__________进行消除；若水样中含有大量的悬浮物，可在采样瓶中加入__________进行絮凝，然后将上层清液虹吸至溶解氧瓶中进行固氧和测定，加入的固氧剂是__________。酸化时使用的硫酸溶液（1+5）的浓度大约是__________mol/L。

(3) 高氯废水是指氯离子含量大于____________mg/L 的废水。高氯废水中化学需氧量的测定方法有__________和__________。

2. 选择题

(1) 下列关于直接电位法测定溶液 pH 值的说法中，不正确的是（　　）。

A. 若待测试液为酸性，应选择 pH=4 的标准缓冲溶液

B. 若待测试液为碱性，应选择 pH=9 的标准缓冲溶液

C. 若待测溶液的 pH 值大于 9，应使用 Li_2O 玻璃电极

D. 若待测溶液的 pH 值大于 9，应使用 Na_2O 玻璃电极

(2) 均能用双硫腙分光光度法测定的金属离子是（　　）。

A. Hg^{2+}、Cd^{2+}、Pb^{2+}、Zn^{2+}　　B. Hg^{2+}、Cd^{2+}、Pb^{2+}、Cr^{3+}

C. Cu^{2+}、Cd^{2+}、Pb^{2+}、Zn^{2+}　　D. Hg^{2+}、Cd^{2+}、Pb^{2+}、Cu^{2+}

(3) 总氰化物不包括（　　）。

A. 碱土金属的氰化物　B. 铵的氰化物　C. 钴的氰化物　D. 镍的氰化物

(4) 测定工业废水中的溶解氧时，若水样中亚硝酸根盐含量高于 0.05mg/mL，应采用（　　）。

A. 叠氮化钠修正法　　B. 高锰酸钾修正法

C. 明矾絮凝修正法　　D. 硫酸铜-氨基磺酸絮凝修正法

(5) 用分光光度法测定水中的氰化物时，不会干扰测定的物质是（　　）。

A. NaClO　B. Na_2SO_3　C. $Na_2S_2O_3$　D. Na_2SO_4

3. 用分光光度法测定水中 Cr^{6+}，其校准曲线数据为：

Cr^{6+}/μg	0	0.20	0.50	1.00	2.00	4.00	6.00	8.00	10.00
A	0	0.010	0.020	0.044	0.090	0.183	0.268	0.351	0.441

(1) 用偏最小二乘法求回归方程，并计算线性相关系数。

(2) 若取 5.00mL 水样进行测定，测得吸光度为 0.088，求该水样中 Cr^{6+} 的浓度。

(3) 在同一水样中加入 4.00mL 铬标准溶液（1.00μg/mL），测得其吸光度为 0.267，试计算加标回收率。

4. 碘量法测定溶解氧时，取 100mL 水样，经过一系列反应，最后消耗 0.0250mol/L $Na_2S_2O_3$ 标准溶液 5.00mL，求该水样中 DO 的含量。

5. 拟定测定工业循环冷却水污垢和腐蚀产物中酸不溶物、P_2O_5、Fe_2O_3、Al_2O_3、CaO、MgO、ZnO、CuO 等成分的分析方案。

第十章 农药分析

第一节 概 述

一、农药分类

农药是指用于防治或者控制危害农业、林业的病、虫、菌、草等有害生物，以及有目的地调节植物、昆虫生长的药剂的简称。

目前，全世界生产和使用的农药多达上千种。按照农药的主要防治对象、作用方式、来源和化学组成可以将其分为不同的类型。按防治对象可以分为杀虫剂、杀螨剂、杀菌剂、除草剂、杀鼠剂和植物生长调节剂等；按照化学组成和结构可分为有机氯类、有机磷类、氨基甲酸酯类、拟除虫菊酯类、苯氧乙酸类等；按制剂的形态可分为固体制剂和液体制剂等。

1. 原药和母药

原药是指在制造过程中得到有效成分及杂质组成的最终产品，不能含有可见的外来物质和任何添加物，必要时可加入少量的稳定剂。

母药是指在制造过程中得到有效成分及杂质组成的最终产品，也可能含有少量必需的添加物和稀释剂，仅用于配制各种制剂。

2. 固体制剂和液体制剂

固体制剂又分为可直接使用的固体制剂、可分散用的固体制剂和可溶性固体制剂。可直接使用的固体制剂如粉剂（dustable powder）、颗粒剂（granule）和烟剂（smoke generator）等；可分散用的固体制剂如可湿性粉剂（wettable powder）、油分散粉剂（oil dispersible powder）和水分散粒剂（water dispersible granule）等。

液体制剂又分为均相液体制剂、可分散液体制剂、乳液制剂和悬浮制剂等。均相液体制剂如可溶液剂（soluble concentrate）、油剂（oil miscible liquid）等；可分散液体制剂如乳油（emulsifiable concentrate）、乳胶（emulsifiable gel）等；乳液制剂如水乳剂（oil in water）、油乳剂（water in oil）等；悬浮制剂如悬浮剂（aqueous suspension concentrate）、油悬浮剂（oil miscible flowable concentrate）等。

3. 常见的有机氯农药

有机氯农药（organochlorine pesticides，OCPs）主要是一类含氯原子的有机合成杀虫剂，也是发现和应用最早的人工合成杀虫剂。常见的有 DDT、六六六、林丹（Lindane）、氯丹（Chlordane）、硫丹（Endosulfan）、毒杀芬（Camphechlor）、艾氏剂（Aldrin）、狄氏剂（Dieldrin）等。

由于大多数有机氯杀虫剂的化学性质很稳定，大量使用后，造成在农产品、食品和环境中残留量过高，并能通过食物链浓缩，对人畜可能产生慢性毒害等问题，引起人们极大的关注。自 20 世纪 70 年代以来，滴滴涕、六六六、艾氏剂、狄氏剂等主要有机氯杀虫剂品种相继被禁用，我国也于 1983 年禁止使用滴滴涕和六六六，目前仅有甲氧滴滴涕、三氯杀虫酯、硫丹、林丹、毒杀芬等少数品种尚在使用。

4. 常见的有机磷农药

有机磷农药（OPPs）是指分子结构中含有C—P或C—O—P、C—S—P、C—N—P键的农药，可以作为杀虫剂、杀菌剂、除草剂和植物生长调节剂。常见的有敌敌畏（Dichlorvos）、久效磷（Monocrotophos）、对硫磷（Parathion）、内吸磷（Demeton，1059）、乐果（Dimethoate）、氧乐果（Omethoate）、敌百虫（Trichlorfon）等。

有机磷杀虫剂具有药效高、易降解、对作物安全、价格低廉等特点，因此它在20世纪40年代开始飞速发展，与有机氯类、氨基甲酸酯类和拟除虫菊酯类合称为四大杀虫剂，目前仍被使用。

5. 常见的氨基甲酸酯类农药

氨基甲酸酯类农药是指氨基甲酸的衍生物。常见的有呋喃丹（Carbofuran）、速灭威（Metolcarb）、甲萘威（Carbaryl）、灭虫威（Methiocarb）、双甲脒（Amitraz）等。

氨基甲酸酯类农药主要用作杀虫剂、杀螨剂、除草剂等。20世纪70年代以来，由于有机氯农药受到限制，氨基甲酸酯类农药的用量逐年增加。

6. 常见的拟除虫菊酯类农药

拟除虫菊酯（Pyrethroids）是20世纪80年代发展起来的一类重要的合成杀虫剂，具有高效、广谱、低毒和可生物降解等特性。常见的有烯丙菊酯（Allethrin）、胺菊酯（Tetramethin）、醚菊酯（Ethofenprox）、氯菊酯（Permethrin）、氰菊酯（Fenpropanate）等。

二、商品农药采样方法

1. 基本原则

对周期性生产流程的工艺，将生产、加工和存放条件相同的一个工艺周期生产得到的物料视为一批，由生产或加工者用批号标示；对连续性生产流程的工艺，视一个班次生产得到的物料为一批。对不同批次产品质量的检验一定要每批单独采样。如果已经证明一个批号中不同包装的产品，由于种种原因质量不尽相同（不均匀），应视为多个批次进行采样。

采样应在一批或多批产品的不同部位进行，这些位置应由统计上的随机方法确定。如不能实现随机采样，应在采样报告中说明选定采样单元的方法。

2. 采样工具和盛样容器

采样工具由不与样品发生化学反应的材料制成，应根据需要选用不同的采样工具。对于容易变质或易潮解的样品，应选用可封闭的采样探子，抽取较坚硬的样品时应选用采样钻等。

盛样容器应由不与样品发生化学反应或被样品溶解而使样品质量发生变化的材料制成。样品瓶用可密封的玻璃瓶，对光敏感的样品应用棕色玻璃瓶或高密度聚乙烯氟化瓶。遇水易分解的农药，不要用一般塑料瓶和聚酯瓶包装。固体样品可用铝箔袋密封包装。

3. 商品原药采样

对已包装好的产品，采样件数取决于被采样产品的包装件总数。小于5件（包括5件）从每个包装件中抽取；6～100件，从5件中抽取；100件以上，每增加20件，增加1个采样单元。采样应从包装容器的上、中、下三个部位取出，每个采样单元的采样量应不少于100g。对于块状的样品应破碎后缩分，最终每份样品应不少于100g。

对于500kg以上大容器包装的产品，应从不同部位随机取出15个份样，混合均匀。

【注意】 对于商品液体原药如有结晶析出，应采取适当的安全措施，温热熔化，混匀后再进行采样。

4. 液体制剂采样

采样时，需打开包装件的数量一般应符合表 10-1 的要求。液体产品采样时，在打开包装容器前，要小心地摇动，尽量使产品均匀。

表 10-1 农药制剂产品采样需打开的包装件数

抽取产品的包装件数	≤10	11～20	21～260	≥210
需打开的包装件数	1	2	每增 20 件增抽 1 件	15

打开容器后应再检查一下产品是否均匀，有无结晶、沉淀或分层现象。对悬浮剂、水乳剂等贮存易分层产品，还应倒出农药进一步确认容器底部是否还有不能悬浮起来的沉淀。如当加工制剂出现沉淀不能重新使其混匀时，应在取样报告中加以说明。

对于大贮罐和槽车等应从上、中、下不同深度采样，或在卸货开始、中间和最后时间采样。每个采样单元的样品量应不少于 200mL。

液体样品的混合可在大小适宜的烧杯中进行，将采得的样品混匀后取出部分或全部，置于另一较小的烧杯中，样品不超过烧杯容积的 2/3，再次加以混合，分装成所需份数。液体制剂最终每份样品量应不少于 200mL。

【注意】 混合、分装应在通风橱中或通风良好的地方快速进行。

5. 固体制剂采样

采样时，需打开包装件的数量一般应符合表 10-1 的要求。从多个小包装中分别取出再制备混合样时，应从每个小包装中取出部分或全部产品，在聚乙烯袋中混合均匀，必要时用四分法进行缩分。

从较大包装中取样时，应选用插入式取样器或中间带凹槽的取样探头。所取样品应包括上、中、下三个部位。如用取样管或取样探头取样时，应从包装开口处对角线穿过直达包装底部。根据所需样品的量，决定从每个包装中取出产品的量。

固体制剂根据均匀程度每份样品量一般为 300～600g，必要时，可根据试验要求适当增加样品量。

第二节 农药理化性能测试

农药的理化性能测试项目主要有熔点、乳化剂闪点（闭口杯法）、pH 值、水分、乳液稳定性、热贮稳定性、低温稳定性以及丙酮不溶物、乳化剂苯不溶物等。这里简单介绍水分、乳液稳定性、热贮稳定性、低温稳定性、丙酮不溶物及乳化剂苯不溶物等项目的测定。

一、水分的测定

（一）卡尔・费休法

1. 卡尔・费休-化学滴定法

将样品分散在甲醇中，用已知水含量的卡尔・费休标准试剂滴定，根据消耗卡尔・费休试剂的量计算出样品中的水分含量。该法适用于农药原药及其加工制剂中水分的测定。

标定卡尔・费休试剂有两种方法，即以水作基准物标定法和以二水酒石酸钠为基准物标定法。

以水为基准物标定时，加 50mL 甲醇于滴定容器中，用卡尔・费休试剂滴定至终点，迅速用 0.25mL 注射器向滴定瓶中加入 35～40mg 水（精确至 0.0002g），搅拌 1min 后，用卡尔·费休试剂滴定至终点。

以二水酒石酸钠为基准物标定时，加 50mL 甲醇于滴定容器中，用卡尔·费休试剂滴定至终点，迅速加入 0.15～0.20g 酒石酸钠（精确至 0.0002g），搅拌至完全溶解，然后以 1mL/min 的流量滴加卡尔·费休试剂至终点，根据二水酒石酸钠的量和消耗卡尔·费休试剂的体积计算卡尔·费休试剂对水的滴定度。

2. 卡尔·费休-库仑滴定法

微量水分测定仪是根据卡尔·费休试剂与水的反应，结合库仑滴定原理设计而成的。

卡尔·费休试剂与水的反应式如下：

$$I_2 + SO_2 + 3C_5H_5N + H_2O \longrightarrow 2C_5H_5N \cdot HI + C_5H_5 \cdot SO_3$$
$$C_5H_5N \cdot SO_3 + CH_3OH \longrightarrow C_5H_5N \cdot HSO_4CH_3$$

反应生成的 I^- 在电解池的阳极上被氧化成 I_2，反应式如下：

$$2I^- - 2e \longrightarrow I_2$$

依据法拉第电解定律，在阳极上析出的 I_2 的量与通过的电量成正比，即水的量与通过的电量成正比。经仪器换算，可以在屏幕上直接显示出被测试样中水分的含量。

（二）共沸蒸馏法

称取含水约 0.3～1.0g 的试样（精确至 0.01g）置于圆底烧瓶中，加入 100mL 甲苯。试样中的水与甲苯形成共沸二元混合物，一起被蒸馏出来，根据蒸出水的体积，计算水分含量。

二、乳液稳定性的测定

乳液稳定性是指试样用标准硬水稀释放置 1h 后乳液的分层情况。

测定时，在 250mL 烧杯中，加入 100mL (30±2)℃标准硬水，用移液管吸取适量乳剂试样，在不断搅拌的情况下慢慢加入硬水中，使其配成 100mL 乳液。继续用 2～3r/s 的速度搅拌 30s，立即将乳液移至清洁、干燥的 100mL 量筒中，并将量筒置于恒温水浴内，在 (30±2)℃范围内，静置 1h，取出，观察乳状液的分离情况，若在量筒中无浮油（膏）、沉油和沉淀析出，则判定乳液稳定性合格。

【注意】 标准硬水是指硬度（以 $CaCO_3$ 计）为 0.342g/L 的硬水。

国家标准（GB/T 1603）中规定了标准硬水的三种配制方法。

① 称取无水氯化钙 0.304g 和带结晶水的氯化镁 0.139g，用蒸馏水溶解后，于 1000mL 的容量瓶中稀释至刻度。

② 称取 2.740g 碳酸钙及 0.276g 氧化镁，用少量盐酸溶解（2mol/L），在水浴上蒸发至干以除去多余的盐酸。然后用蒸馏水洗涤残留物，完全转移至 100mL 容量瓶中，用蒸馏水稀释至刻度，再移取 10mL 该溶液于 1000mL 的容量瓶中，用蒸馏水稀释至刻度。

③ 移取 68.5mL 钙离子溶液（0.04mol/L）和 17.0mL 镁离子溶液（0.04mol/L）于 1000mL 烧杯中，加入 800mL 水，滴加 0.1mol/L 氢氧化钠溶液或 0.1mol/L 盐酸溶液，调节溶液 pH 值为 6.0～7.0，将溶液转移到 1000mL 容量瓶中，定容，摇匀。

三、热贮稳定性的测定

农药的热贮稳定性是指试样在 54℃的温度下贮存 14 天后，其有效成分含量的变化情况。

1. 液体制剂

用注射器将 30mL 试样放在安瓿瓶（或具塞玻璃瓶）中，再将安瓿瓶放在金属容器中，于（54±2）℃的恒温箱或恒温水浴中贮存14天。然后在24h内对规定项目进行测定。

2. 粉体制剂

将20g试样放入烧杯中，不加任何压力，使其铺成等厚度的平滑均匀层。将一直径大小与烧杯配套，并恰能产生2.45kPa平均压力的圆盘压在试样上面，在（54±2）℃的恒温箱（或恒温水浴）中放置14天。取出烧杯，拿出圆盘，放入干燥器中，使试样冷至室温。然后在24h内完成对有效成分含量等规定项目的检验。

3. 其他制剂

将20g试样放入玻璃瓶中，使其铺成平滑均匀层，置玻璃瓶于（54±2）℃的恒温箱（或恒温水浴）中放置14天。取出，放入干燥器中，使试样冷至室温。然后在24h内完成对有效成分含量等规定项目的检验。

四、低温稳定性的测定

低温稳定性是指试样在0℃保持1h外观的变化情况，以及在0℃保持7天后物化指标等的变化情况。

1. 乳剂和均相液体制剂

移取100mL样品置于离心管中，在制冷器中冷却至（0±2）℃，保持1h，并每间隔15min搅拌一次，每次15s，检查并记录有无固体物或油状物析出。然后将离心管在（0±2）℃下继续放置7天，取出离心管，在室温（不超过20℃）下静置3h，离心分离15min（管子顶部相对离心力为500～600g，g为重力加速度）。记录管子底部离析物的体积（精确至0.05mL）。

2. 悬浮制剂

取80mL试样置于100mL烧杯中，在制冷器中冷却至（0±2）℃，保持1h，每间隔15min搅拌一次，每次15s，观察外观有无变化。将烧杯放回制冷器，在（0±2）℃条件下继续放置7天，取出烧杯，恢复至室温，然后测试筛析、悬浮率或其他必要的物化指标。

五、丙酮不溶物的测定

适量样品用丙酮加热溶解，趁热过滤不溶物并干燥，丙酮不溶物含量以固体不溶物占样品的质量分数计算。

测定时，将玻璃砂心坩埚漏斗烘干（110℃约1h）至恒重（精确至0.0002g），放入干燥器中冷却。称取10g样品（精确至0.0002g），置于锥形烧瓶中，加入150mL丙酮并振摇，尽量使样品溶解。然后装上回流冷凝器，在热水浴中加热至沸腾，自沸腾开始回流5min后停止加热。装配砂心坩埚漏斗抽滤装置，在减压条件下尽快使热溶液快速通过漏斗。用60mL热丙酮分3次洗涤，抽干后取下玻璃砂心漏斗，将其放入110℃烘箱中干燥至恒重，取出放入干燥器中，冷却后称重（精确至0.0002g）。

试样中丙酮不溶物的质量分数按下式计算：

$$w=\frac{m_1-m_2}{m}\times 100\% \tag{10-1}$$

式中 m_1——丙酮不溶物与玻璃坩埚漏斗的总质量，g；

m_2——玻璃坩埚漏斗的质量，g；

m——试样的质量，g。

六、乳化剂苯不溶物的测定

将4号烧结玻璃漏斗洗净，在110℃烘箱中烘干至恒重（精确至0.0002g），装在500mL吸滤瓶上。在150mL烧杯中称取农药乳化剂试样2g（精确至0.1g），加入苯80g，混匀。将试样倒进烧结玻璃漏斗中，在真空下抽滤。然后用100mL苯分三次洗涤烧杯及漏斗。最后再抽滤5min。将烧结玻璃漏斗取下，在110℃烘箱中烘至恒重。

【注意】农药乳化剂试样如呈半固体状态或有分层沉淀现象。应将其微热，使呈均相流动态。

试样中苯不溶物的质量分数按下式计算：

$$w=\frac{m_1-m_2}{m}\times 100\% \tag{10-2}$$

式中　m_1——苯不溶物与玻璃漏斗的总质量，g；

m_2——玻璃漏斗的质量，g；

m——试样的质量，g。

第三节　农药分析实例

一、氧乐果分析

氧乐果的有效成分：*O*,*O*-二甲基-*S*-（*N*-甲氨基甲酰甲基）硫代磷酸酯。

结构式为：

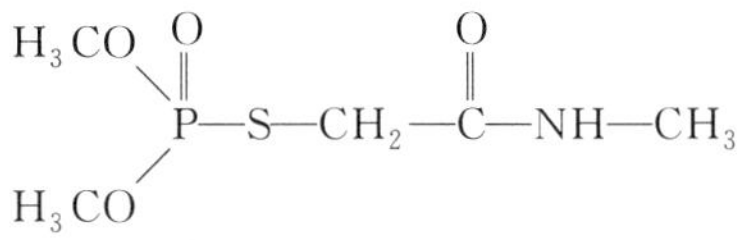

$$\begin{array}{l} H_3CO\ \ \overset{O}{\|} \qquad\qquad\quad \overset{O}{\|} \\ \qquad\ \ \backslash \\ \qquad\quad P—S—CH_2—C—NH—CH_3 \\ \qquad\ \ / \\ H_3CO \end{array}$$

化学式为：$C_5H_{12}NO_4SP$；摩尔质量：213.2g/mol。

氧乐果含量的测定方法有薄层-溴化法和气相色谱法，其中薄层-溴化法为国标（GB 6696）规定的仲裁法。

（一）薄层-溴化法

1. 方法原理

通过薄层层析法将氧乐果的有效成分从样品中分离出来。采用硅胶G薄层板，使用氯仿、正己烷和冰乙酸为展开剂，氯化钯为显色剂，刮下氧乐果谱带，然后用溴化法测定。

2. 分析步骤

（1）硅胶板的制备　采用平铺法涂制（每块板约用4～5g硅胶G），放水平处风干后，在105～110℃烘箱中烘2h左右，取出，放入干燥器中备用。

（2）样品测定　称取含氧乐果有效成分约0.5g（准确至0.0002g）的原油或40%乳油于10mL容量瓶中，用无水乙醇稀释至刻度，摇匀。

吸取该乙醇溶液100μL，在一块已活化好的硅胶板上距底边3cm、两侧各1.5cm处，将样品点成细直线，把薄层板的两边各刮去5mm宽的硅胶，以防止展开剂沿边缘扩散。在距薄板的顶边3cm处，平行于顶边刮去1mm宽的硅胶，以此带作为展开剂展开的上限。待溶剂挥发后，将板直立于充满展开剂（氯仿∶正己烷∶冰乙酸=5∶3∶2）饱和蒸气的层析缸中，板浸入溶剂的深度为7～10mm。当展开剂上升到预先标好的界线时，从缸中取出，放入通风柜中，在红外灯下干燥，使溶剂挥发，用氯化钯溶液（0.1%）喷雾显色，将 R_f 值为 0.35 左右的氧乐果黄色谱带，全部转移入 500mL 碘量瓶中。

用少量水冲洗瓶壁，加水至总体积约 50mL 左右，准确加入 10mL 溴酸钾-溴化钾溶液及 10mL 盐酸（1+1）或硫酸（1+4），塞紧瓶塞，摇匀，瓶口用少量水液封，于（30±1）℃恒温水浴中放置 10min。取出碘量瓶，加入 5mL 碘化钾溶液（15%），摇匀。放置 2～3min，用硫代硫酸钠标准溶液（0.02mol/L）滴定至淡黄色。加入 3mL 淀粉指示剂（5%），继续滴定至溶液的蓝色消失，即为终点。在同样操作条件下做空白试验。

样品中氧乐果有效成分的质量分数按式(10-3) 计算。

$$w=\frac{\frac{1}{6}c(V_1-V_2)M}{\frac{0.1}{10}m}\times 10^{-3}\times 100\% \tag{10-3}$$

式中 w——样品中氧乐果的质量分数，%；

V_1——空白试验耗用硫代硫酸钠的体积，mL；

V_2——试样耗用硫代硫酸钠的体积，mL；

c——硫代硫酸钠的浓度，mol/L；

M——氧乐果有效成分的摩尔质量，213.2g/mol；

m——试样质量，g。

（二）气相色谱法

1. 方法原理

样品采用氯仿溶解，以邻苯二甲酸二丁酯为内标，使用 3% XE-60/102AW-DMCS（80～100 目）键合处理，用带有氢火焰离子化检测器的气相色谱仪对氧乐果进行分离和测定。

2. 色谱柱的制备

（1）载体的处理　载体一般要经过酸洗、硅烷化和键合处理。

① 酸洗处理　将 100g 102 白色载体放置于 1000mL 烧杯中，倒入约 400mL 浓盐酸，浸泡处理 3 天，可见烧杯中上层盐酸变成黄棕色。倾去上层盐酸液，用水洗载体几次，再倒入约 250mL 浓盐酸浸泡。如此处理直至上层盐酸液变为无色为止。倾去上层盐酸液，用水洗至近中性后，再以蒸馏水洗至中性、无氯离子，然后进行烘干、过筛，取 80～100 目。

② 硅烷化处理　将酸洗过的载体在 110℃下烘 2h，取 100mL 二甲基二氯硅烷（DMCS）的甲苯溶液（15%），置于小口试剂瓶中，加入 20g 载体，塞紧瓶塞，摇动 10min，过滤甲苯液，用 70mL 甲苯分两次洗载体，再用甲醇漂洗载体至中性，过滤。在 110℃下烘 4h。

③ 键合处理　称取 1.5g 聚乙二醇-20000，置于直径为 10cm 的结晶皿中，加 80mL 无水乙醇溶解，再称取 15g 经酸洗和硅烷化处理的载体，倒入结晶皿中，在通风柜内的红外灯下不断摇动结晶皿，使溶液完全挥发。再放入 110℃烘箱中烘 2h。然后装入不锈钢色谱柱中（ϕ 4mm×3m），在柱前压力为 263445Pa，柱温 250℃下老化 24h。将老化后的载体从色谱柱中倒入 200mL 烧杯中，先以 100mL 二氯甲烷洗涤，倾去溶剂，再用 100mL 二氯甲烷分两次洗涤，至上层二氯甲烷溶剂不变色，弃去溶剂。载体在通风柜中的红外灯下干燥备用。

（2）载体的涂渍　准确称取 0.15g XE-60 于 100mL 圆底烧瓶中，加入 40mL 丙酮，摇动使之溶解，再加入 5g 载体，装上回流装置，回流 2h，然后静置浸泡 12h 以上，再将其倒入直径为 10cm 的结晶皿中，在通风柜内、红外灯下不断摇动，使溶剂完全挥发。放入 110℃烘箱中烘 2h。

（3）色谱柱的填充和老化　将涂渍好的载体装入玻璃柱中，一边缓慢地将载体倒入柱中，一边不断地以橡胶榔头轻轻敲击柱壁，要求载体在柱中装得紧密均匀。然后在色谱柱的两端塞好经硅烷化处理的玻璃棉。该色谱柱入口端与气化室相连，出口端先不接检测器。在柱温200℃左右，氮气流量20mL/min的条件下老化24h。在老化过程中，可向色谱柱中注入氧乐果的氯仿溶液，每次1μL，约五六次，以促使柱子的老化。

3. 样品测定

（1）气相色谱操作条件

① 温度　柱温150℃；气化室200℃；检测室180℃。

② 气体流量　载气为氮气，25mL/min（柱前压力1.4×10^5Pa）；空气600mL/min；氢气35mL/min。

③ 进样方法和进样量　先用10μL注射器吸0.2～0.4μL样品溶液，然后吸2μL空气，一次注入气化室。

④ 相对保留时间　内标邻苯二甲酸二丁酯溶液为1min；氧乐果为1.37min。

⑤ 气相色谱图　如图10-1所示。

（2）内标溶液的配制　称取3.0g（准确至0.0002g）邻苯二甲酸二丁酯于500mL容量瓶中，加氯仿稀释至刻度，该内标溶液浓度为0.006g/mL。

（3）标准曲线的制作　称取氧乐果标准品0.035g、0.055g、0.075g、0.095g（准确至0.0002g）左右于带盖的小瓶中，用吸管依次准确加入5mL内标溶液，盖好瓶盖，摇匀。逐个进样进行测定，用半峰宽乘峰高计算峰面积，以氧乐果质量除以内标质量为横坐标，以氧乐果峰面积除以内标峰面积为纵坐标作图，得到一条过原点的直线，其斜率即为校正因子$\bar{f}$。

（4）样品的测定　称取含氧乐果有效成分0.07g（准确至0.0002g）左右的原油或40%乳油于带盖小瓶中，用吸管准确吸入5mL内标溶液，摇匀，进行分析。

图10-1　邻苯二甲酸二丁酯和氧乐果的气相色谱图

1—邻苯二甲酸二丁酯；2—氧乐果

4. 结果计算

氧乐果有效成分的质量分数按式(10-4)计算。

$$w=\frac{\bar{f}A'm_1w_0}{m_2}\times100\% \tag{10-4}$$

式中　$\bar{f}$——校正因子；

A'——氧乐果与内标物的峰面积比；

w_0——氧乐果标准品的质量分数，%；

m_1——内标物质量，g；

m_2——样品的质量，g。

二、多菌灵原药分析

多菌灵化学名称：N-(2-苯并咪唑基）氨基甲酸甲酯。

结构式：

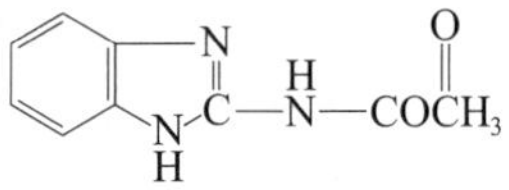

化学式：$C_9H_9N_3O_2$；摩尔质量：191.2g/mol。

（一）非水电位滴定法

1. 方法原理

样品经水洗，除去邻苯二胺等干扰物，经干燥后，在非水介质中，用高氯酸-冰乙酸标准溶液滴定。

2. 分析步骤

（1）高氯酸标准溶液（0.1mol/L）的配置和标定　取 8.5mL 高氯酸（70%～72%）与 500mL 冰乙酸混合，加 20mL 乙酸酐（小心地分几份加入），并用冰乙酸稀释至 1L，混匀，放置过夜，备用。

称取在 150℃烘至恒重的苯二甲酸氢钾 0.2g(准确至 0.0002g）置于干燥的 100mL 烧杯中，加 40mL 冰乙酸，充分搅拌使其溶解，用高氯酸标准溶液进行电位滴定，记录增量比的最大值（$\Delta E/\Delta V$），即为突跃点。取 40mL 冰乙酸，以同样方法，做空白试验。

（2）样品测定　称取约 0.15g 样品（准确至 0.0002g），置于 G3 过滤漏斗中，将该漏斗放在 500mL 抽滤瓶上，向漏斗中加入 20mL 蒸馏水，用玻璃棒搅拌洗涤 2min，将抽滤瓶接上循环水真空泵，抽干，重复洗涤三次，每次用蒸馏水 10mL。将抽干的样品连同 G3 漏斗，置于 120℃烘箱中，干燥 30min，取出冷却，用不锈钢铲刀，将过滤漏斗中干燥的样品转移至 100mL 烧杯中，用 40mL 冰乙酸分四次洗涤漏斗，用双连球鼓气加压，将洗涤液经过滤漏斗收集到 100mL 烧杯中，在电磁搅拌下使样品完全溶解。用 0.1mol/L 高氯酸标准溶液进行电位滴定，记录每次所加的体积和电压的变化值，求得增量比最大值（$\Delta E/\Delta V$），即为滴定终点。同时做空白试验。

多菌灵有效成分的质量分数按式(10-5）计算。

$$w=\frac{c(V_1-V_2)M\times 10^{-3}}{m}\times 100\% \tag{10-5}$$

式中　c——高氯酸标准溶液的浓度，mol/L；

V_1——滴定样品所消耗高氯酸标准溶液的体积，mL；

V_2——滴定空白所消耗高氯酸标准溶液的体积，mL；

m——样品质量，g；

M——多菌灵的摩尔质量，191.2g/mol。

（二）非水定电位滴定法

1. 方法原理

样品经水洗，除去邻苯二胺等干扰物，经干燥后，在非水介质中，用高氯酸-冰乙酸标准溶液，以非水定电位滴定法进行电位滴定。

2. 测定步骤

（1）多菌灵标准电位的测定　称取约 0.15g 多菌灵标准样（准确至 0.0002g），置于 100mL 烧杯中，加入 40mL 冰乙酸，在电磁搅拌下，使样品完全溶解，以玻璃电极为指示电极，饱和甘汞电极为参比电极，根据称样量，按式(10-6）求出 V_1，然后在搅拌下，以滴定的速度，将 V_1(mL）的高氯酸标准溶液（0.1mol/L）加入，并记录终点电位。

$$V_1=\frac{mw}{cM\times 10^{-3}}+V_2 \tag{10-6}$$

式中 c——高氯酸标准溶液的浓度，mol/L；

w——多菌灵标样的质量分数；

V_2——滴定空白所消耗高氯酸标准溶液的体积，mL；

m——多菌灵标样的质量，g；

M——多菌灵的摩尔质量，191.2g/mol。

（2）样品测定　称取约 0.15g 样品（准确至 0.0002g），置于 G3 过滤漏斗中，将该漏斗放在 500mL 抽滤瓶上，向漏斗中加入 20mL 蒸馏水，用玻璃棒搅拌，洗涤 2min，将抽滤瓶接上循环水真空泵，抽干，重复洗涤三次，每次用蒸馏水 10mL，而后将抽干的样品连同 G3 漏斗，置于 120℃烘箱中，干燥 30min，取出冷却，用不锈钢铲刀，将过滤漏斗中干燥的样品转移至 100mL 烧杯中，用 40mL 冰乙酸分四次洗涤漏斗，用双连球鼓气加压，将洗涤液经过滤漏斗收集到 100mL 烧杯中，在电磁搅拌下，使样品完全溶解。以玻璃电极为指示电极，饱和甘汞电极为参比电极，用高氯酸标准溶液（0.1mol/L）滴定至标样的标准电位即为滴定终点，记录所耗高氯酸标准溶液的体积。同时做空白测定。多菌灵有效成分的质量分数按式(10-5) 计算。

（三）薄层-紫外法（仲裁法）

1. 方法原理

样品先经薄层分离手段除去杂质，再用紫外分光光度法在波长为 281nm 处测定。

2. 测定步骤

称取含多菌灵 0.3g(准确至 0.0002g) 的工业多菌灵原粉于 25mL 容量瓶中，用冰乙酸溶解并稀释至刻度，混匀。通过 G3 玻璃砂芯漏斗过滤，吸取滤液 1mL，在一块已活化好的硅胶板距底边 3cm、距两侧各 2cm 处将试样点成直线，并用少量冰乙酸洗涤移液管尖端，待溶剂挥发后，将层析板直立于含有苯-丙酮-冰乙酸（70＋30＋5）的混合展开剂并充满饱和蒸气的层析缸中展开。层析板浸入展开剂深度约为 0.5～1cm，当展开剂前沿上升到距原点 13cm 处时，将板取出，待展开剂挥发后，把该板置于紫外灯下，用不锈钢针把呈现暗紫色、R_f 值约为 0.75 的多菌灵谱带区标记下来。然后用铲刀将这部分硅胶刮入 150mL 碘量瓶中，用移液管准确加入冰乙酸 50mL，盖上瓶塞，在电磁搅拌器上搅动 5min，再静置 5min。将上述溶液倒入 G3 玻璃砂芯漏斗中，漏斗下放一个 25mL 的烧杯，用双连球进行加压过滤，如图 10-2 所示。

用移液管准确吸取 5mL 滤液于 25mL 容量瓶中，并用冰乙酸稀释至刻度，混匀。将该溶液加入 1cm 石英吸收池中，以冰乙酸作参比，在波长为 281nm 处测定吸光度。以同样的操作步骤，测量由空白硅胶板的相应区域所制得的溶液的吸光度。

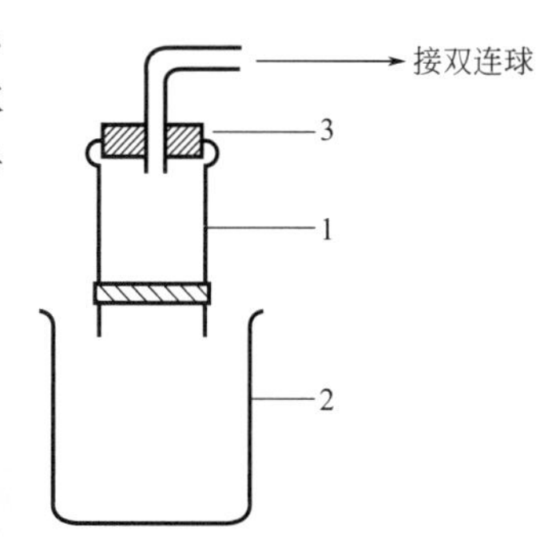

图 10-2　压滤装置

1—砂芯漏斗；2—烧杯；3—橡胶塞

3. 结果计算

多菌灵的质量分数按式(10-7) 计算。

$$w=\frac{(A_1-A_0)m_0w_0}{(A_2-A_0)m}\times 100\% \tag{10-7}$$

式中 A_1——在 281nm 处样品的吸光度；

A_2——在 281nm 处标准品的吸光度；

A_0——在 281nm 处空白的吸光度；

m——样品质量，g；

m_0——标准品质量，g；

w_0——标准品中多菌灵的质量分数，%。

三、氰戊菊酯原药分析

氰戊菊酯（Fenvalerate）的商品名称是杀灭菊酯，化学名称是 R,S-α-氰基-3-苯氧苄基-R,S-2-(4-氯苄基)-3-甲基丁酯。

结构式：

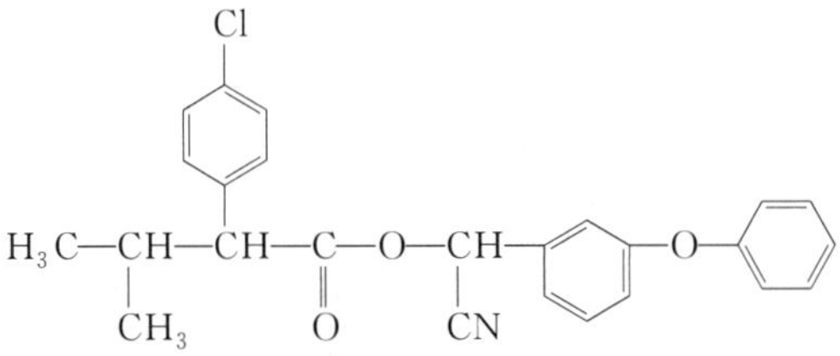

Cl

H_3C—CH—CH—C—O—CH—

CH_3　O　CN

化学式：$C_{25}H_{22}ClNO_3$；摩尔质量：419.9g/mol。

1. 方法原理

试样用丙酮溶解，以邻苯二甲酸二癸酯为内标物，使用 1.5% DC-11＋5% QF-1/Chromosorb W，AW-DMCS(147～175μm) 为填充物的玻璃柱和氢火焰离子化检测器，对试样中的氰戊菊酯进行气相色谱分离和测定。

2. 色谱柱的制备

（1）固定液的涂渍　准确称取所需量的 DC-11 和 QF-1(准确至 0.0002g) 于烧杯中，加入适量正丁醇＋氯仿＋丙酮（1＋1＋1）的混合溶剂（以使溶剂恰好浸没全部载体为宜），搅拌使之溶解，必要时可置于水浴上微热加速溶解。将称量好的载体一次倒入上述溶液中，轻轻摇荡使之混合均匀，然后置于红外灯下使溶剂完全挥发，最后在 100℃ 烘箱内烘 2h，备用。

（2）色谱柱的填充　将一小漏斗接到经洗涤干燥的色谱柱的端口，分次把制备好的填充物填入柱内，同时不断轻敲柱壁，直至填到离柱出口 1.5cm 处为止。将漏斗移至色谱柱的入口，在出口端塞一小团经硅烷化处理的玻璃棉，通过橡胶管接到真空泵上，开启真空泵，继续缓缓加入填充物，并不断轻敲柱壁，使其填充得均匀紧密。填充完毕，在入口端也塞一小团玻璃棉，并适当压紧，以保持填充物不移动。

（3）色谱柱的老化　将色谱柱入口端与气化室相连，出口端暂不接检测器，以 10mL/min 的流量通入载气（N_2），分阶段升温至 245℃，并在此温度下，至少老化 24h。

3. 气相色谱操作条件

① 柱温 230℃，气化室 270℃，检测器室 270℃。

② 载气流量 15mL/min，氢气 30mL/min，空气 300mL/min。

③ 氰戊菊酯 α 体的保留时间为 22min，氰戊菊酯 β 体为 24min，内标物为 29min。

④ 氰戊菊酯原药的气相色谱图见图 10-3。

4. 分析步骤

（1）标样溶液的配制　称取 0.13g(准确至 0.0002g) 氰戊菊酯标样和 0.10g 邻苯二甲酸二癸酯于 10mL 容量瓶中，用丙酮溶解并稀释至刻度，摇匀。用移液管吸取 5mL 此溶液至另一 10mL 容量瓶中，用丙酮稀释至刻度，摇匀。

（2）试样溶液的配制　称取含 0.13g（准确至 0.0002g）氰戊菊酯试样和 0.1g 邻苯二甲酸二癸酯于 10mL 容量瓶中，用丙酮溶解并稀释至刻度，摇匀。用移液管吸取 5mL 此溶液于另一 10mL 容量瓶中，用丙酮稀释至刻度，摇匀。

（3）样品测定　在上述操作条件下，待仪器基线稳定后，连续注入标样溶液，计算各次相对响应值的重复性，待相邻两次的相对响应值变化小于 1.0%，按照标样溶液→试样溶液→试样溶液→标样溶液的顺序进行测定。

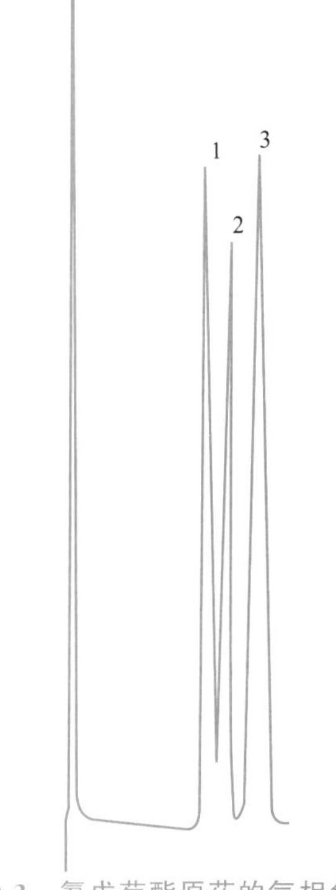

图 10-3　氰戊菊酯原药的气相色谱图

1—氰戊菊酯 α 体；2—氰戊菊酯 β 体；3—邻苯二甲酸二癸酯

5. 结果计算

根据测定两次标样溶液所得的色谱图，分别测量氰戊菊酯和内标物的峰面积，按式(10-8) 计算氰戊菊酯的定量校正因子（f），并求其平均值。

$$f=\frac{m_1 w_1}{m_2}\left(\frac{A_3}{A_1+A_2}\right) \tag{10-8}$$

式中　m_1——标样溶液中氰戊菊酯的质量，g；

m_2——内标物的质量，g；

w_1——标样中氰戊菊酯的质量分数；

A_1——标样溶液中氰戊菊酯 α 体的峰面积；

A_2——标样溶液中氰戊菊酯 β 体的峰面积；

A_3——内标物的峰面积。

根据测定两次试样溶液所得的色谱图，分别测量氰戊菊酯和内标物的峰面积，按式(10-9) 计算氰戊菊酯的质量分数。

$$w=\frac{\bar{f} m_4}{m_3}\times\left(\frac{A_4+A_5}{A_6}\right)\times 100\% \tag{10-9}$$

式中　m_3——试样溶液中试样的质量，g；

m_4——内标物的质量，g；

$\bar{f}$——氰戊菊酯的平均定量校正因子；

A_4——试样溶液中氰戊菊酯 α 体的峰面积；

A_5——试样溶液中氰戊菊酯 β 体的峰面积；

A_6——内标物的峰面积。

第十一章　其他工业生产分析简介

第一节　制浆造纸分析

一、概述

制浆造纸通常要通过制浆和抄纸两大工序，有时为使纸具有某些特殊性质，还需要对纸进行再加工。

制浆就是通过化学方法、机械方法或化学机械相结合的方法去除或克服细胞间的黏结作用，使细胞彼此分离而成为纸浆。然后再对纸浆进行洗涤、筛选和漂白。在制浆生产的工序中，蒸煮是最关键的工序。所谓蒸煮就是以化学法使植物原料离解成浆的过程，主要有碱法和亚硫酸盐法。

由制浆工段制备的浆料，经过打浆、加填、施胶、显白、净化和筛选等工序的处理，然后在造纸机上造成纸张或纸板产品。

在造纸的制浆、抄纸和纸加工的每个工序中都要用到化学品，制浆化学品的分类及主要成分见表 11-1，抄纸化学品的分类及主要成分见表 11-2。

表 11-1　制浆化学品的分类及主要成分

化学品分类	主要成分
蒸煮剂和蒸煮助剂	氢氧化钠、亚硫酸钠、硫酸钠 蒽醌及其衍生物、多硫化钠、羟胺、硼氢化钠、连二亚硫酸钠、绿氧、烷基磺酸盐等
漂白剂和漂白助剂	氯、次氯酸盐、二氧化氯、过氧化氢、氧、臭氧、过氧酸等 硫代硫酸钠、硼氢化钾、亚硫酸钠、硅酸钠、硫酸镁、碘化钾、氨基磺酸、尿素、甲醇、二甲亚砜、二甲基甲酰胺、乙酸等
废纸脱墨剂	表面活性剂(阴离子、阳离子、非离子、两性离子)
消泡剂	煤油、脂肪酸酯、正辛醇、聚醚、硅油等
防腐剂	卤化水杨酸、苯丙异噻唑酮、对氯间甲酚

表 11-2　抄纸化学品的分类及主要成分

化学品分类	主要成分
纸的内部施胶剂	松香胶、强化松香、乳液型松香胶、阳离子松香胶等
助留剂、助滤剂	明矾、聚丙烯酰胺、聚乙烯亚胺、阳离子淀粉等
纸张增干强剂	淀粉、聚丙烯酰胺、聚酰胺等
纸张增湿强剂	双醛淀粉、聚乙烯亚胺、三聚氰胺甲醛树脂等
柔软剂	阳离子表面活性剂、高碳醇、改性羊毛脂、高分子蜡等
填料	高岭土、碳酸钙、二氧化钛、滑石粉、硅酸盐、三羟基铝等
色料	无机和有机颜料、染料、荧光增白剂等
表面施胶剂、增强剂	氧化淀粉、聚乙烯醇、聚丙烯酸酯、硬脂酸盐配合物等

制浆造纸分析可以分为植物纤维原料的化学成分分析、化学纸浆分析、化学助剂分析、纸和纸板分析以及化学原料分析等。

二、造纸植物纤维原料的化学成分分析

1. 造纸原料水分的测定

造纸原料水分（moisture）含量的大小，直接影响蒸煮时原料对药液的渗透性，从而影响制浆效果。因此，正确地测定原料中的水分含量是正确执行制浆工艺的关键，是计算和控制生产的依据。水分的测定方法有干燥法和蒸馏法。干燥法测定水分含量的方法已列为国家标准方法。

2. 造纸原料灰分的测定

造纸植物原料中含有一定量的矿物质，试样经高温燃烧和灰化后剩余的矿物质称为灰分(ash)。灰分含量和组成随原料种类和部位的不同而有很大差别。灰分大小对一般制浆造纸生产影响不大，但在生产绝缘纸浆和精制浆时，要求控制在一定数量以下。因此，测定灰分含量也是评价造纸原料制浆造纸性能的重要指标之一，测定方法参见 GB/T 2667.3。

3. 造纸原料水抽出物含量的测定

植物纤维原料中所含有的部分无机盐类、糖、植物碱、环多醇、单宁、色素以及多糖类物质如植物黏液、淀粉、果胶质、多乳糖等均能溶于水。根据抽提条件不同，分为冷水抽出物和热水抽出物。冷水抽出物和热水抽出物两者成分大体相同，但因其处理条件不同，溶出物质的量不同。热水抽出物的量较冷水抽出物多，其中含有较多糖类物质。测定冷水抽出物是用（23±2)℃的水处理 48h，热水抽出物的测定是用 95～100℃的热蒸馏水处理 3h。然后将抽提后的残渣烘干，确定被抽出物的含量。

4. 造纸原料 1%氢氧化钠抽出物含量的测定

造纸植物纤维原料 1%氢氧化钠溶液抽出物含量在一定程度上可以说明原料受到光、热、氧化或细菌等作用而变质或腐朽的程度。一般来说，1%氢氧化钠溶液抽出物越多，说明原料腐朽越严重。

测定方法是在一定条件下用 1%氢氧化钠溶液处理试样，残渣经洗涤烘干至恒重后，根据处理前后试样的质量之差确定其抽出物的含量。

5. 造纸原料全纤维素含量的测定

全纤维素（holocellulose）是指植物纤维原料中纤维素和半纤维素的全部，即碳水化合物总量。

纤维素（cellulose）是不溶于水的均一单糖，它是由大量葡萄糖基构成的链状高分子化合物。半纤维素是指除纤维素和果胶以外的植物细胞壁聚糖。纤维素和半纤维素都是造纸植物纤维原料的主要组分之一。

测定全纤维素含量的方法有亚氯酸钠法、氯-乙醇胺法、二氧化氯法等，目前多采用亚氯酸钠法。

亚氯酸钠法是在 pH 为 4～5 时，用亚氯酸钠处理已抽出树脂的试样，以除去所含木素，定量地测定残留物量，即为全纤维素含量。该法的优点是分离操作简便，木素能较迅速地除去，适用于木材和非木材等各种植物纤维原料的测定。

6. 造纸原料酸不溶木素含量的测定

木素（lignin）是造纸植物纤维原料中的主要化学成分之一，它是由苯丙烷结构单元构

成的具有三度空间结构的天然芳香族高分子化合物。

在制浆造纸过程中，不论采用何种制浆和漂白方法，大都伴随着木素的脱除和木素化学结构的变化。因此，木素含量的测定是造纸工业重要的分析项目之一。

酸不溶木素含量的测定方法是用硫酸（71.9%～72.1%）水解经苯醇混合液抽提过的试样，然后定量地测定水解残余物（即酸不溶木素）的质量，即可计算出酸不溶木素的含量。

7. 造纸原料多戊糖含量的测定

半纤维素经酸水解可生成多种单糖，其中有五碳糖（木糖和阿拉伯糖）和六碳糖（甘露糖、葡萄糖、半乳糖等）。多戊糖（pentosan）是指半纤维素中五碳糖组成的高聚物的总称。

造纸原料多戊糖含量的测定方法有容量法（溴化法）和分光光度法。

容量法是将试样与12%盐酸共沸，使试样中的多戊糖转化为糠醛。用溴化法定量地测定蒸馏出来的糠醛含量，然后换算成多戊糖含量。

8. 造纸原料果胶（pectin）含量的测定

果胶酸是聚半乳糖尾酸，它不溶于水。果胶酸羧基中的大部分被甲基酯化，一部分被中和成盐，使其变成部分可溶于水的物质，称为果胶质。果胶质是碳水化合物，它是一种相对分子质量在50000～300000的高分子聚合物。

测定果胶质含量的方法通常采用果胶酸钙重量法和分光光度法。果胶酸钙重量法是采用氢氧化钠水解分离出的果胶，使成为可溶性的果胶酸盐，再用氯化钙沉淀为果胶酸钙。分光光度法是利用果胶分子中含有甲氧基，在一定条件下用氢氧化钠将其水解成为甲醇，再用高锰酸钾将甲醇氧化为甲醛，使其与品红、二氧化硫试剂发生显色反应，用分光光度法可测得甲醇含量，即可求得果胶含量。

三、纸浆化学成分分析

纸浆化学成分的分析项目很多，如水分、灰分、乙醚抽出物、多戊糖、酸不溶木素等已在造纸原料化学成分分析中介绍过了，这里只介绍另外的几个分析项目。

1. 纸浆 α-纤维素的测定

在化学浆加工生产人造纤维及其他纤维素衍生物的化学加工过程中，原始纸浆的碱溶解度是工业生产中的重要技术指标之一。表征纸浆纤维素抗碱性能的主要指标是测定纸浆的α-纤维素的含量。

在漂白化学浆中，α-纤维素包括纤维素与抗碱的半纤维素。测定方法是用氢氧化钠溶液（175g/L）处理纸浆，再用氢氧化钠溶液（95g/L）洗涤，最后用水洗涤，然后干燥、称重，从而定量地测定其残余物的量，即为α-纤维素的量。

【注意】 这种方法只适用于测定漂白纸浆或已脱木素的纸浆，对于未漂纸浆和半漂纸浆，试验前必须脱除木素。

2. 纸浆高锰酸钾值的测定法

纸浆的高锰酸钾值表示原料经蒸煮后残留在纸浆中的木素和其他还原性物质的相对含量，间接表示纸浆的脱木素程度。因此，纸浆的高锰酸钾值可用来评价蒸煮的效果和纸浆的可漂性，并为制定漂白工艺条件提供依据。

纸浆高锰酸钾值是指1g绝干浆在特定条件下所消耗0.02mol/L $KMnO_4$ 溶液的体积，单位是毫升（mL）。测定原理是基于浆料在特定条件下和高锰酸钾进行氧化作用，经一定时间后用碘化钾来终止高锰酸钾对浆料的作用。然后再用硫代硫酸钠滴定析出的碘，计算消耗高锰酸钾的量。

3. 纸浆黏度的测定法

纸浆黏度（viscosity）主要通过测定纤维素分子链的平均长度，可以用来表示在蒸煮和漂白等工艺过程中纤维素被降解破坏的程度。当纤维素分子被降解时，其链状分子即被断裂，纤维素平均长度降低，聚合度变小，纸浆黏度下降。

我国目前有关纸浆黏度测定的国家标准方法是铜乙二胺黏度法，使用的黏度计为带有水套的毛细管黏度计，如图 11-1 所示。

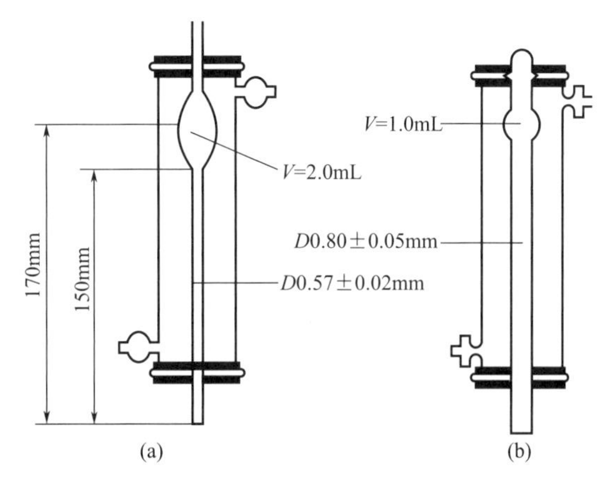

图 11-1 带水套的毛细管黏度计

图 11-1(a) 所示为带有水套的标准毛细管黏度计，要求 25℃ 的蒸馏水在此黏度计中的流出时间约为 60s。图 11-1(b) 所示为带有水套的测定用毛细管黏度计，要求黏度为 11mPa・s 的溶液，流出时间为 100s。

4. 漂白浆铜价的测定

漂白浆还原性能的测定是检定纸浆的纤维素还原性末端基含量的多少。在天然纤维素中，还原性末端基含量很少，但在制浆和漂白过程中，纤维素受到氧化和水解作用，而使还原基大大增加。纸浆还原性能的测定，可以相对表明纤维素大分子的平均纤维长度与纸浆的变质程度，漂白浆的返色也与其相关，因此具有重要的实际意义。

通常采用测定铜价的方法来测定纸浆的还原性能。铜价的定义是指 100g 绝干纸浆纤维，在碱性介质中，于 100℃时将硫酸铜还原为氧化亚铜的量，单位是克（g）。

铜价的测定原理是基于纸浆中的醛基能将二价铜还原为一价铜，析出一定量的氧化亚铜。在酸性条件下，溶液中的氧化亚铜被一定量的过量的碘所氧化，用硫代硫酸钠滴定过量的碘，可以计算出氧化亚铜的量。

四、化学助剂分析

1. 蒽醌

蒽醌主要用作碱法蒸煮助剂，其主要作用是加快脱木素反应速率，保护碳水化合物，提高制浆效率。通常进行纯度、灰分和初熔点等项目的测定。

纯度的测定方法是用浓硫酸在 80℃下处理试料，使其溶解。其中的杂质由于磺化、水解等作用，经稀释溶于水，而蒽醌经稀释后即结晶析出。过滤后进行升华，根据升华前后的质量差计算出蒽醌的含量。

2. 羧甲基纤维素

羧甲基纤维素（CMC）为白色或微黄色纤维状或粉末状物质。CMC 既可以用作表面施胶剂，又可以作内部施胶剂，其施胶效果较好。纸经施加 CMC 后，能提高其干强度、耐油性和吸墨性。它既能单独使用，也可以与聚丙烯酰胺、聚乙烯醇和尿醛树脂等合成胶料混合使用。羧甲基纤维素通常进行水分、有效成分、钠含量、黏度和 pH 值等项目的测定。

羧甲基纤维素有效成分的测定是利用 CMC 不溶于乙醇的特性，通过向溶液中加入乙醇，使羧甲基纤维素有效成分逐渐沉淀下来。然后进行过滤，烘干，称量，即可以计算出羧甲基纤维素有效成分的含量。

3. 淀粉及其衍生物

淀粉是一种天然高分子碳水化合物，是重要的造纸添加剂。它既可作表面施胶剂又可作内部施胶剂。为了满足造纸施胶的要求，必须对其进行改性。改性方法包括物理改性、化学改性和生物改性。根据改性处理的方法不同，可制得各种变性淀粉，例如氧化淀粉、酸转化淀粉、阳离子淀粉、磷酸酯淀粉、乙酸酯淀粉、羧甲基淀粉和交联淀粉等，在造纸上用得较多的是氧化淀粉和阳离子淀粉。

淀粉及其衍生物的测定项目有水分、灰分、细度、黏度、酸度、氮含量等。

氮含量的测定采用凯氏定氮法，在催化剂存在下，用硫酸消化，然后加入氢氧化钠溶液，并进行蒸馏，使氨释放出来，用硼酸溶液吸收。最后用硫酸标准溶液进行滴定，由硫酸的耗用量计算出试料中的氮含量。

4. 聚丙烯酰胺

聚丙烯酰胺（PAM）是一种合成的水溶性高分子化合物，其平均相对分子质量由数千至数百万以上。它是一种白色、无味、呈粉末状或含有一定水分的透明胶体聚合物。在水中可以电离，根据离解基团的特性，PAM 可分为阴离子型、阳离子型和非离子型三类。阳离子型 PAM 在造纸上的应用较广，可作絮凝剂、干强剂、湿强剂和表面施胶剂等。

聚丙烯酰胺的常见测定项目有固体物含量、不溶物含量、特性黏度的测定等。

固体物含量是指去掉水分等挥发物后固体物质所占试料的质量分数。测定方法采用真空干燥法，即在温度为（105±2）℃、真空度约为 5.3kPa 的干燥箱内烘 5h。

不溶物含量的测定方法是将试样加入盛有 1000mL 蒸馏水的烧杯中，不断搅拌，在常温下溶解 6h。然后用不锈钢网过滤溶液，将不锈钢网连同不溶物置于温度为（105±2）℃、真空度约为 5.3kPa 的干燥箱内烘干 4h。

特性黏度的测定方法是测定一定试料溶液流经毛细管黏度计规定距离所需要的时间，通过换算求得特性黏度值。

5. 聚乙烯醇

聚乙烯醇（PVA）是一种高分子聚合物，易溶于水，也溶于含有羟基的有机溶剂中。外观为白色颗粒状或粉末状，无毒无味。在造纸工业中主要用作纸的增强剂、表面施胶剂、涂料的黏合剂和防水剂等。

聚乙烯醇的测定项目主要有挥发分、氢氧化钠含量、乙酸钠含量、纯度、透明度、平均聚合度等。

氢氧化钠含量的测定方法是将试料溶解在水中，加过量硫酸与试料中的氢氧化钠中和，再用氢氧化钠标准溶液滴定剩余的硫酸，从而求得试料中氢氧化钠的含量。

6. 聚合氯化铝

聚合氯化铝（PAC）是介于氯化铝和氢氧化铝两种物质之间的一种水溶性无机高分子聚合物，又称为碱式氯化铝或聚羟基铝。在造纸工业中，PAC 除部分被用于水处理外，更多地被用于松香中性施胶的沉淀剂和抄纸湿部的助留剂、助滤剂。

聚合氯化铝的测定项目有相对密度、氯化铝含量、水不溶物和 pH 值等。

相对密度的测定常采用密度计法，氯化铝的测定采用 EDTA 配位滴定法。

第二节　塑料和合成橡胶分析

一、概述

塑料和橡胶都属于高分子材料。高分子分为天然高分子和合成高分子，合成高分子又被称为聚合物（polymer）。合成高分子材料主要包括合成树脂（塑料）、合成橡胶、化学纤维、高分子胶黏剂、高分子涂料和高分子基复合材料。

1. 塑料原材料与助剂

塑料有单成分和多成分之分。单成分塑料仅含有合成树脂，如有机玻璃就是一种单成分的聚甲基丙烯酸甲酯。而大多数的塑料除含有合成树脂外，还含有其他添加剂，这就是多成分塑料。

常见的树脂种类有聚乙烯（PE）、聚氯乙烯（PVC）、聚苯乙烯（PS）、酚醛（PF）、脲醛（UF）、环氧（EP）、聚酯（PR）、聚氨酯（PU）、聚甲基丙烯酸甲酯（PUMA）、有机硅（SI）等。

塑料助剂主要有增塑剂、热稳定剂、光稳定剂、抗氧剂、阻燃剂、发泡剂、抗静电剂、偶联剂、着色剂、润滑剂和增强剂等。

2. 合成橡胶原材料与助剂

世界橡胶产量中，天然橡胶仅占15%左右，其余都是合成橡胶。天然橡胶的基本组成是异戊二烯，人们用异戊二烯作为单体进行聚合反应，得到合成橡胶——异戊橡胶。异戊橡胶的结构与性能基本上与天然橡胶相同。由于当时异戊二烯只能从松节油中获得，原料来源受到限制，而丁二烯则来源丰富，因此以丁二烯为基础开发了一系列合成橡胶，如丁苯橡胶、顺丁橡胶、丁腈橡胶和氯丁橡胶等。随着石油化学工业的发展，石油气经过高温裂解和分离提纯，可以得到乙烯、丙烯、丁烯、异丁烯、戊烯、异戊烯等合成橡胶的好原料。

合成橡胶可分为通用橡胶和特种橡胶。通用橡胶用量较大，例如丁苯橡胶占合成橡胶产量的60%，其次是顺丁橡胶，占15%，此外还有异戊橡胶、氯丁橡胶、丁钠橡胶、乙丙橡胶、丁基橡胶等。

二、增塑剂主要性能指标分析

增塑剂（plasticizers）是指能赋予和增加高分子合成树脂的可塑性的化学物质。常见的增塑剂可分为邻苯二甲酸酯类（邻苯二甲酸二丁酯、邻苯二甲酸二辛酯）、脂肪族二元酸酯类（己二酸二辛酯）、磷酸酯类（磷酸三辛酯）、环氧增塑剂（环氧大豆油）、聚酯类增塑剂（癸二酸丙二醇聚酯）、烷基磺酸酯类等。

增塑剂绝大多数是用于聚氯乙烯软制品的加工。加入增塑剂能增加塑料的柔韧性和耐寒性，降低其软化温度，改善加工性能。

增塑剂性能的主要指标有灰分、水分、皂化值、酯含量、外观色度、闪点、运动黏度、固化点以及热稳定性等。

1. 增塑剂灰分的测定

增塑剂经蒸发及灼烧后，其矿物成分形成的氧化物及盐类的残留物称为增塑剂的灰分。

称取试样10g(称准至0.01g）于恒重的坩埚中，置电炉上慢慢加热（防止起火），蒸发至近干。然后将坩埚移入（600±30)℃高温炉内，灼烧1～1.5h至残留物灰化（难灰化的增塑剂可在残留物中加入1～2g硝酸铵）。残留物灰化后，将坩埚取出，稍冷，移至干燥器内，冷却至室温，称重。根据灼烧后灰分的质量和样品的质量计算出增塑剂的灰分含量。

2. 增塑剂水分的测定

增塑剂水分的测定可采用卡尔·费休法和比浊法，在进行仲裁分析时应采用卡尔·费休法。

比浊法是将增塑剂与溶剂相混，含水分时产生浑浊，且含水量越高，浑浊度也越大。根据采用的溶剂不同，可分为两种方法。一种方法是采用苯为溶剂，称取1g试样（准确至0.01g）于20mL具塞比色量筒中，在15～20℃下，将20mL水饱和的苯分四次均匀加入，每次加入后剧烈摇动，然后观察其浑浊程度，与同体积同温度所用水饱和的苯比浊。另一种方法是采用汽油为溶剂，取试样5mL，置于100mL具塞比色量筒中，在20℃下，每次加入5mL汽油，剧烈摇动，直至全部体积有100mL。每次观察其浑浊程度，与同体积的汽油比浊。

3. 增塑剂外观色度的测定

增塑剂外观色度的测定方法是比色法，将样品色与标准色度进行比较，按“铂-钴色度”单位表示其结果。

铂-钴色度单位是指溶液的色度以每升含1mg氯铂酸形式中的铂和2mg的氯化钴六水化合物（$CoCl_2 \cdot 6H_2O$）。该方法适用于邻苯二甲酸酯类、癸二酸和己二酸酯类、磷酸三苯酯、磷酸三甲苯酯、氯化石蜡-52等一些透明液体产品的测定。

4. 增塑剂闪点的测定

增塑剂闪点的测定方法与石油产品闪点的测定方法相同，采用克利夫兰德开口杯法。

将试样加入试验杯至规定的液面刻线，最初较快地升高试样温度，然后缓慢地以稳定的速度升温至接近于闪点，并不时地在规定的温度下以试验小火焰横扫过杯内液体表面上空，当由于火焰而引起液体表面上蒸气闪火时的最低温度就为样品的闪点。

5. 增塑剂运动黏度的测定

增塑剂运动黏度的测定方法有品氏法（Pinkevitch method）和恩氏法（Engler method）。

用品氏黏度计测定出来的黏度叫动力黏度。在相同温度下，液体的动力黏度与其密度之比称为运动黏度。

用恩氏法测定出来的黏度叫恩氏黏度，是条件黏度的一种。可以通过查表的办法将测定出来的恩氏黏度换算为运动黏度。

6. 增塑剂皂化值及酯含量的测定

皂化值（saponification value）是指皂化1g增塑剂所需氢氧化钾的质量，以（mg KOH/g）表示。

测定方法是将试样用氢氧化钾-乙醇标准溶液进行皂化，然后以酚酞为指示剂，用盐酸标准滴定溶液滴定过量的氢氧化钾。根据消耗盐酸标准溶液的体积计算皂化值和酯含量。

三、防老剂、硫化促进剂分析

橡胶成品在不同的环境条件下，容易发生龟裂或硬化而使橡胶物性退化的现象，称为橡胶的老化现象。为了防止橡胶发生老化，常在橡胶加工时加入防老剂。

根据防老剂对各种不同老化现象的防护作用，可将其分为抗氧剂、抗臭氧剂、抗疲劳剂或屈挠龟裂抑制剂、金属离子钝化剂及紫外线吸收剂等。按照化学结构可以将防老剂分为胺类、酚类等。常见的胺类防老剂有：苯基 α-萘胺（防老剂 A）、苯基 β-萘胺（防老剂 D）、2,2,4-三甲基-1,2-二氢化喹啉聚合物（防老剂 RD）、*N*-异丙基-*N*′-苯基对苯二胺（防老剂 4010NA）、6-乙氧基-2,2,4-三甲基-1,2-二氢化喹啉（防老剂 AW）等；常见的酚类防老剂有：苯乙烯化苯酚（防老剂 SP）、2,5-二叔戊基对苯二酚（防老剂 DAH）等。

硫化促进剂的种类繁多，根据化学结构可以将其分为噻唑类、次磺酰胺类、二硫代氨基甲酸盐类、胍类、硫脲类和醛胺类等。常见的噻唑类硫化促进剂有：硫醇基苯并噻唑（促进剂 M）、二硫化苯丙噻唑（促进剂 DM）、硫醇基苯并噻唑锌盐（促进剂 MZ）等；常见的二硫代氨基甲酸盐类硫化促进剂是二丁基二硫代氨基甲酸锌（促进剂 BZ）；常见的胍类促进剂是二苯胍（促进剂 D）；常见的硫脲类硫化促进剂有：*N*,*N*′-二乙基硫脲(促进剂 DETU)、四甲基硫脲（促进剂 TMTU）等；常见的醛胺类促进剂是六甲基四胺（促进剂 H）。

（一）防老剂、硫化促进剂主要性能指标分析

橡胶防老剂、硫化促进剂的主要性能指标项目有加热减量、灰分、软化点、熔点、凝固点、表观密度、结晶点、黏度、水溶物、盐酸不溶物和硝酸不溶物等。

1. 表观密度的测定

表观密度（apparent density）的测定方法是通过活塞或汽缸在定压作用下测定试样的体积，然后根据试样的质量和体积之比计算表观密度。

2. 结晶点的测定

在规定条件下，冷却液体试样或熔融试样，在冷却过程中，当试样出现结晶时在液相中测量到的一个恒定温度或回升的最高温度即为试样的结晶点（crystallizing point）。

3. 黏度的测定

黏度是流体的内摩擦，是一层流体与另一层流体作相对运动时的阻力，单位为帕秒(Pa·s)。

测定防老剂、硫化促进剂的黏度常采用旋转黏度计法，测定的黏度称为绝对黏度，又称动力黏度。

4. 熔点的测定

采用毛细管电热熔点测定器进行测定，该熔点测定器中的玻璃管内有 100～300W 的电阻丝，如图 11-2 所示。

5. 软化点的测定

将规定质量的钢球置于灌满试样的试样环上，以恒定的加热速率加热此组件，当试样软化并在钢球重力作用下一起坠落到规定距离时的温度即为试样的软化点（softening point)。

6. 盐酸不溶物的测定

用盐酸溶解试样，经洗涤、过滤、灼烧后，以重量法测定橡胶防老剂、硫化促进剂中盐酸不溶物含量的方法。该方法不仅适用于固体橡胶防老剂、硫化促进剂中盐酸不溶物含量的测定，也适用于塑料抗氧剂中盐酸不溶物含量的测定。

（二）防老剂分析

1. 防老剂 4010NA 纯度的测定

防老剂 4010NA 的结构式：

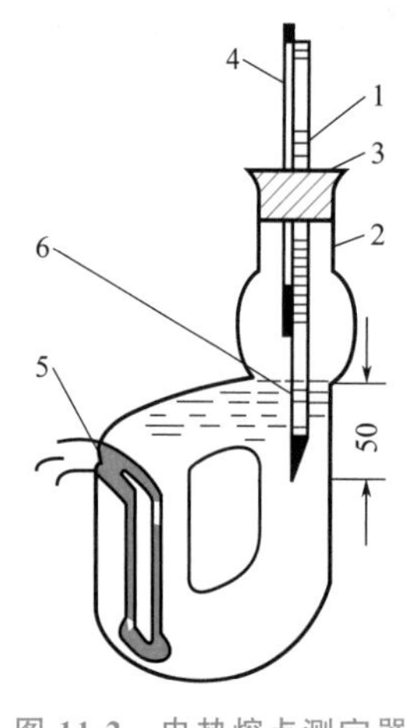

图 11-2 电热熔点测定器
1—温度计；2—电热测定器；
3—胶塞；4—辅助温度计；
5—电热丝；6—毛细管

$$C_6H_5-NH-C_6H_4-NH-CH(CH_3)_2$$

防老剂 4010NA 的纯度用气相色谱法进行测定，采用毛细管色谱柱、SE-30 固定相、氢火焰离子化检测器，计算方法采用面积归一法。

2. 防老剂 A 游离胺的测定

芳香族一级胺可以和亚硝酸或亚硝酸盐及过量的酸在低温下生成重氮盐，根据亚硝酸盐消耗的量来计算游离胺含量。测定时，先将样品中的游离胺溶解，冷却至室温后过滤，加入 2mL 盐酸及 5mL 溴化钾溶液（100g/L），然后以碘化钾淀粉试纸作指示，用 0.1mol/L 亚硝酸钠标准溶液滴定至终点。

3. 防老剂 D 中 2-萘酚含量的测定

将试样加入氢氧化钠溶液（250g/L）中，在 60℃ 的水浴上加热 30min。过滤后，冷却至 15℃，加入 6mol/L 盐酸至刚果红试纸变蓝，然后用 0.1mol/L 碘标准溶液滴定至淀粉变蓝（体积不计）。然后，加入碳酸氢钠至刚果红试纸变红，再加入 10g 碳酸氢钠。最后，以 0.1mol/L 碘标准溶液滴定至终点，根据消耗的碘标准溶液的体积计算 2-萘酚的含量。

4. 防老剂 AW 挥发分的测定

称取 2g 试样，置于预先用真空泵抽气干燥至恒重的称量瓶中，放入装有硅胶的真空干燥器中，用真空泵抽气 2h，进行称量。再每次抽气 30min 并称量至两次称量之差不超过 0.0004g 为止。

5. 防老剂 AW 的苯溶解性试验

称取 10.0g 试样于 250mL 烧杯中，加入 25mL 苯，溶解后应为棕色透明液体，液层的表面无不溶物。

（三）促进剂分析

1. 促进剂 H 纯度的测定

促进剂 H 与硫酸作用分解出甲醛，剩余的硫酸用氢氧化钠标准溶液滴定，由消耗氢氧化钠标准溶液的量计算促进剂 H 的纯度。

2. 促进剂 MZ 中锌含量的测定

将试样用氨-氯化铵缓冲溶液（pH＝10）和乙醇在水浴上加热溶解。冷却后，加入水、三乙醇胺及铬黑 T 指示剂，以 EDTA 标准溶液滴定至紫红色变为纯蓝色即为终点。根据消耗 EDTA 标准溶液的体积计算锌含量。

3. 促进剂 D 纯度的测定

促进剂 D 的乙醇溶液呈弱碱性，可用盐酸标准溶液直接滴定。根据消耗的盐酸标准溶液的体积计算促进剂 D 的纯度。

$$HN=C(NH-C_6H_5)_2 + HCl \longrightarrow \left[(C_6H_5-NH_2^+)(C_6H_5-NH)C=NH\right]Cl^-$$

4. 促进剂 DM 纯度的测定

在试样中加入 50mL 0.5mol/L 氢氧化钾-乙醇溶液，溶解后加酚酞指示剂，用 0.5mol/L 盐酸标准溶液滴定至红色刚褪去为止。根据消耗的盐酸标准溶液的体积计算促进剂 DM 的纯度。

5. 促进剂 M 纯度的测定

促进剂 M 的乙酸溶液呈酸性，可以用氢氧化钠标准溶液进行中和滴定。根据消耗的氢氧化钠标准溶液的体积计算促进剂 DM 的纯度。

$$\text{(N, S)C—SH} + \text{NaOH} \longrightarrow \text{(N, S)C—SNa} + \text{H}_2\text{O}$$

四、丁苯橡胶生产分析

丁苯橡胶是由丁二烯与苯乙烯通过乳液法低温聚合而得到的弹性体，是无规聚合物。其硬度随苯乙烯含量的增高而相应增强，但弹性下降。通常，丁苯橡胶中苯乙烯含量约为 22%～25%。

丁苯橡胶耐磨、耐老化、耐臭氧、耐水等性能均比天然橡胶好，是一种综合性能较好的通用型品种。广泛用于轮胎、胶带、胶管等橡胶制品的生产。

1. 精制丁二烯分析

精制丁二烯的分析项目主要有丁二烯浓度、水分含量、炔烃含量、微量杂质含量等。

丁二烯浓度的测定采用气相色谱法，采用氧二丙腈和壬二酸二乙酯串联柱，样品在色谱柱中被分离后通过热导池检测器进行测定。

从石油副产品 C_4 馏分中分离出来的丁二烯中含有炔烃，它在聚合时使橡胶分子成网状结构，促使橡胶的门尼值升高，因此是一种十分有害的杂质。炔烃含量的测定常采用气相色谱法，以氧二丙腈为固定液的色谱柱，烃类气体中炔烃在色谱柱中被分离后，通过氢火焰离子化检测器进行检测，以外标法进行定量分析。

丁二烯中的杂质（如乙腈、有机含氧化合物）在丁二烯聚合时将影响转化率，丁二烯二聚体将造成橡胶分子量下降，因此须控制杂质的含量。杂质的测定采用气相色谱法，以丙二醇-1,2-二丙腈醚为固定液，样品经色谱柱分离后，用氢火焰离子化检测器进行检测，以外标法进行定量分析。

精制丁二烯水分的测定采用卡尔·费休法。气体中的微量水分用无水甲醇捕集下来后，再与卡尔·费休试剂作用，采用“永停法”确定终点。根据消耗卡尔·费休试剂的量，即可求得水分的含量。

2. 精制苯乙烯分析

精制苯乙烯的分析项目主要是苯乙烯浓度的测定和聚合物含量的检验。

苯乙烯浓度的测定方法是在规定条件下测定样品的折射率，然后从乙苯-苯乙烯混合样建立的折射率与苯乙烯含量的工作用表中查得样品中苯乙烯的含量。

苯乙烯中聚合物含量的测定采用比浊法。准确量取苯乙烯试样 5mL 于比色管内，加入甲醛至刻度，剧烈摇匀。放置 10min 后与氯化银标准液进行比浊。

3. 碳氢相组成的测定

用膨胀密度瓶测出碳氢相的密度，再从表 11-3 中查得丁二烯与苯乙烯的组成。

表 11-3 碳氢相组成与密度的关系

碳氢相密度/(g/mL)	丁二烯含量/%	苯乙烯含量/%	碳氢相密度/(g/mL)	丁二烯含量/%	苯乙烯含量/%
0.7100	71.6	28.4	0.7150	69.7	30.3
0.7105	71.4	28.6	0.7155	69.5	30.5
0.7110	71.2	28.8	0.7160	69.3	30.7
0.7115	71.0	29.0	0.7165	69.1	30.9
0.7120	70.9	29.1	0.7170	69.0	31.0
0.7125	70.7	29.3	0.7175	68.8	31.2
0.7130	70.5	29.5	0.7180	68.6	31.4
0.7135	70.3	29.7	0.7185	68.4	31.6
0.7140	70.0	30.0	0.7190	68.2	31.8
0.7145	69.9	30.1	0.7195	68.0	32.0

4. 水溶液分析

丁苯橡胶生产过程中，水溶液中主要分析的项目有硫酸亚铁含量、EDTA 含量、雕白粉含量以及碱度和干物质的测定等。

亚铁离子的测定方法是在酸性水溶液中，用高锰酸钾定量地将亚铁离子氧化为三价铁离子，由消耗的高锰酸钾标准溶液的量来计算硫酸亚铁的含量。

水溶液中的 EDTA 以配合和游离两种状态存在，未配合 EDTA 的测定是用硝酸将溶液中的亚铁离子氧化成三价铁离子，使它与 EDTA 形成稳定的配合物，然后用铁铵矾标准溶液滴定未配合的 EDTA。配合的 EDTA 的测定方法是用过硫酸铵将 EDTA 破坏，同时将亚铁离子氧化成三价铁离子，反应完毕后除去过量的过硫酸铵，然后以磺基水杨酸钠作指示剂，用 EDTA 标准溶液滴定铁，测得硫酸亚铁的含量。再由亚铁的含量换算得到水溶液中已配合的 EDTA 的含量。活化相中 EDTA 的含量等于配合态与未配合态 EDTA 含量的总和。

雕白粉是甲醛和亚硫酸氢钠的缩合物，它与碘作用，被氧化成甲醛和硫酸。其测定方法是以淀粉作指示剂，用碘标准溶液直接滴定试液。

5. 胶浆分析

胶浆的分析项目主要有胶含量、聚合转化率、游离苯乙烯含量、防老剂丁的含量及门尼黏度的测定。

胶含量的测定方法是用氯化钠溶液（200～250mg/L）作凝聚剂将胶浆凝聚，析出的橡胶经过滤、洗涤、烘干后称量，求得胶含量。

聚合转化率的测定方法是在 110℃ 的条件下，除去胶浆中的水分和未聚合的单体，残留物为干物质。由干物质含量经换算求得聚合转化率。

游离苯乙烯含量的测定方法是将胶浆用水稀释后，直接蒸馏并收集馏出物于刻度量筒中，测得苯乙烯的量。根据苯乙烯的体积、密度及未蒸馏出的苯乙烯的量计算出胶浆中游离苯乙烯的含量。

防老剂丁的测定常采用分光光度法。防老剂丁与对硝基氯化重氮苯反应生成红色的偶氮化合物，用丁醇抽提后，用分光光度计测定防老剂丁的含量。

门尼黏度是衡量橡胶平均分子量及可塑性的一个指标。将生胶、混炼胶置于门尼黏度计上，在一定温度下经一定时间用转动黏度计转子的阻力表示门尼黏度。测定时先将胶浆进行凝聚干燥后，再在门尼黏度计上进行测定。

6. 丁苯橡胶分析

测定项目有松香酸含量、松香皂含量、游离脂肪酸含量、结合苯乙烯含量等。

丁苯橡胶中松香酸的测定方法是用乙醇-甲苯混合溶剂（7∶3）提取松香酸，然后以间甲酚紫为指示剂，用 0.1mol/L 氢氧化钠标准溶液滴定至红色即为终点。

丁苯橡胶中松香皂的测定方法是采用测定松香酸的提取液，以间甲酚紫为指示剂，用 0.05mol/L 盐酸标准溶液滴定至红色即为终点。

结合苯乙烯含量的测定方法采用乙醇-甲苯混合溶剂（7∶3）提取，将提取剩余物用苯全部溶解，取几滴溶液滴于干净的玻璃片上，制成薄膜，烘干，在 25℃时测定折射率（n_D^{25}）。结合苯乙烯的含量可以用式(11-1) 计算：

$$\text{结合苯乙烯的含量}=23.50+1164(n_D^{25}-1.5346)-3497(n_D^{25}-1.5346)^2 \quad (\%) \tag{11-1}$$

若测定温度不是 25℃，可以采用式(11-2) 将温度为 t 时的折射率换算为 25℃时的折射率，再计算结合苯乙烯的含量。

$$n_D^{25}=n_D^t+3.7\times10^{-4}(t-25) \quad (\%) \tag{11-2}$$

第三节　日用化学品分析

日用化学品是人们日常生活中实用的精细化学品，主要包括洗涤用品和化妆品等。

一、洗涤用品分析

1. 肥皂的常规分析

肥皂是由原料油脂、脂肪酸或脂肪酸皂甲酯与碱反应制得的，分为钠皂、钾皂、铵皂和有机碱皂等。其化学分析项目主要有水分、石油醚可溶物、总碱量及总脂肪物、纯皂含量、游离碱、乙醇不溶物、水不溶物、氯化物、甘油、EDTA 钠盐等。

2. 合成洗涤剂的常规分析

合成洗涤剂的组成主要有表面活性剂、泡沫稳定剂、增溶剂、溶剂、助洗剂、羧甲基纤维素、荧光增白剂、色素和香料等。

表面活性剂有阴离子型表面活性剂（如直链十二烷基苯磺酸钠和烷基磺酸钠）、非离子型表面活性剂（如辛烷基酚聚氧乙烯醚）。常用的泡沫稳定剂是烷基醇酰胺，它具有稳定泡沫、增容及增加黏度等作用。常用的增溶剂有尿素、甲苯或二甲苯的磺酸盐，能促进活性物的溶解，使液体产品澄清透明。含磷洗涤剂中使用的助洗剂是三聚磷酸盐，而无磷洗涤剂中的助洗剂是硅酸盐。

合成洗涤剂的常规分析项目有石油醚溶解物、乙醇溶解物、阴离子活性剂、尿素、羧甲基纤维素、过氧化物、总磷、硅酸盐、碳酸盐、氯化物、水分等。

二、化妆品分析

化妆品（cosmetics）是清洁、美化和保护人们的面部、皮肤及毛发等处的日用化学品，主要分为护肤类化妆品（如雪花膏、润肤霜等）、美容化妆品（如唇膏、胭脂、睫毛膏等）、香水类产品（如香水、花露水等）、美发类化妆品（如洗发精、染发剂、烫发剂等）、口腔卫生用品（如牙膏、含漱水等），另外还有祛斑霜、防螨霜等产品。

化妆品原料中含有油性物质，为使油性物质乳化，要加入表面活性剂；为使化妆品保持皮肤滋润，要使用保湿剂；为使化妆品对微生物具有防腐性，要使用防腐剂；为防止化妆品被氧化，要添加抗氧化剂。另外，还要添加一些香精和色素，以使化妆品具有舒适的香味和艳丽的色彩。

为了保证化妆品的使用安全，GB 7916 规定了化妆品组分中的禁用物质 359 种，限用物质 57 种，限用防腐剂 56 种，限用紫外线吸收剂 36 种。同时对汞、铅、砷、甲醇等有毒物质的含量作出了限量规定。

化妆品的分析项目很多，常见的有冷原子吸收分光光度法测定汞，原子吸收分光光度法测定铅，气相色谱法测定甲醇，二乙氨基二硫代甲酸银分光光度法和砷斑法测定砷。

三、香料分析

香料（aromatics）分为天然香料和人造香料两大类，人造香料分为单离香料和合成香料，目前合成香料已达 5000 多种。不管是天然香料还是人造香料，其生产目的是为了配制香精，用于日用化学品和食品等工业产品中。

香料的分析项目主要有冻点、闪点、旋光度、折射率、酚含量、羟基化合物、微量氯等。

1. 冻点（freezing point）

香料在过冷条件下由液态转变为固态释放其熔化潜热时，所观察到的恒定温度或最高温度称为冻点，又称凝固点。

2. 闪点（flash point）

在规定条件下加热到香料的蒸气与空气的混合气接触火焰发生闪火时的最低温度称为闪点。GB/T 11454.10 规定香料闪点的测定采用闭口杯法。

3. 旋光度（optical rotation）

在规定的温度条件下，用与钠光谱 D 线相一致、波长为（589.3±0.3）nm 的光线，穿过厚度为 100mm 的香料液层时所产生的偏振面称为香料的旋光度（α_D^t），用角的度数或千分弧度来表示。若在其他厚度的液层进行测定时，其 α_D^t 值应换算为 100mm 的值。将香料溶液的旋光度 α_D^t 除以单位体积中香料的质量即为香料的比旋光度（$[\alpha]_D^t$）。

一般使用旋光仪进行测定。当被测定的香料产品在被测温度下呈固体、半固体或黏度较大、色泽较深时，应先配成溶液，所配溶液的浓度及所使用的溶剂应符合标准中的规定。

4. 折射率

在恒定的温度下，当具有一定波长的光线从空气射入液体香料时，入射角的正弦与折射角的正弦的比例称为香料的折射率。GB/T 14454.4 规定波长为（589.3±0.3）nm，相当于钠光谱中的 D_1 线与 D_2 线。规定温度为 20℃。若是在该温度时不呈液体的香料，则在产品标准中另作规定。

一般采用阿贝折光仪进行测定，可直接读出从 1.3000～1.7000 的折射率。

附　　录

附录一　实验室常用酸碱的密度、质量分数和物质的量浓度

名称	密度 /(g/mL)	质量分数 /%	物质的量浓度 /(mol/L)	名称	密度 /(g/mL)	质量分数 /%	物质的量浓度 /(mol/L)
盐酸	1.18～1.19	36～38	11.1～12.4	冰醋酸	1.05	99	17.4
硝酸	1.39～1.40	65～68	14.4～15.2	氢氟酸	1.13	40	22.5
硫酸	1.83～1.84	95～98	17.8～18.4	氢溴酸	1.49	47	8.6
磷酸	1.69	85	14.6	氨水	0.88～0.90	25～28	13.3～14.8
高氯酸	1.68	70～72	11.7～12.0				

附录二　实验室常用基准物质的干燥方法（干燥温度和干燥时间）

名称	化学式	干燥方法
无水碳酸钠	Na_2CO_3	270～300℃灼烧1h
硼砂	$Na_4B_4O_7 \cdot 10H_2O$	室温保存在装有氯化钠和蔗糖饱和溶液的干燥器内
草酸	$H_2C_2O_4 \cdot 2H_2O$	室温下空气干燥
邻苯二甲酸氢钾	$KHC_8H_4O_4$	110～120℃烘干至恒重
锌	Zn	室温下保存在干燥器中
氧化锌	ZnO	900～1000℃灼烧1h
氯化钠	NaCl	400～450℃灼烧至无爆裂声
硝酸银	$AgNO_3$	220～250℃灼烧1h
碳酸钙	$CaCO_3$	110℃烘至恒重
草酸钠	$Na_2C_2O_4$	105～110℃烘至恒重
重铬酸钾	$K_2Cr_2O_7$	140～150℃烘至恒重
溴酸钾	$KBrO_3$	130℃烘至恒重
碘酸钾	KIO_3	130℃烘至恒重
三氧化二砷	As_2O_3	室温下空气干燥

附录三　常用化合物的分子量 M_r

化合物	M_r	化合物	M_r	化合物	M_r
Ag_3AsO_4	462.53	AgSCN	165.96	$Al_2(SO_4)_3$	342.17
AgBr	187.77	$AlCl_3$	133.33	$Al_2(SO_4)_3 \cdot 18H_2O$	666.46
AgCl	143.35	$AlCl_3 \cdot 6H_2O$	241.43	As_2O_3	197.84
AgCN	133.91	$Al(NO_3)_3$	213.01	As_2O_5	229.84
Ag_2CrO_4	331.73	$Al(NO_3)_3 \cdot 9H_2O$	375.19	As_2O_3	246.05
AgI	234.77	Al_2O_3	101.96	$BaCO_3$	197.31
$AgNO_3$	169.88	$Al(OH)_3$	78.00	BaC_2O_4	225.32

续表

化合物	M_r	化合物	M_r	化合物	M_r
$BaCl_2$	208.24	$FeCl_3 \cdot 6H_2O$	270.30	$Hg(NO_3)_2$	324.60
$BaCl_2 \cdot 2H_2O$	244.24	$FeNH_4(SO_4)_2 \cdot 12H_2O$	482.22	HgO	216.59
$BaCrO_4$	253.32	$Fe(NO_3)_3$	241.86	HgS	232.65
BaO	153.33	$Fe(NO_3)_3 \cdot 9H_2O$	404.01	$HgSO_4$	296.67
$Ba(OH)_2$	171.32	FeO	71.85	Hg_2SO_4	497.27
$BaSO_4$	233.37	Fe_2O_3	159.69	$KAl(SO_4)_2 \cdot 12H_2O$	474.41
$BiCl_3$	315.33	Fe_3O_4	231.55	KBr	119.00
$BiOCl$	260.43	$Fe(OH)_3$	106.87	$KBrO_3$	167.00
CO_2	44.01	FeS	87.92	KCl	74.55
CaO	56.08	Fe_2S_3	207.91	$KClO_3$	122.55
$CaCO_3$	100.09	$FeSO_4$	151.91	$KClO_4$	138.55
CaC_2O_4	128.10	$FeSO_4 \cdot 7H_2O$	278.03	KCN	65.12
$CaCl_2$	110.99	$FeSO_4 \cdot (NH_4)_2SO_4 \cdot 6H_2O$	392.17	$KSCN$	97.18
$CaCl_2 \cdot 6H_2O$	219.09	H_3AsO_3	125.94	K_2CO_3	138.21
$Ca(NO_3)_2 \cdot 4H_2O$	236.16	H_3AsO_4	141.94	K_2CrO_4	194.19
$Ca(OH)_2$	74.10	H_3BO_3	61.83	$K_2Cr_2O_7$	294.18
$Ca_3(PO_4)_2$	310.18	HBr	80.91	$K_3Fe(CN)_6$	329.25
$CaSO_4$	136.15	HCN	27.03	$K_2Fe(CN)_6$	368.35
$CdCO_3$	172.41	$HCOOH$	46.03	$KFe(SO_4)_2 \cdot 12H_2O$	503.28
$CdCl_2$	183.33	CH_3COOH	60.05	$KHC_2O_4 \cdot H_2O$	146.15
CdS	144.47	H_2CO_3	62.03	$KHC_2O_4 \cdot H_2C_2O_4 \cdot 2H_2O$	254.19
$Ce(SO_4)_2$	332.24	$H_2C_2O_4$	90.04	$KHC_4H_4O_6$	188.18
$Ce(SO_4)_2 \cdot 4H_2O$	404.30	$H_2C_2O_4 \cdot 2H_2O$	126.07	$KHSO_4$	136.18
$CoCl_2$	129.84	HCl	36.46	KI	166.00
$CoCl_2 \cdot 6H_2O$	237.93	HF	20.01	$KHC_8H_4O_4$(KHP)	204.22
$Co(NO_3)_2$	182.94	HI	127.91	KIO_3	214.00
$Co(NO_3)_2 \cdot 6H_2O$	291.03	HIO_3	175.91	KIO_3HIO_3	389.91
CoS	90.99	HNO_3	63.02	$KMnO_4$	158.03
$CoSO_4$	154.99	HNO_2	47.02	$KNaC_4H_4O_6 \cdot 4H_2O$	282.22
$CoSO_4 \cdot 7H_2O$	281.10	H_2O	18.015	KNO_3	101.10
$CO(NH_2)_2$	60.06	$2H_2O$	36.03	KNO_2	85.10
$CrCl_3$	158.36	$3H_2O$	54.05	K_2O	94.20
$CrCl_3 \cdot 6H_2O$	266.45	$4H_2O$	72.06	KOH	56.11
$Cr(NO_3)_3$	238.01	$5H_2O$	90.08	K_2SO_4	174.27
Cr_2O_3	151.99	$6H_2O$	108.09	$MgCO_3$	84.32
$CuCl$	99.00	$7H_2O$	126.11	$MgCl_2$	95.22
$CuCl_2$	134.45	$8H_2O$	144.13	$MgCl_2 \cdot 6H_2O$	203.31
$CuCl_2 \cdot 2H_2O$	170.48	$9H_2O$	162.14	MgC_2O_4	112.33
$CuSCN$	121.62	$12H_2O$	216.19	$Mg(NO_3)_2 \cdot 6H_2O$	256.43
CuI	190.45	H_2O_2	34.02	$MgNH_4PO_4$	137.32
$Cu(NO_3)_2$	187.56	H_3PO_4	97.99	MgO	40.31
$Cu(NO_3)_2 \cdot 3H_2O$	241.60	H_2S	34.08	$Mg(OH)_2$	58.33
CuO	79.55	H_2SO_3	82.09	$Mg_2P_2O_7$	222.55
Cu_2O	143.09	H_2SO_4	98.09	$MgSO_4 \cdot 7H_2O$	246.49
CuS	95.62	$Hg(CN)_2$	252.63	$MnCO_3$	114.95
$CuSO_4$	159.62	$HgCl_2$	271.50	$MnCl_2 \cdot 4H_2O$	197.91
$CuSO_4 \cdot 5H_2O$	249.68	Hg_2Cl_2	472.09	$Mn(NO_3)_2 \cdot 6H_2O$	287.06
$FeCl_2$	126.75	HgI_2	454.40	MnO	70.94
$FeCl_2 \cdot 4H_2O$	198.81	$Hg_2(NO_3)_2$	525.19	MnO_2	86.94
$FeCl_3$	162.21	$Hg_2(NO_3)_2 \cdot 2H_2O$	561.22	MnS	87.01

续表

化合物	M_r	化合物	M_r	化合物	M_r
$MnSO_4$	151.01	$Na_2H_2Y \cdot 2H_2O$	372.24	PbS	239.27
$MnSO_4 \cdot 4H_2O$	223.06	$NaNO_2$	69.00	$PbSO_4$	303.27
NO	30.01	$NaNO_3$	85.00	SO_2	64.07
NO_2	46.01	Na_2O	61.98	SO_3	80.07
NH_3	17.03	Na_2O_2	77.98	$SbCl_3$	228.15
CH_3COONH_4	77.08	$NaOH$	40.00	$SbCl_5$	299.05
NH_4Cl	53.49	Na_3PO_4	163.94	Sb_2O_3	291.60
$(NH_4)_2CO_3$	96.09	Na_2S	78.05	Sb_2S_3	339.81
$(NH_4)_2C_2O_4$	124.10	$Na_2S \cdot 9H_2O$	240.19	SiF_4	104.08
$(NH_4)_2C_2O_4 \cdot H_2O$	142.12	Na_2SO_3	126.05	SiO_2	60.08
NH_4SCN	76.13	Na_2SO_4	142.05	$SnCl_2$	189.60
NH_4HCO_3	79.06	$Na_2S_2O_3$	158.12	$SnCl_2 \cdot 2H_2O$	225.63
$(NH_4)_2MoO_4$	196.01	$Na_2S_2O_3 \cdot 5H_2O$	248.17	$SnCl_4$	260.50
NH_4NO_3	80.04	$NiCl_2 \cdot 6H_2O$	237.69	$SnCl_4 \cdot 5H_2O$	350.58
$(NH_4)_2HPO_4$	132.06	NiO	74.69	SnO_2	150.69
$(NH_4)_2S$	68.15	$Ni(NO_3)_2 \cdot 6H_2O$	290.79	SnS	150.75
$(NH_4)_2SO_4$	132.15	NiS	90.76	$SrCrO_4$	203.62
NH_4VO_3	116.98	$NiSO_4 \cdot 7H_2O$	280.87	$SrCO_3$	147.63
Na_3AsO_3	191.89	OH^-	17.01	SrC_2O_4	175.64
$Na_2B_4O_7$	201.22	$2OH^-$	34.02	$Sr(NO_3)_2$	211.64
$Na_2B_4O_7 \cdot 10H_2O$	381.42	$3OH^-$	51.02	$Sr(NO_3)_2 \cdot 4H_2O$	283.69
$NaBiO_3$	279.97	$4OH^-$	68.03	$SrSO_4$	183.68
$NaCN$	49.01	P_2O_5	141.94	$UO_2(CH_3COO)_2 \cdot 2H_2O$	424.15
$NaSCN$	81.08	$PbCO_3$	267.21	$ZnCO_3$	125.39
Na_2CO_3	105.99	PbC_2O_4	295.22	ZnC_2O_4	153.40
$Na_2CO_3 \cdot 10H_2O$	286.19	$PbCl_2$	278.11	$ZnCl_2$	136.29
$Na_2C_2O_4$	134.00	$PbCrO_4$	323.19	$Zn(CH_3COO)_2$	183.43
CH_3COONa	82.03	$Pb(CH_3COO)_2$	325.29	$Zn(CH_3COO)_2 \cdot 2H_2O$	219.50
$CH_3COONa3 \cdot H_2O$	136.08	$Pb(CH_3COO)_2 \cdot 3H_2O$	379.34	$Zn(NO_3)_2$	189.39
$NaCl$	58.44	PbI_2	461.01	$Zn(NO_3)_2 \cdot 6H_2O$	297.51
$NaClO$	74.44	$Pb(NO_3)_2$	331.21	ZnO	81.38
$NaHCO_3$	84.01	PbO	223.20	ZnS	97.46
Na_2HPO_4	141.96	PbO_2	239.20	$ZnSO_4$	161.46
$Na_2HPO_4 \cdot 12H_2O$	358.14	Pb_3O_4	685.6	$ZnSO_4 \cdot 7H_2O$	287.57
$NaHSO_4$	120.07	$Pb_3(PO_4)_2$	811.54		

参考文献

[1] 张燮主编．工业分析化学．北京：化学工业出版社，2003.
[2] 魏琴，曹伟等主编．工业分析．北京：中国科学技术出版社，2002.
[3] 刘书钗主编．制浆造纸分析与检测．北京：化学工业出版社，2004.
[4] GB/T 6678. 化工产品采样通则.
[5] GB/T 6679. 固体化工产品采样通则.
[6] GB/T 6680. 液体化工产品采样通则.
[7] GB/T 6681. 气体化工产品采样通则.
[8] GB/T 176. 水泥化学分析方法.
[9] GB/T 6730. 65. 铁矿石全铁含量的测定 三氯化钛还原重铬酸钾滴定法.
[10] GB/T 20899. 1. 金矿石化学分析方法 第1部分：金量的测定.
[11] GB/T 17417. 1. 稀土矿石化学分析方法 第1部分：稀土分量测定.
[12] GB/T 223. 59. 钢铁及合金磷含量的测定 铋磷钼蓝分光光度法和锑磷钼蓝分光光度法.
[13] GB/T 223. 5. 钢铁酸溶硅和全硅含量的测定 还原型硅钼酸盐分光光度法.
[14] GB/T 5121. 1. 铜及铜合金化学分析方法 第1部分：铜含量的测定.
[15] GB/T 29617. 数字密度计测定液体密度、相对密度和API比重的试验方法.
[16] GB/T 17040. 石油和石油产品中硫含量的测定 能量色散X射线荧光光谱法.
[17] GB/T 11132. 液体石油产品烃类的测定 荧光指示剂吸附法.
[18] GB/T 534. 工业硫酸.
[19] GB/T 6820. 工业用乙醇.
[20] GB/T 2440. 尿素.
[21] GB/T 2441.1. 尿素的测定方法 第1部分：总氮含量.
[22] GB/T 2441.2. 尿素的测定方法 第2部分：缩二脲含量 分光光度法.
[23] GB/T 2441.3. 尿素的测定方法 第3部分：水分 卡尔·费休法.
[24] GB/T 22923. 肥料中氮、磷、钾的自动分析仪测定法.
[25] GB/T 3595. 肥料中氨态氮含量的测定 蒸馏后滴定法.
[26] GB/T 20412. 钙镁磷肥.
[27] GB/T 20413. 过磷酸钙.
[28] GB/T 8574. 复混肥料中钾含量的测定 四苯硼酸钾重量法.
[29] GB/T 22924. 复混肥料（复合肥料）中缩二脲含量的测定.
[30] GB/T 3863. 工业氧.
[31] GB/T 3864. 工业氮.
[32] GB/T 28123. 工业氦.
[33] GB/T 14604. 电子工业用气体 氧.
[34] GB/T 16944. 电子工业用气体 氮.
[35] GB/T 8576. 复混肥料中游离水含量的测定 真空烘箱法.
[36] GB/T 38867. 电子工业用四氯化硅.